Ullstein

ÜBER DAS BUCH:

Jack O. Bennett, der Pilot mit den wohl meisten Flugstunden, der im Mai 1945 mit der ersten Nachkriegs-Transportmaschine, einer DC 4, aus New York kommend auf dem zerstörten Berliner Flughafen Tempelhof landete, erzählt aus seinem Leben. Es ist die Geschichte eines vom Fliegen Besessenen, der mit acht Jahren zum ersten Mal in einem Flugzeug saß, mit vierzehn fliegen lernte und schon wenig später selbst Flugunterricht erteilte. Der Arztsohn aus Pennsylvania studierte in den Jahren 1937/38 an der Technischen Hochschule in Berlin und durfte nach einer zweiwöchigen Grundausbildung in Rangsdorf sogar deutsche Maschinen ausprobieren (Messerschmitt 109, Heinkel, Focke-Wulf u. a.), obwohl Göring ihn für einen »Spion« hielt.
Berlin wurde für Jack O. Bennett die »schönste Stadt der Welt«. Er verzichtete 1947 auf besser bezahlte Pan Am-Transatlantik-flüge, um in der Stadt bleiben zu können, die er als erster Luft-brückenpilot auf rund tausend Flügen mit dem Lebensnotwen-digsten versorgt hatte.

DER AUTOR:

Jack Olen Bennett, 1914 in Ebensburg, Pennsylvania, geboren. Studium der Physik, Chemie, Medizin und des Maschinenbaus an der Pennsylvania State Univ., am Massachusetts Institute of Technology und an der Technischen Hochschule Berlin (Rockefeller-Stipendium 1937/38). Entwicklungsingenieur und Testpilot bei United Airlines in Chicago und der US Airforce. Europa-Direktor der American Overseas Airlines. Erster Luft-brückenpilot (1000 Flüge). Chefpilot von Pan Am Europa. Bera-tungsingenieur mehrerer Flugzeughersteller. Träger des Bun-desverdienstkreuzes Erster Klasse. Lebt in Berlin.

Capt. Jack O. Bennett

40 000 Stunden
am Himmel

24 000 Flüge nach Berlin

Ullstein

Ullstein Buchverlage GmbH & Co. KG,
Berlin
Taschenbuchnummer: 33229
Aus dem Amerikanischen von Gabriele Grunwald

Neuauflage von UB 20565
Mit 16 Seiten Abbildungen
März 1998

Umschlaggestaltung:
Simone Fischer & Christof Berndt
Unter Verwendung von Abbildungen
des Ullstein Bilderdienstes
und aus Privatbesitz
Alle Rechte vorbehalten
© 1982 by Jack Olen Bennett
© der Übersetzung 1982 by Verlag
Ullstein GmbH, Frankfurt/M–Berlin
Printed in Germany 1998
Gesamtherstellung:
Ebner Ulm
ISBN 3 548 33229 3

Die Deutsche Bibliothek
CIP-Titelaufnahme

Bennett, Jack O.:
40 000 Stunden am Himmel :
24 000 Flüge nach Berlin /
Jack O. Bennett. [Aus dem Amerikan.
von Gabriele Grunwald]. – Neuaufl. von
UB 20565. – Berlin : Ullstein, 1998
(Ullstein-Buch ; Nr. 33229)
ISBN 3-548-33229-3

Inhalt

Vorwort

Ein Flugzeug zu fliegen ist ein Privileg – dem Gefühl vergleichbar, auf einem Thron zu sitzen, nur eine Stufe unter Gott. Es ist schon etwas Tolles, da oben zu schweben und auf die Ameisen der Zivilisation hinunterzublicken.

Ich habe seit meinem ersten Alleinflug im Alter von vierzehn Jahren 40 000 Flugstunden absolviert. Das bedeutet, rund fünf Jahre ununterbrochen in der Luft zu sein, und ist »wahrscheinlich Weltrekord«, wie es eine Fluglinie in einer Anzeige formulierte.

Seit 1945 bin ich 24 000mal durch die Luftkorridore von und nach Berlin geflogen.

Es ist viel leichter, Berufspilot zu sein, wenn man mit Begeisterung bei der Sache ist und nicht nur aus finanziellen Gründen fliegt.

Nachdem ich dreiundsechzig Jahre lang am Knüppel gesessen habe, weiß ich aber auch, wie leicht man sterben kann. Ein Pilot muß den brennenden Wunsch in sich spüren zu kämpfen.

So unglaublich es auch klingen mag – es gibt Piloten, die nervös sind, wenn sie im Cockpit sitzen.

Vor ein paar Jahren saß ich an einem Herbsttag mit einem erfahrenen Captain zusammen. »Im Winter würde ich mich gern beurlauben oder in Florida zum Fliegen einteilen lassen«, sagte er.

Überrascht antwortete ich: »Aber wo bleibt dann die einzige Herausforderung, die es für uns beim Fliegen noch gibt – schwierige Instrumentenlandungen bei lausigem Wetter? Das finden wir doch gerade hier in Europa.«

»Macht es Ihnen denn wirklich nichts aus, blind zu landen?« fragte er verdutzt. »Wenn ich ganz ehrlich sein soll – mir ist nicht wohl dabei.«

Ich schwieg, aber ich erinnerte mich an den zweiten Akt von Shakespeares *Julius Caesar*: »Feiglinge sterben viele Male, bevor der Tod sie ereilt; der Tapfere kostet den Tod nur ein einziges Mal . . .«

Was für eine elende Karriere mußte hinter diesem ängstlichen Captain liegen.

Den Schilderungen dieses Buches liegen wahre Begebenheiten zugrunde. Die Namen der erwähnten Personen sind zum größten Teil erfunden. Zumeist handelt es sich um Kombinationen von verschiedenen Persönlichkeiten.

Der Autor ist fest davon überzeugt, daß die Luftfahrt die sicherste Transportmethode ist, die sich die Menschen ausgedacht haben. Es besteht keineswegs die Absicht, die Sicherheit irgendeiner Fluglinie, die Zulänglichkeiten der Kontrollinstanzen, der Ordnungsorgane der Regierungen oder der amerikanischen Militärbehörden anzuzweifeln.

Die wenigen wirklich haarsträubenden Zwischenfälle ereigneten sich bei Fluggesellschaften, die seit vielen Jahren nicht mehr existieren.

Jack O. Bennett

ERSTES BUCH

1. Faszination des Fliegens

Allmächtiger! Jeden Augenblick konnte ich im Holzzaun landen!
Ich riß den Steuerknüppel nach hinten. Das Flugzeug reckte die
Nase gen Himmel. Aber nun prallte der Schwanzsporn so heftig
gegen den Zaun, daß der ganze Rumpf erbebte. Holzlatten wirbelten durch die Luft. Der betagte Doppeldecker setzte hart auf
dem Boden auf und rollte noch ein paar Meter über die Wiese.
Der lädierte Motor hatte endgültig den Geist aufgegeben.

Ich saß ganz still und schwitzte. Das einzige Geräusch kam
vom rotglühenden Motor, der sich langsam abkühlte.

Ich dachte: »Ich lebe! Ich bin unverletzt! Ich habe einen richtigen Alleinflug geschafft. Ich bin erst vierzehn, habe aber bereits
eine Motorexplosion überlebt. Sagt, was ihr wollt – ich bin ein
erfahrener Flieger, ein alter Hase der Luftfahrt. Vor zwanzig Sekunden noch war ich praktisch tot. Nun aber bin ich ein Held . . .
Seltsam, ich habe überhaupt keine Angst mehr.«

Und fast zwanzig Jahre später . . .

Großer Gott, wir fallen aus der schwarzen, arktischen Nacht
mitten hinein in den eisigen Atlantik. Innerhalb von Sekunden
wird sich der eine Flügel senken, und wir werden unkontrollierbar ins Trudeln geraten . . .

Eigenartig, schon als sehr kleiner Junge war ich sicher, ein Flugzeug steuern zu können, ohne jemals eine Flugstunde genommen zu haben. Nachts träumte ich von Flugzeugen. Als ich dann
älter wurde – vielleicht fünf –, versuchte ich, Flugzeuge aus hölzernen Faßbrettern, aus Ziegeln oder Eisenrohren zu basteln.

Eines meiner ersten erfolgreichen aerodynamischen Projekte
hatte mit Stubenfliegen zu tun. Ich fing sie, ohne sie zu verletzen,

und klebte ihnen vorsichtig kleine Leitwerke und Höhenruder aus Papier auf den Rücken. So präpariert, wurden die Insekten dann verstohlen im Klassenzimmer freigelassen. Die aerodynamisch radikal veränderten Fliegen waren nicht mehr in der Lage, sich normal zu bewegen. Sie vollführten riesige Loopings und ungesteuerte Rollen. Dann und wann konzentrierten sich diese Kunstflüge um den Kopf der armen Lehrerin – zu ihrer Verwirrung und zum größten Vergnügen der Kinder.

Eine teuflische Verfeinerung dieses Experimentes bestand darin, die Leitwerke am Fliegenkörper in Tinte zu tauchen. Die vibrierenden Flügel der Insekten spritzten die Tinte nach hinten – wie das die Flugzeuge tun, die Chemikalien versprühen. Dabei hinterließen die Brummer eine Spur von winzigen blauen Punkten auf Schulbänken, Tischen und Kleidern.

Stolzgeschwellt und der moralischen Unterstützung meiner siebenjährigen Klassenkameraden sicher, entschloß ich mich zu einer noch reiferen Leistung. Ich hatte Flugzeuge gesehen, die Reklamefahnen hinter sicher herzogen, und dachte, daß auch Fliegen die Kraft haben müßten, kleine Papierstücke zu schleppen.

Also malte ich auf einen winzigen Streifen Toilettenpapier die Wörter »Unsere Lehrerin ist doof!« und klebte das Papier auf einen hauchdünnen Gazefaden, den ich auf dem Rücken einer besonders großen Fliege befestigte. Nach einem überaus geglückten Start trug der Brummer mein Transparent höchst eindrucksvoll durch die Klasse. Der Beifall meines Publikums war überwältigend. Dennoch wurde mein Test-Hangar auf der Schulbank sehr schnell geschlossen. Die wütende Lehrerin fing die Fliege, las die Botschaft und schickte sie an meinen Vater.

Ich machte mir noch in die Hosen, als ich zum ersten Mal eine fliegende Kiste sah. Sie schwebte tief über unserer kleinen Stadt Ebensburg in Pennsylvania, wollte zur Landung auf einem nahegelegenen Acker ansetzen. Die aufgeregten Ebensburger ließen Häuser und Geschäfte im Stich und eilten auf die Straße.

Das hellbraune Gestell funkelte in der Sonne wie polierter Bambus. Die langen, zarten Schmetterlingsflügel waren mit einem Material bespannt, das wie Cellophan aussah.

Mein Vater und ich sprangen in unseren Ford und tuckerten dem Flugzeug nach, beteiligten uns mit vielen anderen gebrechlichen Automobilen an der Verfolgungsjagd. Am Rande einer unebenen Wiese hatte sie ein Ende. Dort ragte ein Riese von einem Flugzeug in den Himmel. Es war viel größer, als ich vermutet hatte. Verblüfft stellte ich fest, daß die Flügel gar nicht mit Cellophan bespannt waren. Sie waren aus weißem Leinen, das durch einen Anstrich aus flüssigem Cellulosegemisch hart und durchscheinend gemacht worden war. Der heiße Motor roch nach verbranntem Rizinusöl.

Hoch droben auf dem Rumpf saß ein arroganter junger Mann mit schicken Reithosen und hohen, blankgeputzten Reitstiefeln. Seine anmutig gekreuzten Beine baumelten über dem Erdboden. Sogar mein unbedarftes Jungengehirn begriff in diesem Augenblick, daß Flieger tolle, verwegene Burschen und wir – in seinen Augen – nur tölpelhafte Bauern waren. Der »junge Gott« umklammerte eine kleine braune Flüstertüte. Er kommandierte souverän und mit heiserer, lauter Stimme.

»Bleiben Sie zurück, Gentlemen, bleiben Sie zurück! Das ist eine teure, empfindliche Maschine. Man kann sie nicht in einem x-beliebigen Groschenladen kaufen. Stoßen Sie keine Löcher in die Flügelbespannung. Sie da, Mister! Ja, Sie mit der funkensprühenden Pfeife. Machen Sie sie aus. Flugzeuge geraten leicht in Brand.«

Die Menge brüllte vor Lachen. Der Luftschiffer zeigte auf meinen in der Gemeinde bekannten und beliebten Vater. Der ließ seine noch immer brennende Pfeife in die Jackentasche gleiten. Die Menge lachte nun noch mehr. Da hatte es dieser junge, flotte Flieger meinem Vater aber gegeben!

»Nun, wie ist's? Wer will der erste sein, der einen Hüpfer über die Metropole von Ebensburg wagt? Seien Sie der erste, der Ihre Stadt aus der Vogelperspektive sieht, und erzählen Sie Ihren Nachbarn davon. Nur fünf von Onkel Sams Dollars, nur fünf Mäuse . . .«

Niemand rührte sich. Entweder hatten sie Angst oder keine Mäuse.

Himmel – wie sehr wünschte ich mir, daß jemand genug

Mumm in den Knochen hatte. Ich wollte das Flugzeug fliegen sehen!

In diesem Augenblick rief irgendein Schlaukopf aus der Menge: »Welche Garantien geben Sie, daß Sie uns auch heil wieder auf die Erde zurückbringen, junger Mann? Ihr Ungetüm sieht mächtig gefährlich aus . . .«

»Wer aufsteigt, kommt auch wieder runter«, erklärte der selbstbewußte Luftikus. »Dafür sorgt schon die Schwerkraft, Mister. Außerdem haben wir einen pfeiferauchenden Doktor in unserer Mitte. Er wird schon für unser körperliches Wohl sorgen.«

Noch mehr Gelächter! Irgend jemand hatte dem Flieger also gesteckt, daß mein Vater Arzt war. Ich strahlte: Er war genauso ein Held wie der Flieger.

Endlich hielt ein Farmer eine Fünf-Dollar-Note hoch, und der Luftschiffer keuchte: »Der erste Kunde! Sie sind wirklich ein mutiger Mann! Sie sind der erste aus Ebensburg, der fliegt. Und nun, Leute, machen Sie Platz, damit Ihnen nichts passiert.«

Unbeholfen kletterte der Farmer auf den vorderen Sitz der Maschine. Ein junger Helfer, den der Flieger mitgebracht hatte, warf gekonnt den riesigen Propeller an. Der alte Motor hustete einmal, zweimal und ließ ein markerschütterndes Donnern hören. Der Helfer sprang gerade noch rechtzeitig beiseite.

Meine Güte, wie ich diesen tapferen Farmer mit dem vielen Geld beneidete – fünf Dollar! In diesem Moment begriff ich, daß man Geld braucht, um fliegen zu können.

Die Maschine schwankte über die holprige Wiese. Sehr langsam hob sie vom Boden ab, überflog die Wipfel der Bäume am Wiesenrand, wurde schnell zu einem Tüpfelchen am Horizont.

»Diese verdammten Narren«, murmelte mein Vater. »Sie werden sich noch umbringen. Der Mensch ist nun einmal nicht zum Fliegen geschaffen. Jack, wir haben genug gesehen. Laß uns heimgehen.«

Ich hatte noch längst nicht genug gesehen, war aber viel zu jung, um Protest anzumelden. Doch auf dem Rückweg plante mein entschlossenes kleines Ich: Im nächsten Jahr bin ich groß genug, um auch fliegen zu können . . .

Wir lebten in einem großen alten Holzhaus nahe der Hauptstraße von Ebensburg. Unsere Stadt liegt etwa tausend Meter hoch in den Allegheny Mountains in Pennsylvania. Unter den bitterkalten Wintern mit ihren Unmengen von Schnee hatten wir sehr zu leiden. Riesige Eiszapfen hingen oft zentnerschwer vom Dach. Mein Vater hielt sie für eine Gefährdung der Passanten und schoß die schweren Brocken ganz einfach mit seinem Jagdgewehr herunter. Unsere Regenrinne bekam im Laufe der Jahre immer mehr Einschußlöcher . . .

Nie hatten wir weniger als sechs Jagdhunde, häufig mehr. Die Tiere stromerten nicht nur durchs ganze Haus, sondern auch durch die Praxisräume, wo sie zusammen mit den Patienten im Wartezimmer Platz nahmen. Bei denjenigen Kranken, die keine Hunde auf ihrem Schoß duldeten, war mein Vater kurz angebunden.

Einmal jagten bei uns vierzehn große Pointer und zwei Fuchsjagdhunde herum. Unsere Möbel waren derart von Hundehaaren übersät, daß es aussah, als habe ein Schneesturm gewütet. Meine entnervte Mutter wischte über jeden Stuhl, bevor ein Gast darauf Platz nehmen durfte.

Zu Vaters Jagdausrüstung gehörte ein großer alter, sechssitziger Tourenwagen, der immer ohne Verdeck gefahren wurde. An der Rückenlehne der Vordersitze war ein großer Gewehrständer montiert. Er enthielt etwa zehn Waffen, von kleinkalibrigen Karabinern über Schrotflinten bis hin zu Großwildbüchsen. Kein Gangsterauto kann jemals besser bestückt gewesen sein. Lange bevor ich ganz legal Auto fahren durfte, chauffierte ich Vater und seine explosive Last über die holprigen Landwege. Manchmal müssen die Kanonaden unseres fahrbaren Arsenals wie das Geschützfeuer eines Panzers geklungen haben. Unsere Beute waren Krähen, die das Getreide der Farmer plünderten, Maulwürfe, Erdferkel, Ratten und streunende Katzen. Die Jäger betrachteten vagabundierende Katzen als eine Gefahr für den Wildbestand.

Manchmal allerdings verloren wir die Gewalt über die Dinge. An einem Silvesterabend schlug Dad vor, wir sollten mit unseren Flinten auf die hintere Veranda gehen, um dort zünftig das neue Jahr zu begrüßen. »Das ist sicherer als Feuerwerk.«

Pünktlich um Mitternacht eröffneten wir mit unseren Schrotflinten das Feuer.

Am nächsten Vormittag blieb unser Telefon verdächtig ruhig. Und schon bald klopfte ein Telefontechniker an die Tür.

»Entschuldigen Sie, Doc, Sie werden noch ein paar Stunden ohne Telefon auskommen müssen. Wir installieren eine Notleitung für Ihre Praxis. In der Nacht hat der Sturm alle Leitungen von den Masten hinter Ihrem Haus gefegt.«

Ohne mit der Wimper zu zucken, erwiderte mein Vater: »Schon gut, Charlie. So was passiert nun mal . . .«

Nachdem sich die Tür hinter Charlie wieder geschlossen hatte, lächelte mich mein Vater verschwörerisch an und legte den Finger auf die Lippen. »Wir müssen gestern nacht wohl ein wenig zu tief geballert haben«, meinte er. »Sag bloß deiner Mutter nichts davon.«

Dad tat sein möglichstes, aus mir einen Jäger zu machen. Sommers wie winters schlichen wir an jedem freien Nachmittag wie Indianer durch den Wald. Mucksmäuschenstill warteten wir darauf, daß ein Eichhörnchen den Kopf hob. Ich war wohl mit allen Kaninchen in Cambria County auf du und du. Das lange Stillsitzen war mir zuwider, aber ich wollte Dad nicht vor den Kopf stoßen.

Am Abend vor dem Thanksgiving Day brachte er einen Truthahn und ein Huhn mit nach Hause. Er hatte sie bei einem Schießwettbewerb gewonnen. Immer gewann er alle Preise, seine Schießkunst war sprichwörtlich.

Er sperrte die Vögel in unsere Garage zum Ford und dem großen teuren blauen Hupmobile. Das letztere war sein ganzer Stolz und wurde nur an Feiertagen benutzt. Ich hatte die lästige Aufgabe, den Wagen zu waschen und zu polieren. »Jack, ein Arzt muß stets einen untadeligen Eindruck machen . . .«

Und beim Frühstück am nächsten Tag ging's dann los: »Warum sollten wir den Vögeln auf dem Hackklotz den Garaus machen? Du brauchst doch noch Schießtraining, Jack. Hol das 22-Kaliber-Gewehr und schieß den Tieren in den Hals.«

Sein Vorschlag hörte sich sehr einfach an, aber jedesmal, wenn ich auf die Hälse zielte, zuckten sie ganz woanders hin.

Ungeduldig stand Dad hinter mir. »Schieß, wenn du sie im Visier hast. Los doch!«

Also schoß ich.

Drei Explosionen dröhnten durch den Raum. Nachdem sich die Staubwolke gelegt hatte, sahen wir, wie die Hinterreifen des großen Hupmobile langsam in sich zusammensackten. Ich hatte sauber geschossen, beide Reifen exakt getroffen.

Fassungslos starrte Dad auf die kaputten Reifen. Er biß sich auf die Lippen. »Flick sie. Für die Vögel nimmst du besser das Beil!«

Spontan beschloß ich, Erfinder zu werden und die Fliegerei zu meinem Hobby zu machen.

Als ich acht Jahre alt war, gab mir meine Mutter Geld für einen kurzen Flug in einem primitiven blauen Doppeldecker mit mächtigen silbernen Flügeln. Ich war überrascht und enttäuscht zugleich, daß der 90-PS-Motor sich so verzweifelt abmühen mußte, um uns überhaupt in die Luft zu befördern. Ich hatte den Eindruck, daß wir für den Aufwand, der getrieben wurde, viel zu langsam über dem Boden schwebten. Als ich ganz instinktiv versuchte, dem Piloten bei der Landung zu helfen – im Glauben, ich könnte es besser –, schlug er mir höchst verärgert die Finger von der Doppelsteuerung.

Als mein sachlicher, nüchterner Vater von meinem ersten Flug erfuhr, tadelte er meine Mutter wegen der »extravaganten Elf-Dollar-Ausgabe«. Er nannte das ganze Unternehmen »gefährlich« und bezeichnete alle Piloten und Motorradfahrer als »wilde, saufende Frauenhelden«, die dazu bestimmt seien, »entweder getötet zu werden oder aber in der Gosse zu landen«.

Ich hatte großen Respekt vor meinem klugen, erfahrenen Vater. Seine Warnungen beunruhigten mich daher sehr. Doc Bennett war mitunter auch sehr erfrischend deutlich in seinem Anschauungsunterricht. Er war davon überzeugt, daß ich Arzt werden würde. Zu jeder Tages- und Nachtstunde rief er mich in seine Praxis, die sich in unserem Haus befand. Ich mußte ihm bei seinen »Instandsetzungsarbeiten« nach blutigen Unfällen helfen. Die Polizei lieferte die armen Opfer immer bei ihm ab.

Besonders lebhaft habe ich einen Zwischenfall in Erinnerung. Damals mag ich zwölf Jahre alt gewesen sein, als er mich eines Nachts aus dem Bett holte. »Hoi, Jack!«

Draußen auf der dunklen Straße, direkt vor unserem Haus, parkte ein kleiner Lastwagen. Die beiden hinteren Türen standen weit offen. Polizisten waren dabei, irgend etwas auszuladen. Im schummrigen Licht sah es aus wie ein bewußtloser, verletzter Mann. Sie wollten ihn gerade hochheben, als mein Vater sagte: »Lassen Sie Jack den Kopf halten – allein.« Und das tat ich auch. Sehr vorsichtig und behutsam. Aber als dann der Kopf vom Rumpf fiel und mir buchstäblich in die Hände rollte, blieb mir das Herz stehen. Hastig ließ ich das weiße schwere Haupt auf den Boden fallen. Dort rollte es langsam auf die Seite.

Nach einem Augenblick wahrhaft dramatischen Schweigens sagte mein Vater zu den Polizisten: »Meine Herren, Sie brauchen den Verletzten nicht mehr in die Praxis zu tragen. Ich erkläre ihn für tot!« Dann wandte er sich an einen der hochgewachsenen Männer, der wie ein kanadischer Mountie uniformiert war. »Jetzt erzählen Sie Jack, was passiert ist.«

Der junge Mann fummelte nervös an seinem breitkrempigen Hut und murmelte fast schuldbewußt: »Ein Motorradfahrer. Er muß gerast sein wie der Teufel. Auf der nassen Fahrbahn geriet er ins Schleudern und kam unter den stählernen Begrenzungszaun. Der hat ihm den Kopf abgeschnitten.«

Mein Vater wandte sich mir zu und meinte lakonisch: »Piloten und Motorradfahrer enden immer tragisch, Jack. Laß uns schlafen gehen.«

Nach ein paar Monaten war der Motorrad-Unfall vergessen. Ich kaufte mir von einem Trödler eine uralte, ausgemusterte Harley-Davidson zum Preis von fünf hartverdienten Dollar. Nach langwierigem Herumhantieren mit blutigen Fingern gelang es mir schließlich, das gigantische Wrack zum Husten zu verleiten. Ich tuckerte den Aschenweg hinter unserem Haus auf und ab, ohne zu ahnen, daß ich von meinem Vater vom Küchenfenster aus beobachtet wurde. Er verlor keine Zeit, die fünfzig Meter durch unseren Garten zum Ort des Geschehens zu überwinden.

»Jack, was hast du für das Motorrad bezahlt?«

Überrascht und schuldbewußt murmelte ich schüchtern: »Bloß fünf Dollar, Dad.«

Er griff in die Tasche. »Nun, es ist schon bemerkenswert, daß du dieses Wrack überhaupt in Gang gebracht hast. Ich biete dir sieben Dollar dafür.« Er reichte mir das Geld. »Jetzt hast du also zwei Dollar verdient, und das Motorrad gehört mir. Bitte, schalte den Motor aus und schieb *meine* Maschine in die Garage.«

Äußerst niedergeschlagen über den Verlust folgte ich seiner Bitte. Dennoch konnte ich der Versuchung nicht widerstehen, dann und wann heimlich an der Maschine herumzubasteln.

Nach ein paar Tagen sprach ich mit meinem Vater. »Dad, ich würde gern den Motor aus deinem Motorrad haben. Ich will einen propellergetriebenen Eisschlitten bauen. Wieviel verlangst du dafür?«

»Nichts. Er gehört dir«, erwiderte er zu meiner größten Verblüffung. »Den Rahmen bring aber bitte zum Schrottplatz zurück.«

Er war glücklich, das gefährliche Vehikel vernichtet zu sehen.

Zu Beginn des Winters hatte ich einen großen Eisschlitten gebaut. Mit ihm donnerte ich über die zugefrorenen Seen der Umgebung. Der Motor war vorn auf einem eisernen Dreieck befestigt. Er trieb einen von mir selbst geschnitzten, anderthalb Meter großen hölzernen Propeller an. Ich saß unten, direkt hinter dem Motor, auf einem kleinen Faltsitz. Meine Hände umklammerten das riesige Steuerrad, das aus einem Unfallwagen stammte. So brauste ich über das glatte Eis davon und erreichte leicht 150 Kilometer pro Stunde. Die drei scharfen Kufen zogen einen Schweif von zerstiebendem Eis und aufspritzendem Wasser hinter mir her.

Meine primitive Bremse war ein schwerer dreiarmiger Anker an einem Seil. Den warf ich im Bedarfsfall hinter mich. Er bohrte sich tief ins Eis und verlangsamte so die Fahrt, daß die Maschine von der Eisfläche abhob und Flugversuche unternahm.

Meine Freude war leider von kurzer Dauer. Unser lokales Wochenblatt, *The Mountaineer-Herald*, brachte in einer Ausgabe zwei Artikel. Der eine trug die Überschrift: »Einheimischer Junge konstruiert propellergetriebenen Eisschlitten aus Abfallmaterial.« Der andere las sich so: »Mann brach sich den Hals bei 150 km/h auf Eisschlitten.«

Mein Vater blickte müde von der Zeitung auf und beendete meine Eisschlitten-Karriere mit den Worten: »Ich kaufe deinen Schlitten!«

Inzwischen war ich vierzehn Jahre alt und half dem ortsansässigen Flieger, dem alten grauhaarigen Henry T. Noll, sein Sortiment an altertümlichen, zerbrechlichen Flugzeugen zu warten. Unser ungeschriebenes Abkommen besagte, daß Henry, seine kleine Bulldogge auf dem Schoß, mich ein paar kostbare und viel zu kurze Minuten im Fliegen unterrichtete. Dabei saß der kleine rundliche Henry in dem großen offenen Front-Cockpit seines langflügeligen Eaglerock-Doppeldeckers und verwandte mehr Zeit, seinen Hund zu tätscheln, als darauf zu achten, was ich mit der Doppelsteuerung im hinteren Cockpit anstellte. Von Zeit zu Zeit drehte er sich aber doch um und gestikulierte ärgerlich ob der unglaublichen Mißgriffe, die ich mir da erlaubte. Eine mündliche Kommunikation war unmöglich. Dazu röhrte der altersschwache OX-5-Motor viel zu laut. Es kam auch vor, daß er unangekündigt Teile verlor und abrupt zum Stehen kam.

Gerade im Winter war fast jede Landung eine Notlandung, weil unsere Kühler vereisten, obwohl wir von einer nahegelegenen Molkerei in großen Milchkannen heißes Wasser herbeiholten. Für Frostschutzmittel hatten wir kein Geld.

Für den Unterhalt des Motors taten wir ohnehin nicht besonders viel. Billiger war es, einen neuen einzubauen. Der weise Henry hatte einen Überschuß aus dem Ersten Weltkrieg aufgekauft – alte OX-5-Motoren im Wert von je einhundert Dollar.

Henrys dritte Liebe nach seinen Flugzeugen und der Bulldogge galt seinen jungen Schülerinnen. Das machte meinen sehr frühen Alleinflug möglich.

Gewöhnlich führte Henry seine Favoritin in ein kleines »motel motel«, ein paar Meilen entfernt. Dann überließ er mir die Verantwortung für den Schuppen voller Flugzeuge. Seine Instruktionen rief er mir über die Schulter hinweg zu: »Drück einfach auf die Hupe, wenn ein Kunde auftaucht.«

Mit der Zeit hatte ich mich an Henrys Gepflogenheiten gewöhnt. Ich wußte genau, wie lange seine Mittagspausen dauerten. Kaum war sein Auto unten an der Straße in einer Staubwolke verschwunden, startete ich eines seiner Flugzeuge – natürlich mit so wenig Propellerumdrehungen wie möglich, damit Henry bei seinem Rendezvous nichts von dem Geknatter mitbekam. Keine gerade leichte Aufgabe für einen Jungen, vor einem großen, bedrohlich wirkenden Holzpropeller zu stehen und ihn anzuwerfen. Unsere alten Motoren besaßen keinen Anlasser.

Schon bald rollte ich regelmäßig über die holprige Wiese, die wir mit gelinder Übertreibung unseren Flugplatz nannten. Später traute ich mir sogar zu, ein paar Sprünge in die Luft zu machen, landete aber sofort wieder. Ich brachte mir selbst – heimlich – das Fliegen bei!

Und dann kam der Tag, an dem ich soviel Mut aufbrachte, einen niedrigen Kreis über unsere Wiese zu fliegen. Es war mein erster Alleinflug. Ich war vierzehn Jahre alt.

Diese geheimen Flüge in Baumhöhe zogen sich über ein paar Wochen hin. Doch eines Tages schlug das Schicksal hart und erbarmungslos zu. Ich befand mich ungefähr in hundert Meter Höhe, hatte den Motor bereits gedrosselt und hoffte, unbemerkt wieder auf der Wiese landen zu können. Plötzlich ein Donnergetöse: Der alte Achtzylindermotor war explodiert! Schon flog die große, mit Lederriemen befestigte Metallhaube, die die Nase bedeckt hatte, nach hinten und wickelte sich um den rechten Flügel des Doppeldeckers. Zylinder- und Kolbensplitter, heißes Öl und Wasser spritzten gegen die Plastik-Windschutzscheibe, hinter der ich mich verzweifelt zu schützen suchte.

»Lieber Gott, hilf mir doch!« schrie ich außer mir vor Angst.

Die Fahrt sank fast auf Null, der lange Flügel auf der rechten Seite wurde schwer und drohte hinabzusinken – da endlich kam es mir zu Bewußtsein: Nur ich allein konnte mich noch vor dem

Trudeln retten. Jetzt saß kein Henry im vorderen Cockpit, die erfahrenen Hände in der Nähe der Doppelsteuerung. Dieses gähnend leere offene Cockpit vor mir war das entmutigendste, furchterregendste Vakuum, das ich jemals erlebt habe. Aber ich hatte mich selbst in diese teuflische Lage gebracht – durch Heimlichtuerei und List. Verdammt noch mal, ich sollte endlich Gebrauch von den dürftigen Erfahrungen machen, die ich mir erworben hatte. Allein Gott anzurufen versprach keine Rettung.

Wie hatte Henry doch immer wieder gesagt? »Dehne einen Gleitflug nicht zu lange aus.« Ich drückte also die Nase nach unten, um wieder etwas Geschwindigkeit zu gewinnen. Der Knüppel, der normalerweise schon schwer und träge reagierte, schien jetzt wirkungslos. Aber die Geschwindigkeit nahm ein wenig zu. Ich machte Fortschritte, gestattete mir, den schweren rechten Flügel langsam, ganz langsam etwas hochzunehmen. Wenn ich doch nur diese verdammte Metallhaube von dem Flügel loswerden könnte! Gott, war ich hilflos. Ich mußte zugeben: Vom Fliegen verstand ich noch recht wenig.

Vorsichtig peilte ich um die Ecke der ölverschmierten Windschutzscheibe und stellte fest, daß ich noch etwa 700 Meter von dem hölzernen Zaun entfernt war, der unsere Wiese begrenzte. Dahinter lag meine Rettung. Inzwischen verlor ich schnell an Höhe. Das mußte zu einem häßlichen Aufprall führen. Konnte ich nicht doch noch etwas Kraft aus dem Motor ziehen, um wieder an Höhe zu gewinnen? Der dicke Propeller drehte sich kaum noch. Durch den Ölschauer hindurch konnte ich sehen, daß wenigstens drei der Zylinder abgebrochen waren.

Obwohl der jetzt leerlaufende, unruhige Motor das ganze Flugzeug erschütterte, beschloß ich, es zu wagen. Ich schob den Gashebel nach vorn. Allerdings riskierte ich damit, auch noch den Rest des Motors zu verlieren. Eigentlich erwartete ich gar nicht, daß der ramponierte Motor auf meine Versuche reagierte. Doch wunderbarerweise drehte sich der Propeller jetzt schneller und rüttelte den Rumpf noch mehr durch. Nun befürchtete ich, daß der Motor sich aus dem Fichtenholzrumpf lösen könnte. Das Bombardement wirbelnder Motorteile gegen die Windschutzscheibe nahm zu. Ich konnte dem Motor noch etwas Saft entlocken, aber nicht genug! Behutsam schob ich den Gashebel ganz auf voll. Die Vibration wurde so heftig, daß ich nicht einmal mehr den Tachometer auf dem hin- und hertanzenden Armaturenbrett erkennen konnte. Jetzt glang es mir, die Nase noch ein wenig höher zu ziehen – direkt auf eine Position jenseits des Zaunes zu.

Mit einer weiteren donnernden Explosion flog auch der vierte Zylinder auf und davon. Glücklicherweise sauste er über meinen Kopf und nicht an die Windschutzscheibe.

Nun besaß ich nur noch vier der ursprünglich acht Zylinder. Die Drehzahl fiel wieder auf Null. Ich konnte nur noch eins tun – die Nase erneut hinunterdrücken, um die erbärmlich geringe Fahrt zu halten.

Allmächtiger! Jeden Augenblick konnte ich im Holzzaun landen! Ich riß den Steuerknüppel nach hinten. Das Flugzeug reckte die Nase gen Himmel. Aber nun prallte der Schwanzsporn so heftig gegen den Zaun, daß der ganze Rumpf erbebte. Holzlatten wirbelten durch die Luft. Der betagte Doppeldecker setzte hart auf dem Boden auf und rollte noch ein paar Meter über die Wiese. Der lädierte Motor hatte endgültig den Geist aufgegeben. Gott sei Dank waren die Propellerblätter horizontal stehengeblieben und hatten sich nicht in den Boden gebohrt, waren nicht zerbrochen. Ich saß ganz still und schwitzte. Das einzige Geräusch kam vom rotglühenden Motor, der sich langsam abkühlte.

Doch dann konnte ich aus der Entfernung Henrys Auto heranrasen hören. Er fluchte Tod und Teufel!

Ich kauerte im Cockpit und sah zu, wie er langsam um sein geschundenes Flugzeug herumging. Unter dem Motor blieb er stehen, kletterte auf ein Rad, steckte seinen Kopf in das, was jetzt nur noch ein Haufen heißer Müll war, und zog zischend die Luft durch die Zähne.

»Du bist der unverschämteste Glückspilz, dem ich je begegnet bin. Als der Motor explodierte, habe ich das bis ins Restaurant gehört. Verdammt noch mal, das erzähle ich Doc Bennett!«

Das war der grausamste Schlag, den er mir versetzen konnte.

Henry und ich hatten ein stillschweigendes Abkommen getroffen, »Ol Doc«, meinem Vater, nicht zu sagen, daß ich flog.

Wir hoben den erstaunlicherweise unbeschädigten Eaglerock-Schwanz auf Henrys offenes Roadster-Automobil und zogen das kläglich quietschende Flugzeug rückwärts in den Schuppen. Ein überaus demütigender Weg für mich.

Sofort begannen wir damit, den ruinierten Motor auszutauschen. Doch als der Nachmittag voranschritt, wurde der gute alte Henry weich.

»Weißt du, Jack, wenn ich es recht bedenke, so hast du verdammt gute Arbeit geleistet, hast mein Flugzeug sehr professionell gerettet. Wenn heute einer meiner Flugschüler in der alten Krähe gesessen hätte, hätte er wohl kaum einen bösen Aufprall vermeiden können. Übrigens – ich habe deine Hüpfer über die Wiese schon lange bemerkt. Du willst wohl ein ganz großer Pilot werden –«

Am nächsten Tag wurde ich von Henry zum Fluglehrer befördert. Natürlich ohne Bezahlung. Formelle Flugscheine wurden in jenen rauhen, säbelrasselnden Zeiten der Fliegerei noch wenig beachtet, besonders nicht in Henrys Schnapsschmugglerkreisen.

Nach meinem heimlichen Alleinflug gab es einen ausführlichen Artikel in unserer Lokalzeitung. Glücklicherweise wurde mein Name diesmal nicht erwähnt. Die Überschrift lautete schlicht und ergreifend: JUNGER EINHEIMISCHER PILOT SCHAFFT LANDUNG NACH MOTOREXPLOSION.

Henry hatte dichtgehalten.

Die entschiedene Feststellung meines Vaters lautete: »Da siehst du es mal wieder. Diese verflixten Flugzeuge sind gefährlich!«

Bei einem späteren Zwischenfall kam ich nicht ganz so ungeschoren davon.

An einem Herbstnachmittag flog ich allein über unsere kleine Stadt. Ich saß in einem von Henry Nolls schnelleren, kurzflügeligen Doppeldeckern mit offenem Cockpit. Er trug den herausfordernden Namen »Challenger«. Die Tatsache, daß er von dem gleichen altertümlichen OX-5-Motor angetrieben wurde, der bereits im Eaglerock explodiert war, störte mein jugendliches Gemüt nicht weiter.

Während des gemütlichen Fluges von etwa 160 km/h – eine Geschwindigkeit, die damals übrigens als schnell angesehen wurde – glitt unser Haus unter einer Tragfläche vorbei. Plötzlich entdeckte ich meinen Vater. Er hatte gerade sein Auto rückwärts herausgefahren und war ausgestiegen, um die Garagentür zu schließen.

In diesem Augenblick muß mich der Teufel geritten haben. Ich drückte die Nase des »Challenger« in einem ohrenbetäubenden Sturzflug auf unser Haus hinunter.

Durch die vibrierende zerkratzte Plastik-Windschutzscheibe konnte ich das Gesicht meines Vaters auf mich zukommen sehen. Mit offenem Mund starrte er zu dem verrückten Flieger empor, der sich offenbar auf seinen Besitz stürzen wollte. Drohend hob er die Faust, als ich die Maschine wieder hochzog. Dabei verfehlte ich unser Dach um glatte dreißig Meter. Dann ließ ich mit aufheulendem Motor den wutschnaubenden Arzt hinter mir.

Das Bewußtsein, daß mich mein Vater mit Sicherheit nicht erkannt hatte, verleitete mich zu einer Wiederholung meiner Kapriole.

Ich riß die noch agile alte Kiste in einer steilen Kurve herum und flog in einer Rolle genau über unserer Ausfahrt entlang. Von da aus stieß ich fast senkrecht hinab. Die Maschine heulte diesmal womöglich noch bedrohlicher als beim ersten Mal. Ich war so tief, daß ich sehen konnte, wie mein Propellerstrahl die goldgelben Blätter von den Ästen riß.

Ich rollte den alten »Challenger« langsam auf den Rücken und zog nach einem halben Looping wieder hoch. Der Motor spuckte laut Protest. Diesmal war mein Vater so verängstigt, daß er sich gegen die geschlossene Garagentür kauerte, aber trotzdem mit der Faust drohte.

Ich flog zurück zu unserem Wiesen-Flugplatz außerhalb der Stadt und wurde prompt von Henry sehr nachdrücklich auf die besonderen Gefahren bei Sturzflügen mit betagten Maschinen hingewiesen. Die alten Holzflügel seien auch nicht mehr das, was sie einmal waren... Er hatte meine beiden heulenden Sturzflüge also aus meilenweiter Entfernung gehört.

Als Dad am Abend über den verrückten Piloten wetterte, amüsierte ich mich innerlich königlich.

Mein Vergnügen ließ allerdings beträchtlich nach, als er erwähnte, er habe sich die Nummer des Flugzeugs notiert.

Am Erscheinungstag des *Mountaineer-Herald* war die Katastrophe perfekt. Während des Abendessens las Dad sarkastisch und laut den Aufmacher auf der ersten Seite vor: JUNGER PILOT NACH STURZFLUG AUF ARZT IDENTIFIERT. Der ausführliche Artikel beschrieb die beiden waghalsigen Attacken und lobte Dr. Bennetts Geistesgegenwart, sich die Nummer des Flugzeugs zu merken und sie der Polizei zu melden. Der Artikel schloß mit einer Bemerkung, die jeden Einwohner unserer Stadt amüsierte – nur nicht Doc Bennett und mich. »Die Polizei übergab die Angelegenheit der Luftfahrtbehörde, die dem Piloten eine Strafe von fünfzig Dollar auferlegte. Der Name des jungen Piloten ist Jack Bennett, Sohn den einheimischen Arztes.«

Nie werde ich das aschfahle Gesicht meines Vaters vergessen, als er die Zeitung niederlegte und erst meine Mutter und dann mich ansah. »Trudy, hast du gewußt, daß Jack fliegt? Jack, warum hast du mir das verheimlicht?« Ein Abend voller Erklärungen und Entschuldigungen folgte. Aber insgeheim war ich mir verdammt sicher, daß ich niemals mit der Fliegerei aufhören würde.

Die Pointe der Geschichte aber war, daß mein Vater die Strafe von fünfzig Dollar zahlen mußte, denn ich hatte kein Geld.

Mein Gewissen setzte mir immer mehr zu. Ich beförderte Passagiere, gab Flugunterricht und besaß doch keine ordentliche Lizenz. Das mußte anders werden. Also bewarb ich mich nach fünfunddreißig Stunden Alleinflug um die Privatpilotenlizenz. Die Prüfung bestand ich mit Leichtigkeit.

Kurz danach, ich hatte einen geschäftigen Sonntag hinter mir, an dem ich – illegal – Flugunterricht gegeben hatte, wandte ich mich an Henry. Der zählte gerade mit höchst zufriedener Miene ein Bündel Zwanzig-Dollar-Scheine – die Ausbeute unseres unermüdlichen Fliegens von morgens früh bis abends spät – und steckte sie dann *alle* ein.

»Henry, ich bin hinter der höchsten Lizenz her, der Berufslizenz, habe in den letzten Wochen geschuftet wie ein Wahnsinniger. Die schriftliche Prüfung habe ich bereits bestanden. Könntest du mir die Waco 10 leihen, damit ich nach Cumberland in Maryland fliegen kann? Dort werden am nächsten Freitag die praktischen Prüfungen abgenommen.«

Henry grunzte geringschätzig: »Mach's ruhig, aber du kannst kaum die geforderten zweihundert Flugstunden nachweisen, außerdem hast du bis zu deinem achtzehnten Geburtstag noch drei Jahre Zeit. Warum diese Eile? Versuch's doch erst einmal mit dem nächsten Schritt, der begrenzten Berufslizenz. Auch die ist ein ganz schöner Brocken. Sie geben diese Lizenzen nicht gerade wie Rabattmarken aus.«

Unbeeindruckt von Henrys Warnungen tuckerte ich Freitag früh in der alten roten Waco mit 130 km/h den Dunning Ridge der Allegheny Mountains entlang. Ich zählte die vielen Flick- und Reparaturstellen auf den müden Silberflügeln und fragte mich ernsthaft, ob der zuständige Inspektor diese alte Kiste nicht sofort für fluguntauglich erklären würde. Als ich auf der kleinen Grasfläche von Cumberland landete und zum Holzschuppen rumpelte, schaukelte ich elegant mit dem Schwanz hin und her. So etwas machte man zu der Zeit. Es wies den Piloten als wirklichen Profi aus.

Ich kletterte aus dem großen Cockpit und putzte meine ölverschmierte Schutzbrille.

Ein grimmig wirkender, ergrauter Bundesinspektor saß hinter einem Schreibtisch im Freien. Er blätterte gerade in einem Stapel Prüfungsunterlagen. Rund zwanzig nervöse Aspiranten auf eine Privatlizenz standen um ihn herum – alles Männer, die beträchtlich älter waren als ich.

Ich trat heran und legte meinen Antrag auf Erteilung einer Berufslizenz bescheiden auf den Tisch. Der Inspektor warf einen Blick auf das Papier, sah dann auf und betrachtete mich eine ganze Weile.

»Mein Gott, du bist ja noch ein Kind«, brummte er schließlich. »Bist noch nicht trocken hinter den Ohren. Wie hast du denn die zweihundert Stunden zusammengekriegt? Du hast doch vor drei Monaten erst deine Privatlizenz erworben?«

So verbindlich wie möglich, aber auch entschieden, damit der alte Vogel nicht glauben sollte, er könne mich einschüchtern, erwiderte ich: »Auf Henry Nolls Flugfeld.«

Er ging in die Luft. »O nein! Mißachtet der alte Gauner denn noch immer alle bestehenden Regeln? Vermutlich gibst du Flugstunden und beförderst für ihn Passagiere, ohne die Berufslizenz zu haben?«

Ich umging die Frage geschickt. »Ich arbeite seit drei Jahren für Henry, schleppe Gasolintanks, helfe ihm bei Reparaturen und so weiter.«

Aber der erfahrene Flieger kannte offenbar seine Pappenheimer. Er sah mir fest in die Augen. »Nun, du scheinst mir ein ziemlich ehrgeiziger junger Mann zu sein. Auf jeden Fall bist du der jüngste Achtzehnjährige, der mir je unter die Augen gekommen ist. Meinst du, daß du für die Berufslizenz reif genug bist? Ist ein harter Test, wie du vielleicht weißt.«

Aber er wartete meine Antwort gar nicht erst ab. »Also, dann schnapp dir deinen Fallschirm, binde ihn fest an deinen Arsch und bring Henrys alte Krähe auf gut dreitausend Meter – das heißt, wenn sie überhaupt so hoch kommt. Aber du wirst diese Höhe für das präzise Trudeln brauchen. Und wenn ich präzise gesagt habe, dann meine ich das auch. Ich verlange, eine Umdrehung nach rechts zu sehen, bei der du genau an den Ausgangspunkt zurückkehrst. Dann dasselbe nach links. Danach je eine zwei- und dreifache Drehung nach rechts und links. Schließlich gehst du auf 700 Meter hinunter und vollführst deine Pflichtfiguren, Achten, Steilkurven und so weiter. Die genaue Reihenfolge ist da aufgeschrieben.«

Ich bedankte mich und machte mich auf den Weg zum Flugzeug. Dann hielt ich inne und rief zurück: »Wo wollen Sie denn sitzen? Vorn oder hinten?«

Er riß den Mund weit auf. »Zum Teufel, ich werde doch nicht mit dieser Schrottkiste in die Luft gehen. Ich hätte schon am Boden Angst, mich da reinzusetzen. Ich bleibe hier unten und beobachte dich durchs Fernglas. Bin in meinem Leben schon genug getrudelt. Jede Glückssträhne geht einmal zu Ende. Und sei ja vorsichtig, mein Junge!«

Ein freundlicher Mechaniker brachte den großen Propeller in Schwung, und der alte, 90 PS schwache OX-5-Motor quälte sich mühsam in ein langsam beständiger werdendes Röhren. Ich rollte an, holte Fahrt und hob dann ab. Es kostete mich fast eine Stunde, mich in den herrlich blauen wolkenlosen Himmel hinaufzuschrauben. Als ich die 3000 Meter endlich erreicht hatte, spritzte mir kochend heißer Dampf aus dem Kühler des Achtzylindermotors ins Gesicht. Es war ein Stück Arbeit gewesen, die alte Mühle auf 3000 Meter zu bringen. Mir war, als hätte ich sie auf meinem Rücken dort hinaufgetragen.

Ich machte mir Sorgen. Die Maschine genoß den traurigen Ruhm, nach einigen Umdrehungen mitunter ins Trudeln zu geraten, aus dem sie nicht so leicht wieder abzufangen war. Besonders, wenn die Flügel nicht richtig aufgetakelt waren. Und Henry Noll war keine Kapazität in puncto Wartung . . .

Ich hatte zwar schon ein paar Trudeln mit der Waco gemacht, aber nie mit mehr als nur einer Drehung. Henry hatte mir ja auch gesagt, der Inspektor würde bei der veralteten Waco mit Sicherheit auf Mehrfachdrehungen verzichten. (Die US-Regierung hat das Trudeln übrigens später aus dem Prüfprogramm gestrichen, weil bei den Demonstationen allzu viele Todesfälle zu beklagen waren.)

Vielleicht hatte ich diesmal doch zu hoch gegriffen? Ich spürte förmlich, wie sich die Augen des Beamten da unten in mich hineinbohrten. Aber nun sollte ich besser mit meinen Vorführungen beginnen, sonst konnte er mir mein Zögern noch als Furcht auslegen. Mein Mund war staubtrocken. Ich zog die Nase der Maschine herum und brachte sie genau über einen deutlich sichtbaren Gebirgskamm. An ihm würde ich mich nach der Umdrehung orientieren.

Ich zog den Knüppel zurück, nahm das Gas weg und trat hart auf das rechte Seitenruder. Dann war ich auch schon mitten drin im Trudeln und drehte nach rechts. Ich sah den Gebirgskamm auf mich zukommen – also drückte ich voll auf das linke Seitenruder und schob den Knüppel nach vorn. Ich fing die Maschine ab – exakt dort, wo ich mit der Drehung begonnen hatte.

Das war eine wirklich saubere Leistung. Das war Präzision. Aber der Motor war fast zum Stillstand gekommen. Er hatte sich in dieser Höhe abgekühlt. Damals wußten wir noch nicht, daß es so etwas wie das Phänomen der Vergaservereisung gibt.

Ich mußte den Motor unbedingt auf etwa 800 Touren halten, damit er mir nicht wegblieb, sonst war die Prüfung vorzeitig beendet.

Ich zog den Knüppel zurück, gab linkes Seitenruder, um links zu trudeln. Das Flugzeug war brav, tat genau das, was ich wollte. Und wieder schaffte ich es im richtigen Moment, aus dem Trudeln genau über dem Bergkamm herauszukommen.

Nun war das zweifache Trudeln an der Reihe, nach rechts und nach links, dann dreimal nach rechts. Schließlich blieb nur noch das dreifache nach links, und ich hätte es geschafft. Ich war verdammt stolz auf meine bisherige Leistung. Dennoch – beim dreifachen Trudeln würde ich sehr aufpassen müssen.

Beim Linksstrudeln war die Waco doch träge beim Herausnehmen. Die Propellerdrehung wirkte dagegen.

Ich zog die Nase hoch in einen überzogenen Flug – mitten hinein in die letzte Linksdrehung. Ich zählte zweieinhalb Drehungen, drückte voll auf das rechte Seitenruder und den Knüppel nach vorn – nichts, *nichts* geschah! Die Kiste schraubte sich immer weiter, immer schneller. Die Spirale wurde immer enger, obwohl ich den Gashebel herausriß. Kabel und Streben durchschnitten die Luft mit lautem Crescendo. In Windeseile raste der Zeiger des Höhenmessers auf 2500, 2000 Meter herunter. Die Erde unter mir rotierte so schnell, daß ich die Umdrehungen gar nicht mehr zählen konnte.

Jesus! durchzuckte es mich wie ein Blitz. Jetzt würde ich wohl abspringen müssen. Das Seitenruder war einfach nicht stark genug, die Drehungen abzufangen. Verdammt, würde Henry Noll wütend sein. Und ich? Nun, ich war dabei, meine Prüfung zu verpatzen. Ich konnte nur hoffen, daß sich der alte Fallschirm öffnete.

Zögernd löste ich den Anschnallgurt und erhob mich schwerfällig. Die Fliehkraft schien mich ans Cockpit zu schmieden. Schließlich gelang es mir doch, einen Fuß hinaus auf den Flügel zu setzen. Der andere befand sich immer noch auf dem Sitz. Zu allem Unglück hatte sich der verflixte Fallschirm auch noch an der kleinen Windschutzscheibe verfangen. Nun bekam ich es wirklich mit der Angst zu tun. Ich stellte mir vor, daß ich nach meinem Absprung zu nahe beim trudelnden Flugzeug bleiben würde. Dann würde mich der Propeller zermalmen. Also langte ich wieder ins Cockpit und stellte den Motor ab.

Gerade als ich mich abstoßen wollte, verlangsamte sich die Sturzdrehung. Der Luftstrom um meinen Körper hatte wohl als zusätzliches Seitenruder fungiert. Das und der ausgeschaltete Motor hatten ausgereicht, die Linksdrehung zu verlangsamen. Ich warf mich ins Cockpit zurück und übernahm das Steuer wieder – ich hatte unglaubliches Glück, das Flugzeug genau über dem Bergkamm wieder abzufangen. Der Propeller drehte sich kaum noch. Mit einem Stoßgebet schaltete ich den Motor wieder an. Er reagierte mit einem höchst willkommenen Aufröhren. Der Höhenmesser zeigte klägliche 700 Meter. Meine Hände zitterten wie Espenlaub. Laut und vernehmlich betete ich: »Lieber Gott, ich danke dir!«

Nun überflog ich wieder das Flugfeld und praktizierte die vorgeschriebenen Übungen. Das war ein Kinderspiel im Vergleich zu dem, was ich gerade hinter mir hatte. Langsam, sehr langsam kehrte mein Selbstvertrauen wieder zurück.

Fast gockelhaft eitel slippte ich in eine kurze Landerolle und kam neben dem Schreibtisch des Inspektors zum Stehen. Die Waco 10 besaß keine Bremsen. Der Schwanzsporn verlangsamte die Maschine.

Ich kletterte aus der Kiste. Meine Schutzbrille war mit Öl verschmiert. Umständlich putzte ich sie und ging zum Schreibtisch. Immer noch standen da ein paar Privatlizenz-Aspiranten herum.

Einer pfiff durch die Zähne. »Junge, das war knapp. Sie hätten fast das Flugzeug verloren!«

Der Inspektor riß wortlos ein Stück Papier ab und hielt es mir unter die Nase. Dort stand: Berufslizenz.

Ernst sagte er: »Du hast sie dir verdient! Wie viele *spins* hast du denn beim letzten Mal gedreht?«

»Ich habe zehn gezählt«, sagte ich so beiläufig wie möglich.

Immer noch verzog der Inspektor keine Miene. »So viele habe ich auch gezählt. Es war eine recht ungewöhnliche Art, da wieder herauszukommen. Du wirst Mr. Noll sagen, er soll die Tragflächen endlich richtig auftakeln und dann folgendes Schild am Armaturenbrett anbringen: ›Vorsätzliches Trudeln in diesem Flugzeug verboten!‹ Übrigens werde ich mich in der nächsten Woche mal ein bißchen bei ihm umsehen.«

Nach einem Winken und »Vielen Dank« saß ich wieder in der Waco und befand mich auf dem Heimweg – als stolzer Berufspilot mit sage und schreibe fünfzehn Jahren.

Gerade als die Sonne wie ein roter Ball im Westen versank, tauchte ich über Henrys Wiese auf – mit dem Bauch nach oben. Ich ließ die Maschine so lange auf dem Rücken, bis der Motor wegen Spritmangel zu stottern begann. Dann rollte ich in einen halben Looping und raste in einem heulenden Sturzflug auf Henry zu, der mit seiner Bulldogge auf dem Arm vor dem Hangar stand.

Ich landete mit ausgeschaltetem Motor genau vor Henrys Füßen.

Er lachte über das ganze Gesicht. »Hast du es geschafft, mein Junge? Muß ja eine Glanzleistung gewesen sein. Dieser Inspektor Young ist ein Schlitzohr. Wenn du ein moderneres Flugzeug gehabt hättest, hätte er dich sicher präzises Trudeln machen lassen. Nun wirst du aber hoffentlich damit aufhören, meine Flugzeuge zu malträtieren. Sie sind zu alt für solche Kunststückchen und können Loopings und Sturzflüge nicht mehr verkraften.«

Ich hielt den Mund und dachte bei mir: »Du wirst noch früh genug erfahren, was sich heute abgespielt hat.«

Auch für den Rest des Jahres tat sich einiges auf unserem Flugfeld. Der Bundesinspektor zwang Henry dazu, seine Maschinen auf Vordermann zu bringen. Unser Fluggeschäft florierte, obwohl Amerika bereits in die große Wirtschaftsflaute von 1929 geraten war. Henrys Vertrauen in mich war beträchtlich gestiegen, seitdem ich die Berufslizenz besaß.

In jenen halbvergessenen Anfangsjahren waren die Überlandflüge unsere größte Herausforderung. Von Navigationskunde war noch nicht einmal zu träumen – die meiste Zeit wußten wir nicht mal, wo wir uns eigentlich befanden. Wir orientierten uns anhand von Straßenkarten und Bahngleisen – Schienen-Navigation nannten wir das.

Jeder Flug war ein spannendes Abenteuer, oft mit Angst und Schrecken gewürzt. Häufig machten wir unfreiwillige Landungen auf dem Feld eines Bauern, rissen ihm dabei sein Getreide aus. Nachdem wir Frieden mit ihm geschlossen hatten, benutzten wir seinen Acker als Flugfeld und unternahmen Rundflüge mit der Dorfbevölkerung. Wenn der Abend kam, hatten wir meist ein ganz hübsches Sümmchen zusammen – pro Flug kassierten wir fünf Dollar – und konnten uns dafür am nächsten Morgen Sprit für den Weiterflug kaufen.

Stets waren wir sorgsam darauf bedacht, unsere Maschinen in schützenden Scheunen unterzustellen. Neugierige Kühe hatten sich allzu oft an die silbernen Bespannungen der Flügel herangemacht und sie angeknabbert. Das Salz im Spannlack hatte es ihnen wohl besonders angetan.

Wie oft haben wir uns verflogen und fanden meist nicht schnell genug einen Platz zum Landen. Dann mußten wir uns allerlei Tricks einfallen lassen. Wir glitten zum Beispiel in Baumhöhe hinab, drosselten den Motor und riefen irgendeinem erstaunten Erdenbewohner zu: »Wie heißt der Ort hier eigentlich?«

Flugzeuge waren eine Rarität. Es gab nicht mehr als zwei Dutzend im großen Staat Pennsylvania.

An den Wochenenden zogen unsere Schauflüge Massen von Zuschauern an. Wir kletterten in den alten Challenger- oder Waco-10-Doppeldeckern auf 1500 oder 2000 Meter Höhe und ließen von oben eine Rolle Toilettenpapier fallen. Dann ging's im Sturzflug hinab, und wer von uns dabei die meisten flatternden Klopapierfahnen durchschnitt, war Sieger.

Es waren sorglose, glückliche Tage. Die gestrenge Wissenschaft und kalte Geschäftemacherei hatten die Freude an der Luftfahrt noch nicht verdorben. Wir waren die Ritter an König Arthurs Tafelrunde.

Inzwischen hatte Henry eine neue leichte Taylor Cub zum Preis von 800 Dollar erstanden. Meine Spezialität bestand darin, in diesem Flugzeug sehr hoch zu steigen, den Motor auszuschalten und dann im Sturzflug hinunterzugehen. Manchmal hatte ich so viel Fahrt drauf, daß ich Loopings und gesteuerte Rollen vollführen konnte. Schließlich landete ich inmitten eines mit weißem Pulver auf der Wiese markierten Kreises. Und das alles im Gleitflug.

Eines Sonntags stellten wir nach meiner Landung beunruhigt fest, daß die vordere Kante des Cubflügels durch die extreme Geschwindigkeit deformiert worden war. Noch bestürzter waren wir allerdings, als wir am Montag in der Zeitung lasen, daß auf einem 170 Kilometer entfernten Flugplatz eine Cub abgestürzt war. Der Pilot war ums Leben gekommen. Er hatte unseren Schauflug kopiert und dabei sein Flügelprofil so beschädigt, daß er seinen Sturzflug nicht mehr abfangen konnte.

Selbstverständlich verzichteten wir fortan auf dieses Kunststück, ersetzten es aber durch eine ähnlich haarsträubende Aktion. Während Henry verhältnismäßig niedrig über das Flugfeld flog, schaltete er die Zündung aus und kletterte aus dem Cockpit. Mit beiden Füßen stellte er sich auf das rechte Rad. Dann hängte er sich mit einer Hand an die Flügelverstrebungen und griff mit der anderen nach dem Propeller, um durch ihn den Motor wieder in Gang zu setzen. Besonders aufregend wurde diese Darbietung dadurch, daß Henry mitunter so tat, als würde er ausrutschen und abstürzen.

Eines Tages war ich mit einer jungen Frau nach Washington unterwegs. Sie wollte am selben Tag heiraten. Unter einer niedrighängenden Wolkendecke waren wir gestartet. Flugwettervorhersagen waren in jenen Tagen ziemlich dürftig. Kurz darauf flog ich praktisch blind durch einen frühherbstlichen Schneesturm – in einer nagelneuen Cub, ohne Instrumente.

Mir blieb nichts anderes übrig, als uns aus der Suppe spiralförmig hinunterzuschrauben – glücklicherweise in ein Tal. Zufrieden stellte ich fest, daß wir uns direkt über einem Notlandeplatz für Postflugzeuge befanden. Ich warf einen Blick auf den orangefarbenen Windsack in der Ecke und nutzte einen passenden Abwind.

Ich wollte den Motor nur drosseln, aber er blieb ganz weg. Anscheinend war der Vergaser vereist. Doch das beunruhigte mich nicht sonderlich. Schließlich hatte ich inzwischen Hunderte von Landungen mit stehendem Propeller hinter mich gebracht.

Als wir uns dem Boden näherten, stellte ich verblüfft fest, daß sich vor uns ein riesiger Erdwall erhob. Dieses schneebedeckte Hindernis war aus der Höhe nicht zu erkennen gewesen. Ich zog den Knüppel zurück und kam gerade noch so über den Hügel – aber nur, um schon wieder einen zu entdecken. Mittlerweile verloren wir immer mehr an Fahrt. Mit Mühe schaffte ich auch diesen zweiten Wall. Aber da war noch einer und noch einer . . .

Ich hatte keine andere Wahl, als die Nase des Flugzeugs hochzuziehen und den Erdwall so sanft wie möglich zu rammen.

Dabei wurde das Fahrgestell weggefegt.

Das Flugzeug brach auseinander. Der Propeller bohrte sich in die Erde. Der Motor wurde seitlich weggerissen, während wir beide in dem noch intakten Rumpf saßen. Dann schlug der Rumpf heftig auf dem Boden auf. Die junge Frau und ich wurden hinauskatapultiert – mitsamt unseren Sitzen. Wir flitzten wie auf Schlitten über die schneebedeckte Erde.

Schließlich kamen wir zu einem Halt, waren glücklicherweise unverletzt. Unheimliches Schweigen um uns. Nur die Schneeflocken, die auf den heißen Motor fielen, verursachten zischende Laute, bevor sie verdampften.

Nach einer Weile gewann die Braut ihre Fassung wieder und bemerkte verbittert: »Eine verdammte Art und Weise, seinen Hochzeitstag zu verbringen!«

Ich öffnete meinen Gurt, stand auf und half ihr auf die Beine. Hinter uns blieb eine Spur von zerschmetterten Flugzeugteilen zurück – man hätte sie in Körben wegtragen können.

»Himmel, mein erster Bruch! Ich habe diesen Vogel tatsächlich erledigt«, murmelte ich voll Verwunderung. Ich konnte nicht wissen, daß mir weitere siebzehn Bruchlandungen als Fluglehrer und Testpilot bevorstehen sollten.

»Kein junger Mann glaubt, daß er je sterben soll . . .« (W. Hazlitt)

Wir marschierten durch den rutschigen Schnee zu einem Farmhaus. Meine erste Frage betraf das Flugfeld und warum es so gefährlich hügelig war.

»Bis vor zwei Wochen war das Feld noch an die Bundesluftfahrtbehörde als Notlandeplatz vermietet. Der Farmer hat versucht, den Mietvertrag zu kündigen, um Getreide anzubauen. Aber die Regierung lehnte ab. Der Farmer war so wütend, daß er am nächsten Tag tiefe Furchen hineingepflügt hat.«

Inzwischen war ich sechzehn Jahre alt und ging aufs College.

Auf der Mittelschule hatte ich hart gearbeitet. Der Sohn eines Arztes hat schließlich ein Prestige zu verlieren. Als Auszeichnung für besonders gute Leistungen durfte ich an einer Vorlesung Albert Einsteins im nahegelegenen Pittsburgh teilnehmen.

Ich verstand keine einzige der mathematischen Formeln, die der grauhaarige, stets lächelnde, fast nur deutsch sprechende Professor an die Tafel kritzelte, aber ich platzte fast vor Stolz: Ich war mit Abstand der jüngste Zuhörer.

Meine Lehrer meinten beim Schulabschluß, ich hätte alle Anlagen, Erfinder zu werden. Und genau das wollte ich werden – ein deutsch sprechender Erfinder.

Dad warnte, daß Erfinder wie Künstler sehr leicht zu Hungerleidern werden könnten. ». . . eine riskante Art, sein Brot zu verdienen. Sieh lieber zu, daß du einen Dr. med. vor deinen Namen setzt. Warum studierst du nicht erst mal vier Jahre Medizin? Dann kannst du dich immer noch entscheiden.«

Es dauerte gar nicht lange, bis ich mich auch auf dem College als Fluglehrer betätigte. Zwölf Studenten hatten einen Flugklub gegründet. Sie kauften für 480 Dollar einen alten Eaglerock-Doppeldecker und heuerten mich als Fluglehrer an. Da diese Hedoniker jedoch wenig Lust verspürten, die Maschine auch zu warten, kaufte ich ihnen den Vogel ab. Als Flugzeugbesitzer erhöhte ich meine Unterrichtspreise auf gigantische vierzehn Dollar pro Stunde. Das war eine Menge Geld zu jener Zeit. Ich stellte schnell fest, daß die meisten meiner Flugschüler keine besonders begeisterten Piloten waren. Sie gaben lediglich das Geld ihrer großzügigen Eltern aus, um vor ihren Freundinnen mit ihren Flugkünsten zu protzen.

Das Leben auf dem College verabscheute ich. Ich war in eine bekannte studentische Verbindung eingetreten und lebte mit vierundsechzig Verbindungsbrüdern zusammen. Damit war ich dem väterlichen Rat gefolgt: »Mit Menschen auszukommen und Kontakte zu schaffen, Jack, ist sehr wichtig im Leben . . .«

Aber das wollte ich damals noch nicht einsehen. Ich fühlte mich in der Gemeinschaft einfach nicht wohl. Ich war ein Einzelkind, und da entwickelt man sich leicht zum Einzelgänger. Vielleicht werden deshalb aus Soldaten Deserteure. Manche Bienen wollen ja auch nicht im Stock leben. Diese Introvertiertheit ist unter Umständen auch der Grund, der mich ins Cockpit brachte.

Der Pilot einer Fluglinie ist, wenn er sich erst einmal Erfahrung und Prestige erworben hat, ein fast absoluter Monarch. In seinem kleinen himmlischen Reich kann er ganz einfach die Pforten schließen und seinem Copiloten befehlen, den Kontakt mit der Außenwelt zu halten. Und wenn dieser Pilot auch noch ein guter Mann ist, der nach Reflexen fliegt, kann er ganz abschalten. Er treibt durch die Wolken – abgeschieden von allen irdischen Bedrängnissen und Nöten, vergleichbar einem tibetanischen Mönch in Trance.

Mein Ehrgeiz auf dem College ließ mich dann einen entscheidenden Fehler machen: Ich lud mir zuviel auf die Schultern. Ich trat dem feudalen Footballteam und auch dem Ringerteam bei. Damit wollte ich wohl meiner schönen Highschool-Lehrerin zu Hause imponieren. Ich liebte sie über alles – aber es wäre wohl vernünftiger gewesen, mich mehr auf meine Bücher als auf ihr Porträt zu konzentrieren, das über meinem Schreibtisch hing.

Wenn ich dann abends todmüde vom Football-Training nach Hause kam, brachte ich natürlich nicht mehr die Energie zum Lernen auf. Warnungen gegenüber, daß Chemie und Physik die härtesten Brocken seien, hatte ich taube Ohren. Die Zahl der Studenten, die vorzeitig das Handtuch warfen, war erschreckend hoch. Da ich jedoch die Highschool als einer der Besten absolviert hatte, wiegte ich mich in einem wonnigen Sicherheitsgefühl, obwohl meine Zensuren bedrohlich absanken.

Glücklicherweise war ich, ohne viel zu lernen, wenigstens in Physik immer noch beachtlich – so beachtlich, daß Doc Duncan, der Fakultätsleiter, mir riet, Physiker zu werden. Er sagte auch, ich hätte gute Anlagen für einen erfolgreichen Erfinder. Das gab mir natürlich eine Menge Auftrieb.

Anstatt mich also zu bescheiden, lud ich mir immer mehr Studienfächer auf. Ich war mir wohl damals schon bewußt, daß ich nicht hingebungsvoll genug war, um Arzt werden zu können. Also begann ich auch noch Maschinenbau und Elektrotechnik zu studieren. Als Erfinder brauchte ich schließlich eine breite Wissensgrundlage. Die zusätzliche Belastung störte mich nicht weiter. Ich berauschte mich an der Idee, ein einsamer Forscher zu werden, mein Leben ganz der Wissenschaft zu weihen.

In meinem ersten Jahr auf dem College hatte man einen neuen Kursus für Human-Anatomie eingeführt. Er wurde von dem kleinen Professor Tietz geleitet. Er schwamm in seinen übergroßen Anzügen und den gestärkten Kragen. Sein Kneifer rutschte ihm beständig die große, scharfgeschnittene Nase herunter. Wir schnippelten mehrere Stunden in der Woche verbissen an sechs nach Formaldehyd riechenden Leichen herum. Dennoch machten wir kaum Fortschritte in unserem Schlachthaus, einem großen dunklen Raum im Souterrain des Colleges. Weder der gute Doktor der Zoologie – lediglich im Zerteilen von Fischen bewandert – noch wir wußten, was wir da eigentlich trieben.

Es wurde Mai, der Kursus neigte sich seinem Ende entgegen. Aber wir waren über kleine Einschnitte in die Haut nicht hinausgekommen. Da faßte ich einen Entschluß.

»Was wird eigentlich aus den Resten?« fragte ich meinen Freund Merril, den Laborassistenten, der nicht genug Geld hatte, um Medizin zu studieren.

»Die staatliche Anatomiegesellschaft hat es sich von uns schriftlich geben lassen, daß die Körper würdevoll beseitigt werden. Vermutlich sollen wir sie verbrennen oder beerdigen. Aber im Vertrauen, Jack, wir haben vor, sie in den großen Abfallbehältern vor der Tür zu deponieren. Das mag nicht sehr schicklich sein, aber für eine Bestattung ist einfach kein Geld im Etat.«

»Wann wollt ihr das denn machen, Merril? Es wäre doch eine unglaubliche Verschwendung von Sektionsmaterial. Ich werde die Leichen mit der Bahn nach Hause zu meinem Vater schikken.«

Merril stöhnte auf. »Mein Gott, Jack! Aber ich wasche meine Hände in Unschuld. Ich sehe nichts und höre nichts. Stell dir bloß vor, die Zeitungen kriegen Wind davon. Was für ein Skandal!«

Eine Woche später brachen ein paar beherzte Kommilitonen und ich im Schutze der Nacht auf, um die Leichen abzuholen. Sie waren bandagiert wie Mumien und rochen beißend nach Formaldehyd. Wir packten die geisterbleichen Gestalten auf den Rücksitz eines geliehenen Ford Roadster und fuhren mit unserer gruseligen Fracht über abgelegene Nebenstraßen zu einer kleinen Garage.

Hinter der sorgsam verschlossenen Garagentür packten wir die Körper in eine große hölzerne Klavierkiste und schraubten den Deckel fest zu.

Ein paar Tage später lieferte die Eisenbahn die verdächtig schwere Kiste bei meinem verblüfften Vater in Ebensburg ab. Der erfahrene Arzt roch natürlich sofort, was sich darin befand, und ließ die Fracht in unseren großen kühlen Keller bringen.

Meine Mutter war außer sich über das Leichenschauhaus, das sich da direkt unter ihrem Wohnzimmer etablierte.

In den Sommerferien lernte ich dann unter der Anleitung meines Vaters ordentlich sezieren. Ein Körper diente der Erforschung des Kreislaufsystems, ein anderer der Nervenerkundung, ein dritter – als Skelett – der Lehre des Knochenbaus usw.

Als eines Tages ganz unerwartet der Stromableser auftauchte, verursachte er die erste ernsthafte Krise. Er stakste ganz einfach durch die Küche und machte sich auf den Weg in den Keller.

Glücklicherweise hatte sich mein Vater gerade in der Diele aufgehalten. Er nagelte den guten Mann mit einem freundlichen Gespräch und einem Schluck Whiskey erst einmal fest. In der Zwischenzeit flitzte ich in den Keller und rollte die Leichen in unseren verschlossenen Heizungsraum. Keine Rakete auf Cape Canaveral hätte präziser gestartet werden können. Der Elektriker schöpfte keinen Verdacht.

Nach ein paar Wochen wurde meiner Mutter der penetrante Geruch dann aber doch zuviel. Sie stellte uns ein Ultimatum: die Leichen oder ich!

Folgsam schleppten mein Vater und ich unsere Schätze aufs hochgelegene Garagendach. Hier konnte uns kein noch so neugieriger Nachbar auf die skalpellschwingenden Finger sehen.

Nachdem ich den Abschluß des Pennsylvania State College in der Tasche hatte, bewarb ich mich um das Studium des Flugzeugbaus an Amerikas berühmtem Massachusetts Institute of Technology (MIT) in Boston.

Während des Jahres dort, dem Gipfel des technischen Studiums, erblickte ich am Schwarzen Brett die Ausschreibung eines Rockefeller-Stipendiums für eine x-beliebige Universität in Deutschland.

Deutsche Flugzeuge hatten schon immer meine Phantasie beflügelt, und die Hersteller Willy Messerschmitt, Ernst Heinkel und Hugo Junkers machten in den USA Schlagzeilen.

Einer meiner Flugschüler, der deutsche Stipendiat Otto Schwarz, drängte mich lächelnd: »Versuch's doch, Jack. So schlimm sind die Nazis auch nicht. Sie werden dir schon nichts tun!«

Ohne rechte Überzeugung stieg ich in den Ring. Ich füllte die entsprechenden Antragsformulare aus, glaubte aber nicht, daß ich das Stipendium tatsächlich gewinnen könnte. Dazu hatte ich zu viele Fächer belegt, diese Belastung wirkte sich negativ auf meine Noten aus. Ich war überrascht, als ich im Februar 1937 hörte, ich sei der Gewinner.

Gegen Ende des Sommers war ich Passagier auf der *Bremen* auf ihrem Weg über den Atlantik – ein Doktorand des Fachbereichs Flugzeugbau an der Technischen Hochschule Berlin.

2. Student in Hitler-Deutschland

Fünf Tage später, an einem frühen Morgen, warf ich einen verschlafenen Blick aus dem Bullauge meiner kümmerlichen Dritte-Klasse-Kabine – und erlag ein für allemal der Faszination der Alten Welt.

Ich hatte den Steward gebeten, mich bei Tagesanbruch zu wecken, damit ich das Eindocken in Bremerhaven beobachten konnte. Aber er hatte es vergessen, und nun hatten wir bereits am Kai festgemacht. Die ganze Länge der riesigen *Bremen* war gegen eine kalkweiße Zementmauer gedrückt.

Die Klänge einer kleinen Blaskapelle hatten mich geweckt. Die Musiker in olivgrüner Livree standen in einem Kreis auf der blitzblanken Pier in der strahlenden Morgensonne. Sie sahen von oben wie kleine Puppen aus.

Auch Schupos schlenderten da unten einher, stolz in ihren sehr langen und sehr blauen Mänteln. Ihre Köpfe wurden von glänzendschwarzen Tschakos gekrönt. Plötzlich war ich von diesem Land gefangengenommen. Ich vergaß die Nazis. Es war ja auch kein einziges Hakenkreuz zu sehen.

Aufatmend verließ ich den winzigen dunklen Raum, den ich während der Überfahrt mit drei anderen Passagieren geteilt hatte. Die Waschbecken konnten gegen die Wand geklappt werden, um wenigstens etwas Platz in dem engen Gang zwischen den beiden Hochbetten zu schaffen. Mir war, als hätte ich eine Woche in einer Eisenbahntoilette verbracht.

Wir hatten den Atlantik im hektischen Sommer 1937 überquert. Nicht ohne Zweifel und Befürchtungen hatte ich jeden Morgen die flammendroten Sonnenaufgänge im Osten beobachtet. Ich hatte sie mit leuchtenden Hakenkreuzen in Verbindung gebracht und den blutigen Säuberungsaktionen der Nationalsozialisten. In den Zeitungen standen furchterregende Dinge.

Ich fragte mich immer wieder, ob es nicht geradzu verrückt war, meine Studien im ehrwürdigen MIT gegen Unsicherheit, vielleicht sogar Gewalttätigkeiten einzutauschen.

In den letzten Wochen hatte man mich immer wieder eindringlich gewarnt, Besucher in Deutschland stünden unter ständiger Beobachtung, müßten mit Leibesvisitationen rechnen und mit »Wanzen« in ihren Hotelzimmern. Und ausgerechnet Flugzeugbau wollte ich studieren? Mit Sicherheit würde man mich für einen amerikanischen Spion halten.

Meine ersten Eindrücke waren allerdings ganz andere. Während der Überfahrt wurde ich mit ausgesuchter Höflichkeit behandelt, durfte die erste und zweite Klasse betreten. Offensichtlich wollten die Nationalsozialisten ihr Image aufpolieren, indem sie sich ausländischen Studenten gegenüber besonders aufmerksam zeigten.

Während der langweiligen Atlantik-Überquerung hatte ich mich stundenlang in der reichhaltigen Bibliothek der zweiten Klasse aufgehalten. Aber die Vibration der Schiffsschrauben war fast unerträglich. Ständig sprangen die kleinen Glasscheiben in den Türen aus den Rahmen. Aber mit deutscher Gründlichkeit wurden sie jeden Abend wieder ersetzt.

Die *Bremen* war das schnellste Schiff, das auf dem Atlantik verkehrte, bis die gerade in Dienst gestellte *Queen Mary* ihr diesen Rang ablief. Meine Vermutung, daß die *Bremen* auf der Überfahrt ihre Maschinen überforderte, um das »Blaue Band« für Deutschland zurückzugewinnen, bestätigte sich. Vom Schiffsingenieur erfuhr ich in Bremerhaven, daß es nicht gelungen war, den West-Ost-Rekord der *Queen Mary* zu brechen. »Wir haben bei diesem Versuch eine Menge Öl vergeudet«, meinte er mit langem Gesicht.

Am späten Nachmittag bestieg ich in Bremen den Expreßzug mit dem eleganten Mitropa-Speisewagen nach Berlin. Als ausländischer Stipendiat, so hatte ich erfahren, konnte ich für einen geringfügigen Zuschlag in der ersten Klasse reisen.

Ein offenbar gutsituierter deutscher Geschäftsmann, der eine teure Zigarre paffte, saß in meinem Abteil. Zuvorkommend erklärte er mir die Strecke und erzählte von den Sehenswürdigkeiten, die mich in Berlin erwarteten.

Auch die kleinsten Bahnhöfe, an denen wir vorbeiflitzten, waren mit Hakenkreuzfahnen geschmückt.

»An Fahnen herrscht in Ihrem Land kein Mangel«, bemerkte

ich. Der Geschäftsmann betrachtete mich schweigend. Mein Instinkt sagte mir, daß er meiner Meinung war.

Er schwieg ebenfalls, als ich sagte: »Bisher habe ich noch keine Slums gesehen. Deutschland muß ein wohlhabendes Land sein.«

Auf dem Bahnhof Friedrichstraße schleppte ich meinen schweren Koffer über die Straße zum *Central*-Hotel. Mein betuchter Abteilgefährte hatte es mir empfohlen. Also verbrachte ich meine erste Nacht in einem für einen Studenten viel zu teuren Luxuszimmer. Aber schon am nächsten Morgen war mir klar, daß ich mich schleunigst nach einer preiswerteren Bleibe würde umsehen müssen.

Das Rockefeller Institute hatte mir geraten, ein Zimmer in einem Studentenwohnheim zu mieten. Aber ich befürchtete, daß ich dort zu vielen englischsprechenden Studenten begegnen würde. Nicht gerade der beste Weg, die Sprache des Gastlandes zu lernen. Also dachte ich an ein möbliertes Zimmer. Ich war sicher, daß es an der Technischen Hochschule einen Zimmernachweis gab.

Der Hotelportier überreichte mir einen kostenlosen Stadtplan und zeigte mir den Weg, der über die Straße Unter den Linden führte.

Auf den ersten Blick verliebte ich mich in diesen prächtigen Boulevard, der in der strahlenden Vormittagssonne vor mir lag. Aber wie ich erwartet hatte – keine Linden! Ich hatte gelesen, daß sie Hitlers Plänen von einem modernen Berlin zum Opfer gefallen waren. Er hatte sie abholzen lassen, um dem Boulevard den Eindruck größerer Weite zu geben.

Langsam spazierte ich durch das Brandenburger Tor und durchquerte den Tiergarten mit seinen riesigen alten Bäumen. Das war Robin Hoods stiller Nottingham Forest – inmitten einer Großstadt.

Ich beschleunigte meine Schritte, kam durch das Charlottenburger Tor und sah links zum ersten Mal die Technische Hochschule vor mir liegen. Es war ein eigenartiger, aber eindrucksvoller Komplex aus rotem Sandstein. Ich setzte mich auf eine Bank und betrachtete das Gebäude. Ich fragte mich, welches Schicksal mich dort erwartete.

Im Rektorat erfuhr ich, daß ich mich an den für ausländische Studenten zuständigen Akademischen Austauschdienst in der Hardenbergstraße wenden müsse. Dort herrschte Ferienleere. Das Wintersemester begann erst am 11. November.

Aber man schlug mir vor, Mitglied des Humboldt-Klubs, der gemeinnützigen Organisation zu werden, die sich für ausländische Studenten einsetzte. Der Klubvertreter bat um meinen Besuch.

Also lenkte ich meine inzwischen schon recht müden Schritte durch den Tiergarten zurück bis zu einer kurzen, eleganten Straße: In den Zelten, nahe der Krolloper. Heute steht dort die Kongreßhalle. Die Leute vom Humboldt-Klub gaben mir eine Adresse in Wilmersdorf. In der Aschaffenburger Straße suche eine ältere, alleinstehende Dame, ein Fräulein von Gynz-Rekowski, eine junge Amerikanerin als Untermieterin.

Die vielen neuen Eindrücke in der fremden Umgebung hatten mich ermüdet. Inzwischen hatte es auch angefangen zu nieseln, und ich hätte sogar mit einem Schlafplatz in einer Kohlenmine vorliebgenommen.

Am späten Nachmittag schleppte ich mich die drei Stockwerke des Gartenhauses hinauf, überschritt die Schwelle – und trat einem der ungewöhnlichsten Menschen gegenüber, denen ich in meinem Leben begegnet bin. Diese kultivierte, etwa sechzigjährige Dame sollte mich – freundlich, aber eisern – durch die deutschen Zungenbrecherverben geleiten und mir schließlich sogar die Hand bei Briefen an Hermann Göring führen. Sie ersparte mir Jahre bei meinem Bemühen, Deutschland verstehen zu lernen und den Nationalsozialismus zu ergründen, dessen entschiedene Gegnerin sie war, ließ mich ihr Land nicht durch die Brille eines sich geschmeichelt fühlenden jungen, unerfahrenen ausländischen Studenten, sondern mit ihrer Erfahrung und Abgeklärtheit sehen. Ihre Analysen waren brillant und – zeitweise – bitter sarkastisch. Aber sie wurden stets in so homöopathischen Dosen ausgeteilt, daß sie nie ermüdend oder gar langweilig wurden. Sie sah Hitlers Schicksal so genau voraus, als habe sie die Nachkriegsbücher bereits gelesen.

Die gutaussehende Frau mit den freundlichen, klugen Augen

führte mich liebenswürdig lächelnd durch den dunklen Korridor in ihr eigenes Zimmer. Es war mit Büchern und Zeitschriften vollgestopft und ähnelte einer Pfandleihe in San Franciscos Chinatown.

Unsere Verhandlungen kamen sehr schnell zum Punkt. Ich wollte das Zimmer sehen und vor allem wissen, wieviel es kostete. Sie hätte eine amerikanische Studentin vorgezogen, da sie bereits zwei weibliche Untermieter hatte. Ein Mann in der Vierzimmerwohnung könnte zu Peinlichkeiten führen.

Da ich vor Erschöpfung zu langen Diskussionen nicht mehr in der Lage war, schlug ich vor, mich für eine Woche zur Probe aufzunehmen. Fräulein von Gynz wandte ein, daß der Raum noch nicht aufgeräumt sei, nicht einmal Bettwäsche sei vorhanden, kein Tisch, kein Schreibtisch.

Ich brach ganz einfach auf dem behelfsmäßigen Bett zusammen und murmelte schon halb im Schlaf, alles sei okay.

Achtzehn Stunden später weckte mich ein Klopfen an der Tür. Fräulein von Gynz trat ganz einfach in »mein« Zimmer – angetan mit einem unordentlichen Morgenrock und ausgetretenen Pantoffeln. Mit einer Kaffeekanne in der Hand setzte sie sich an mein Bett, als wäre ich ihr Sohn.

Eines der ersten Probleme, die es zu lösen galt, waren die Mahlzeiten. Die Küche war überfüllt. Jeder Untermieter hatte seine Ecke, und der Benutzungsplan mußte so präzise eingehalten werden wie beim Kupplungsmanöver zweier Raumfahrzeuge im All. Und: Fräulein von Gynz war nicht bereit, irgendwelche Mahlzeiten zuzubereiten.

Sie bestand darauf, daß ich mich sofort bei der Polizei in der Joachimsthaler Straße anmeldete, und wies mich an, meine Lebensmittel immer im selben Geschäft zu kaufen und sehr freundlich zu sein. »Gute Beziehungen zu Lebensmittelhändlern können bei Verknappung ratsam sein . . .«

Aus der Versuchswoche bei Fräulein von Gynz wurde ein Monat, aus einem Monat ein unvergeßliches Jahr. Im Winter war das Zimmer bitter kalt, aber noch kälter war es in der Hochschule, wo nur zweimal täglich – und das auch nur für die Dauer einer Stunde – Dampf durch die Heizungsrohre gejagt wurde.

Wir saßen in Mänteln bei den Vorlesungen. Hitler hatte eine andere Verwendung für den Brennstoff. Mein Körper hat sich an die kalten, klammen deutschen Hörsäle und Wohnungen so gewöhnt, daß ich mich Jahre danach in den überheizten amerikanischen Räumen nicht mehr wohl fühlte und Kälte bis zu minus 60 Grad – zum Beispiel in Labrador und Alaska – besser ertragen konnte als meine Fliegerkollegen.

Nie schien Fräulein von Gynz mein Zimmer als unverletzliches Territorium zu betrachten. Es dauerte eine ganze Weile, bis ich mich damit abgefunden hatte, bei meiner Heimkehr aus der Hochschule mitunter englisch oder französisch sprechende Studenten in meinem Raum vorzufinden. Es verging kein Tag, an dem nicht Zeitungen oder Kleidungsstücke meiner Wirtin wahllos in meinem Zimmer verstreut waren. Zuweilen benutzte sie mein Refugium auch als Durchgang zur Küche – ungeachtet des Zustands, in dem ich mich gerade befand . . .

Mit der Zeit erfuhr ich, daß Fräulein von Gynz die einzige Tochter eines angesehenen preußischen Generals war, der sich im Ersten Weltkrieg bedeutende Verdienste erworben hatte. Sie war streng erzogen worden und hatte verschiedene europäische Universitäten besucht. General Erich Ludendorff war häufig Gast ihrer Familie gewesen. Als Kind hatte sie auf seinen Knien gesessen. Aber als er sich zu eng mit den Nazis liierte, war er in ihrem Elternhaus nicht mehr erwünscht.

Fräulein von Gynz warnte mich, daß nur noch wenige Wochen bis zum Semesterbeginn im November blieben: Ich sollte die Zeit intensiv nutzen. Ich mußte ihr Zeitungen vorlesen, ihre Telefonanrufe beantworten und kannte Berlin bald so gut wie ein Droschkenkutscher.

Zwei- bis dreimal täglich ging ich ins Kino, nur um Deutsch zu hören und zu lernen. Mitunter waren amerikanische und englische Filme nicht synchronisiert, aber wenigstens mit deutschen Untertiteln versehen. Das half. Die Begrüßung Mussolinis durch Hitler in Berlin sah ich so oft, daß ich jeden Knopf an ihren Uniformen kannte.

Doch das größte Hindernis beim Erlernen der deutschen Sprache sind – die Deutschen selbst. Kaum beherrscht ein

Durchschnittsdeutscher ein paar englische Sätze, weigert er sich standhaft, mit einem Amerikaner oder Engländer deutsch zu sprechen. Gnadenlos unterwirft er einen seinen mangelhaften Englischkenntnissen.

Wenn man dagegen einem Franzosen mit ein paar Brocken seiner Sprache entgegentritt, leuchtet sein Gesicht auf – er überschüttet einen mit einem Schwall französischer Sätze. Er ist stolz auf seine Sprache und freut sich über die Sprachkenntnisse des Fremden.

In Berlin habe ich gelernt, den englischhungrigen Deutschen aus dem Wege zu gehen.

Und plötzlich war der November da. Es dauerte ein paar Tage, bis ich mich durch das Vorlesungsverzeichnis hindurchgearbeitet hatte. Dann brauchte ich noch ein paar Tage, um die verschiedenen Professoren mein Studienbuch abzeichnen zu lassen. Ich stellte fest, daß auf den vorderen Seiten Platz für den Vermerk über Arbeitsdienstableistung freigelassen worden war, zu der jeder junge Deutsche herangezogen wurde. Später habe auch ich ein solches Lager besucht und an einer zweiwöchigen Übung teilgenommen. Der Arbeitsdienst schien mir eine bemerkenswerte Ähnlichkeit mit Franklin D. Roosevelts CCC, dem zivilen Arbeitsdienst von 1933, zu haben.

Die Zahl der Vorlesungen, die auf dem Gebiet des Flugzeugbaus angeboten wurden, war beachtlich, größer sogar als am hochgerühmten MIT. Es gab ungewöhnliche Kurse für Zeppelin-Konstruktion, die ich belegte. Doch bald stellte ich fest, daß mein Appetit wieder einmal größer gewesen war als mein Fassungsvermögen. Ich hatte mein Studienbuch so vollgestopft, daß ich manchmal noch am späten Abend in der Hochschule saß und Elementarphysik wiederholte. Ich wollte wissen, wie man in Deutschland physikalisches Wissen vermittelte. Überrascht stellte ich fest, daß die technische Ausstattung der Hörsäle wesentlich besser war als in den Staaten. In den Konstruktionskursen wurde auf die Praxis mehr Wert gelegt als auf die Theorie.

Auch der Anteil ausländischer Studenten an den deutschen Universitäten war wesentlich größer als an amerikanischen Hochschulen. Der Nahe und Ferne Osten und die europäischen

Länder waren zahlreich vertreten. Deutschland war ein Mekka. Es war leichter erreichbar und billiger als Amerika. Damals gab es noch keine regelmäßigen Transatlantikflüge.

Hitler und Goebbels hatten längst erkannt, daß diese Studenten, in ihre Heimatländer zurückgekehrt, als Botschafter für das deutsche System auftreten würden, besonders als Emissäre für die deutsche Industrie.

Da ich als einziger Amerikaner in den letzten zehn Jahren in Berlin Flugzeugbau studierte, ging das Interesse an mir so weit, daß ich vom Leiter des AKA, Hans Dole, das Angebot bekam, in dem der TH angeschlossenen SS-Studentenwohnheim, das als Parteizelle innerhalb der Hochschule galt und für die lächerliche Monatspauschale von sechzig Reichsmark die größten Annehmlichkeiten und Vergünstigungen bot, aufgenommen zu werden.

Mir aber stand der Sinn keineswegs nach so enger Tuchfühlung mit dem NS-System. Ich bevorzugte die Freiheit meines möblierten Zimmers und lehnte Hans Doles Angebot höflich ab.

Allerdings hatte ich längst andere Beziehungen zum AKA, die über meine Studienbelange weit hinausgingen. In dem Büro arbeitete ein Fräulein Brunhild Suadicani, eine hübsche, zurückhaltende junge Dame.

Wie das so zwischen Jungen und Mädchen geht: Irgendwann lud ich sie nach Büroschluß zum Tee ein. Aus den Teenachmittagen wurden Kinobesuche. Aber seltsamerweise bat sie mich nie zu sich nach Hause. Erst durch hartnäckiges Nachfragen bekam ich heraus, daß ihr Vater ihr verboten hatte, sich weiter mit mir zu treffen.

»Verstehe«, gab ich aufmüpfig zurück. »Er möchte wohl, daß du dich mit einem jungen, blonden deutschen Recken triffst – mindestens einsachtzig groß.« Ich konnte damals noch nicht wissen, daß Vater Suadicani, der Mann, dem ich gerade den Fehdehandschuh hingeworfen hatte, mich mit einem Fingerschnippen vernichten konnte.

Um so entzückter war ich, als mir einige Tage später Fräulein von Gynz lächelnd mit einem Briefumschlag vor der Nase herumwedelte.

Aufgeregt riß ich den Umschlag auf: »Oberstleutnant Carl

46

Suadicani und Frau geben sich die Ehre, Herrn Jack Olen Bennett auf Sonntag, den 28. November 1937 zu einem Adventstee um ½5 Uhr einzuladen.«

Die Adresse lautete Speyerer Straße. Mein Gott, das war ja nur zwei Querstraßen von meiner Behausung entfernt!

Am 28. November stand ich Punkt 16.30 Uhr vor dem noblen Wohnhaus Speyerer Straße 12, dessen Fenster auf den Bayrischen Platz blickten. Langsam schraubte ich mich mit dem altertümlichen, quietschenden Fahrstuhl in den obersten Stock. Tief beeindruckt nahm ich wahr, daß es in dieser Etage nur eine einzige Wohnung gab.

Ich bewegte den schweren bronzenen Türklopfer, auf dem der Name Suadicani eingraviert war, und die Tür wurde von einem strammen blonden Mädchen in gestärkter weißer Schürze und mit einem weißen Haubchen aufgetan. Es führte mich in eine runde Diele, die höchst geschmackvoll blau und weiß tapeziert war.

Unter hohen Grünpflanzen stand die wie immer schüchtern wirkende Brunhild und sah mir entgegen. Zu ihrer Linken eine schlanke, elegant gekleidete, höchst attraktive Frau von etwa fünfzig Jahren. Ihr schimmerndes blondes Haar war der damaligen Mode entsprechend im Nacken zu einem dicken Knoten geschlungen. Zu Brunhilds Rechten ein hochgewachsener, gewichtig aussehender silberhaariger Offizier in blauer Luftwaffenuniform: Brunhilds Vater. Warum hatte sie mir nicht gesagt, daß ihr Vater etwas mit der Deutschen Luftwaffe zu tun hatte? dachte ich verärgert. Sie mußte doch wissen, daß ich als Student des Flugzeugbaus weiß Gott was darum geben würde, deutsche Flugzeuge zu fliegen. Nachdenklich begrüßte ich die anderen Gäste, ohne mir auch nur einen Namen zu merken.

Plötzlich schüttelte ich die Hand eines rundlichen Mannes. Auch er trug Luftwaffenuniform und war etwa so groß wie ich, aber statt in seine Augen zu sehen, blieb mein Blick gebannt an seiner linken Brust haften. Dort befanden sich mehr Reihen von Orden und Ehrenzeichen, als ich je zuvor auf einer Uniformjacke gesehen hatte – ein Kaleidoskop von Farben. Auf der rechten Brust trug er Fliegerabzeichen. Seine Epauletten waren mit

Generalssternen versehen. Um seinen Hals, über der Krawatte, hing der »Pour le mérite«. Mein Gott – das mußte Hermann Göring sein!

Er schien höchst befriedigt, daß er mir mit seinem Anblick einen Schock versetzt hatte. Wahrscheinlich suchte er nach diesem Schreckmoment in jedem Gesicht, dem er begegnete. Vielleicht wurde mir damals schon klar, daß Hermann Göring ein Schauspieler war. Ich sah mich hilfesuchend nach Brunhild um. Sie löste sich von der Seite ihrer Eltern und kam auf uns zu. »Das ist der Amerikaner, der Flugzeugbau studiert und selbst fliegt«, erläuterte sie.

Görings Antwort bestand darin, Brunhild liebevoll einen Arm um die Schulter zu legen.

Wir wechselten noch ein paar belanglose Sätze – »Wie gefällt Ihnen Deutschland?« »Sehr gut!« –, dann wurden Brunhild und ich durch die nachdrängenden Gäste von Göring getrennt.

Im Laufe des Abends nahm mich der Charme der Gastgeberin mehr und mehr gefangen. Brunhilds Mutter war eine bezaubernde, kultivierte Frau. Sie gab sich große Mühe, langsam und deutlich mit mir zu sprechen: »Sie werden verstehen, Herr Bennett«, sagte sie, »daß Bruni bei der Wahl ihrer Bekannten sehr vorsichtig sein muß. Mein Mann ist Kommandant des Reichsluftfahrtministeriums und arbeitet eng mit General Göring zusammen.«

Frau Suadicani hätte keine größere Wirkung erzielen können, wenn sie mir einen Olivenkern ins Gesicht gespuckt hätte.

Unbewußt drehte sie den Ring am Mittelfinger ihrer rechten Hand. Es war der gleiche Ring mit einem Familienwappen, den auch Bruni trug.

»Die Suadicanis sind eine sehr alte, konservative Familie. Viele ihrer Vorfahren waren Offiziere. Ursprünglich stammen wir aus Ungarn, aber mein Mann und ich empfinden deutsch, unterstützen die nationalsozialistischen Ideale, wenn auch nicht vorbehaltlos. Übrigens war Brunhild die erste aus unserer Familie, die sich dazu hingezogen fühlte.«

Als ich mich zu später Stunde auf den Heimweg machte, ging mir nur ein Gedanke im Kopf herum: Wie konnte ich es schaften, zu Göring vorzudringen und ihm die Erlaubnis abzuringen, deutsche Flugzeuge zu fliegen? Der Gedanke, mich dabei der Hilfe der Familie Suadicani zu bedienen, war mir nicht angenehm. Aber wie sollte ich sonst in Görings Nähe gelangen?

Während ich auf den Hausmeister wartete, der mir die Tür aufschließen mußte, sah ich, daß in der vierten Etage noch Licht brannte. Welch ein Glück, daß meine Vertraute, Fräulein von Gynz, noch wach war und ich ihr meine Erlebnisse berichten konnte.

Die Lösung meines Problems kam dann doch durch ein Mitglied der Familie Suadicani – durch Brunhild. Ich holte sie nun jeden Morgen von zu Hause ab, und eines Tages erzählte sie mir, wie sie zur nationalsozialistischen Bewegung gekommen war: »Es ist noch gar nicht lange her, da herrschten in Deutschland Armut, Angst, Schrecken und Morden. Die NSDAP war damals verboten, hielt aber geheime Treffen ab. Ich war noch ein Kind, aber die Partei bedeutete für mich Stabilität. Obwohl mein Vater – wie die meisten Väter in jener Zeit – arbeitslos war, schmuggelte ich Lebensmittel aus unserer Küche zu den heimlichen Treffen in der Eckkneipe.«

Das war eine Seite der deutschen Geschichte, die ich nie recht begriffen hatte. Nun wurde sie mir von einer jungen Frau erzählt, die damit aufgewachsen war. Mit einem Mal fühlte ich mich wie ein allzu behüteter, verwöhnter Amerikaner. Ich hatte zwar die elenden Jahre der US-Depression miterlebt, aber Anarchismus und sogar Mord waren etwas ganz anderes.

Bei einem dieser Treffen hatte Bruni dann Göring kennengelernt und war mit ihm ins Gespräch gekommen. Sie hatte ihm von ihrem Vater erzählt, einem deprimierten Weltkriegsoffizier.

»Zum nächsten Treffen kam mein Vater mit. Göring nahm sich seiner an und half ihm, seinen Lebensmut und Selbstrespekt wiederzugewinnen. Als dann das Reichsluftfahrtministerium in der Wilhelmstraße errichtet wurde, berief Göring meinen Vater wieder als Offizier und übertrug ihm Verantwortung.«

Bruni hatte mit ihrem Vater über meinen Wunsch gesprochen, deutsche Flugzeuge zu fliegen. Obwohl er sie einen Dummkopf gescholten und Hans Dole, der Leiter des AKA, sie gewarnt hatte, ich könnte ein Spion sein, hatte sie hinter dem Rücken des Vaters von zu Hause Göring angerufen.

»Er hatte natürlich dieselben Bedenken wie mein Vater und Dole, schlug aber schließlich vor, daß du ihn schriftlich um eine Unterredung im Ministerium bittest. Doch ich sage dir eins, Jack, wenn es sich herausstellen sollte, daß du ein Spion bist, werde ich vergessen, daß ich dich liebe, und dich kaltblütig erschießen lassen.«

Am Nachmittag berichtete ich alles meinem Mentor, Fräulein von Gynz. Sie schlug die Augen gen Himmel, wie immer, wenn es um den Nationalsozialismus ging. Sie ließ keine Gelegenheit aus zu betonen, daß die Nazis eines Tages Deutschland zerstören würden und daß sie nur inständig hoffen könne, daß mich meine Gefühle für die junge Dame nicht in Gefahr brächten. »Dennoch werde ich Ihnen helfen, einen Brief an den allmächtigen Herrn Göring aufzusetzen.« Die Worte »allmächtiger Herr Göring« trieften geradezu vor Hohn.

Kurz darauf flatterte ein wichtig aussehender Brief mit einem eindrucksvollen Luftwaffen-Siegel und dem Absender »Reichsluftfahrtministerium« durch den schmalen Briefschlitz unserer Wohnung. Ich wurde für den folgenden Sonnabend um 10 Uhr zu Hermann Göring bestellt. Die Unterschrift lautete: Suadicani, Kommandant im Reichsluftfahrtministerium.

Vor dem Ministerium am Wilhelmplatz dehnte sich ein massiver Eisenzaun. Gigantische Bronzeadler mit bedrohlichen Schwingen hielten goldene Girlanden in ihren Fängen. In ihrer Mitte: schwarze Hakenkreuze.

Das Eingangstor war eine mammutartige Stahlbarriere. Wahrscheinlich bedurfte es wahrhaft herkulischer Kräfte, es zu öffnen und zu schließen. Zwei blauuniformierte Luftwaffensoldaten mit den typisch deutschen feldgrauen Stahlhelmen, die an umgestülpte Kochtöpfe erinnerten, standen vor dem Haupteingang Wache. Sie waren mit gefährlich aussehenden Bajonetten bewaffnet.

Trotz meiner Einladung und meines amerikanischen Passes

telefonierte die Wache zunächst längere Zeit, bis ich endlich passieren durfte.

Ich erhielt eine Erkennungsmarke und einen Begleiter, der mich zu Görings Büro bringen sollte. Ich wurde durch riesige, endlose Flure geführt. Seltsamerweise erinnerten sie mich an eine Kette von Zeppelin-Hangars.

Und dann waren wir da! Wie verloren stand ich in dem hohen, geräumigen Vorzimmer. Die Augen aller Sekretärinnen waren auf mich gerichtet. Wortlos erhob sich eine von ihnen, eine breit gebaute ältere Frau, ging auf die Tür mit der Aufschrift »Privat« zu und verschwand dahinter.

Als sie wieder herauskam, bat sie mich einzutreten. Ich folgte ihr, und als sie zur Seite trat – sah ich Hermann Göring. Er saß hinter einem imposanten Schreibtisch am Ende des riesigen Raumes. Ein hohes Relief zierte die Wand hinter ihm: ein Adler, der ein scharlachrotes Hakenkreuz mit Lorbeerkranz in den Fängen hielt. Als ich auf den General zuging – er wirkte sehr groß in seiner lockersitzenden hellblauen Arbeitsuniform ohne Orden und Ehrenzeichen –, erhob er sich halb aus dem Sessel, streckte mir lächelnd die Hand entgegen und wies mit der anderen auf einen der Polsterstühle, die vor seinem aufgeräumten Schreibtisch standen.

Er bemerkte offenbar, wie nervös ich war, öffnete eine Schublade, holte eine Zigarrenkiste hervor und bot mir eine Zigarre an. Als ich dankend annahm, bemerkte ich die rote Banderole mit der Aufschrift »Reichsluftfahrtministerium«.

»Ich habe gelesen, daß Sie gern einmal mit deutschen Flugzeugen fliegen würden«, eröffnete Göring die Unterhaltung. »Wie alt sind Sie eigentlich?«

»Dreiundzwanzig Jahre, Herr General«, erwiderte ich. »Ich habe ungefähr zweitausend Flugstunden.«

Er sah mich ungläubig an. »Wie sind Sie denn zu soviel Flugstunden gekommen?«

»Als Vierzehnjähriger bin ich zum ersten Mal allein geflogen. Seither gebe ich Flugunterricht, besonders in den Sommerferien. Ich besitze auch die amerikanische Berufslizenz.« Ich hatte mich ein wenig entspannt, fühlte mich sicherer.

»Das sind ja zwanzig Stunden im Monat«, sagte Göring beeindruckt.

»An langen Sommerwochenenden komme ich leicht auf zehn Stunden pro Tag. An einigen bin ich sogar auf hundertfünfzig Stunden pro Monat gekommen.«

»Ich selbst fliege in letzter Zeit nicht mehr so häufig«, meinte Göring bedauernd. »Gelegentlich sitze ich als Copilot in einer unserer Militärmaschinen.« Er wirkte auf mich ein wenig abgespannt. Nach einer kurzen Pause fuhr er fort: »Ich sehe nicht recht, wie ich Ihnen erlauben kann, deutsche Flugzeuge zu fliegen. Wir sind stolz darauf, die besten Flugzeuge der Welt zu besitzen – aber die können nachgebaut werden ... Gibt es irgendeinen Anlaß für meine Erlaubnis?«

Das hatte ich kommen sehen. »Ja«, erwiderte ich schnell. »Deutsche Gaststudenten, jeder Deutsche mit einem Aufenthaltsvisum für die Vereinigten Staaten kann in Amerika fliegen. Als ich am MIT in Boston studierte, lernte ich dort einen deutschen Stipendiaten kennen. Otto Schwarz, einen Piloten. Er ist übrigens in Adlershof stationiert. In Boston ist er häufig geflogen. Fast regelmäßig haben wir Privatmaschinen gemietet und sind damit durch die Gegend geflogen.«

Göring zog die Augenbrauen hoch. »Wollen Sie damit sagen, daß dies in Amerika so einfach ist?«

Ich nickte. »Man muß natürlich seine Flugbefähigung nachweisen, aber dann kann man jederzeit fliegen. Sie können sogar eine amerikanische Fliegerlizenz erwerben, ohne Staatsbürger zu sein.«

Allerdings konnte ich mir nur schwer vorstellen, daß ein Hermann Göring im gemieteten Flugzeug durch die Lüfte der Vereinigten Staaten flog ...

Göring rieb sich das Kinn und betrachtete mich gedankenvoll. »Ich glaube, das Beste, was wir im Augenblick für Sie tun können, ist, Sie auf eine unserer Segelflugschulen einzuladen.« Er richtete den Blick auf das große Fenster zu seiner Linken und meinte mehr zu sich selbst: »Diese Schulen sind Parteieinrichtungen, mit Parteigeldern finanziert.«

Er stand auf, gab mir die Hand, lächelte und sagte: »Sie werden in ein paar Tagen von mir hören, Mr. Bennett. Und was die Motorflüge betrifft: Besorgen Sie sich eine Bestätigung vom amerikanischen Botschafter Dodd, daß Sie kein Spion sind.«

»Vielen Dank, Herr General«, sagte ich erleichtert.

Mein Begleiter wartete im Vorzimmer auf mich und führte mich wieder hinunter in die Halle.

Mein Besuch bei Hermann Göring sorgte in der Familie Suadicani für einige Aufregung.

»Wissen Sie, daß Sie sich glücklich schätzen können?« sagte Frau Suadicani. »Der General ist ein vielbeschäftigter Mann. Aber natürlich – ohne Ausdauer und Beharrlichkeit kommt man nicht weiter.«

Nach und nach gewöhnte sich selbst der kühle Oberst Suadicani an meine Anwesenheit bei Tisch. Und auch die gewichtige Gretel, das Hausmädchen, schenkte mir gelegentlich ein Lächeln.

Bruni hatte den Verdacht, daß Gretel von der Gestapo in ihre Familie eingeschleust worden war. Ich lachte sie aus. Ich hielt ihre Verdächtigungen für überspannt oder allzu naiv.

Doch eines Tages war ich da nicht mehr so sicher. Ich kam gerade aus dem Salon in die Diele, wo mein Mantel hing. Gretels Hand befand sich in einer der Taschen! Sie wirkte nur kurz erschrocken, hatte sich sofort wieder in der Gewalt und meinte: »Herr Bennett, ich habe gerade einen schwarzen Knopf in Ihre Manteltasche gesteckt. Ich fand ihn auf dem Boden. Er paßt zu Ihren anderen Knöpfen.«

Tatsächlich war es mein Knopf. Aber den konnte Gretel natürlich auch selbst abgedreht haben – als Alibi für ihre Schnüffelei.

Bruni gegenüber erwähnte ich nichts von dem Zwischenfall. Auch dann nicht, als Bruni und ich eines Nachmittags das Hausmädchen dabei ertappten, wie es an Brunis Schlüsselloch lauschte. Wir hatten die Tür so schnell und unerwartet geöffnet, daß die überrumpelte Gretel rückwärts auf den Teppich rollte. Bruni erzählte es ihrer Mutter. Frau Suadicani war sehr beunruhigt.

Eines Abends besuchten wir die Staatsoper Unter den Linden. Bruni zupfte mich am Ärmel und zeigte zu einer hochgelegenen Loge hinauf, deren Vorhänge zugezogen waren. Sie war mit weinrotem Samt drapiert und befand sich direkt über der großen Hauptloge, die für Staatsanlässe reserviert war.

Bruni erklärte, das sei Hermann Görings Loge. Die roten Vorhänge seien stets zugezogen, wenn er die Vorstellung nicht besuche. Sie sagte auch, daß Göring ihre Eltern gelegentlich zu seinen eher seltenen Opernbesuchen einlade.

Einige Wochen später drückte mir Bruni während einer Busfahrt zwei rote Logenkarten in die Hand. Sie trugen die Buchstaben H und G.

Zunächst begriff ich die Bedeutung dieser Billetts nicht. »Was soll denn das? Warum hast du soviel Geld ausgegeben? Wir haben doch ein Abonnement.«

»Das sind Karten für Görings Loge, Dummchen«, lächelte Bruni.

Ich fiel in meinen Sitz zurück, als habe mir Max Schmeling einen Haken verpaßt. »Mein Gott, Bruni! Wo hast du die denn her? Wir beide haben doch wirklich schon genug Aufregung verursacht. Wenn ich mich nicht endlich ein wenig zurückhalte, werde ich nie im Leben ein deutsches Flugzeug fliegen dürfen. Unter Umständen werde ich sogar des Landes verwiesen.«

»Reg dich nicht auf«, erwiderte Bruni überlegen. »Mami hat sie mir gegeben. Göring hat ihr angeboten, seine Loge zu benutzen, wenn er nicht da ist. Er weiß doch, wie sehr sie Musik liebt. Aber Mami hat bisher noch nie Gebrauch davon gemacht. Nun hat sie uns die Karten gegeben.«

»Himmel, Bruni«, stöhnte ich fassungslos auf. »Das ist genau die Art von Aufmerksamkeit, auf die ich im Augenblick ganz gut verzichten kann.«

Dennoch nahmen an diesem Abend eine sehr entschlossene Bruni und ich in Hermann Görings Loge Platz. Das einzige, was mir gelang, war, Bruni zu überzeugen, daß wir uns in die hintere Reihe setzen sollten. Ich konnte mir sehr gut vorstellen, wie viele neugierige Augen an diesem Abend auf Görings Loge gerichtet waren und wie viele davon zu Geheimdienstlern gehörten . . .

Unterdessen hatte ich keine Zeit verloren und die Amerikanische Botschaft in der Bendlerstraße aufgesucht. Ich wollte um eine Bestätigung für den mißtrauischen Hermann Göring bitten, daß ich »kein Spion« sei.

Jedermann wußte, daß William E. Dodd ein erbitterter Gegner der Nationalsozialisten war. Nach dem Ersten Weltkrieg hatte der Geschichtsprofessor, der seinen Doktor der Philosophie 1900 in Leipzig erworben hatte, damit begonnen, in Veröffentlichungen und Vorträgen harte Kritik an den Deutschen zu üben. 1937 war Dodd bereits vier Jahre in Berlin. Gerüchte besagten, daß Hitler und Goebbels insgeheim auf seine Abberufung drängten. Ich vermutete, daß Roosevelt – ebenfalls ein Gegner der Nazis – Dodd nur deshalb in Berlin beließ, um die Nationalsozialisten zu provozieren.

Wir waren uns schon häufiger aus gesellschaftlichen Anlässen begegnet. Deshalb war es nicht sehr schwierig für mich, bei Dodd einen Termin zu bekommen. Als ich das Büro des Botschafters betrat, kam er mir freundlich entgegen. »Was kann ich für Sie tun, Mr. Bennett?«

Aber nachdem ich ihm meine Begegnung mit Göring geschildert und erwähnt hatte, daß ich ohne seine schriftliche Bestätigung, ich sei kein Spion, nicht deutsche Flugzeuge fliegen dürfe, wurde sein Gesicht hochrot.

»Kommt gar nicht in Frage, Mr. Bennett. Weiß ich denn, ob Sie nicht wirklich ein Spion sind? Ich kann doch meinen Namen nicht unter ein derartiges Dokument setzen. Ich gebe Ihnen den guten Rat, sich von deutschen Flugzeugen fernzuhalten. Sie könnten ernsthafte Schwierigkeiten bekommen. Ich weiß nicht, ob Ihnen bekannt ist, daß wir von Zeit zu Zeit Leute des Geheimdienstes austauschen. Sie wären doch als angeblicher Spion für das NS-Regime ein gefundenes Fressen. Ich kann mich nur wundern, daß Herr Göring den Botschafter der Vereinigten Staaten mit einer solchen Farce behelligt. Vergessen Sie die deutschen Flugzeuge – good bye!«

Deprimiert verließ ich den Botschafter. Mit diesem Verlauf der Dinge hatte ich nicht gerechnet.

Auf dem Flur fing mich Major Arthur B. Vanaman, der stellvertretende US-Militärattaché in Berlin, ab. Er fragte mich, ob mir der alte Herr die Leviten gelesen habe.

Ich ließ bei meinem Bericht kein Detail aus. Vanaman faltete die Hände, dachte einen Augenblick nach und erklärte dann: »Verdammt noch mal, Bennett, ich gebe Ihnen die Bestätigung, die Sie brauchen. Für mich sind Sie kein Spion. Allerdings könnten wir ein paar Informationen über deutsche Flugzeuge dringend gebrauchen. Natürlich nehmen Sie ein gehöriges Risiko auf sich. Doch wenn Sie tatsächlich wollen, werde ich Ihnen einen Brief für Göring entwerfen.«

Und genau das tat Major Vanaman dann auch. Er schrieb, daß er davon überzeugt sei, daß ich die deutschen Gesetze achten und persönliche Haftung für meine Handlungen übernehmen würde. Wir beide konnten damals noch nicht wissen, daß Arthur Vanaman im Zweiten Weltkrieg als Generalmajor und Feldzeugmeister für die Versorgung der US-Streitkräfte zuständig sein würde.

Etwa eine Woche nach meinem Besuch bei Göring traf ein weiterer eindrucksvoller Brief in der Aschaffenburger Straße ein.

»Der Schauspieler und Sie werden noch die besten Brieffreunde«, meinte Fräulein von Gynz ironisch.

Ich las ihr das kurze Schreiben vor:

»Lieber Mr. Bennett, im Auftrag von General Göring, dem Oberbefehlshaber der Deutschen Luftwaffe, sind Sie eingeladen, den Lehrgang des NS-Fliegerkorps für Segelflugsport in Grunau/Riesengebirge für die Dauer von sechs Wochen zu besuchen. Fahrtkosten werden erstattet, Unterkunft und Verpflegung sind frei. Der Lehrgang besteht aus drei Kursen von je zweiwöchiger Dauer.«

Statt mich zu freuen, war ich enttäuscht. Obwohl die Deutsche Luftwaffe die Segelflugschulen als ausgezeichnetes Vorbereitungstraining benutzte, war es doch nicht das, was ich mir gewünscht hatte. Aber vielleicht konnte ich, Schritt für Schritt, meinem Traumziel doch noch näher kommen.

Fräulein von Gynz schlug ihre klugen, eulenhaften braunen Augen gen Himmel.

»Mein Gott, Herr Bennett! Ein Brief und eine Einladung vom großen, gewaltigen Göring! Sie sind ja auf dem besten Wege, ein bedeutender Mann in Deutschland zu werden. Aber der dicke Göring wird bestimmt eine Gegenleistung erwarten. Auf irgendeine Weise werden Sie sich revanchieren müssen.«

Ich wußte, daß ich ohne Fräulein von Gynz keine fehlerlosen Briefe zustande bringen würde.

»Der Himmel möge mich davor bewahren, durch Sie in eine Skandal- oder Spionageaffäre verwickelt zu werden«, stöhnte sie, als ich sie um ihre Hilfe bat. »Die Gestapo würde mich glatt einen Kopf kürzer machen, während Sie ungestraft in Ihre Heimat zurückkehren. Ich werde meinen ungläubigen Freunden anvertrauen müssen, daß ich allen Ernstes mit Hermann Göring korrespondiere . . .«

Diesmal vergingen ein paar Tage, bis ich erneut ins Reichsluftfahrtministerium bestellt wurde. Göring wirkte entspannter und wollte sofort den Brief von Dodd sehen. Er lachte dröhnend, als er entdeckte, daß er von Vanaman und nicht von Dodd stammte.

»Dieser Brief ist absolut wertlos. Natürlich rechnet Major Vanaman mit ein paar Informationen durch Sie.«

Mir schoß das Blut in den Kopf. Wie nahe Göring doch der Wahrheit war . . .

Er lehnte sich in seinem Sessel zurück. »Ich werde Ihnen einen Vorschlag machen. Übersetzen Sie die Bestimmungen der amerikanischen Luftfahrt ins Deutsche, legen Sie Kopien Ihrer Lizenzen bei und schicken Sie mir alles ins Ministerium. Vielleicht werden wir Ihnen im Frühjahr gestatten, einige unserer Maschinen zu fliegen. Vermutlich ist es gar keine so dumme Idee, einen amerikanischen Piloten mit unseren Flugzeugen zu beeindrucken. Aber in der Zwischenzeit kümmern Sie sich um Ihren Segelfluglehrgang. Sie sind wirklich deutscher als die Deutschen, Mr. Bennett. Selbst wenn Sie in die reißende Donau fielen, würden Sie noch stromaufwärts schwimmen.«

Er stand auf, gab mir die Hand und lachte noch einmal auf. »Übermitteln Sie Ihrem listigen Freund Major Vanaman meine besten Empfehlungen.«

Ich war entlassen und unten in der großen Halle, ehe ich wußte, wie mir geschah. Ich fragte mich, warum Göring nicht seine eigenen Leute mit der Übersetzung beauftragte. Bestimmt gab es in den Akten des Ministeriums bereits etwas Derartiges.

Dennoch saß ich schon eine halbe Stunde später neben Fräulein von Gynz. Mit ihrer unschätzbaren Hilfe machte ich mich an eine wochenlange Übersetzungsarbeit. Als wir endlich damit fertig waren, war ein dickleibiger Wälzer entstanden. Ich lieferte ihn eigenhändig beim Empfang im Ministerium ab mit dem Vermerk: »General Hermann Göring – persönlich.«

Um die Jahreswende 1937/38 hatte es den Anschein, als schlüge die ausländische Presse besonders laut Alarm über den gefährlichen Kurs, in den Hitler Deutschland steuerte.

Nur sehr selten konnte ich noch eine Ausgabe des *Time Magazine* oder andere amerikanische und englische Zeitungen am Kiosk am Bahnhof Zoo kaufen. Aber selbst die waren der Zensur bereits in die Hände gefallen, oft waren einige Seiten entfernt.

Jeder Brief, den ich aus den Vereinigten Staaten erhielt, war geöffnet und mit dem Stempel »Zollamtlich geöffnet« versehen.

Am 22. Dezember 1937 verließ ich das trübe, naßkalte Berlin und reiste mit einer Gruppe von neunzig Stipendiaten verschiedenster Nationalitäten nach Bayern, in ein kleines Dorf namens Schellenberg. Es liegt an der deutsch-österreichischen Grenze, genau zwischen Berchtesgaden und Salzburg an einem kleinen Nebenfluß der Salzach. Der Ort zählte nur rund 500 Seelen.

Wir verbrachten eine ganze Reihe von Abenden mit den jungen Hitzköpfen des Ortes im Wirtshaus. Sie waren fast alle Sympathisanten der SS.

Kurz nach dem Krieg fuhr ich noch einmal dorthin. Ich war neugierig, wollte sehen, wie es dem Ort ergangen war. Äußerlich schien sich nichts verändert zu haben. Der freundliche Schäferwirt, bei dem ich damals gewohnt hatte, und seine Frau begrüßten mich herzlich. Auf meine Frage, ob die aufregenden Bierabende noch immer stattfänden, stiegen ihnen Tränen in die Augen. Sie zeigten auf das kleine Gotteshaus, nur ein paar Schritte die Straße hinunter.

»Gehen Sie in die Kirche und betrachten Sie dort die Bilder

gleich neben dem Eingang an der Wand. Die Jungs sind alle tot, im Krieg gefallen. Es gibt keine jungen Männer mehr in Schellenberg!«

In Berlin, wie in allen deutschen Städten, erreichte das gesellschaftliche Leben im Januar und Februar seinen absoluten Höhepunkt.

Auf einem der großen Bälle in der Krolloper bahnte sich eine Freundschaft an, deren ich mich mein Leben lang glücklich schätzen werde. Viele hohe Offiziere waren anwesend. Ordengeschmückte Generale führten ihre modisch gewandeten Ehefrauen oder Gefährtinnen durch die Säle. Hochgetürmtes goldblondes Haar war im Vorkriegs-Berlin ausgesprochen *en vogue*.

Es war schon spät, die Musik laut, der Wein floß. Die Gäste waren heiter und in angeregter Stimmung.

Ich saß am Tisch der Familie Suadicani und betrachtete die tanzenden Paare über die Hälse der halbleeren dunkelgrünen Weinflaschen hinweg. Nur vage nahm ich wahr, daß sich ein mittelgroßer, kräftiger Mann unsicheren Schrittes unserem Tisch näherte, ein General der Luftwaffe. Er lachte über das ganze Gesicht, blieb neben Oberst Suadicani stehen, schlug ihm jovial auf den Rücken und dröhnte mit lauter, aber angenehmer Stimme: »Nun, Carl, wer bewacht denn jetzt die Tore des Reichsluftfahrtministeriums?«

»Das ist Ernst Udet«, flüsterte Bruni mir ins Ohr. »Das große Flieger-As.«

Dann stand er vor mir. Ich erhob mich, streckte ihm die Hand entgegen.

»Ich bin sicher, daß Sie Amerikaner sind«, sagte er lachend. »Das sehe ich an Ihrem Haarschnitt!«

»Ja, Herr General, ich bin amerikanischer Student, studiere hier in Berlin. Als ich noch ein Junge war, habe ich Sie mit Ihrem ›Flamingo‹ in Cleveland erlebt. Nie wieder habe ich einen Flieger so nahe am Boden kunstfliegen sehen. Besonders gut hat mir gefallen, wie Sie mit einer Flügelspitze das Gras gestreift haben. Ich habe das auch ein paarmal versucht, aber nie genügend Mut aufgebracht.«

Udet machte große Augen und trat einen Schritt zurück. »Mein Gott, Sie sind ja Pilot! Was studieren Sie denn in Berlin?«

»Flugzeugbau an der TH.«

Er zog die Luft pfeifend durch die Zähne, sah Oberst Suadicani an und meinte: »Darauf müssen wir einen trinken. Es ist dir doch recht, Carl, wenn ich diesen jungen Mann an die Bar entführe?«

Er zog mich auf schwankendem Kurs zu einer kleinen Bar im Nebenraum. »Nun erzählen Sie mal.«

Ich berichtete ihm, wie jung ich gewesen war, als ich mit dem Fliegen begonnen hatte. Noch einmal erinnerte ich mich an die Flugvorführungen in Cleveland. Das mußte im Jahr 1933 gewesen sein. Die Vereinigten Staaten hatten Udet gestattet, ihre berühmte Curtiss Hawk-Militärmaschine zu fliegen, den ersten Sturzflug-Bomber der Welt. Ich sagte ihm, meiner Erinnerung nach hätten die USA ihm 1934 erlaubt, zwei Curtiss Hawks mit deutscher Regierungsfinanzierung zu kaufen. Er habe sie nach Deutschland überführt. Udet kommentierte dies mit der Feststellung: »Der Kauf ging erstaunlich einfach vonstatten. Die Amerikaner sind wirklich großzügig.«

»Ich habe gelesen, daß Sie bei einem Sturzflug mit Ihrer Curtiss Hawk über dem Tempelhofer Feld kaum hundert Meter über dem Boden mit einem Fallschirm abspringen mußten, als die Steuerung blockierte. Ich habe mich gefragt, ob sich Ihr Fliegerstiefel unter dem Ruderpedal verfangen hatte und Ihre Maschine dadurch ins unkontrollierte Trudeln geriet. War es nicht genauso wie bei Ihrem anderen Fallschirmausstieg aus der Heinkel 118 über der Heinkel-Fabrik in Marienfelde, wo sich Ihr Schuh unter dem Pedal verklemmte, so daß Sie ihn ausziehen mußten, um abspringen zu können?«

Udet lachte dröhnend, hob sein Glas und meinte: »Sie sind entweder sehr gut informiert oder ein guter Kombinierer.«

Überglücklich, daß ich einen interessierten Zuhörer hatte, der überdies in der Luftwaffe nicht ohne Einfluß war, fuhr ich fort: »Stimmt es, General, daß Sie Stukas nach dem Vorbild der Curtiss Hawk entwickeln, und sie von der Legion Condor in Spanien erproben lassen?«

Udet schwieg, blickte in die Luft.

»Wie kommt es eigentlich, daß Sie am Tisch von Oberst Suadicani sitzen?« fragte er, statt zu antworten.

Das war die Gelegenheit, ihm alles von Anfang an zu erzählen und ihm meine Bemühungen um die Erlaubnis, deutsche Flugzeuge fliegen zu dürfen, zu schildern. Ich schloß mit der Feststellung, daß alles, was ich bislang erreicht hätte, eine persönliche Einladung von Göring zu einem Segelfluglehrgang in Grunau sei.

»Na, Junge«, sagte er. »Das ist doch wenigstens etwas.«

Aber ich wollte mehr und besaß die Tollkühnheit, ihn zu fragen, ob er seinen Einfluß für mich geltend machen könnte. Zu diesem Zeitpunkt konnte ich noch nicht wissen, daß Udet und Göring nicht so gut miteinander standen, wie es in der Öffentlichkeit den Anschein hatte. Udet war kein überzeugter Parteigänger, machte gelegentlich sogar seine Witze über die NSDAP.

Damals wußte ich auch nicht, daß Göring als Kommandeur des Jagdgeschwaders »Richthofen« bei Udet und seinen Kameraden nicht besonders beliebt war. Ihnen behagte sein Dogmatismus nicht, sein autoritäres Gehabe.

Der Morgen graute bereits, als wir an den Tisch der Familie Suadicani zurückkehrten.

Wenige Tage später erhielt ich eine telefonische Einladung zu einer kleinen Party in Udets Junggesellenwohnung in der Pommerschen Straße, nicht weit vom Fehrbelliner Platz. Es wurde ein alkoholgeschwängerter Abend mit Schießübungen auf eine Zielscheibe hinter der Bar.

Udets Wohnung sah aus wie eine Piratenhöhle. An den Wänden hingen Erinnerungen an seine verschiedenen Reisen: Robbenfelle und Harpunen aus Grönland und Büffel- sowie Löwenfelle und primitive Buschwaffen aus Afrika, wo Udet Filme gedreht hatte.

Danach wurde ich noch häufig in seine Wohnung eingeladen. Fast immer unterhielten wir uns über die Fliegerei, aber wenn wir dabei auf die Luftwaffe zu sprechen kamen, wurde Udet verschlossen wie eine Auster.

Nur einmal äußerte er harte Kritik an der Entwicklung, die

die Luftwaffe nahm. Ich hatte ihm erzählt, daß die Suadicanis mich an einem Sonntag zu einem Besuch bei Brunis Tante mitgenommen hatten. Sie war die Witwe des Generals Walther Wever und lebte in Klein-Machnow am Rande Berlins.

Wever war ein tüchtiger und fähiger Offizier gewesen, den General von Blomberg an Göring überstellt hatte. Gegen starken Widerstand in der Armee wurde Wever dann der erste Oberbefehlshaber der neuen Luftwaffe. Er war kein Flieger, nahm seine Aufgabe aber so ernst, daß er sich im Alter von über vierzig Jahren noch entschloß, fliegen zu lernen. Er verlor am 3. Juni 1936 beim Absturz eines zweimotorigen Bombers über dem Flughafen Dresden sein Leben. Eines der Querruder hinten blockierte – so geriet der General mit der Maschine ins Rollen, und es kam zu dem Unglück.

Ich erzählte, daß Göring sich sehr um die Witwe gekümmert habe und die beiden Söhne in ihrer Ausbildung unterstützte.

»Ja, Wever war der Beste in der Luftwaffe«, bestätigte Udet. »Aber ein Mann sollte so spät nicht mehr mit dem Fliegen anfangen. Wir beide haben es in jungen Jahren gelernt. So muß es auch sein, Jack. Wevers Tod ist beschämend – ein Verlust an Menschen und Material. Er war ein moderner Taktiker. Die neue Luftwaffe wurde zu schnell aufgebaut, von zu vielen Leuten aus artfremden Bereichen.«

Wever hatte richtig vorausgesagt, daß Deutschland sich auf die Produktion von Jagdfliegern und Bombern mit größerer Reichweite konzentrieren müsse, um auch über der britischen Insel operieren zu können, und hatte die Entwicklung zweier viermotoriger Langstreckenbomber angeregt, der Dornier Do 89 und der Junkers Ju 289. Doch nach seinem Tod führte niemand seine Pläne fort. Ich wage zu bezweifeln, daß sich der temperamentvolle, schnell zu begeisternde Ernst Udet jemals ernsthafter mit diesem Aspekt der Luftwaffen-Entwicklung beschäftigt hat.

Zu jener Zeit, als ich ihn kennenlernte, begeisterte er sich immer noch für die aufsehenerregenden Großtaten der Fliegerei – zum Beispiel den Versuch, einen leichten Jagdflieger auf einem Zeppelin zu vertäuen und von dort aus zu starten.

Er machte geradezu sensationelle Schlagzeilen mit seiner Vorführung einer Messerschmitt Me 109, die durch einen 1000-PS-Motor (statt des normalen 640 PS starken Junkers-Jumo-Motors) verstärkt worden war. Er zeigte sie auf der Internationalen Flugschau im Juli 1937 in Zürich.

Und er flog den einsitzigen Heinkel-Jagdflieger He 100 (im Mai 1938) zu einem spektakulären Weltrekord von 634 km/h über eine Strecke von 100 Kilometern, obwohl die Luftwaffe keinerlei Anstalten machte, diesen Typ in die Produktion zu geben. Es war eine geschickt inszenierte Schau, die die anderen Nationen hinters Licht führen sollte. Ernst Udet selbst hatte längst die unkompliziertere, leichter zu bauende Me 109 zum Standardflugzeug der Deutschen Luftwaffe ausgewählt.

Göring war sich des werbewirksamen Charmes von Udet auf die Öffentlichkeit sehr wohl bewußt. Am 20. August 1938 lud Udet den französischen Luftwaffengeneral Vuillemin in die moderne Heinkel-Produktionsstätte nach Oranienburg ein. Dort ließ er ihm die neuesten Militärmaschinen und Jagdflieger vorführen. Sogar der neue zweimotorige Messerschmitt Me 110-Abfangjäger wurde stolz präsentiert. Seine Mängel wurden erst später bekannt. Seine Reichweite war so gering, daß er die deutschen Bomber nicht nach England begleiten und beschützen konnte.

Udet arrangierte ebenfalls, daß eine sehr schnelle He 100 »ganz zufällig« heranflog und praktisch vor den Füßen des französischen Generals landete. Und dann erzählte er Vuillemin auch noch, daß die He 100 bereits in die Massenproduktion gegangen sei. Dabei gab es lediglich drei Prototypen . . .

Udets Fürsprache hatte ich es zu verdanken, daß ich Ehrenmitglied des exklusiven deutschen Aero-Clubs in der Prinz-Albrecht-Straße im »Haus der Flieger« wurde. Dort sprach man darüber, daß Hitler Udet das Fliegen verboten habe. Er befürchtete, daß ein möglicher Unfalltod Udets katastrophale Auswirkungen auf die Luftwaffe haben könnte.

Aber im Sommer 1938 hörte ich dann, daß Hitler sein Verbot

gelockert habe. Auf seine akrobatischen Kunststücke mußte Udet allerdings verzichten.

Als ein Kunststück anderer Art stellte sich dagegen die Parade anläßlich des Tages der Luftwaffe heraus. Von Fensterplätzen im Reichsluftfahrtministerium aus, die Oberst Suadicani seiner Familie und mir zur Verfügung gestellt hatte, konnten wir den Vorbeimarsch beobachten. Ich schüttelte den Kopf über das Hollywood-Spektakel, das Göring in seinem zur Uniform passenden offenen blauen Mercedes-Sportwagen anführte, den er mit einer Hand lenkte, während er in der anderen den Marschallstab hochhielt.

Wenige Tage später ein erneutes Spektakel – die Luftschau, die Demonstration deutscher Luftmacht, bei der alle verfügbaren Militärmaschinen, unterstützt von Lufthansa-Passagierflugzeugen, über den größeren deutschen Städten in die Luft geschickt wurden. Für die Dauer einer halben Stunde war der Himmel buchstäblich schwarz von Flugzeugen. In der Hauptsache handelte es sich um veraltete Junkersmaschinen, Ju 52-Transporter.

»Vielleicht kann man die Leute für dumm verkaufen«, sagte ich zu Ernst Udet. »Aber du hast doch immer wieder dieselben Maschinen über Berlin kurven lassen, um den Eindruck einer riesigen Luft-Armada zu erwecken. Ich habe mir ein paar Registriernummern gemerkt. Jeder hätte das tun können. Warum läßt du die Flugzeuge nicht so hoch fliegen, daß niemand die Nummern erkennen kann? Es gibt Nationen, die euch die Luftüberlegenheit nicht abkaufen.«

Im Aero-Club lernte ich auch den Präsidenten Wolfgang von Gronau kennen. Es war interessant, ihn von dem zwölfmotorigen Do X-Flugboot erzählen zu hören, mit dem er von List auf Sylt nach New York geflogen war und das sich im Winter 1930 auf den Kopf gestellt hatte, obwohl es im Hafen von New York fest vor Anker lag. Er berichtete auch von seinem 60.000 Kilometer langen Flug rund um die Welt, den er mit der Do X im Jahr 1932 unternommen hatte. Ganze Teile des Flugbootes waren vor dem Krieg im Berliner Luftfahrtmuseum ausgestellt. Kommandant der Do X war General Friedrich Christiansen.

Der Leiter des Nationalsozialistischen Fliegerkorps (NSFK) war ebenfalls gelegentlich im Aero-Club anzutreffen – offenbar in den »Pausen« zwischen seinen Besuchen bei der Legion Condor, die an der Seite Francos gegen die Republikaner kämpfte.

Die Existenz der Legion Condor in Spanien war das schlechtestgehütete Geheimnis in Berlin. Der ohnehin nicht sehr redselige »Krischan« wurde nicht gerade zungenfertiger, wenn in Zeitungsberichten Luftkämpfe in Spanien erwähnt wurden. Ausländische Zeitungen veröffentlichten, daß Christiansens Piloten die Monarchisten unterstützten und Spanien als Testfeld für Deutschlands neueste Flugzeuge benutzten.

In Wahrheit war Christiansen gar nicht so häufig in Spanien. Es war der General der Flieger Hugo Sperrle, der mit den Luftwaffen-Piloten die Maschinen erprobte. Aber ich bin sicher, daß »Krischan« das internationale Rampenlicht durchaus genoß, das die Unterstellung ihm gab.

Ein anderer Gast im Aero-Club war der sehr fähige, resolute, zigarrenkauende Staatssekretär im Luftfahrtministerium, General Erhard Milch, mit dem Ernst Udet oft genug aneinandergeriet. Diese Konfrontationen waren unausweichlich. Die Männer waren so verschieden wie Feuer und Wasser. Der liebenswerte, temperamentvolle Sinnenmensch Ernst Udet war nun mal kein Schreibtisch-Hengst. Es wird berichtet, daß Udet vor seinem Selbstmord am 17. November 1941 Göring und Milch in einem Abschiedsbrief beschuldigte, ihn mit ihren übertriebenen technischen Anforderungen in den Tod getrieben zu haben.

Nach dem Krieg verbrachte ich viele Abende mit meinem alten Freund Alfried Martius, dem Besitzer eines kleinen Feinschmecker-Restaurants in der Leibnizstraße. Vor dem Krieg hatte Martius den Fliegerklub auf dem Flugplatz Hohe Lüchen bei Berlin bewirtschaftet, aber auch das bekannte Restaurant *Savarin* in der Budapester Straße. Das *Savarin* war ein äußerst beliebter Treffpunkt der Fliegerelite.

Martius erzählte mir, daß Udet am Abend vor seinem Tod im *Savarin* gewesen war. Er beschrieb seine tiefe Niedergeschlagenheit. Bitter und enttäuscht hatte sich Udet über seine Spannungen mit den Maßgeblichen der Luftwaffe geäußert. Er hatte sich beklagt, daß sie Unmögliches von ihm verlangten, er könne doch keine Flugzeuge »aus dem Boden stampfen«. Dazu brauche er Aluminium. Er beschrieb den unerträglichen Druck, dem er ausgesetzt war. Dann fuhr er in seine hübsche Dienstwohnung in der Stallupöner Allee und nahm sich das Leben.

Der sensible, hypernervöse Ernst Udet, der mit der Flügelspitze seines Flugzeugs ein seidenes Taschentuch vom Boden aufspießen konnte – und das aus einem Sturzflug von 300 Stundenkilometern –, wurde vom Papierkrieg vernichtet.

Göring selbst sah ich nie im Aero-Club, obwohl es hieß, er stecke mitunter den Kopf doch herein. Er war, wie gesagt, nicht sehr beliebt bei den Fliegern. Das Positivste, was ich von ihnen über ihn hörte, war die Tatsache, daß er einem jüdischen Flugzeugkonstrukteur aus Kassel namens Katzenstein die Ausreise nach Johannesburg ermöglichte.

Eines Tages gab mir Bruni eine gedruckte Einladung zu einem Besuch des Luftfahrtministeriums am Sonntagvormittag. Es war eine ganz allgemein gehaltene Einladung, die alle ausländischen Studenten erhielten, die beim AKA registriert waren.

Wir trafen uns vor dem großen Hauptportal, und ich war überrascht, daß zur zwölf Studenten erschienen waren, aber erfreut, daß sich die beiden Söhne von General Wever darunter befanden.

Oberst Suadicani führte uns höchstpersönlich in das Ministerium, das am Sonntag wie ausgestorben wirkte. Mit Recht äußerte er sich stolz über die geglückte, streng-funktionelle Architektur des Baues. Es gab da eine ganze Reihe ausgeklügelter Details – zum Beispiel zentralgesteuerte Jalousien aus Stahl, die sich im Falle eines Luftangriffs automatisch über die Fenster senkten.

Wände und Boden des großen Auditoriums waren großzügig mit deutschem Marmor ausgestattet. Auf einen Knopfdruck hin konnte der ganze riesige Raum in verschieden schattiertes Licht gebadet werden. Es gab schier kilometerlange Flure mit dicken Plüschteppichen und feinen Tapisserien an den Wänden. Aber auch »Bewacher«: Marmorbüsten von Hitler und Göring.

Ein kleiner Speisesaal war besonders geschmackvoll mit kostbaren Hölzern getäfelt. Eine Wand bestand aus einer mosaikartigen Deutschlandkarte – nur aus naturfarbenen Hölzern hergestellt.

Unsere kleine Gruppe driftete schnell auseinander, obwohl sich Suadicani Mühe gab, uns beieinanderzuhalten. Bruni, die beiden Wever-Söhne, ein paar andere und ich fanden uns schließlich vor Suadicanis Vorzimmertür wieder.

»Papi, zeig uns doch bitte dein Büro«, bat Bruni.

Nur zögernd holte Suadicani ein Schlüsselbund aus der Uniformtasche. Er stieß die schwere braune Eichentür auf und ließ uns eintreten.

Wir kamen durch verschiedene spartanisch eingerichtete Büroräume, offensichtlich für Sekretärinnen und andere Angestellte bestimmt, und landeten schließlich in einem Raum, der mit elektronischen Apparaturen vollgestopft war. Suadicani erläuterte, daß wir uns in der Fliegeralarmzentrale befänden, die mit jeder deutschen Stadt, jeder deutschen Siedlung verbunden sei. Er betonte, seiner Überzeugung nach sei das System unzerstörbar und funktioniere fehlerfrei. Es werde funkgesteuert und sei daher kabelunabhängig.

»Wir können von hier aus Instruktionen, Verhaltensmaßregeln oder Warnungen vor Giftangriffen an alle Bewohner unseres Landes vermitteln. Jede Alarmsirene in Deutschland ist mit Lautsprechern ausgerüstet, und – wie Sie bei unseren Fliegeralarmen sicherlich schon bemerkt haben werden – Sirenen gibt es überall. Unsere Volksgenossen sind vorzüglich ausgebildet und widmen sich ihren Aufgaben hingebungsvoll.«

Dann wandte sich Suadicani einer Schalttafel zu. »Von hier aus können wir miteinander Konferenzen abhalten, ohne uns aus unseren Sesseln erheben zu müssen. Mr. Bennett, würden Sie vielleicht ein paar Worte auf englisch in dieses Mikrophon sprechen, damit Sie sich alle von der Qualität der Sprechanlage überzeugen können?«

Eilfertig griff ich nach dem Mikrophon und sagte ruhig, aber bestimmt: »General Göring, hier ist Bennett, der Amerikaner. Ich bin in Oberst Suadicanis Büro. Würden Sie mir bitte freundlicherweise so bald wie möglich Bericht erstatten?«

Alle lachten, und wir passierten weitere fünfzig Meter Büros, bevor wir in Suadicanis großem, elegant eingerichtetem Refugium ankamen.

Bruni meinte scherzhaft: »Jack, wenn du schon Göring hierher beordert hast, kannst du auch gleich auf Papis Sessel Platz nehmen.«

Sie warf ihrem Vater einen fragenden Blick zu. Der machte den Spaß mit und nickte. Also ließ ich mich in den großen schwarzledernen Sessel plumpsen und brachte meinen Körper vor dem glattpolierten dunkelroten Mahagoni in Positur.

»Alles, was mir jetzt noch fehlt, ist eine Ministeriums-Zigarre«, meinte ich unverfroren.

Suadicani öffnete eine Schublade und holte eine große Zigarrenkiste mit der Aufschrift »Reichsluftfahrtministerium« hervor.

Mit großer Geste öffnete ich die Kiste: »Meine Herren, bitte bedienen Sie sich . . .«

Nur sehr vage nahm ich in diesem Augenblick eine Gestalt in der Tür wahr, durch die wir gerade erst Oberst Suadicanis Büro betreten hatten. Als sie sich nun langsam und in rollender Gangart näherte, drohte mein Gehirn zu explodieren! Er trug die gleiche lockere, informelle blaue Arbeitsuniform, die ich schon mehrmals an ihm gesehen hatte.

Ich sprang auf die Füße, als habe sich der Sitz unter mir in rotglühendes Eisen verwandelt. In der Hand hielt ich immer noch die offene Zigarrenkiste. Die Schar um mich herum ahnte noch nichts von unserem »Besucher«.

Göring, der nun unmittelbar hinter der Gruppe stand, streckte eine feiste Hand aus, nahm eine Zigarre und sagte übertrieben verbindlich: »Vielen Dank für die Zigarre, Mr. Bennett. Sie haben mich zum Rapport in Oberst Suadicanis Büro gebeten . . .«

Die Anwesenden, angeführt von Suadicani, der die Stimme seines Meisters natürlich sofort erkannt hatte, wirbelten herum.

»Guten Morgen, Herr General«, stammelte Suadicani. »Ich hatte keine Ahnung, daß Sie . . .«

Göring hob die rechte Hand mit der Zigarre und unterbrach ihn. »Schon gut, Oberst. Ich habe ein wenig gearbeitet. Die Sprechanlage in meinem Büro war eingeschaltet. So habe ich gehört, daß Mr. Bennett nach mir verlangt, also erstatte ich lieber gleich Bericht.«

Halb benommen vor Beschämung stotterte ich: »Verzeihen Sie, Herr General, ich wußte nicht . . .«

Göring wandte sich an den hochroten Suadicani: »Machen Sie mich doch mit Ihren Gästen bekannt. Die jungen Herren Wever kenne ich natürlich.« Er ergriff ihre Hände, legte dann den Arm um eine bestürzte Bruni.

Suadicani stellte die anderen Mitglieder der Gruppe sichtlich nervös vor. Er erklärte, daß wir alle Gäste des AKA seien und daß er es als eine nette Geste angesehen habe, uns an einem Sonntagmorgen ins Ministerium einzuladen.

Göring schien ausgesprochen leutselig zu sein. »Blendende Idee, Oberst. Wir sollten unser Möglichstes tun, damit sich die jungen Leute bei uns wie zu Hause fühlen.« Mit der Andeutung einer Verbeugung wandte er sich zur Tür. »Guten Tag, meine Herren. Entschuldigen Sie bitte die Unterbrechung, aber schließlich bin ich ja herzitiert worden . . .«

Wir waren wie erstarrt. Das einzige Geräusch kam von den Türen, die Göring auf dem Weg in sein Büro eine nach der anderen zuschlug.

»Mein Gott!« brachte Bruni endlich mühsam hervor.

Oberst Suadicani rang immer noch um Haltung und eine etwas normalere Gesichtsfarbe. »Nun, meine Herren, das ist alles, was ich Ihnen im Ministerium zeigen konnte. Das andere ist natürlich geheim.«

Wir suchten den Rest unserer Gruppe zusammen und standen sehr schnell wieder auf der Wilhelmstraße.

Der Oberst, Bruni und ich bestiegen die Straßenbahn, um zur Speyerer Straße zurückzufahren. Er benutzte nie privat seinen Dienstwagen. Keiner von uns sagte ein Wort, wir starrten nur stumm vor uns hin.

Im Laufe der Monate wurde mir bewußt, was für ein gutorganisierter Polizeistaat dieses Nazi-Deutschland doch war. Die roten Warnlampen leuchteten überall und jederzeit auf. Auch mir blieben »Kontakte« mit der Gestapo nicht erspart.

In einem Fall handelte es sich um ein schlichtes Mißverständnis zwischen einem Omnibusschaffner und mir. Gewöhnlich verließ ich die Hochschule zwischen fünf und sechs Uhr nachmittags, um in einem nahen Schnellimbiß oder bei *Aschinger* eine Kleinigkeit zu essen. Beide Lokalitäten wurden, da sie billig waren, von Studenten frequentiert.

Von dort aus fuhr ich dann häufig mit einem der Busse durch die Joachimsthaler Straße heimwärts.

Eines Abends gab mir der Schaffner beim Bezahlen 50 Pfennige zu wenig heraus. Als ich es später bemerkte, ärgerte ich mich, obwohl ich ganz sicher war, daß der Mann es nicht absichtlich getan hatte. Aber Studenten sind mit irdischen Gütern nicht gerade gesegnet.

Am folgenden Tag benutzte ich einen Bus der gleichen Linie. Wie immer war das rumpelnde, schaukelnde Gefährt proppenvoll.

Der Schaffner hatte große Mühe, sich durch die Fahrgäste zu zwängen. »Noch jemand ohne Fahrschein? Zehn Pfennige bitte!«

Ich drückte ein Markstück ganz fest in seine Hand, damit es nicht zu Boden fiel. Er tat es mit dem Wechselgeld genauso. Als ich die Münzen von einer Hand in die andere schüttete, um sie in die Hosentasche zu stecken, zählte ich sie schnell nach. Erbost stellte ich fest, daß es wieder 50 Pfennige zu wenig waren.

Ich beschwerte mich heftig und laut. Der bestürzte Schaffner gab mir hastig das fehlende Geld und schob sich dann weiter durch die Menge.

In diesem Augenblick sprang ein riesiger rothaariger, sommersprossiger Bursche von seinem Sitz auf. Grob packte der etwa Fünfundzwanzigjährige mich an der Schulter und wies auf meine Hand, mit der ich einen der von der Wagendecke herabhängenden Haltegriffe umklammert hielt. Verdutzt öffnete ich meine Faust. Zu meiner größten Überraschung erblickte ich da ein kleines verschwitztes 50-Pfennig-Stück. So unglaublich es auch klingen mag: Ich hatte die kleine Münze gar nicht bemerkt, als ich das Geld von der einen in die andere Hand getan hatte.

Ich berührte den Schaffner an der Schulter, zeigte ihm die Münze, die buchstäblich auf meiner Handfläche klebte, und gab sie ihm zurück. Wir lächelten einander zu. Er verstand. Ich entschuldigte mich ausdrücklich.

Im Gegensatz dazu aber war der Rotschopf mit mir noch lange nicht fertig. Er zog die Notbremse. Kreischend kam der Bus zum Stehen. Die Fahrgäste kullerten durcheinander. Der Rothaarige und ich gerieten in ein Handgemenge, kämpften uns durch die Umstehenden und fielen auf die Straße. Neugierige Fahrgäste drückten sich die Nasen an den Fensterscheiben platt. Der Typ machte dem Fahrer ein herrisches Zeichen weiterzufahren. Dann zog er aus der Hosentasche eine Metallmarke, die mit einer Kette an seinem Gürtel befestigt war. Er hielt sie mir dicht vor die Augen, und ich las: Gestapo.

Jetzt wurde es mir zuviel. Ich lachte ihn aus. »Wie Sie vielleicht an meinem Akzent bemerken«, sagte ich, »bin ich Ausländer. Ich studiere an der TH, und ich finde Ihr Verhalten anmaßend. Goebbels hat sich darüber beklagt, daß die Motive der Deutschen in der Welt so oft mißverstanden werden. Leute wie Sie sind einer der Gründe, weshalb die Welt über Deutschland lacht.«

Ich riß meinen Arm aus seinem Griff los, zeigte auf eine nahe gelegene Telefonzelle und bluffte: »Und da ich Hermann Göring persönlich kenne, sogar die Nummer seines Privatanschlusses im Ministerium, werde ich ihn jetzt anrufen und ihm berichten, wie Sie sich mir gegenüber aufgeführt haben. Ich werde auch Ihre Kennnummer bekanntgeben.«

Damit schoß ich in die gelbe Telefonzelle und zog mein Notizbuch heraus. Natürlich stand darin keineswegs Görings Privatnummer. Statt dessen wählte ich meine eigene und plauderte mit Fräulein von Gynz ein paar Minuten lang ganz unbefangen über das Wetter.

Der Trick funktionierte hervorragend. Als ich wieder aus der

Zelle trat, war von dem Geheimpolizisten weit und breit nichts mehr zu sehen.

Der zweite Zusammenstoß mit der Gestapo ereignete sich eines Abends in einem gutbesuchten Tanzlokal in der Nürnberger Straße. Ich war mit einem klugen rothaarigen Iren namens Thomson zusammen, der wie ich Stipendiat und Doktorand war, allerdings Deutsche Literatur belegt hatte.

Thomson war kein Freund der Nazis und hielt mit seiner mitunter herben Kritik nicht hinter dem Berg. Ich bewunderte seine Intelligenz und Scharfsinnigkeit – sein unbedachtes, oft sogar gefährliches Auftreten in der Öffentlichkeit schätzte ich allerdings gar nicht. Schließlich waren wir Gäste des Landes und standen mit Sicherheit unter Beobachtung.

Thomson und ich saßen auf Barhockern und sahen den Tanzpaaren zu, die sich auf der kleinen messingverzierten Tanzfläche bewegten. Thomson hatte die Beine weit von sich gestreckt. Es war unvermeidlich, daß einer der Gäste über seine Füße stolpern mußte. Schließlich konnte ich es nicht länger mit ansehen.

»Thomson, warum zum Teufel ziehst du deine Beine nicht ein? Wir können uns auch wieder der Bar zudrehen. So jedenfalls bist du ein ausgesprochenes Verkehrshindernis.«

»Verdammte Nazis«, kam es lautstark zurück.

»Aber Thomson, woher willst du denn wissen, daß die Gäste hier alle überzeugte Nationalsozialisten sind?«

»Alle Deutschen sind Nazis!«

»Du weißt selbst, daß das nicht stimmt. Und wenn es so wäre – es ist nicht besonders klug, ausgerechnet hier einen Streit vom Zaun zu brechen.«

Thomsons Reaktion war ein noch lauteres: »Zur Hölle mit den verdammten Nazis!«

In diesem Augenblick trat ein adrett gekleideter junger Mann in dunkelblauem Anzug auf uns zu. Höflich bat er uns, ihm auf die Toilette zu folgen.

Wir taten es. Thomson rief dem Barkeeper über die Schulter noch zu: »Halten Sie unsere Plätze frei. Wir sind sofort wieder zurück!«

In dem kleinen leeren Toilettenraum griff der Mann in seine

Hosentasche und holte die mir nun schon bekannte Gestapo-marke hervor. Er gab sich äußerst höflich: »Sie haben in diesem Nachtlokal für unnötiges Aufsehen gesorgt und andere Gäste belästigt. Ich muß Sie höflich ersuchen, das zu unterlassen oder zu gehen.«

»Sie haben völlig recht«, lenkte ich ein. »Wir entschuldigen uns.«

»Den Teufel werde ich tun!« mischte sich Thomson heftig ein. »Wir sind in diesem Land Gäste und haben unsere Rechte!«

Damit marschierte er zurück an die Bar und streckte seine Beine provozierend von sich.

Ich folgte ihm, bezahlte die Rechnung und versuchte, ihn zum Aufbruch zu bewegen. Ohne Erfolg. Er bestellte sich noch zwei weitere Getränke.

Ein Gast wollte an Thomson vorbei und stolperte prompt über dessen Füße.

In diesem Augenblick geschah es: Wir wurden von mehreren starken Armen ergriffen und in die Luft gehoben. Fast schwebend schossen wir auf die Ausgangstür zu. Jemand hielt sie auf – und wir landeten ziemlich unsanft auf dem Pflaster des Bürger-steigs. Verdutzt saßen wir beide eine Weile auf der Bordstein-kante und rieben unsere schmerzenden Glieder.

Plötzlich sprang Thomson auf. »Komm, Jack, wir gehen zu-rück und zeigen es diesen Hurensöhnen . . .«

»Ohne mich, du Idiot«, gab ich wütend zurück. »Fang bloß keinen Streit mit der Gestapo an. Wir sind nur zu zweit. Und au-ßerdem bist du im Unrecht, das weißt du genau. Ich kann mir keinen Ärger erlauben. Schließlich will ich in Deutschland flie-gen.«

Ohne ein Wort zu verlieren, rannte mein Freund außer sich vor Wut die paar Schritte zur Lokaltür zurück und riß sie auf. Doch weiter kam er nicht. Es schien fast, als sei er gegen ein ver-tikales Trampolin gesprungen: Er wurde auf die Straße zurück-geschleudert – diesmal viel weiter als beim ersten Mal.

Nachdem er sich eine Weile nachdenklich seine Gelenke ge-rieben hatte, rappelte er sich mühsam auf und humpelte langsam und stöhnend davon. Dabei brummte er mißmutig über die

Schulter zurück: »Komm schon, Bennett. Es ist ein wirklich lausiges Lokal. Morgen abend kommen wir wieder und räumen da auf!«

Natürlich sind weder er noch ich jemals wieder in das Tanzlokal zurückgekehrt.

Die dritte Warnung erhielt ich ein paar Wochen später. Um meine Deutschkenntnisse zu verbessern, hatte ich beschlossen, Englischstunden im Austausch für Deutschunterricht zu geben.

In der *Morgenpost* fand ich eine interessante Anzeige: »23jähriges Mädchen gibt Deutschunterricht für Englischstunden. Wielandstraße 24, Berlin W 15.«

Wir vereinbarten ein erstes Treffen an einem Nachmittag um 18 Uhr. Eine ältere Dame, offenbar die Mutter, öffnete mir die Tür. Sie führte mich durch einen langen Korridor zum Zimmer ihrer Tochter.

Im Vorbeigehen bemerkte ich eine Menora, einen siebenarmigen Leuchter. Flüchtig schoß es mir durch den Kopf, daß ich mich hier wohl bei einer jüdischen Familie befand.

Dann stellte die Mutter mich ihrer Tochter vor, die einen verschüchterten Eindruck machte, und wir begannen sofort mit dem Sprachunterricht. Noch zwei Abende folgten, dann fand unsere Gemeinschaft ein jähes Ende.

Als ich an einem der nächsten Tage über das Hochschulgelände wanderte, berührte mich plötzlich jemand an der Schulter. Ich drehte mich um und erkannte einen ruhigen, zurückhaltenden Studenten, dem ich schon mehrfach begegnet war, dessen Namen ich aber nicht kannte.

»Verzeihen Sie, Herr Bennett, aber es ist meine Pflicht, Sie daran zu erinnern, daß Sie in diesem Land gewisse Privilegien genießen. Daher ist es ausgesprochen unklug von Ihnen, sich mit Juden einzulassen. Ich möchte Ihnen den guten Rat geben, diese Beziehung abzubrechen.«

Mit einem angedeuteten Lächeln drehte er sich um und ging schnellen Schrittes von dannen.

Eine Weile ärgerte ich mich maßlos, daß man mir nachspioniert hatte. Aber mir war auch klar, daß ich wohl kaum Gelegenheit erhalten würde, mich weiterhin mit der jungen Jüdin zu treffen. Ich besuchte sie nie wieder – und ich widerspreche nicht, wenn man mir dies heute als Feigheit auslegen wollte.

An einem Sonntagmorgen lag ich gegen zehn Uhr noch im Bett, als es an der Tür klingelte. Ich hörte Fräulein von Gynz mit einem offenbar sehr erregten Hauswart sprechen, der sie kaum zu Wort kommen ließ.

»Ich muß Sie noch einmal warnen. Ihr amerikanischer Untermieter hat noch immer nicht fürs Winterhilfswerk gespendet!« Er rasselte herausfordernd mit der Sammelbüchse.

Mit einem Satz war ich aus dem Bett und an der Tür, packte ihn beim Hemdkragen. »Sie Bastard«, schrie ich. »Ich habe regelmäßig auf der Straße gespendet. Wahrscheinlich mehr, als Sie jemals gegeben haben!« Damit schubste ich ihn einfach die Treppe hinunter.

Fräulein von Gynz stieß angstvolle spitze Schreie aus. »Mein Gott, Herr Bennett, das hätten Sie nicht tun dürfen. Wir werden noch beide im KZ landen.«

Zwei Tage später erhielt ich Besuch eines zuvorkommenden Herrn in der schwarzen SS-Uniform. Er befragte mich nach dem Zwischenfall mit dem Hauswart, schüttelte nur den Kopf und forderte mich dann auf, derartige Konfrontationen in Zukunft lieber zu vermeiden. Schließlich würde ich einen privilegierten Status in Deutschland genießen.

Die fünfte Warnung erfolgte im Frühling 1938. Ich spazierte langsam durch die Joachimsthaler Straße auf den Kurfürstendamm zu. Vor einem Geschäft mit der Aufschrift »Max Kühl, Wäsche und Kurzwaren« hatten sich ein paar Leute versammelt. SA-Männer in ihren braunen Hemden und den blankpolierten Reiterstiefeln hatten sich neben dem Eingang postiert. Wenn sich potentielle Kunden näherten, zeigten sie auf den gelben Davidstern, den sie groß auf das Schaufenster gemalt hatten.

»Kauft nicht bei Juden!«

»Nun gerade!« dachte ich und betrat das Geschäft. In diesem Augenblick warf jemand einen Pflasterstein durchs Schaufenster. Er landete direkt vor meinen Füßen. Panik brach aus, als die SA gewaltsam das Geschäft räumte. Ich trug ein paar Schnittverletzungen und blaue Flecke davon. Ein Polizist notierte sich die Namen der anwesenden Kunden.

Und prompt erhielt ich wenige Tage später den zweiten Besuch des Herrn in der schwarzen SS-Uniform. Diesmal warnte er mich etwas eindringlicher.

Kurz vor dem 1. März 1938 landete eine gewichtig aussehende Einladung aus dem Goebbelsschen Propagandaministeriums auf meinem Schreibtisch. Ein sehr neugieriges Fräulein von Gynz wieselte in meinem Zimmer herum.

Auf einer weißen Karte hieß es da in gestochener Schrift, daß Dr. Joseph Goebbels sich freuen würde, mich als seinen Gast am 12. März um 20 Uhr bei einem Empfang im *Hotel Adlon*, Unter den Linden, begrüßen zu können.

Das Abendessen fand in dem vorderen Saal rechts neben dem Haupteingang des weltberühmten Hotels statt.

Etwa 45 Journalisten, Vertreter der Weltpresse, waren versammelt. Überraschenderweise waren aber nur ein paar rangniedrigere Beamte des Propagandaministeriums vertreten. Der Rednertisch mit etwa sechs Stühlen war leer, Goebbels nirgends zu entdecken.

Mein Tischnachbar war der lebhafte, ironische Ralph Barnes von der *New York Herald Tribune*.

»Jack, du solltest die Augen offenhalten«, warnte er mich. »Um dich herum ereignen sich alle denkbaren Formen von Gewalt und Brutalität!«

Als der Abend bereits fortgeschritten war und nach dem Essen die teuren Zigarren herumgereicht wurden, breitete sich unter den Anwesenden Unruhe aus. Die Journalisten begannen sich zu fragen, was es mit diesem Bankett eigentlich auf sich habe. Louis Lochner von *Associated Press* meinte trocken: »Vielleicht will Goebbels die Scheidung von seiner Frau Magda bekanntgeben, um eines seiner Filmsternchen heiraten zu können!«

Ralph Barnes griff ein. »Nein, Hitler hat gerade die Tschechoslowakei eingenommen und sich dabei ein paar Minuten verspätet. Dr. Goebbels wird sicherlich bald hier auftauchen, um das zu verkünden . . .«

Peinlich berührt blickten sich die Beamten des Propagandaministeriums an. Offensichtlich waren sie noch nicht berechtigt,
uns über den wahren Anlaß des Treffens aufzuklären.

Nach Mitternacht brachen wir schließlich auf. Wir hatten an
einem Bankett teilgenommen, bei dem der Gastgeber durch Ab-
wesenheit glänzte. Verwundert fragten wir uns nach dem Grund
für soviel Zurückhaltung.

Am nächsten Morgen war das Rätsel gelöst. In großen
Schlagzeilen brachten die Zeitungen die Nachricht, daß der
»Anschluß« Österreichs an das Deutsche Reich vollzogen war.
Vermutlich hatte Barnes also gar nicht so unrecht gehabt. Hitler
hatte sich wohl tatsächlich etwas verspätet. Und Goebbels hatte
es nicht gewagt, vor der Presse zu erscheinen, bevor vollendete
Tatsachen geschaffen waren.

Die Wochen vergingen schnell, und schon war ich auf dem Weg
ins Riesengebirge, in die NSFK-Segelflugschule in Grunau.
Nach dem Abschluß des Kurses machte man mir den Vorschlag,
noch einige Zeit auf dem Flughafen Hirschberg zu verbringen.
Dort könnte ich lernen, wie man sich im Segelflugzeug von Mo-
torflugzeugen hochschleppen lasse.

In Hirschberg traf ich Alfried Krupp von Bohlen und Halb-
ach zum ersten Mal. Der deutsche Stahlbaron war Anfang Dreißig, sieben Jahre älter als ich. Er war mit seiner eigenen Focke-
Wulf FW 56 »Stößer« nach Hirschberg geflogen, einem Hochdecker, der stolz auf seinem kräftigen Fahrwerk stand. Mit Flugzeugen dieses Typs hatte Ernst Udet seine ersten Versuche mit
Bombensturzflügen gemacht. Dazu hatte er sich Zementbom-
ben an die »Stößer«-Flügel montieren lassen.

Eines Morgens landete Alfried ganz glatt auf der Grasfläche
des Flugplatzes und rollte zum Hangar. Er stieg aus und nahm
die Schutzbrille ab. Doch dann blieb allen Zuschauern der Mund
offenstehen. Alfried, in einen makellosen schwarzen Anzug gekleidet, setzte sich eine schwarze Melone auf, die er einer runden
Lederschachtel entnommen hatte, und griff nach einem eleganten Stock. Alfried, der Amateurpilot, hatte sich im Nu in einen
perfekten englischen Geschäftsmann verwandelt. Er plauderte

noch ein wenig mit uns, bis ihn eine Limousine zu einem geschäftlichen Termin abholte.

Alfried Krupp verbrachte den Rest der Woche bei uns in Hirschberg. Es war ganz offensichtlich, daß er über beträchtliche Erfahrungen mit Segelflugzeugen verfügte. Er war Obergruppenführer des NSFK, hatte aber mit der Luftwaffe nichts zu tun.

Als der Kursus in Hirschberg beendet war, flogen Alfried und ich zusammen nach Berlin-Tempelhof. Dazu hatte er sich seine zweimotorige Focke-Wulf »Weihe« nach Hirschberg bestellt. Diese Maschine hatte er sich für längere Überlandflüge umbauen lassen.

Nach dem Krieg, als ich für amerikanische Fluggesellschaften europäische Routen beflog, war Alfried Krupp mehrmals Gast in meinem Cockpit. 1951 aus alliierter Haft entlassen, war er ein gebrochener, wortkarger Mann. Es war nicht leicht, ihn an unsere gemeinsamen Fliegertage zu erinnern. Er fand sich nach dem Krieg in einer Welt wieder, die er nicht mehr verstand. Wie versteinert saß er zwischen uns Piloten und starrte nachdenklich und schweigend durch die Windschutzscheibe. Aus dem früher so eleganten jungen Mann war ein Greis geworden.

Zweifellos war sich Alfried Krupp bewußt, daß er als Stahlbaron und Kanonenproduzent in die Geschichte eingehen würde. Dafür hatte er eine Erklärung, und die hörte ich ihn stets wiederholen: »Es war und ist meine Pflicht meinen Arbeitern und meiner Familie gegenüber, die Fabriken zu erhalten. Unser Schicksal war es, Waffen zu produzieren. Keine andere Firma in Deutschland konnte den Bedarf decken.«

Es gibt heute sicherlich nicht viele, die Alfried Krupp verteidigen. Es ist auch nicht zu entschuldigen, daß die Firma Krupp während des Krieges von der Zwangsarbeit profitiert hat. Das war wohl Grund genug, ihn anstelle seines betagten Vaters zu zwölf Jahren Haft zu verurteilen. Das gab den Alliierten jedoch nicht die Berechtigung, diesen Mann nach seiner vorzeitigen Entlassung wieder Waffen produzieren zu lassen – diesmal allerdings für sie selbst.

Dreißig Jahre nach dem Krieg und lange nach Alfried Krupps Tod gab es noch eine andere Reminiszenz an die Tage in Grunau und Hirschberg.

Ich war in Warschau und testete im Auftrag einer amerikanischen Gesellschaft einen von der polnischen Firma Pezetel entwickelten Sternmotor. Er sollte in unseren Agrarmaschinen einen wesentlich teureren amerikanischen Motor ersetzen. Ich arbeitete mit dem Chef-Testpiloten des polnischen Luftfahrt-Intituts, Andrzej Ablamowicz, zusammen.

In seinem Büro kamen wir eines Tages auf unsere fliegerischen Anfänge zu sprechen. Dabei erzählte ich ihm auch von meinen Segelflugerlebnissen in Grunau und Hirschberg.

»Das ist ja unglaublich, Jack«, rief Andrzej. »Da habe ich als Junge fliegen gelernt!«

»Wie das?« wollte ich wissen. »Das muß doch mitten im Krieg gewesen sein. War denn dort nicht alles zerstört?«

»Nun, es war schon ausgesprochen merkwürdig. Nachdem die Deutschen den Rückzug nach Westen angetreten hatten, eröffneten die Polen die Segelflugschule sofort wieder. Als dann die Rote Armee kam, behelligte sie uns überhaupt nicht, marschierte glatt um die Schule herum. Damals waren wir darüber genauso erstaunt, wie du es heute bist. Aber du weißt ja, daß Hirschberg-Grunau heute auf polnischem Gebiet liegt. Wenn du willst, kannst du es jederzeit besuchen.«

3. Ich fliege die Messerschmitt

Hermann Göring machte sein Versprechen tatsächlich wahr und gab mir die Erlaubnis, auf der NSFK-Flugschule in Rangsdorf zu fliegen. Das Dorf liegt rund dreißig Kilometer südlich vom Stadtzentrum Berlins entfernt.

Es wurde mir bald zur lieben, aber auch Schuldgefühle weckenden Gewohnheit, meine Vorlesungen und Kurse an der Technischen Hochschule zu schwänzen, um mit dem Zug vom Anhalter Bahnhof nach Rangsdorf zum Flugplatz hinauszufahren.

Ich hatte damals nicht genug Geld, mir wie manche meiner Kommilitonen ein Motorrad zu kaufen.

Die Bimmelbahn hielt an jedem Kaninchenbau. Sie brauchte mehr als eine Stunde, um endlich auf dem winzigen Bahnhof von Rangsdorf anzukommen. Dann mußte ich noch zwanzig Minuten über eine schmale, baumbestandene Landstraße zum Flughafen laufen.

Hier wurde ich immer mit der deutschen Gründlichkeit konfrontiert. Mein amerikanischer Paß in Zusammenhang mit dem NSFK-Ausweis erregte stets Erstaunen und löste hastige Griffe zum Telefon aus, um mit Höhergestellten zu konferieren. Diese Autoritäten verlangten jedesmal eine peinlich genaue Beschreibung des Besuchers, seines Begehrens, seiner Referenzen und der Gründe für seinen Besuch. Kurz: eine Biographie.

Mitunter erschienen die SA-Gewaltigen auch höchstpersönlich, um den Fremdling unter die Lupe zu nehmen. Termine und Verspätungen haben deutsche Wachhabende noch nie gekümmert. Wartezeiten von 30 bis 40 Minuten vor der hölzernen Barriere waren keine Seltenheit. Sicherlich machte man sich sogar die Mühe, im Ministerium in der Wilhelmstraße nachzufragen, ob mein Ausweis auch wirklich echt sei. Er trug übrigens die Nummer 728, war am 17. Juni 1938 ausgestellt.

Aber wenn ich dann endlich doch alle Hindernisse überwunden hatte und auf dem mit Stacheldraht umzäumten Flugplatz stand – welches Bild bot sich mir da! Es war schlicht der Himmel für einen begeisterten jungen Flieger. Ich war damals dreiundzwanzig Jahre alt.

Rangsdorf war Hermann Görings Lieblings-Flugplatz und der größte und modernste der sechs deutschen NSFK-Schulen für Motorflugsport, die alle unter der Leitung von Generalleutnant Christiansen standen.

Mit dem Bau des Flughafens war 1936 begonnen worden. Er wurde von Professor Sagebiel, dem Architekten des Flughafens Tempelhof, errichtet. Der Flugplatz ist herrlich am Ufer eines großen Sees in Brandenburg gelegen. Inmitten gepflegter Grünanlagen stand das beeindruckende Haus des Aero-Clubs mit Unterkunftsmöglichkeiten für Mitglieder und Gäste, einem Speisesaal, einer Bar und einem Aufenthaltsraum, der sich zu einer großen Terrasse mit Blick über den See öffnete.

In der Nähe des Eingangs stand ein großes Z-förmiges Verwaltungsgebäude mit Quartieren für sechzig Flugschüler, einer Kantine, Unterrichtsräumen und mehreren Büros.

Links schlossen sich drei große Hangars an. Sie boten Platz für jeweils 20 bis 25 Flugzeuge. Im ersten standen die Maschinen für Ausbildungszwecke, der zweite diente Reparatur- und Überholungsarbeiten, der dritte war der NSFK-Gruppe 4 und Flugzeugen von Besuchern vorbehalten.

Das eigentliche Rollfeld, etwa 800 mal 1000 Meter groß, war perfekt planiert und so sorgfältig gemäht, als habe man es rasiert. Was für ein Aufwand an Geld und Energie!

Rangsdorf war mit Abstand das herrlichste Flugfeld, das ich jemals gesehen habe. Der Platz war sogar beeindruckender als Hicksville auf Long Island oder Wings Field in Philadelphia.

Noch aufregender als die Anlage war allerdings die Ansammlung der verschiedensten Flugzeugtypen, die in ordentlichen Reihen entlang den Rollstreifen aufgestellt waren. Da standen sie also leibhaftig vor mir – mit schwarzen Hakenkreuzen auf ihren scharlachrot bebänderten Leitwerken. Unter ihnen auch jene neuen Maschinen, die in der zunehmend nervöser werdenden Welt von 1938 ebenso faszinierten wie Angst einflößten.

»Ob sie mir tatsächlich erlauben, ganz nahe an sie heranzugehen?« fragte ich mich. »Sie zu berühren, sogar mit ihnen zu fliegen? Oder wird irgend so ein Subalterner die Nerven verlieren und sich sogar über Görings Anordnung hinwegsetzen? Es sind doch immer die Kleinen, die . . .«

In meinem gebrochenen Deutsch mit dem breiten »Ami«-Akzent fragte ich bei meinem ersten Besuch in Rangsdorf nach dem Anmeldebüro der Pilotenschule.

Schockiert blickten mir ein paar Umstehende nach, als ich auf das kleine Gebäude mit den hohen Fenstern zuging. Von diesem Büro an der Ecke eines Hangars konnte man das ganze Flugfeld überblicken.

Hier wartete schon der rauhbeinige, aber liebenswürdige Chef der NSFK-Sportflugschulen, Wilhelm Sachsenberg, auf mich. Ich präsentierte ihm meine Papiere und Empfehlungsschreiben, darunter auch das Attest des renommierten Oberarztes Dr. Dr. E. Koschel aus Berlin-Schöneberg. Koschel war der Schrecken der Lufthansa, ein äußerst scharfäugiger Musterungsarzt. Auf mein Attest hatte er kurz und bündig geschrieben: »Körperlich gesund und typisch amerikanisch . . .«

Sachsenberg lächelte genauso, wie ich gelächelt hatte, als ich Koschels Verdikt zum ersten Mal zu Gesicht bekam. Er lächelte erneut – diesmal ausgesprochen spöttisch –, als er das Papierbündel durchblätterte, das ich vor ihm auf den Tisch gelegt hatte.

Ich erklärte ihm, daß ich wohl kaum einer Ausbildung in Deutschland bedürfe, daß ich die amerikanischen Lizenzen bereits besäße. Er verzog ironisch die Lippen und wies mich nachdrücklich darauf hin, daß Rangsdorf nun mal eine Schule sei und daß ich – wie bereits in dem Schreiben des Luftamtes erwähnt – fünf Geschicklichkeitsflüge und drei Präzisionslandungen ausführen müsse. Darüber hinaus hätte ich meine Kenntnisse der deutschen Luftfahrtbestimmungen, der Navigation usw. unter Beweis zu stellen.

Sosehr ich insgeheim auch grollte – ich konnte ihm nicht widersprechen. Dann wandte sich das Gespräch der Frage zu, mit welchem Flugzeugtyp ich beginnen solle. Ich wollte mich gleich an die schwereren Maschinen heranwagen, aber Sachsenberg beharrte darauf, daß ich mit einem einfacher zu handhabenden Typ begann.

Wir einigten uns schließlich auf eine Heinkel »Kadett« 72 D – einen Doppeldecker mit einem 150 PS starken Siemensmotor. Sachsenberg wies mit einer Hand auf den kleinen Silbervogel mit den Buchstaben EMYU, der draußen in der Nähe stand. Mit der anderen Hand zeigte er auf einen vierschrötigen, etwa fünfzigjährigen Mann mit zerfurchtem Gesicht, der in einer Ecke des Büros saß. Er trug einen weißen Flieger-Overall. Sachsenberg stellte ihn als Cheffluglehrer Bordasch vor und bemerkte ironisch, Bordasch könne von mir vielleicht noch ein paar Tips bekommen. Schließlich sei er in von Richthofens Staffel nur die Nummer zwei gewesen.

Bordasch grinste breit und fragte mich, wann wir denn anfangen wollten.

»Sofort!« sagte ich.

Das Schweigen im Raum war bedrückend. Man hörte das Ticken der Uhr an der Wand, die Stimmen der Mechaniker im angrenzenden Hangar.

Sachsenberg erholte sich langsam und schnarrte: »So schnell schießen die Preußen nicht! Wir sind doch nicht in Amerika!«

Doch aus der Ecke des Büros meldete sich Bordasch: »Warum denn nicht? Der junge Amerikaner ist Gast in unserem Land. Vielleicht hat er nicht genug Zeit zur Verfügung.« Er wandte sich an mich: »Gehen wir, Amerikaner. Wo haben Sie Ihr Logbuch, den Overall, den Helm, die Fliegerbrille?«

Natürlich hatte ich nichts von alledem bei mir. Bordasch lieh mir die Ausrüstung. Dann riet er mir, für meine Flüge in Deutschland eine neues Logbuch anzuschaffen.

»Wir haben hier ein etwas anderes System. Unsere Logbücher werden von der Luftaufsicht kontrolliert. Die Leute beobachten jeden Start und jede Landung von einem Kontrollturm aus durch ihre starken Ferngläser. Also achten Sie darauf, daß Ihre Eintragungen korrekt sind.«

Mein neues Logbuch entpuppte sich als ein großes schwarzes Flugbuch, auf dessen Einband ein goldenes Hakenkreuz prangte. Mit einem Mal überkam mich das unheimliche Gefühl, der NSDAP beigetreten zu sein.

Bordasch und ich gingen zu der silbern glänzenden kleinen Heinkel hinüber. Mir war vor Aufregung fast schwindlig. Schließlich war ich der einzige Amerikaner, dem gestattet wurde, die brandneuen deutschen Flugzeugtypen zu fliegen, über die überall so viel geschrieben wurde. Sicher, die Heinkel 72 D war nur ein Schulungsflugzeug – dennoch, der Anfang war gemacht.

Das Cockpit war fast klinisch sauber. Nirgendwo auch nur ein Staubkorn. Das Armaturenbrett funkelte nur so. Man konnte förmlich fühlen, mit welcher Liebe diese Maschinen gewartet wurden. Die hydraulischen Bremsen reagierten exakt – das war etwas anderes als bei den amerikanischen Schulungsflugzeugen, die größtenteils nicht einmal Bremsen hatten. Offensichtlich pumpte die Partei eine Menge Geld in das Unternehmen.

Bordasch und ich trugen automatische Fallschirme. Die Reißleinen waren so mit dem Rumpf verbunden, daß der ängstliche Flugschüler im Notfall an nichts anderes als an seinen Absprung zu denken brauchte. In der richtigen Entfernung von der Maschine würde sich der Schirm von selbst öffnen.

Bordasch drückte auf den Anlasser, und der Motor sprang sofort an. Geschmeidig rollten wir über die glatte Grasfläche. Der Motor arbeitete gleichmäßig, nagelte leise. Wir hüpften buchstäblich vom Erdboden ab. Der leichte kleine Vogel stieg so problemlos, als wäre er eine leere Aluminiumhülle.

Eine Stunde lang holten wir das Letzte aus der kleinen Kiste heraus. Über der Peripherie Berlins machten wir Steilflüge, Loopings, Rollen. Bordasch bewies mir dabei sehr schnell, warum er Nummer zwei im »Richthofen«-Geschwader gewesen war. Er zeigte tadellose Reaktionen. Der Mann konnte wirklich fliegen! Nach der Landung rollten wir zum Hangar zurück. Bordasch reichte mir die Hand und beteuerte, es sei ihm ein wahres Vergnügen gewesen.

Diesem ersten Nachmittag in Rangsdorf folgten viele weitere. Man ließ mich in den kleinen zweisitzigen Bücker »Jungmann« und dann auch in den einsitzigen »Jungmeister«. Der »Jungmeister« war zweifellos das beste Kunstflugzeug der Welt. Dieser winzige Einsitzer mit seiner Holz-Metall-Konstruktion und der ausbalancierten Steuerung war die am leichtesten lenkbare Maschine der damaligen Zeit.

Sie schien die Absichten des Piloten buchstäblich zu erahnen. Man brauchte nur zu denken: »Und jetzt eine gerissene Rolle . . .«, und schon führte diese Präszisionsmaschine sie bereits aus. Ich erlebte, wie schwerfällige Berliner Geschäftsleute in der Handhabung der »Jungmeister« mit der Zeit so bewandert wurden, daß sie über Rangsdorf waghalsige Luftkämpfe simulierten. Das machte noch mehr Spaß als Golf!

Die Bücker-Werke lagen am Rande des Flugfeldes Rangsdorf. Es bereitete keinerlei Schwierigkeiten, dort Besuchsgenehmigungen zu bekommen. Bei allen anderen deutschen Flugzeugherstellern übrigens überraschenderweise auch nicht. Allerdings war es verboten, Hangars oder gar militärische Einrichtungen zu fotografieren. Auch in die Flugzeuge durfte ich keine Kamera mitnehmen.

Dann kam der Tag der theoretischen Flugprüfung. Vier andere Flugschüler und ich erlebten die anstrengendsten fünf Stunden unseres Lebens.

Die Atmosphäre war geladen. Zwei Tage zuvor hatte ein Schüler in Rangsdorf einen neuen Focke-Wulf-Stieglitz-Doppeldecker in einem Getreidefeld auf die Nase gesetzt. Das Lehrpersonal war sehr nervös.

Der gestrenge Major Petersen von der Berliner Luftaufsicht saß in seiner tadellosen olivgrünen Uniform vor uns. Seine eiskalten blauen Augen bohrten Löcher in die Decke.

Die Wanduhr zeigte genau 9 Uhr vormittags. Da setzte er an mit den Worten: »Ein Pilot befindet sich auf dem Flug von Berlin nach Leipzig. Entfernung 150 Kilometer. Wolkenhöhe 500 Meter. Plötzlich wird der Ausfall eines oder sogar mehrerer Zylinder angezeigt. Wie viele Zylinder ausgefallen sind, läßt sich im Augenblick nicht feststellen. Die Maschine ist zudem nach 75 Minuten Flugzeit zur Inspektion fällig.«

(Görings Sicherheitsbestimmungen waren so streng, daß es niemand wagte, mit einer Maschine aufzusteigen, die auch nur eine Minute über den geplanten Inspektionstermin hinaus war, ganz egal, wo man sich befand.)

»Die Masschine verliert inzwischen gefährlich an Höhe«, fährt Petersen fort. »Plötzlich fängt sich der Motor wieder, allerdings nur für kurze Zeit, dann stottert er erneut . . .«

Völlig unerwartet fährt ein spitzer Finger und die dazugehörende Hand aus einem olivgrünen Uniformärmel und bremst haarscharf vor meiner Nase. Erschrocken fahre ich zusammen.

»Was würden Sie jetzt tun?« raunzt der Hauptmann.

Nervös und hastig beginne ich zu erklären, wie ich mich verhalten würde. Hin und wieder mache ich eine Pause, suche in den kalten blauen Augen nach Zustimmung, will wissen, ob ich auf der richtigen Fährte bin.

Aber ich erhalte keinerlei moralische Unterstützung. Seine Augen sind glashart.

Als ich endlich fertig bin, ist es totenstill im Raum. Einer der anderen Schüler, ein dicker, rotgesichtiger Österreicher, der – so wird gemunkelt – als Gast der NS-Regierung in Rangsdorf ist, kichert. Er mokiert sich über meine holprige Aussprache, persifliert sie mit einem noch stärkeren Akzent, als ich ihn habe.

Ich mache mich auf meinem Stuhl ganz klein. Gott sei Dank beteiligt sich kein anderer an diesen »Scherzen«.

Der Major schlägt mit der Faust auf den Schreibtisch. »O Gott«, denke ich. »Er zersplittert das Holz.«

Er herrscht den Österreicher an, nennt ihn einen Verräter an der nationalsozialistischen Sache, das Produkt einer Nation, die des Anschlusses an das Deutsche Reich nicht würdig sei. Mindestens eine Viertelstunde vergeht dabei. Luftsicherheit und Navigation sind vergessen. Er zitiert aus Goebbels-Reden. Das NS-Regime werde den Respekt der anderen Länder schon noch gewinnen. Und auch er als Österreicher müsse mehr Gespür für Diplomatie und Takt beweisen.

Der Österreicher sitzt da wie ein begossener Pudel. Wir anderen sind wahrhaft fasziniert von der Art und Weise, wie der Major mit dem jungen Mann umgeht, der doch sicher der österreichischen Variante des Nationalsozialismus zuzuordnen ist.

Irgendwann kehren wir dann doch wieder zum Luftrecht zurück. Der Vormittag zieht sich hin. Schließlich verläßt der Major den Raum und berät sich mit seinem Adjutanten. Der verkündet uns, daß nur einer durchgefallen sei. Es ist nicht schwer zu erraten, um wen es sich dabei handelt. Geschlagen und steifbeinig verläßt der Unglücksrabe den Raum.

Am nächsten Tag folgt der extrem harte Flugtest. Mir ist gar nicht wohl dabei. Ich habe bislang nur wenige Stunden in den deutschen Maschinen verbracht, sie sind mir noch fremd.

Die Instrumente tragen metrische statt der vertrauten englischen Bezeichnungen. Sie sind auch anders angebracht. Ich habe keine Ahnung, wie bei verschiedenen Fluglagen die Nase auf dem Horizont zu halten ist, bin mir ja noch nicht einmal über die richtigen Geschwindigkeiten beim Steigen, Landeanflug usw. im klaren.

Ich bin nervös wegen der beiden Höhenschreiber, die an Gummibändern im Gepäckfach aufgehängt sind. Sie zeichnen jeden Fehler auf und zeigen, ob man bei den Figuren an Höhe gewonnen oder verloren hat.

Die kalten Augen des humorlosen Majors sondern mich als letzten Kandidaten für die Prüfung aus. Die vorangegangenen drei haben die Prozedur ganz beachtlich hinter sich gebracht, aber inzwischen ist ein böiger Südwestwind aufgekommen. Die Typen da unten haben offensichtlich mit Absicht das Landekreuz nicht umgelegt. (In Rangsdorf mit seinem kreisförmigen Flugfeld konnte in jeder beliebigen Richtung gelandet werden.) Der Major entscheidet sich für eine Heinkel 72 D. Ich klettere hinein, rolle langsam an. Meine niedrigen Achten über den drei Hangars kommen mir akkurat vor. Aber meine Ziellandungen erscheinen mir nicht hundertprozentig geglückt. Einer von der Luftaufsicht steht mitten auf dem Flugfeld, in der Nähe des Zielkreises, ausgerüstet mit Signalflaggen und einer Leuchtpistole mit roten und grünen Kugeln. Die Stellen, an denen mein Fahrwerk bei der Landung den Boden berührt, markiert er mit Kreide. Er schüttelt unzufrieden den Kopf, macht mich damit noch nervöser. Ich kann nicht ahnen, daß ich im Jahr 1946 Grund haben werde, mich an ihn und seine Leuchtraketen zu erinnern.

Der verflixte Wind drückt mich zur Seite, gerade als ich korrekt im Kreis aufsetzen will. Ich ziehe die Nase hoch – meine Räder berühren die Grasspitzen. Noch besitze ich nicht genug Erfahrung mit der Heinkel, um den Seitenwind zu überlisten. Ich bin wütend über meine Ungeschicklichkeit, als ich zur Parkposition rolle.

Ich mache mir nicht einmal die Mühe, den Höhenschreiber aus dem Flugzeug zu holen und dem wartenden Mechaniker auszuhändigen. Ich weiß, daß ich den Test verpatzt habe. Ein herber Schlag fürs amerikanische Prestige. Die Jungs im Luftfahrtministerium werden sich eins grinsen, und Arthur Vanaman wird auch nicht gerade begeistert sein.

Aber wie überrascht bin ich eine Stunde später, als mich der Major in sein Büro im gläsernen Kontrollturm bittet. Einen Augenblick sieht er mich schweigend an, dann sagt er: »Sie haben es gerade noch geschafft. Gibt es in den Staaten keine Seitenwinde? Aber – Ihre Lizenz haben Sie.«

Ich schicke ein Stoßgebet zum Himmel. Dennoch nagt die Frage an meinem Selbstbewußtsein, ob ich das nicht nur dem Österreicher zu verdanken habe.

Jetzt fühlte ich mich in Rangsdorf noch wohler. Ich bewegte mich in einer Welt, die noch kein Ausländer betreten hatte. Es war ein beschwerlicher Weg gewesen. Aber nun, da ich endlich am Ziel war, war ich erstaunt über die vielen Freiheiten, die ich genoß. Für überraschend wenig Geld stellte die Partei Piloten Flugzeuge zur Verfügung. Ich konnte zum Beispiel eine Maschine für neun Reichsmark die Stunde mieten. Interessanterweise flogen Männer um 20 Prozent billiger als Frauen . . .

In Amerika hätte man das Vielfache der Summe zahlen müssen, wenn überhaupt Flugzeuge dieses Standards zur Verfügung gestanden hätten. Es sollte noch eine ganze Weile dauern, bis der amerikanischen Regierung klar wurde, daß ihr gutausgebildete Piloten fehlten, und sie das »Civilian Pilot Training« instituierte.

Methodisch ging ich nun daran, in Rangsdorf jeden erreichbaren Flugzeugtyp zu fliegen. Langsam arbeitete ich mich zu den schwereren und schnelleren Maschinen vor.

Zunächst kam der brave Focke-Wulf-Doppeldecker Fw 44 mit seinem 170 PS starken Siemensmotor dran.

Ihm folgte der Focke-Wulf Fw 56 »Stößer«, ein Hochdecker mit exquisiter Linienführung, gewiß eine der schönsten flugtechnischen Erfindungen der Menschheit. Kurt Tank hatte ihn in Bremen entwickelt.

Aber die weitaus faszinierendste Maschine in Rangsdorf war zweifellos die Focke-Achgelis Fw 61, der erste wirklich erfolgreiche Hubschrauber der Welt. Er wurde von Henrich Focke in den Jahren 1932 bis 1937 entwickelt und in Delmenhorst gebaut. Es sah fast so aus, als habe Focke ganz einfach einen Fw 44-Doppeldecker-Rumpf genommen und anstelle der Flügel zwei derbe Ausleger montiert. Jeder Ausleger trug einen Propeller mit drei Rotorblättern. Der Originalpropeller blieb vorn am Rumpf installiert.

Die Fw 61 hielt jeden Weltrekord. Es gab damals keine anderen Senkrechtstarter.

Ich entdeckte den Hubschrauber, als ich eines Tages an der offenen Tür eines Hangars vorbeikam. Ein Mann mit kräftigem Unterkiefer beschäftigte sich gerade intensiv mit der Maschine. Ich stellte mich ihm vor, und er entpuppte sich als Gerd Achgelis, der bekannte Kunstflieger.

Innerhalb weniger Tage eroberte diese unglaubliche Konstruktion die Schlagzeilen der Welt. Hanna Reitsch, Deutschlands berühmteste Pilotin, flog mit ihm durch die Deutschlandhalle. Das waren hochdramatische Veranstaltungen – ich versäumte keine. Hanna Reitsch stieg senkrecht mit der Maschine auf, beschrieb ein exaktes Viereck und landete dann wieder senkrecht.

Gegen Ende ihrer kurzen Vorführungen begann der Motor bereits zu spucken. Die Maschine verbrauchte so viel Sauerstoff, daß selbst die Luft in der großen Halle für den Verbrennungsmotor nicht ausreichte.

Nach dem Krieg flog ich mit Hanna Reitsch einen neuen amerikanischen Hubschrauber. Sie erzählte mir übersprudelnd, daß die Flüge in der Deutschlandhalle ihre glücklichsten gewesen seien.

Auch mit Gerd Achgelis sprach ich nach dem Krieg. Er berichtete, daß aus der ersten Fw 61 ein zweiter Hubschrauber entwickelt wurde, von dem auch 400 Stück in Produktion gingen – 200 davon unterirdisch unter dem Flughafen Tempelhof. Doch keine dieser Maschinen kam je im Krieg zum Einsatz. Den Deutschen war der Treibstoff ausgegangen . . .

Eine andere beeindruckende Maschine in Rangsdorf war die kräftige, nasenlastig wirkende Gotha 145, ein Schul-Doppeldecker mit einem 240 PS starken Argus-Reihenmotor.

An der Peripherie des Flugplatzes standen aber auch ein paar Relikte aus den zwanziger und frühen dreißiger Jahren. Von Zeit zu Zeit wurden sie sogar noch geflogen. Die älteste Maschine war ein dreimotoriger Kabinen-Tiefdecker mit Wellblech-Beplankung, eine Junkers G 24. Außerdem eine sechssitzige flüssigkeitsgefüllte einmotorige Junkers W 34, auch ein Tiefdecker.

Zu jener Zeit wurde ich unfreiwillig Zeuge der Differenzen zwischen dem NSFK und der Luftaufsicht, die eine militärische Einrichtung war. Mir war bekannt, daß ich in Rangsdorf keine Gebäude fotografieren durfte. Ich hatte mich durch Unterschrift zur Einhaltung dieser Bestimmungen verpflichtet, und es hatte mich überrascht, daß ich überhaupt eine Kamera mit auf den Flugplatz nehmen durfte.

Ich hielt mich natürlich an die Bestimmung, fotografierte aber unbefangen die Flugzeuge, meine Kollegen und die Mechaniker.

Nach der Landung mit einer Heinkel 72 D kletterte ich eines Tages aus der Maschine, öffnete die leichte Aluminiumklappe des kleinen Gepäckfachs und holte meine Kamera heraus, die ich vor dem Start dort verstaut hatte.

Fast augenblicklich kam ein Mann der Luftaufsicht in einem offenen Wagen herangebraust und bat mich in sein Büro. Dort beschuldigte man mich allen Ernstes, gegen das Fotografierverbot verstoßen zu haben.

Ich erklärte, es sei absolut unmöglich, während des Flugs die Klappe des Gepäckfachs zu öffnen, um den Apparat herauszunehmen.

Aber davon wollte der bullige Polizist nichts hören. Er ging auch nicht auf meinen Vorschlag ein, den Film aus der Kamera zu nehmen und entwickeln zu lassen.

Ich dachte an Dodds Warnung, sah mich bereits hinter KZ-Mauern und fragte mich, was der amerikanische Botschafter wohl unternehmen würde, um mich da wieder herauszuholen.

Endlich erklärte sich der Polizist bereit, Sachsenberg anzurufen. Der kam auch prompt mit seinem Motorrad angebraust und erreichte nach stundenlangen heftigen Diskussionen schließlich, daß man mich mitsamt meiner Kamera ziehen ließ. Der Film wurde allerdings einbehalten.

Zwischen den Zähnen zischte mir der erregte Sachsenberg zu: »Sie leben verdammt gefährlich, Amerikaner! Es kann Sie Kopf und Kragen kosten.«

Als nächstes flog ich die neue viersitzige Messerschmitt Me 108 »Taifun«, einen glattlinigen Tiefdecker mit einziehbarem Fahrwerk und Reihenmotor. Sie sollte zum Vorläufer amerikanischer Privatflugzeuge werden und wirkt noch heute, nach 45 Jahren, modern. Aus ihr wurde auch das erfolgreiche Me 109-Jagdflugzeug entwickelt.

In Rangsdorf gab es mehrere »Taifun«-Maschinen. Eine trug das Markenzeichen von Shell, eine andere das der deutsch-amerikanischen Ölgesellschaft Esso. Es war etwas befremdend, ein schwarzes Hakenkreuz auf einem Flugzeug zu sehen, das sich teilweise in amerikanischem Besitz befand.

Eine andere »Taifun« gehörte dem amerikanischen Air Attaché. Es freute mich, daß meine Regierung weise genug gewesen war, diesen Flugzeugtyp zu erwerben. Damals hatten wir mit Sicherheit nichts Entsprechendes vorzuweisen.

Durch unablässiges Bitten erreichte ich beim Esso-Piloten Emil Kropf, daß ich dieses zukunftsweisende Flugzeug mehrere Stunden fliegen konnte.

Sachsenberg schüttelte nur den Kopf. Ob ich denn unbedingt »alles in seinem Laden kaufen wolle« und ob es überhaupt noch eine Maschine gebe, in der ich nicht geflogen sei.

Selbstverständlich würde ich versuchen, »alles in seinem Laden« zu fliegen, erwiderte ich lächelnd. Mein nächster »Schlag« gelte der neuen Messerschmitt Me 109. Sie war erst wenige Tage zuvor in Rangsdorf eingetroffen und seither ständig von Bewunderern umlagert.

Sachsenberg war so verdutzt, als hätte ich ihm mit einem Propellerblatt mitten ins Gesicht geschlagen. »Mann, sind Sie sich eigentlich darüber klar, daß es sich dabei um den Prototyp eines unserer neuesten und geheimsten Jagdflugzeuge handelt? Nicht einmal ich habe sie bisher in die Finger gekriegt. Sie können sich glücklich schätzen, wenn Sie sie aus der Nähe betrachten dürfen!«

So neu sei die Maschine ja nun auch wieder nicht, wandte ich ein. Bereits 1936 sei sie von Udet in Rechlin geflogen und dann, im Juli 1937, auf der Internationalen Flugschau in Zürich vorgestellt worden. Das Flugzeug trage keine militärischen Kennzeichen und sei doch wohl nach Rangsdorf gebracht worden, um von dem NFSK ausprobiert zu werden.

Sachsenberg machte auf dem Absatz kehrt. »Also gut, wenn Sie sich unbedingt zum Narren machen müssen«, warf er über die Schulter zurück, »reichen Sie Ihre Bitte schriftlich bei mir ein.«

Bereits am nächsten Tag hatte Sachsenberg mein Gesuch auf dem Tisch.

Ich war genauso skeptisch wie er, aber ein paar Tage später teilte er mir ohne Kommentar mit, daß meiner Bitte entsprochen worden sei.

Der einzige qualifizierte Me 109-Pilot, ein Luftwaffen-As, begleitete mich zu der in einem verriegelten Hangar abgestellten Maschine. Die Linienführung des kleinen Einsitzers war bestechend einfach – so streng und gerade wie eine gotische Kirche. Später, als das Flugzeug in die Produktion ging, wurden die Linien runder und der Motor verstärkt. Dieses weiterentwickelte Modell nannte sich Me 109 E. Das Ur-Modell hatte lediglich einen 640 PS starken Jumo-210-Reihenmotor.

Ich saß allein im Cockpit unter der Plexiglashaube, während mein begeisterter Tutor von den Flugeigenschaften der Me 109 schwärmte. Etwas betroffen stellte ich fest, daß der Pilotensitz der Benzintank war. Als Polster würde mein Fallschirm dienen.

Gemeinsam schoben wir den frechen kleinen Vogel hinaus auf die Startbahn. Das pfeifenstielähnliche Fahrwerk trug Räder, die für mein Gefühl zu eng nebeneinander standen. Sicher verdammt schwer, die Mühle bei Start und Landung geradezuhalten . . .

Der Pilot erklärte, daß an diesem Flugzeug eigentlich nichts kompliziert sei. Es gebe nur wenige Instrumente. Zu meiner Freude erfuhr ich, daß der Drehmoment beim Start sich nicht allzu problematisch auswirken würde.

Mein Begleiter half mir, den Motor zu starten, und meinte anschließend: »Bitte, tun Sie dem Vogel nicht weh. Es ist der einzige, den wir haben. Und denken Sie daran – er geht ab wie der Teufel! Entfernen Sie sich nicht allzuweit vom Flugfeld, verirren Sie sich nicht und fliegen Sie den Tank nicht leer.«

Vor Aufregung zitternd, rolle ich gegen den Wind, begegne dem Drehmoment mit dem Ruder, volle Pulle und bin schon in der Luft, bevor ich noch mit der Wimper gezuckt habe – der einzige Nicht-Deutsche, der den Stolz der Nation fliegt!

Mein Gott, wie bin ich nur hier heraufgekommen? Jetzt muß ich zeigen, was ich kann. Ich durchschieße 700 Meter, bevor ich die kleine Bestie bändigen kann. Ich nehme Gas weg und beobachte, wie sich die Fahrt auf 460 km/h einpendelt. Dieser Tiefdecker ist schneller als alle Doppeldecker der Welt. Ich fliege die Zukunft!

Ich entferne mich in südlicher Richtung vom Flugplatz. Die Me 109 ist ein ungewohntes Flugzeug für mich. Ich möchte den kritischen Beobachtern da unten kein jämmerliches Schauspiel bieten. Schnell entschwinde ich ihren Blicken.

Das Flugzeug ist leicht, ohne Bewaffnung, auch der Tank ist nicht ganz voll. Ich jage die folgsame Hexe durch alle ihre Möglichkeiten: gesteuerte, gerissene Rollen, Loopings bis fast zum Trudeln – aber das lasse ich in dieser Stunde der ersten Begegnung dann doch lieber . . .

Im Immelmann kehre ich zum Flugfeld zurück und lege eine respektable Landung hin.

Die »Experten« kommen auf mich zugerannt. »Wie gefällt sie Ihnen? Ist sie nicht besser als jede andere Maschine?«

Mit einem Mal bin ich »in« in Rangsdorf. Ausländer oder nicht – ich bin jetzt akzeptiert. Dennoch mache ich mir Sorgen. Dieses Flugzeug ist schneller und einfacher gebaut als alles, was wir zu Hause in den Staaten haben. Wir sollten uns auf unsere Hosenböden setzen und etwas Besseres konstruieren. Hitler könnte uns in einen Krieg stürzen . . .

Einen schönen Sommerabends klettere ich gegen 18 Uhr aus einer Maschine. Ich habe es eilig, nach Berlin zu fahren, um mich meinen vernachlässigten Studien zu widmen. Ein anderer Flugschüler kommt auf mich zu: Gerade sei eine Gruppe hochrangiger Luftwaffen-Offiziere eingetroffen, um sich neue Militärflugzeuge vorführen zu lassen. Sachsenberg verlange nun, daß wir uns zu einer Art Spalier aufstellen – so wie wir gerade seien, in unseren bauschigen Overalls. In meinem Fall könne es sich natürlich nicht um einen Befehl, sondern nur um eine Bitte handeln. Aber zu dieser fortgeschrittenen Stunde seien nur noch wenige Piloten anwesend.

Ich füge mich, fühle mich jedoch unbehaglich, daß ich bei einer deutschen Militär-Demonstration eine – wenn auch noch so kleine – Rolle spielen soll. Meine Stipendiums-Vorschriften lassen wenig Spielraum. Nicht einmal an politischen Diskussionen darf ich mich beteiligen, geschweige denn an Demonstrationen. Aber – ich habe Sachsenbergs Wohlwollen dringend nötig . . .

Schließlich kommt eine rundliche Figur um die Ecke des Verwaltungsgebäudes. Sie trägt den Stab des Feldmarschalls, seine überladene Uniform. Das muß Göring sein. Er wird von sechs Generalen begleitet.

Wir Piloten bauen uns schnell zu etwas auf, das entfernt einer Reihe ähnelt, und schlagen andeutungsweise die Hacken zusammen. Für militärische Disziplin waren Piloten noch nie berühmt.

Ich rechne fest damit, daß die hohen Tiere in einiger Entfernung an uns vorbeischlendern werden. Aber nein – sie kommen direkt auf uns zu, bleiben ein paar Schritte vor uns stehen, ganz so, als sollten wir gemustert werden. So hatten wir uns das Ganze nun doch nicht vorgestellt.

In der Gruppe sehe ich Göring, Udet, Milch und Bodenschatz, alle in Generalsuniform. Ich weiß, daß Göring, Udet und Bodenschatz mich erkennen werden.

Plötzlich, wie bei Marionetten, schießen die Arme meiner Flugkameraden vor und erheben sich zum Hitlergruß. Mein Arm folgt ganz mechanisch. Es ist ein Reflex, als fiele ich beim Marschieren ganz automatisch in den Schritt des Nebenmannes.

Aber blitzartig erkenne ich, daß ich hier Untertanentreue gegenüber dem NS-Regime demonstriere. Verwirrt lasse ich den Arm sinken, salutiere unbeholfen militärisch. Die Generale lächeln flüchtig, bevor sie weitergehen.

(Wochen später, auf einem Ball in der Krolloper, lachte Udet dröhnend, als er sich an mein Dilemma erinnerte. Auf dem Heimweg hätten die Generale gescherzt: Man sollte der »Ami-Presse« eine Meldung über einen amerikanischen Studenten zukommen lassen, der in Rangsdorf fliegt und begeistert mit »Heil Hitler« grüßt . . .

»Erni, ich hätte mein Stipendium verloren«, entgegnete ich eingeschüchtert.)

Gegen 20 Uhr erscholl ein Dröhnen vom westlichen Himmel. Im Sturzflug kam ein zweimotoriges Flugzeug mit zwei Seitenrudern und ohne Kennzeichnung herangebraust. Im abnehmenden Tageslicht donnerte es so nahe an uns vorbei, daß ich die lächelnden Gesichter der beiden Piloten hinter den Cockpitfenstern erkennen konnte. Es war ein brandneuer Typ, uns allen unbekannt.

Heute bin ich so gut wie sicher, daß es sich dabei um den Prototyp der Messerschmitt Me 110 gehandelt hat. Etwa zehn Minuten lang wurden mit ohrenbetäubendem Lärm Sturzflüge absolviert. Kunstfiguren gab es nicht. Bestimmt war die Maschine so neu, daß noch nicht einmal die Testpiloten vertraut genug mit ihr waren.

Hitler selbst habe ich in Rangsdorf nie gesehen, aber es ergab sich durch Zufall eine Begegnung mit ihm in seiner privaten Junkers 52 auf dem Flughafen Tempelhof. Es war ein regnerischer, unfreundlicher Tag, der 30. Mai 1938, gegen 11 Uhr vormittags. Einige ausländische Studenten waren von Göring und der Carl-Schurz-Gesellschaft eingeladen, das Flughafenprojekt zu besichtigen. Die Pläne hatte Prof. Sagebiel entworfen. Hitlers ehrgeiziger Traum, Berlin zum Luftverkehrskreuz der Welt zu machen, wurde in Beton und Stein zur Wirklichkeit.

Der Komplex war so angelegt, daß er einem Adler mit ausgebreiteten Schwingen glich. Der Adler ist der König der Vögel . . . Hoch auf dem Hakenkreuz thronend, war er Symbol des NS-Reiches, das tausend Jahre dauern sollte.

Eine Gruppe Auslandskorrespondenten, von denen ich einige kannte, zeigte auf Hitlers Flugzeug, das zufällig an der Rampe stand. Die 16 Passagiere fassende Maschine hatte einen technischen Defekt. Immer begierig auf der Suche nach einer Story, schlugen die Journalisten vor, mich an Bord der Maschine zu bringen, um mit Hitler über meine Fliegerei in Deutschland zu sprechen. Mit meinen dreiundzwanzig Jahren war ich von dem Vorschlag natürlich begeistert, fand die Idee aber auch absurd. Wir durften nicht einmal davon träumen, an den bewaffneten SS-Wachen in ihren schwarzen Uniformen vorbeizukommen. Es sah keineswegs so aus, als würden sie sich irgendwelche Presse-Mätzchen gefallen lassen.

Aber bevor ich noch recht wußte, was eigentlich geschah, war ich schon mit zwei beherzten Korrespondenten in der Flugzeugkabine. Hitler saß hinter einem kleinen hölzernen Schreibtisch und machte sich Notizen. Erstaunt stellte ich fest, daß er eine dunkelgeränderte Brille trug. In der Öffentlichkeit benutzte er sie nie, es gab keine Fotos von ihm mit Augengläsern. Offenbar waren seine Berater der Meinung, eine Brille könnte seinem Image schaden.

Die Korrespondenten erklärten Hitler und seinem Schatten, Martin Bormann, daß ich Student des Flugzeugbaus sei, mit einem Stipendium in Deutschland studiere und in Rangsdorf deutsche Flugzeuge fliege.

Hitler lehnte sich in seinem Sitz zurück, strich sich mit dem Ende seines Bleistifts über den kurzgestutzten Schnurrbart und lächelte mich an. Seine Augen hinter den Gläsern wirkten trübe und schwermütig.

Er schien es nicht ungewöhnlich zu finden, daß ein Amerikaner deutsche Flugzeuge flog, und fragte höflich, wie sie mir gefielen. Dabei sprach er mit tiefer, heiserer Stimme – ganz anders als bei seinen öffentlichen Auftritten, wo sich seine Stimme mitunter bis ins hysterische Falsett steigerte.

Meine Begeisterung schien ihn zu freuen. Er erkundigte sich, ob sich deutsche Militärflugzeuge wie die Messerschmitt Me 109 mit amerikanischen Kampfflugzeugen vergleichen ließen.

Überrascht reagierte Hitler auf meine Feststellung, daß ich keinerlei Erfahrung mit der Ausrüstung der US Air Force hätte. Aber er lächelte, als ich die Überzeugung äußerte, die Me 109 sei höchstwahrscheinlich das beste Kampfflugzeug der Zeit.

In diesem Augenblick steckte sein Privatpilot, der untersetzte Hans Baur, seinen Kopf aus dem Cockpit und verkündete knapp, daß das Flugzeug jetzt in Ordnung sei und jederzeit nach München starten könne.

Die Korrespondenten hatten ihre Geschichte und ich einen aufregenden Morgen.

Bei Kriegsende wurde Hans Baur von den Russen in Berlin gefangengenommen und – obwohl er bei den Straßenkämpfen am Lehrter Bahnhof ein Bein verloren hatte – nach Moskau in die berüchtigte Lubianka gebracht. Dort wurde er mißhandelt. Stalin hatte ihn für eine Sonderbehandlung vorgesehen. Man beschuldigte Baur, Hitler nach Spanien in Sicherheit gebracht zu haben. Selbstverständlich traf das nicht zu.

Einer meiner letzten Flüge endete mit einem peinlichen Erlebnis. Ich befand mich mit einer Messerschmitt Me 108 »Taifun« auf einem sogenannten Dreieck-Übungsflug: Rangsdorf, Leipzig-Halle, Berlin-Tempelhof und zurück.

Es war ein wenig heikel, den Viersitzer ohne Copiloten zu fliegen, denn ich mußte zusätzlich die Aufgaben des Funkers übernehmen, der gewöhnlich auf dem hinteren Sitz seinen Platz hatte, wo eine große Antennenrolle mit etwa 60 Meter Kupferdraht angebracht war. Dieser Draht konnte abgespult und während des Fluges hinter der Maschine hergezogen werden. So erreichte man eine größere Reichweite der Funkverbindung. Allerdings war ich mit dem Fliegen so beschäftigt, daß ich die 60 Meter Kupferdraht hinter mir völlig vergaß.

Ich näherte mich dem Flughafen Tempelhof später als geplant. Es war fast dunkel, als ich endlich grünes Licht für die Landung bekam. Also würde ich in Berlin übernachten müssen. Für eine Landung im unbeleuchteten Rangsdorf war es längst zu spät. Darüber hinaus besaß ich keinerlei Erlaubnis, nachts Rangsdorfer Schulungsflugzeuge zu fliegen – ich flog quasi jetzt schon illegal . . .

Der Anflug auf Tempelhof gestaltete sich recht aufregend. Obwohl die schnelle »Taifun« ein so braves Flugzeug war, hatte ich alle Hände voll zu tun. Ich war noch ein junger Pilot und im belebten Luftverkehr recht unerfahren. In meiner Nähe bedrängten mich zwei Lufthansa-Maschinen. So etwas macht einen Privatpiloten nervös, da er mit seinem Flugzeug den Linienverkehr so wenig wie möglich behindern will.

1938 gab es auf dem Flughafen Tempelhof einen Rauchtopf in der Mitte der Grasfläche. Der treibende Rauch ermöglichte es den Fliegern, sich direkt zum Wind einzuordnen. Neben dem Hauptgebäude gab es einen kleinen Turm mit einem Windstärkenanzeiger. Auch den behielt ich im Auge.

Mit anderen Worten: Meine Gedanken waren überall, nur nicht bei den 60 Metern Kupferdraht, die immer noch aus der Maschine heraushingen.

Genau in dem Augenblick, als meine Fahrwerkräder auf dem Boden aufsetzten, gingen um mich herum die Lichter aus, die kurz zuvor erst eingeschaltet worden waren. Dunkelheit in allen Flughafengebäuden, auch rings in der Nachbarschaft. Als hätte ein Riese alle Lichter ausgepustet. Trotzdem konnte ich glatt zu dem Halteplatz rollen, den man mir mit Taschenlampen zuwies.

Als ich die Maschine für die Nacht sicherte, bemerkte ich ein paar Meter Kupferdraht, die vom Schwanz herunterhingen – die Überreste meiner Antenne! Ich beugte mich in die Kabine, griff nach der Spule und rollte die wenigen übriggebliebenen Meter auf. Das kleine Bleigewicht, das am Ende des Drahts angebracht war, fehlte. Mein Gott – ich mußte mit meiner Antenne beim Landeanflug über Neukölln an die Hochspannungsleitung gekommen sein und die Stromversorgung des Flughafens kurzgeschlossen haben!

Mir blieb nur die Hoffnung, daß das Bleigewicht nicht auch noch einem ahnungslosen Bürger auf den Kopf gefallen war.

Inzwischen war es stockfinster und auf dem Flughafen die Hölle los. Mein erster Impuls war, sofort zur Flughafenverwaltung zu gehen und ein Geständnis abzulegen. Aber in dieser ägyptischen Finsternis war es mehr als zweifelhaft, daß ich die Büros überhaupt finden würde. Ich glaubte auch nicht, daß Reue im Augenblick viel Sinn hatte.

Schuldbewußt und verängstigt suchte ich einen Weg aus dem Chaos des Flughafengebäudes heraus.

Dabei stieß ich dauernd gegen Menschen und Wände.

Ich bestieg eine der Straßenbahnen in Richtung Westen. Offenbar bezogen sie ihren Strom aus einer anderen Quelle als Neukölln. Es war eine ungeheure Erleichterung, wieder ins hellere Wilmersdorf zu kommen. Von meiner Wohnung aus rief ich Rangsdorf 36 53 68 an und teilte mit, daß ich in Tempelhof gelandet sei, in Berlin übernachten und am kommenden Morgen nach Rangsdorf aufbrechen werde.

Die Stimme vom Kontrollturm Rangsdorf klang indifferent und ruhig. Offenbar hatte man dort nichts von dem Debakel in Tempelhof gehört.

In der Nacht warf ich mich in meinem Bett unruhig hin und her. Ich sah die Schlagzeilen im *Völkischen Beobachter* schon vor mir: AMERIKANISCHER PILOT LEGT FLUGHAFEN LAHM.

Tatsächlich veröffentlichten der *Völkische Beobachter* und der *Berliner Lokalanzeiger* tags darauf Meldungen über den mysteriösen Stromausfall in Neukölln und Tempelhof. Aber es gab keinerlei Hinweise auf mich. Ich war erleichtert.

Als dann auch im Tempelhofer Tower, wo ich um Starterlaubnis bat, der Stromausfall mit keinem Wort erwähnt wurde, beschloß ich, weiter den Mund zu halten.

Aber in Rangsdorf wurde ich von den Ereignissen eingeholt. Als ich mit der »Taifun« auf den Halteplatz rollte, eilten Mechaniker herbei, fragten, ob ich meine Schleppantenne verloren hätte, und suchten geschäftig danach.

Nun saß ich in der Tinte. Da ich es aber bislang versäumt hatte, ein Geständnis abzulegen, bluffte ich unverfroren weiter. Ich heuchelte Überraschung, als man mir den Antennen-Stummel zeigte, fügte jedoch hinzu, daß ich den Draht für die Funkverbindung ausgefahren hätte. Die Mechaniker beendeten ihre Untersuchungen mit einer Eintragung ins Bordbuch, die ich unterzeichnen mußte. Dann brachte ich meine Papiere zur Flugkontrolle, wo überraschenderweise niemand etwas über den Tempelhofer Zwischenfall verlauten ließ.

Aber einige Tage später erhielt ich Post vom Berliner Polizeipräsidium. Man beschuldigte mich mehrerer Vergehen – vorrangig der Zerstörung von Stromkabeln, durch die Teile von Berlin in Dunkelheit getaucht waren. Man machte mich für die dadurch entstandenen Schäden verantwortlich. Da ich Deutschland ohnehin bald verlassen wollte, beschloß ich, auf den Brief nicht zu reagieren.

Doch dank deutscher Gründlichkeit verfolgte mich die Angelegenheit weiter. Mir wurden nach Ausbruch des Zweiten Weltkrieges die Schreiben und Schadenersatzforderungen sogar bis nach Amerika nachgeschickt. Die Berliner Polizei sandte die Post in die Schweiz, und die beförderte sie pflichtschuldigst in die Vereinigten Staaten weiter.

An einem herrlich warmen Sommersonntag rief mich Brunhild Suadicani an und schlug mir einen Spaziergang durch den Schloßpark Charlottenburg vor. Wir schlenderten Arm in Arm durch den strahlenden Sonnenschein, waren aber bedrückt, weil wir uns schon bald würden trennen müssen.

Bruni sah mich aufmerksam von der Seite an. »Jack, nimm doch mal an«, meinte sie, »es gäbe eine Möglichkeit, wie du dein Studium hier fortsetzen könntest . . .«

»Du weißt doch, daß das unmöglich ist, Brunhild. Ich habe schon vor Monaten in New York nachgefragt, aber eine abschlägige Antwort erhalten.«

»Ich wüßte einen Weg«, beharrte Bruni. »Ich kann mir vorstellen, daß du ein deutsches Stipendium bekommst, um deine Doktorarbeit beenden zu können.«

Wie angewurzelt blieb ich stehen. War das die Chance, in Europa bleiben zu können? »Gut, Bruni. Aber wo ist der Haken?«

»Sei doch nicht so mißtrauisch, Jack. Es gibt keinen Haken. Wie man mir sagte, ist mit dem Stipendium sogar eine gute Stellung verbunden. Während deiner Praxis-Semester sollst du nach Kalifornien fahren, dort zwei oder drei Douglas DC 3-Maschinen abholen und die Zerlegung der Flugzeuge für den Transport nach Deutschland überwachen. In Hamburg sollst du dann den Zusammenbau beaufsichtigen und dich am Training deutscher Piloten mit der DC 3 beteiligen. Das alles würde dir für deine Promotion als Praktikum angerechnet werden.«

»Woher wollt ihr denn wissen, daß die Amerikaner den Deutschen DC 3-Maschinen verkaufen?«

»Aber Jack, die holländische Fluggesellschaft KLM fliegt schon seit langem Douglas-Maschinen.«

»Stimmt, und Udet hat sogar Curtiss Hawk-Militärflugzeuge gekauft. Ich werde Udet heute abend anrufen.«

»Um Himmels willen, Jack. Die Sache ist vertraulich. Geh lieber morgen zum AKA und besprich es mit denen. Die sind schon fast neidisch auf den amerikanischen Glückspilz, der in Deutschland einen Traumjob erhalten soll.«

Schweigsam gingen wir zum Bus. Bruni wirkte enttäuscht. »Willst du das Stipendium denn nicht annehmen? Es wäre doch eine einmalige Gelegenheit für dich, und wir könnten zusammenbleiben.«

»Sieh mal, Bruni. Es gibt eine Menge Menschen, die glauben, ein Krieg sei unvermeidbar. Wenn ich für die Deutschen Douglas-Flugzeuge kaufte, würde man mir in Amerika eine Menge Fragen stellen.«

Trotz Brunis Warnung rief ich Udet an. Eine derart heikle Angelegenheit wollte ich nicht am Telefon besprechen. Wir verabredeten uns für den nächsten Abend in seiner Wohnung.

»Erni, ich bin ganz sicher, daß du dahintersteckst«, erklärte ich.

»Nun, Jack«, meinte er lakonisch. »Willst du dir diesen Lekkerbissen entgehen lassen?«

»Mit Sicherheit bist du besser über die deutsche Kriegsmaschinerie informiert als ich. Die Deutsche Luftwaffe könnte im Fall eines Krieges vielleicht England und Frankreich besiegen, aber mit den Staaten hättet ihr eure Probleme. Ich möchte jedenfalls nicht in den Kauf amerikanischer Flugzeuge durch die Deutschen verwickelt werden, auch wenn dies für einen jungen Flugingenieur eine ungewöhnliche Chance ist.«

Udet, der gerade auf die Scheibe zielte, ließ den Arm langsam sinken und legte die Pistole auf die Bar.

»Jede Entscheidung birgt nun mal ein Risiko, Jack. Ich persönlich habe in meinem Leben keine Chance ausgelassen – wie du weißt. Und dabei hatte ich sehr viel Glück, sonst wäre ich wohl nicht mehr am Leben. Ich würde akzeptieren und das Stipendium annehmen. Selbst wenn mich das den Kopf kosten sollte.«

Ich nahm Görings Stipendium nicht an. Das Risiko war mir zu groß. Ich fühlte, daß Krieg in der Luft lag.

Ernst Udet habe ich nie wiedergesehen . . .

Eines Morgens, kurz bevor ich Berlin verließ, erfuhr ich die krasse Wirklichkeit des Lebens unter dem nationalsozialistischen Regime. Die Nazis spielten nicht nur backe, backe Kuchen!

Ich ging in die Speyerer Straße, um mit Bruni über eine Reise an die Ostsee zu sprechen, und war überrascht, sie schon auf der Straße und in Tränen aufgelöst anzutreffen. Es dauerte eine Weile, bis ich sie einigermaßen beruhigt hatte.

»Komm herauf und sieh selbst, was sie Papi angetan haben«, schluchzte sie.

»Mein Gott«, dachte ich. »Die Gestapo hat ihn erschossen.«

Im Arbeitszimmer ihres Vaters sah es aus, als hätten Vandalen darin gehaust. Bruni ließ sich auf die Knie nieder und deutete auf zwei dünne Drähte, die oberhalb der Scheuerleiste aus der Wand ragten. »Mein Vater hat ein Abhörgerät entdeckt. Er hat das ganze Zimmer auf den Kopf gestellt, um herauszubekommen, wohin die Drähte führen. Jetzt ist er auf dem Weg ins Ministerium. Er will General Milch um eine Rücksprache ersuchen.«

»Lieber Himmel, Bruni«, entfuhr es mir. »Vielleicht bin ich in gewisser Weise schuld daran. Es wäre doch denkbar, daß die Gestapo annimmt, ich würde mit deinem Vater über Dinge reden, die für die Amerikaner von Interesse sind.«

»Das ist doch Unsinn, Jack. Über Flugzeuge habt ihr nie gesprochen!«

Fräulein von Gynz und ich durchsuchten daraufhin auch unsere Wohnung Zentimeter für Zentimeter, entdeckten aber keine »Wanzen«. Bruni kam nicht noch einmal auf die Angelegenheit zurück, aber ich spürte, daß sich ihre Begeisterung für den Nationalsozialismus abzukühlen begann.

Dennoch verbrachten Bruni und ich zwei herrliche Sommerwochen an der Ostsee in Alt Gaarz. Bruni wohnte mit einem jungen Mädchen zusammen, dessen Verlobter als Testpilot bei Heinkel beschäftigt war. Die einzige Bleibe, die ich im überfüllten Gasthaus bekommen konnte, war ein kleiner Raum direkt neben der Bar.

SS- und SA-Angehörige sprachen dort dem Alkohol reichlich zu. Und sehr oft drehten sich ihre Gespräche dann um »das schöne Fräulein und diesen Ami«. »Sitzen sie nicht den ganzen Tag am Strand? Genau da, wo wir mit unseren Jagdflugzeugen unsere Übungen machen? Der deutsche Pilot kennt den Ami. Sie verbringen die Abende gemeinsam. Vielleicht sind sie alle Spione?«

Die Marinestützpunkte Warnemünde und Rostock waren nur 15 Kilometer entfernt. Unauffällig gekleidete Geheimpolizisten schwärmten überall durch die Gegend.

Tag und Nacht rasten mobile Flugabwehreinheiten mit heulenden Sirenen die nördliche Küste Deutschlands entlang. Ganz unerwartet entschieden sie sich dann für ein Manöverziel und ballerten Tonnen von Übungsmunition in die Luft – Ketten rotglühender Leuchtkugeln am Himmel. Ich machte mir unendliche Sorgen. Die Deutschen schienen zum Krieg gerüstet zu sein. Ständige Übungen wie diese waren einfach zu kostspielig, um keinen ernsthaften Hintergrund zu haben.

4. Rückkehr nach Amerika

Im September 1938 kehrte ich auf der kleinen 13 000 Tonnen schweren *Berlin* nach Amerika zurück. Es war die billigste Überfahrt, sie kostete nur 85 Dollar. Dreizehn Tage stampfte unser Schiff durch die von Herbststürmen aufgewühlte See, bis wir endlich Halifax in Neuschottland erreicht hatten. Es waren viele Juden an Bord, die vor den Nationalsozialisten flüchteten. Teile der deutschen Besatzung behandelten sie unglaublich. Einer ihrer kindischen »Späße« war es, hinten auf den Jacken der Juden heimlich entwürdigende Zeichen anzubringen. Selbst auf dem

Nordatlantik entkamen die gequälten Menschen ihren Peinigern nicht.

In Amerika hatte ich das große Glück, einen Studienplatz in der Medizinischen Fakultät der Universität von Pennsylvania zu bekommen.

Sofort als Ingenieur in den Staaten zu arbeiten erschien mir aussichtslos, und mein Traum, Erfinder zu werden, würde sich ebenfalls nicht so schnell verwirklichen lassen. Die wirtschaftliche Lage war denkbar schlecht, Jobs waren so selten wie Schnee im Juli. Die Medizin schien mir daher der sicherste Beruf zu sein. Doch schon nach zwei Semestern war ich wie ausgebrannt. Meine Sehnsucht nach der Alten Welt wurde fast unerträglich. Also beschloß ich, noch ein letztes Mal den Geschmack von Europa auszukosten, bevor ich mich endgültig in das Joch der amerikanischen Industrie begab.

Ich hatte mir durch meine Flugstunden ein wenig Geld zusammengespart, den Rest spendierte mir mein Vater. Mit jugendlicher Unbekümmertheit achtete ich gar nicht auf die dunklen Wolken, die sich am politischen Horizont zusammengeballt hatten, sondern buchte eine Passage auf der *USS Manhattan* nach Hamburg. Es war September 1939. Nachdem wir ein paar Tage auf See waren, erklärten Frankreich und England Deutschland den Krieg.

Unser Kapitän ließ sofort riesige Sternenbanner auf das Deck und die Seitenwände des Schiffes pinseln. Nachts wurden sie angestrahlt. Er wollte verhindern, daß wir versehentlich von einem Torpedo getroffen wurden.

Stunden später beteiligte sich unser Schiff an der dramatischen Rettungsaktion für die Besatzung des ersten Schiffes, das im Zweiten Weltkrieg sank. Ein deutsches U-Boot war direkt vor einem unglücklichen englischen Frachter aufgetaucht, und der U-Boot-Kapitän hatte über Lichtzeichen den Befehl gegeben:

»Vermeiden Sie jeden Funkkontakt. Wir werden ein SOS schicken. Besteigen Sie mit Ihrer Besatzung die Rettungsboote. In zwanzig Minuten werden wir Ihr Schiff versenken. Sollten Sie Funkverbindung aufnehmen, schießen wir sofort.«

Der englische Kapitän fügte sich den Anordnungen. Die Besatzung und er verließen das Schiff. Der deutsche U-Boot-Kommandeur feuerte ein Torpedo in die Seite des Frachters, und das englische Schiff versank innerhalb von Minuten.

Unsere *Manhattan* war der Unglücksstelle am nächsten, und wir jagten mit qualmenden Schornsteinen zur nächtlichen Rettung herbei. Das deutsche U-Boot wartete in der Nähe ab, bis wir den letzten Mann der englischen Besatzung an Deck gehievt hatten. Erst dann glitt es langsam in die Fluten des Atlantik hinab. Seine roten und grünen Erkennungslampen schimmerten noch lange durch das Wasser.

Wir kümmerten uns um die durchnäßten, vor Angst bebenden Seeleute, bis wir Southampton erreichten. Englische Zerstörer begleiteten unser Schiff über Hunderte von Seemeilen bis zum Hafen. Voller Schrecken wurde uns klar: Es war wirklich Krieg! Von Southampton aus schlichen wir bei Nacht über den Kanal unserem nächsten Ziel zu: Le Havre. Viele verängstigte Passagiere hatten es vorgezogen, in England zu bleiben. Unser Kapitän fürchtete, er könne auf eine Mine laufen oder von einem deutschen U-Boot beschossen werden.

Ich dagegen hatte mehr Angst, daß uns ein französisches oder englisches Unterseeboot klammheimlich versenken würde, um Amerika zum Kriegseintritt zu bewegen.

In Paris hatte sich Hysterie ausgebreitet. Die Schaufenster der einst so schicken Geschäfte waren mit Sandsäcken verbarrikadiert oder durch kreuz und quer geklebte Streifen vor dem Zersplittern gesichert. Über Nacht kletterte der US-Dollar auf 36 Francs. Die Franzosen waren ganz offenbar von Panik ergriffen. Haute Couture, Armbanduhren und andere Luxusartikel wurden zu Schleuderpreisen weggegeben. Restaurants und Bars wie das exklusive »Ritz« waren abends brechend voll. Die Bevölkerung berauschte sich vor Angst.

»Morgen können wir schon tot sein.«

Die Amerikanische Botschaft wurde von hysterischen Menschen überflutet. Die Schiffe nach Nordamerika waren auf Monate hinaus ausgebucht. Reservierungen wurden zu Schwarzmarktpreisen gehandelt. Die beiden großen deutschen Schifffahrtslinien, der Norddeutsche Lloyd und die Hamburg-Amerika-Linie, hatten ihre Fahrten eingestellt. Und natürlich gab es noch keine Flugverbindungen nach Amerika.

In Europa gingen die Lichter aus.

Ich wohnte in einem kleinen billigen Hotel am Gare du Nord. Abends um neun Uhr wurde das Licht abgeschaltet, wurden Kerzen angezündet, statt die Fensterläden zu schließen.

Eines Nachts begannen um zwei Uhr die Sirenen zu heulen.

Aufgeregte Hotelgäste hämmerten an meine Tür und riefen: »Bombenangriff!« Fast hysterisch rissen sie meine Tür auf und versuchten, mich aus dem Zimmer zu zerren – hinunter in den schmutzigen Keller. »Es ist Selbstmord, wenn Sie auf Ihrem Zimmer bleiben«, warnten sie. »Paris wird zerbombt werden . . .«

Ich blieb im Bett. Ich hielt das für weniger riskant, als die gefährlich steile Wendeltreppe in den düsteren Keller hinunterzuhasten. Gegen Morgen ertönten die Entwarnungssirenen. Es war nur ein falscher Alarm gewesen, wie alle Fliegeralarme in Paris. Kein einziges deutsches Flugzeug war auch nur in der Nähe der französischen Hauptstadt gesichtet worden.

Ich hatte eigentlich nach Deutschland weiterreisen wollen, aber die Grenzen waren geschlossen. Also fuhr ich mit dem Zug nach Italien, nach Genua, und stattete dort dem deutschen Generalkonsul einen Besuch mit der Bitte ab, mir zu einem Visum zu verhelfen. Er warf die Arme hoch und lachte schallend. »Deutschland führt Krieg, wenn auch nicht mit Amerika. Dennoch sind Touristen im Augenblick das letzte, was wir brauchen können.«

»Aber ich war noch vor einem Jahr Stipendiat in Berlin. Ich studierte Flugzeugbau. Göring selbst hat mir eine Fortsetzung des Stipendiums angeboten«, prahlte ich.

Der Konsul sah mich skeptisch an. Er glaubte mir kein Wort. Aber immerhin hatte er inzwischen zu lachen aufgehört.

»Bitte«, fuhr ich fort, »kabeln Sie an das Luftfahrtministerium in Berlin, daß ich gern ein Visum hätte.«

Nun wurde es dem Konsul endgültig zuviel. Er sprach nicht mehr, er schnarrte: »Hören Sie, ich kann mit Ihnen nicht noch mehr Zeit vergeuden.«

Aber so leicht gab ich nicht auf. Ich ging zum nächsten Postamt und gab ein Telegramm nach Berlin auf.

Am nächsten Vormittag fand ich mich wieder im Konsulat ein. Diesmal war der Konsul mehr als verbindlich. »Gestern dachte ich, Sie übertreiben. Das Reichsluftfahrtministerium hat mir aber tatsächlich die Anweisung erteilt, Ihnen ein Visum auszustellen. Offensichtlich können Sie als Pilot und Ingenieur uns bei unserem Kampf um die gerechte Sache eine wertvolle Hilfe sein.«

In diesem Augenblick wurde mir klar, daß ich unter Umständen nicht mehr aus Deutschland herauskam, wenn ich erst einmal meinen Fuß auf deutschen Boden gesetzt hatte. Und selbst wenn die Deutschen mir gestatteten, ihr Land zu verlassen, bliebe das verdächtige neue Visum in meinem Paß. Ich würde den amerikanischen Behörden eine Menge erklären und wohl eine Weile mit einem Nazi-Stigma herumlaufen müssen. Vielleicht würde man mich sogar in den Staaten internieren . . .?

»Es ist zu gefährlich«, dachte ich. »Schließlich bist du kein Kriegsberichterstatter.« Die Entscheidung über meine weiteren Schritte mußte wohl überlegt werden. Ich beschloß, ein wenig zu reisen.

Mit dem Zug erreichte ich Neapel, besuchte den Vesuv, fuhr mit einem Boot nach Capri hinüber. Gräfin Ciano, Mussolinis schlehenäugige, attraktive Tochter, hielt in den kleinen Trattorias der Insel hof – ganz so wie lange vor ihr Kaiser Tiberius. Ihr Mann, Außenminister Graf Ciano, verhandelte derweil in Berlin mit Hitler. Doch hier, im sonnigen Süden Italiens, kümmerte sich kein Mensch um Hitler oder den Krieg, der sich irgendwo weit im Norden abspielte.

Dennoch konnte ich nicht für immer in dieser Idylle dahintreiben wie die winzigen Goldblätter in einer Flasche Danziger Goldwasser. Mein Gewissen begann sich zu regen. Jedermann in der Welt arbeitete (die Wirtschaft begann aufzublühen) oder zog in den Krieg.

Eines Morgens, beim Frühstück auf der Terrasse hoch über dem blauen Tyrrhenischen Meer, faßte ich einen Entschluß: Da draußen ist Krieg. Ich muß mir eine Arbeit suchen. Irgendwo müßte doch ein Platz für einen Erfinder sein . . . Aber ich war gar nicht sicher, daß die Probleme so leicht zu knacken waren. Wahrscheinlich würde ich in der rauhen Welt ziemlich herumgestoßen werden.

Von Italien aus gab es nur wenige Schiffsverbindungen nach Amerika. Das hatte ich vom Büro der American Export Steamship Line in Genua erfahren. Damals ahnte ich nicht, daß ich bei dieser Schiffahrtslinie, noch bevor der Krieg zu Ende war, Karriere machen würde.

Es blieb mir nur die Möglichkeit, mit dem Zug zu fahren – den italienischen Stiefel hinauf, an der Riviera entlang und dann quer durch Frankreich nach Paris.

Die Pariser waren inzwischen womöglich noch ängstlicher geworden. Jeden Tag rechnete man mit einer Invasion der »Boches«. Ich suchte mir ein bescheidenes Hotel in Montmartre.

Eines Tages flüsterte mir ein Angestellter der US-Lines vertraulich zu: »Die einzige Möglichkeit, nach Amerika zu kommen, besteht südlich von Bordeaux. Jeder Reeder hat doch Angst, von Le Havre aus den Kanal zu durchqueren, der mit deutschen U-Booten durchsetzt ist.«

Ich machte mich also auf den Weg in den Süden Frankreichs. In Bordeaux gelang es mir, an Bord der *Washington* zu kommen.

Die Überfahrt war alles andere als angenehm. Das Schiff war bis an die Reling mit Passagieren vollgestopft, die in den Lounges, ja sogar auf dem Promenadendeck schliefen.

An einem bitterkalten Novemberabend liefen wir in New York ein. Die Stadt war tief verschneit, abweisend und schrecklich teuer. Großer Gott, wie ich Europa vermißte!

Am nächsten Morgen riskierte ich fünf Cent und fuhr mit der Metro zum unteren Broadway in das Stadtbüro von American Export. Lestrade Brown, der amerikanische Handelsattaché in Paris, hatte mir gesagt: »American Export will eine Flugbootlinie über den Atlantik einrichten. Vielleicht brauchen sie da einen Entwicklungsingenieur, einen Testpiloten oder sogar einen Chefpiloten. Sie können sich auf mich berufen . . .«

Im großen Bürogebäude von American Export war man sehr freundlich, aber über die Pläne für eine neue Flugbootlinie schien man nicht allzuviel zu wissen. Höflich notierte man meinen Namen. Ich war zwar unerfahren, aber nicht naiv. Mir war klar, daß der Zettel mit meinem Namen bei nächster Gelegenheit in den Papierkorb wandern würde.

Doch dann las ich in einer Luftfahrt-Zeitschrift folgende Anzeige: SUCHEN PILOTEN UND INGENIEURE – UNITED AIRLINES, CHICAGO/ILLINOIS. Und direkt darunter noch eine gleichen Inhalts, aber mit anderer Adresse: »American Airlines, New York.«

Sofort schrieb ich an beide Fluglinien und erhielt schon bald Antwort. Ich möge mich, bitte, bei ihnen vorstellen. In beiden Fällen waren Tickets beigefügt.

Im Büro der American Airlines auf dem Flughafen La Guardia in New York besuchte ich President C. R. Smith, einen Alten Herrn meiner studentischen Verbindung. C. R. war sehr zuvorkommend. Er leitete mich an seinen deutschen Chefingenieur mit den Worten weiter: »Sie haben eine erstaunlich breitgefächerte Ausbildungsgrundlage. Und Sie wissen offenbar, was Sie wollen. Ich bin ganz sicher, daß Sie es schaffen werden. Aber erwarten Sie von mir keine Sonderbehandlung, nur weil wir in derselben Verbindung sind . . .«

Chefingenieur Otto »Sturkopf« brummelte: »Sie werden von uns hören . . .«

Aber als ich dann in Chicago landete – es war so windig, wie ich immer gelesen hatte –, nahmen die Dinge einen weitaus positiveren Verlauf. United hatte gerade ein hochmodernes, strahlend weißes Verwaltungsgebäude an der South Cicero Avenue gegenüber dem Flughafen errichtet.

»Na, wenigstens scheint sich eine Gesellschaft inzwischen aus der wirtschaftlichen Talsohle gerappelt zu haben«, dachte ich.

Als ich das herrliche runde Foyer betrat, war ich begeistert von den zukunftsweisenden Luftfahrt-Wandgemälden und dem Zitat von Tennyson:

»Weit tauchte ich in die Zukunft, so weit das menschliche

Auge reicht

sah eine Welt, wie sie sein könnte, und all die Wunder,
die noch geschehen werden
sah die Himmel voll von Handel und Verkehr, Tausende
zauberischer Segel
Piloten im purpurnen Zwielicht, die mit kostbaren Frachten
zur Landung ansetzten.«

Diese Umgebung gefiel mir auf Anhieb. Die gutaussehende junge Dame am Empfang lächelte bei meinem Anblick. Meine Begeisterung mußte wohl deutlich auf meinem Gesicht abzulesen sein.

Oben in der Chefetage stellte mir der liebenswürdige Forschungsingenieur Ray Kelly eine Reihe gezielter Fragen. Er lächelte, als ich sagte: »Ich hätte gern eine Stellung als Erfinder. Ich möchte nicht nur hinter einem langweiligen Zeichenbrett sitzen und maßstabgerecht Linien aufs Papier bringen. Ich möchte in die Werkstätten, etwas mit den Händen schaffen, experimentieren und hart arbeiten.«

»Genau das, was wir suchen«, stellte Kelly fest. »Sie sind für 1740 Dollar pro Jahr als Erfinder engagiert. Allerdings werden Sie sich Entwicklungsingenieur nennen. Das klingt in den Ohren des Direktoriums nicht ganz so hochtrabend. Könnten Sie in zehn Tagen mit der Arbeit beginnen?«

Ob ich das könnte? Ich war so begierig auf Arbeit, daß ich sogar Fußböden geschrubbt hätte.

Beim Verlassen des Gebäudes hielt mich ein hünenhafter Mann auf. »Sind Sie Mr. Bennett? Kommen Sie doch bitte mit in mein Büro.«

Dort stellte er sich höflich als Walt Addems, Direktor der Flight Operation, vor.

»Mr. Bennett, Sie haben in Ihrem Bewerbungsschreiben an United Airlines erwähnt, daß Sie 2000 Flugstunden aufzuweisen haben. Für Ihr Alter ist das recht bemerkenswert. Ich bitte Sie, sich bei unserem Werksmediziner, Colonel Tuttle, untersuchen zu lassen. Es wäre schön, wenn Sie bei der United als Copilot für zweihundert Dollar im Monat beginnen könnten.«

»Aber ich habe doch bereits eine Stellung als Entwicklungsingenieur bei Ray Kelly für 145 Dollar im Monat«, brachte ich überrascht hervor.

Big Walts stahlblaue Augen verdunkelten sich.

»Haben Sie schon unterschrieben?«

»Nun . . . das heißt . . . nein . . .«

»Mr. Bennett, würden Sie die Arbeit des Ingenieurs nicht lieber mit der Fliegerei kombinieren? Über Ray Kelly machen Sie sich nur keine Gedanken. Wir sind miteinander befreundet. Das regele ich schon.«

Verblüfft schüttelte ich den Kopf. Ich begann zu begreifen, daß Abwerbung nicht nur zwischen Unternehmen üblich war, sondern auch innerhalb der Ressorts. Mit schlechtem Gewissen machte ich mich auf den Weg zum Arzt.

Eine Stunde später hinterließ ich eine Nachricht in Walt Addems' Büro: »Captain Addems, der Doktor sagt, mein Gesundheitszustand sei zufriedenstellend. Aber so gern ich auch fliege – ich habe beschlossen, bei Ray Kelly und der Entwicklungsarbeit zu bleiben. Vielen Dank.«

Als ich am Vormittag nach New York zurückflog, lehnte ich mich in den Polstersitzen der kleinen DC 3 bequem zurück. Bei Gott, ich hatte es geschafft. Nun war ich in den Augen meines Vaters wenigstens teilweise rehabilitiert.

Ray Kelly schickte mich sofort nach Cheyenne (Wyoming) in die Wartungsbasis von United. In den zwölf verschiedenen Werkstätten sollte ich Erfahrungen sammeln.

»Sie sind sich doch sicherlich im klaren darüber, Jack, daß wir dabei zuzahlen. Sie arbeiten in Cheyenne als Mechanikerlehrling, werden aber als Entwicklungsingenieur bezahlt. Mr. Bennett, Sie haben doch bestimmt keine Angst, sich die Hände schmutzig zu machen?«

Der überaus korrekte Ray Kelly wußte offenbar noch nicht, wie gern ich mit Werkzeugen hantierte. Ich wohnte in einer billigen, dumpfen Kellerwohnung in der Nähe des Flughafens. Sie kostete nur sechs Dollar die Woche. Ich war verrückt nach den Werkstätten, arbeitete sogar freiwillig in den Abendstunden weiter.

Als die vier Wochen um waren, schickte ich Ray Kelly ein

Fernschreiben und bat um eine zweiwöchige Verlängerung. Danach noch einmal um weitere zwei Wochen.

Ray Kelly, so froh er auch über meine Begeisterung war, kabelte mir schließlich: »Kommen Sie zurück nach Chicago. Sie kosten uns zuviel.«

Innerhalb weniger Monate war ich glücklicherweise erfolgreich. Gemeinsam mit United meldete ich das Patent für ein Sauerstoffventil an, das Douglas Aircraft und andere Gesellschaften später millionenfach in ihre Flugzeuge einbauten. Es war genau das, was die Industrie gebraucht hatte. Aber da United das Ventil nicht selbst produzieren wollte, gab man dummerweise den Entwurf fort. Man gestattete mir auch nicht, eine kleine Firma zu gründen, um es in meiner Freizeit zu produzieren. Ich wäre damit sehr jung zum Millionär geworden.

Meine nächsten Patente folgten rasch: für Sauerstoffmasken, Druckkabinen, Heizsysteme.

Und dann hatte das Schicksal wieder einmal seine Hand im Spiel. United besaß eine Druckkammer, eine der ersten der Welt, um Flüge in extremen Höhen zu simulieren. Eines Morgens saß ich in dem Stahlzylinder und machte mir Notizen. Die kleine Tür stand offen. Zwei Geschäftsführer von United blieben ganz zufällig in Hörweite stehen. Sie wußten nicht, daß ich mich in der Kammer befand.

»Vermutlich wird Bennett nicht mehr lange bei uns sein«, sagte der eine. »Hast du schon von dem glänzenden Angebot gehört, das Transcontinental Western Airlines ihm gemacht haben? Dabei ist er erst fünfundzwanzig.«

Ich konnte der Versuchung einfach nicht widerstehen und steckte den Kopf aus der Kammer. »Um welchen Job geht es hier eigentlich, Gentlemen?«

Sie fuhren herum. »Mein Gott, hat Ihnen Ray Kelly denn noch nichts gesagt?« Mit einem Mal hatten es die beiden furchtbar eilig.

Ich stürmte in Kellys Büro. Der grauhaarige Ray, sonst die Ruhe selbst, nahm nervös den Zwicker von der Nase und putzte umständlich die Gläser.

»Jack, ich habe ein sehr schlechtes Gewissen. Seit einer Woche liegt hier ein Brief, der dich betrifft. Aber ich konnte mich nicht überwinden, dir das Schreiben zu zeigen. Es tut mir leid. Hier, lies selbst.«

Es war nur eine kurze Mitteilung auf TWA-Briefpapier.

»Lieber Ray, wie ich höre, hast Du einen talentierten jungen Entwicklungsingenieur vom MIT bei Dir. Er soll über große Flugerfahrung verfügen, sogar mit deutschen Maschinen. Ich höre auch, daß seine Fähigkeiten als Pilot bei United nicht gefördert werden. Wir haben hier in Kansas City einen sehr vielversprechenden Posten als Chef-Entwicklungspilot frei. Wie Du weißt, sind wir aus den Kinderkrankheiten mit unserem neuen viermotorigen Stratosphärenflugzeug, dem ersten Druckkabinenflugzeug der Welt, noch nicht heraus. Wir glauben, daß uns Bennett sehr nützlich sein könnte, wenn Du bereit wärst, ihn freizugeben. Vielen Dank, Ray. Jack Franklin, V. P. Engineering TWA.«

Zerknirscht meinte der gute alte Ray: »Nimm dir den Rest der Woche frei. Flieg morgen nach Kansas City. Sag mir nur, wann wir dich freigeben sollen. Viel Glück . . .«

Am nächsten Tag war ich in Kansas City und saß mit Jack Franklin und seinem Chefpiloten Swede Goleen zusammen. Nach einer Weile meinte Franklin fast ein wenig verärgert: »Bennett, Sie scheinen von unserem Angebot nicht allzu begeistert zu sein. Vergessen Sie nicht, wir zahlen Ihnen fünfmal soviel wie United, und Sie sind noch ein junger Mann. Sie könnten bei TWA eine große Zukunft haben.«

Dennoch bat ich um ein paar Tage Bedenkzeit. Einen Monat lang versuchte ich, zu einem Entschluß zu kommen. Aber das fiel mir sehr schwer. Ich fühlte mich United gegenüber zur Loyalität verpflichtet, sie hatten mir den Start ermöglicht.

Schließlich war Jack Franklin mit seiner Geduld am Ende. Er nahm mir die Entscheidung ab und zog sein Angebot zurück. Damit versetzte er mir einen herben Schlag. Über Nacht wurde ich ein wenig erwachsener. In einer schmerzlichen Lektion lernte ich, daß man die Gelegenheit beim Schopf packen muß, wenn sie sich einem bietet.

Wenig später flüsterte mir jemand zu, daß die bekannte Flugzeugmotorenfabrik Pratt & Whitney einen Assistenten für ihren Chef-Entwicklungspiloten suche. »Sie würden gern mit dir sprechen, Jack. Aber sie fürchten, sich dadurch ihren besten Kunden, die United, zu verärgern . . .«

Mir blieb keine andere Wahl. Ich mußte offen und ehrlich mit Ray Kelly darüber reden.

»Ray, ich würde gern nach East Hartford fliegen, um mir den Job einmal anzusehen.«

Ray war nicht gerade begeistert. »Nun, wenn du glaubst, du mußt – dann mußt du wohl . . .«

In East Hartford (Connecticut) lernte ich den hochgewachsenen, streng wirkenden Chef-Entwicklungspiloten Richard Sargeant kennen, einen reservierten, humorlosen Mann, aber brillanten Piloten und Ingenieur. Sargeant hatte gerade einen schlimmen Unfall hinter sich. In letzter Minute hatte er sich aus einem fliegenden Prüfstand befreien können, der in Brand geraten war. Seine roten Haare hatten schon Feuer gefangen. Diese Begegnung mit dem Tode hatte Sargeant offenbar tief erschüttert. Er war sehr aufrichtig.

»Sie werden mit Motoren fliegen, die absolut neu und unerprobt sind. Nachdem wir sie Dutzende von Stunden geprüft haben, werden sie unseren Produktions-Testpiloten übergeben, die sie dann abermals Hunderte von Stunden erproben.«

Ich machte mit Sargeant ein paar Rundflüge. Der fliegende Prüfstand hatte das größte Fahrwerk, das ich bis dahin gesehen hatte. Aber es war nötig, um dem riesenhaften Propeller Bodenfreiheit zu geben. Der Drehmoment machte mir Probleme, ich war daran noch nicht gewöhnt. Bei meinem ersten Start zwang er mich knapp über dem Boden zu einer Drehung von 180 Grad, bevor ich die Maschine endlich unter Kontrolle bekam.

Ich bat auch Sargeant um ein paar Tage Bedenkzeit. Bei Pratt & Whitney würde ich das Dreifache meines United-Gehalts bekommen. Was mir nicht gefiel, waren die deutlichen Spuren, die Anspannung, Risiko und Gefahren auf Richard Sargeants Geichtszügen hinterlassen hatten, und die Vorstellung, daß schließlich jeder Job einmal in Routine enden würde – auch

114

wenn es darum ging, Flugzeuge mit den kräftigsten Motoren der Welt zu fliegen.

Ein paar Tage später schickte ich Sargeant ein Telegramm: »Tut mir leid – habe mich entschlossen, bei United zu bleiben . . .«

Dennoch wurde ich kribbelig, wenn ich in meinem Ingenieurbüro bei United saß und die neu entwickelten Militärmaschinen vor meinem Fenster vorbeifliegen sah. Eines Tages konnte ich es einfach nicht mehr aushalten. Ich fing wieder an, in jeder Sekunde meiner Freizeit Flugunterricht zu geben, und verdiente eine Menge Geld damit. Während der drei Jahre, die ich für United arbeitete, bekam ich weitere 3000 Unterrichtsstunden zusammen.

Der Flughafen Stinson lag in der rauhen Gegend von Cicero. Hier entstanden in den zwanziger Jahren die berüchtigten Chicagoer Banden, und hier hatte ich auch mein erstes Zusammentreffen mit dem organisierten Verbrechen. Auf dem Flughafen gab es ein kleines beliebtes Restaurant, abendlicher Treffpunkt einer ziemlich rauhen Gesellschaft. Es wurde Poker gespielt, und die chromglänzenden Glücksspielautomaten kamen kaum zur Ruhe. Das heißt, bis man eines Tages feststellte, daß die Automaten statt der Fünf-Cent-Stücke simple Metallscheiben »ausspuckten«.

Eines Abends flüsterte mir der Restaurantbesitzer zu, daß die Automaten einer Chicagoer Gangsterbande gehörten. Deren Mitglieder seien nun darauf aus, denjenigen zu fangen, der die Maschinen mit Blei fütterte. Dabei deutete er auf ein paar finstere Typen an der Bar.

Es dauerte nicht lange, bis sie den Übeltäter identifizierten. Eines Morgens fanden wir einen jungen Burschen in der Gosse. Er krümmte sich vor Schmerzen. Die Gangster hatten ihn gezwungen, etwa zwei Pfund seiner Metallscheiben herunterzuschlucken.

Das Opfer wurde ins Krankenhaus gefahren, wo ihm die Chirurgen den Magen aufschnitten und ihn von seiner lebensgefährlichen »Blei-Mahlzeit« befreiten.

Wie alle anderen Fluglinien wurde nun auch United ins Kriegsgeschehen mit einbezogen. Sie unterstützte die amerikanische Luftwaffe, indem sie Piloten ausbildete und ihr technisches Wissen zur Verfügung stellte. Mir wurde eine Douglas DC 3 übergeben, beladen mit allen möglichen Testobjekten, die in Polargebieten ausprobiert werden sollten. Washington befürchtete eine japanische Invasion über die Beringstraße. Es verletzte meinen Stolz sehr, daß ich praktisch nur als Passagier mit von der Partie war. Dabei hatte ich weit mehr Flugstunden als der Copilot.

Als wir in Anchorage landeten, war in Alaska Sommer. Es war heißer als in Chicago, und die Erdbeeren gediehen unter der Rund-um-die-Uhr-Sonnenbestrahlung weit besser als bei uns daheim. Es gab ominöse Berichte über japanische Kriegsschiffe auf dem Weg nach Nome.

Kein Zweifel, der Feind war nahe. Mehrere US-Bomber standen an der Rampe, ihre Plexiglashauben waren zerschossen. Im Inneren der Flugzeuge Spuren von Blut. Ein bedrohliches Schweigen lag über den Hangars. Jeder vermied es, häufiger als unbedingt nötig zu den zerstörten Maschinen hinüberzusehen.

Meine Kaltwetter-Experimente waren vergessen. Unsere DC 3 erhielt den Befehl, sofort mit einer Ladung Kochherde und Munition zum 1000 Kilometer entfernten Nome aufzubrechen. Als wir auf der unebenen Grasfläche landeten, konnten wir den Rauch japanischer Kriegsschiffe am Horizont erkennen. Wenn die Japaner damals gewußt hätten, daß der einzige Widerstand, auf den sie in Nome getroffen wären, aus unserer dreiköpfigen, unbewaffneten Crew und einer Handvoll Eskimos bestand, die den größten Teil ihrer Zeit in der seit 1918 rund um die Uhr geöffneten Bar verbrachten . . .

Zurück in Chicago bot mir der Chefingenieur von United den Posten eines Chefingenieurs der Westregion an, mit Sitz in San Francisco. Das lächerlich geringe Gehalt von 275 Dollar im Monat ärgerte mich sehr, auch daß ich keine Gelegenheit zum Fliegen erhielt, um unsere Maschinen besser kennenzulernen. Es hieß, das würde Schwierigkeiten mit der Pilotengewerkschaft geben.

Wütend ging ich zu Jack Herlihy, dem geschäftsführenden

116

Vizepräsidenten von United, der früher selbst Pilot gewesen war. »Glauben Sie nicht, daß ich United gegenüber genug Loyalität bewiesen habe, als ich den TWA-Job für rund 675 Dollar im Monat ausgeschlagen habe?«

Die Antwort des rotgesichtigen, rundlichen Jack Herlihy war kurz und bündig: »Ich glaube, daß Sie genug Dummheit bewiesen haben . . .«

Mit Herlihys Worten brach eine Welt für mich zusammen. Nie wieder würde ich idealistisch sein. Offenbar war ich »dumm«, wenn ich mich tagtäglich und halbe Nächte hindurch für United abrackerte. Sogar die Straßenkehrer von Chicago wurden besser bezahlt. Spontan traf ich eine wichtige Entscheidung – aber viele Entscheidungen werden wohl spontan getroffen. Ich war es leid, auf Ray Kellys Philosophie zu hören: »Wir müssen die Dinge idealistisch sehen . . .« Ich war überzeugt, daß ich mehr verdienen konnte, wenn ich als Pilot arbeitete und in meiner freien Zeit experimentierte und entwickelte.

Ich ging geradewegs zu Captain Walt Addems' Büro und unterzeichnete einen Vertrag als Copilot bei United für 200 Dollar im Monat.

Auf meine Bitte stationierte Walt Addems mich in New York. An der dortigen Universität wollte ich endlich den Doktortitel erwerben.Ohne mein Wissen lud Ray Kelly meine Eltern zu einer Art Abschiedsessen in das *Palmer House* in Chicago ein. Als wir alle Platz genommen hatten, wandte sich Ray an meinen Vater: »Herr Doktor, ich fürchte, Jack macht einen großen Fehler, wenn er jetzt seine Entwicklungsarbeit aufgibt, um Pilot zu werden . . .«

»Ray«, unterbrach ich ihn. »Ich will doch nur ein Jahr fliegen. Dann kehre ich zur Entwicklungsarbeit zurück.«

Mein Vater paffte seine Pfeife und tat unbeteiligt. »Mr. Kelly, Jack ist ein typischer Waliser, und die sind so störrisch wie junge Bullen. Außerdem hält er sich an die Devise, daß man nur einmal lebt und deshalb das tun sollte, was man wirklich möchte und was einen glücklich macht.«

Am nächsten Tag bat mich Bill Patterson, der beliebte Präsident von United Airlines, in sein Büro.

»Sie hätten bei United eine große Karriere vor sich. Copiloten aber gibt es Hunderte. Da sind Sie doch nur ein Gesicht in der Menge . . .«

Ich war geschmeichelt, blieb aber dennoch entschlossen.

Während des folgenden Jahres schaffte ich es neben meiner Tätigkeit als Pilot und dem Universitätsstudium auch noch, die Meisterprüfung als Flugzeug- und Motorenmechaniker abzulegen. Besonders mit der letzteren verschaffte ich mir einigen Respekt bei den Burschen in den Werkstätten, die oft genug über die Reißbrett-Ingenieure räsonierten, die eigentlich gar nichts von der »wirklichen Arbeit« verstünden.

Eines Tages sollten wir für eine unserer zweimotorigen DC 3-Maschinen einen Ersatzmotor in das 120 km entfernte Allentown in Pennsylvania liefern. Kurzerhand wurden die Passagiersitze entfernt und der schwere Motor auf dem Boden der Kabine festgezurrt.

Der liebenswerte alte Pop Sperling, einer der dienstältesten Captains bei United, und ich waren die Crew. Außerdem befanden sich noch fünf oder sechs Mechaniker an Bord, die in Allentown den Motor auswechseln sollten. Als Pop und ich über das La Guardia-Feld rollten, kamen ein paar Mechaniker ins Cockpit, um unseren Start aus nächster Nähe mitzuerleben.

Pop, der früher einmal Profi-Rennfahrer gewesen war, sinnierte: »Jack, ich werde mich in wenigen Monaten zur Ruhe setzen und den Knüppel an euch junge Burschen übergeben. Du hast doch nichts dagegen, wenn ich heute abend fliege? Ich werde diese alten, verläßlichen DC 3-Vögel sehr vermissen. Die herrlichen Sonnenuntergänge, die Wolken – einfach alles. Obwohl das Fliegen auch nicht mehr das ist, was es in den guten alten einmotorigen Luftposttagen einmal war. Damals gab es noch eine Menge Ausfälle mit den Zwölf-Zylinder-Libertys. Bei den heutigen Motoren kommt das kaum noch vor. Mitunter scheint es mir, als gäbe es keine Abenteuer mehr bei diesem Geschäft. Du bist doch Ingenieur, Jack. Hast du jemals gehört, daß zwei Motoren auf einmal ausfallen?«

Wir näherten uns dem Rand der Startbahn, und Pops Plauderei begann mich zu nerven.

»Nein, Pop, noch nie«, erwiderte ich. »Untersuchungen haben ergeben, daß gleichzeitiger Ausfall nur einmal unter einer Million Fällen vorkommt.«

Wir stellten die Motoren auf volle Touren, überprüften die Doppelzündung und hoben ab, donnerten über Jackson Heights, direkt auf Manhattan zu.

Es war einer jener seltenen kristallklaren Sommerabende in New York. Ich sah aus 500 Meter Höhe hinunter auf den belebten East River, als – unglaublich! – *beide* Motoren gleichzeitig stoppten. Die Stille war furchtbar. Pop drückte die Nase der DC 3 ganz automatisch hinunter, um die Fahrt zu halten.Seine Augen waren groß und glasig. »Guter Gott, es ist passiert! Ist das zu glauben, Junge? Drück auf die verdammte Notbenzinpumpe!«

Ich pumpte wie verrückt – froh, überhaupt etwas tun zu können.

Da waren wir also, im direkten Anflug auf die hohen Beton-Wolkenkratzer von Manhattan. Wir saßen in einem riesigen metallenen Vogel ohne Motorkraft und konnten jeden Augenblick wie ein Stein vom Himmel fallen. Es war abzusehen, wann wir auf den belebten Straßen Manhattans landen würden. Gott sei Dank, daß wir außer den Mechanikern keine Passagiere an Bord hatten.

Dieser schwere Brummer war kein leichtes Segelflugzeug, wie ich es in Deutschland geflogen war. Ich blickte auf die riesigen Metallpropeller, die sich im Luftstrom nur noch ganz langsam drehten. Verdammt, wenn die sich doch endlich ein bißchen mehr bewegen würden!

Was zum Teufel hatte dazu geführt, daß sie beide im selben Augenblick versagt hatten? Gab es eine Luftblase in der Benzinzufuhr? Aber warum dann gleichzeitig in beiden Leitungen? Oder hatte etwa ein Dummkopf Wasser statt Benzin in die Tanks gefüllt?

Pop sagte ein wenig zu ruhig: »Sieht ganz so aus, als wäre der East River der einzige Platz zum Landen. Wir werden verdammt naß werden.«

»Hübsch untertrieben, Pop«, dachte ich. »Wir werden sterben. Wie unfair – ich bin doch noch zu jung!«

Wie geschickt Pop diese Sache auch bewältigte – selbst wenn es ihm gelang, unter den Brücken hindurchzufliegen und keines der Boote zu rammen –, wir würden sterben! Offenbar hatte er vor, mit hochgezogener Nase ganz dicht aufs Wasser hinunterzugehen und so sanft wie möglich aufzusetzen. Doch dann würde sich die Nase ins Wasser bohren, würde der schwere Motor in der Kabine sich aus seiner Verankerung lösen und wie ein Mühlstein aufs Cockpit zurollen. Er würde Pop und mich wie Streichhölzer zermalmen.

Ich wünschte, Pop hätte mir die Steuerung überlassen. Er hatte zwar lebenslange Erfahrung, aber seine Reaktionsfähigkeit ließ nach.

Inzwischen hatte Pop die Maschine um 90 Grad gedreht, flog nun über dem East River. Ich sah auf den Höhenmesser: Wir hatten bereits 150 Meter verloren. Die Instrumente zeigten an, daß wir weitere 30 Meter pro Minute fielen. Herr im Himmel – uns blieben nur noch Sekunden!

Pop sah sich nach den Mechanikern um, die sich im Gang zusammendrängten. »Würdet ihr Burschen vielleicht die Güte haben, euch hinten am Ende der Kabine festzuschnallen? Es wird hier vorne bald ungemütlich naß werden. Außerdem wäre es mir lieb, wenn der Schwanz beschwert würde. Dann kann ich die Nase besser hochhalten, wenn wir auf dem Wasser aufsetzen.«

Ich sah das trübe, ölige Wasser des East River bereits vor der Flugzeugnase aufrauschen. Es war über und über mit leeren Flaschen und Milchtüten bedeckt. Gerade glitten wir um Haaresbreite über einen großen Schlepper hinweg. Hätte der Masten gehabt – wir hätten sie ihm glatt abrasiert. Aus den Augenwinkeln sah ich, wie man uns von Deck aus zuwinkte. Offenbar glaubten die Leute da unten, wir flogen nur aus einer Sommerlaune heraus so niedrig.

»Idioten!« knurrte ich vor mich hin. Aber wie ich diese »Idioten« beneidete! Wie herrlich wäre es, jetzt da unten auf den sicheren Schiffsplanken zu stehen und zu dem Flugzeug aufzuschauen, statt in diesem fliegenden Sarg zu sitzen.

»Lieber Gott«, flehte ich, »bring doch die Motoren wieder in Gang. Wenigstens so lange, bis wir wieder in La Guardia sind. Ich habe noch gar nicht gewußt, wie schön das Leben ist!«

Wir waren nur noch 25 Meter über dem verdreckten Wasser. Ich hatte das Gefühl, es liefe mir schon in den Kragen hinein.

»Pop, wollen wir nicht die Landeklappen ausfahren, um langsamer zu werden? Wir haben noch genug hydraulischen Druck.«

Pop nickte grimmig. Auf seiner pockennarbigen Nase standen Schweißperlen. Komisch, daß man in einer so brenzligen Situation auf derartige Belanglosigkeiten achtet. Ich legte meine Hand auf den Landeklappenhebel. Das war's. Pop zog die Nase hoch.

Und plötzlich – gurgelnd, zischend, krachend wie zwei Feuerwerkskörper – erwachten beide Motoren wieder zum Leben!

»Gott«, betete ich inständig. »Nur noch einen einzigen, winzigen Gefallen! Laß die Propellerspitzen nicht das Wasser berühren. Sonst sind wir hin – und dabei haben wir's doch fast schon geschafft!«

Pop zog die Nase höher, wir flogen wieder mit voller Kraft. Und direkt vor uns – eine Brücke!

Hoffentlich hatte Pop nicht vor, das Ding zu überfliegen. Dafür hatten wir nicht genug Fahrt drauf.

Doch da! Der alte Rennfahrer hielt tatsächlich auf einen der Brückenbogen zu. Sein Unterkiefer war entschlossen vorgeschoben. Aber zu tief durfte er nun auch wieder nicht gehen. Sonst hätte er die vielen kleinen Boote weggerast.

Innerhalb von zwei Sekunden waren wir drunter durch. Das donnernde Geräusch der Motoren hallte von der Brückenkonstruktion wider. Wären unsere Flügel nur einen knappen Meter breiter gewesen, wären sie an den Stahlträgern hängengeblieben.

»Whee!« jubelte Pop. »Ich habe schon immer mal unter 'ner Brücke hindurchfliegen wollen. Hab's mich bisher nur nie getraut!«

Und schon zog er die Maschine steil hoch. Er wollte den Vogel so hoch wie möglich jagen, für den Fall, daß die Motoren wieder ausfielen.

Bei 700 Metern atmeten wir auf und ließen uns erschöpft in die Sitze zurückfallen.

Pop lachte gezwungen auf, seine Hände zitterten. »Das war knapp, Junge! Aber was, zum Teufel, ist eigentlich passiert? Haben zum ersten Mal in der Geschichte zwei DC 3-Motoren gleichzeitig den Geist aufgegeben? Sollen wir nun nach La Guardia zurück, oder fliegen wir weiter nach Allentown?«

Mein Hals war noch immer wie zugeschnürt. »Laß uns erst einmal über La Guardia kreisen«, krächzte ich. »Wenn dann die Motoren normal laufen, fliegen wir nach Allentown.«

Nachts in unserem kleinen Motelzimmer in Allentown: Pop liegt auf seinem schmalen Bett und starrt an die Decke. Mit einem Mal dringt seine Stimme zu mir herüber: »Jack, heute waren wir dem Tod verdammt nahe. Wie wär's, wenn wir jetzt beide aus dem Bett klettern, auf die Knie fallen und unserm Herrgott danken, daß wir noch am Leben sind?«

Genau das taten wir dann auch.

Die Arbeit als Copilot bei der United befriedigte mich mit der Zeit immer weniger. Innerhalb von Monaten hatte ich die kleinen Boeing 247 D und die DC 3 im Griff. Der Glanz des Neuen verflüchtigte sich so schnell wie die Luft aus einem Kinderballon. Jeder einigermaßen intelligente Gorilla konnte darauf getrimmt werden, sich auf den Platz des Copiloten zu setzen und wie ich die Knöpfe zu drücken. Und dann brach United auch noch das Versprechen, mich in New York zu halten, damit ich meine Promotion beenden konnte. Man rief mich nach Chicago zurück.

Ich beschloß, das Angebot von American Export Airlines als Reserve-Captain anzunehmen. Diese Gesellschaft war dabei, eine Transatlantik-Route für Flugboote aufzubauen. Hier lag für mich eine wirkliche Chance – zum Dreifachen meines bisherigen Gehalts. Rechtzeitig erinnerte ich mich an Jack Herlihys sarkastische Worte . . .

Aber Bill Patterson, der Chef von United, reagierte auf meine Kündigung scharf. Wir befanden uns im Krieg. Die Fluggesellschaften achteten peinlich genau darauf, keinen ihrer Angestellten ans Militär oder an andere Firmen zu verlieren. Bereits zweimal war ich freitags nach Washington gefahren, um mich zum Wehrdienst zu melden. Einmal wurde ich als Air Force Captain beordert, das zweite Mal als Leutnant der Marine.

Doch an den darauffolgenden Montagen war es mit meiner militärischen Karriere schon wieder vorbei. In Telegrammen hieß es, United habe interveniert, und das Kriegsministerium habe zugestimmt. »Das Personal der Fluggesellschaften ist für Verteidigungszwecke eingesetzt und für das Land von kriegswichtiger Bedeutung ...«

Aber als ich United verließ, um zu einer anderen Gesellschaft überzuwechseln, ging das Feuerwerk erst richtig los. Schon vor mir hatten einige erfahrene Piloten zu American Export gewechselt. Meine Kündigung brachte bei Bill Patterson das Faß zum Überlaufen. Er schickte ein wütendes Telegramm an Präsident Roosevelt und beschuldigte Export, der United in Kriegszeiten die Leute wegzuschnappen.

Was mich aber eigentlich zum Wechsel bewogen hatte, war die folgende Episode:

Wir waren mit einer 23sitzigen DC 3 von Chicago nach New York geflogen. Hunderte verzweifelter, heimwehkranker GIs hatten in Chicago den Flughafen belagert. Sie warteten auf den Abtransport nach Europa, hatten aber noch ein paar Tage Zeit, die sie zu einem – vielleicht letzten – Besuch bei ihrer Familie nutzen wollten.

Unsere Flugzeuge waren proppenvoll. Es gab nur wenige freie Plätze, der Rest war mit kriegswichtigem Material vollgestopft.

Skipper Bob Dawson hatte aus Mitleid sogar zwei GIs in unser Cockpit geschmuggelt. Das hätte ihn glatt den Job kosten können.

Als die Frachtleute in New York das Gepäck ausluden, bemerkte ich allein 16 Koffer und Taschen der Hollywooddiva Connie Bennett! Für ihr aufwendiges Gepäck hatten wir eine Handvoll GIs zurücklassen müssen. Vor Wut kochte ich fast über.

»Ich habe die Nase voll«, beschwerte ich mich bei Bob. »Noch heute kündige ich und gehe zu American Export!«

»Glaubst du, daß es da soviel anders ist?« erkundigte sich der vernünftigere, beherrschtere Bob. »Leute mit Geld und Namen regieren nun mal die Welt. Paß bloß auf, Junge. United ist eine alteingesessene, gesunde Firma. Da verdienst du immer dein Brot. American Exports Flugboote sind ein Experiment. Sie können sehr schnell pleite gehen.«

Bobs düstere Prophezeiung war nicht so falsch. American Export schlitterte wenige Jahre später verdammt knapp am Bankrott vorbei.

Nichtsdestotrotz: Ich wechselte zu Export. Außerdem arbeitete ich an einem leicht zu produzierenden verstellbaren Propeller für die US Air Force.

Die Luftwaffe stellte mir für meine Versuche Militärmaschinen zur Verfügung. Wir parkten sie auf dem kleinen privaten Flushing Airport, der nur für unsere Flugzeuge geöffnet war.

Propeller-Tests sind das Gefährlichste, was die Flugforschung zu bieten hat. Während einer einzigen Woche überlebte ich drei häßliche Abstürze. Die Maschinen waren jedesmal schrottreif. Insgesamt demolierte ich neun Stinson L 5-Maschinen innerhalb dieses Testprogramms!

Gleich nach dem Start vibrierte der Motor einmal so stark, daß mich der Sitz durchrüttelte, als litte ich an Delirium tremens. Wenn ich nicht sofort Gas wegnahm, würde ein Propellerblatt wegfliegen – und der Motor hinterher.

Ich flog direkt auf eine Starkstromleitung zu. Mir blieb keine Wahl: Ich nahm das Gas weg und glitt gerade eben unter den Leitungen hindurch. Prompt stürzte ich in einen Sumpf. Die Maschine versank innerhalb von Minuten.

Glücklicherweise arbeiteten gerade Elektriker in der Gegend. Sie zogen mich mit einem Seil heraus. »Meine Güte«, riefen sie entsetzt. »Sie haben gerade ein 100 000-Volt-Kabel um Haaresbreite verfehlt!«

Die beiden anderen Debakel folgten dicht aufeinander. Durch die übergroßen Propeller war die Maschine so kopflastig, daß ich bei den Landungen einen Kopfstand einfach nicht vermeiden konnte. Die Flugzeuge, die kein Bugrad besaßen, drehten sich wie Maikäfer auf den Rücken und zerstörten sich selbst.

Ich befestigte 50 Pfund Gußeisen am Schwanz, um der Maschine mehr Balance zu geben. Ein waghalsiges Unternehmen, aber es half nicht viel.

Ich bat die Air Force, das Testprogramm so lange auszusetzen, bis es uns gelungen war, das Gewicht der Propeller zu verringern. Wir zerstörten Maschinen, die so teuer waren, als seien sie aus Platin gemeißelt! Die Antwort: »Keine Zeit. Es ist Krieg. Fahren Sie mit dem Testprogramm fort. Wir ersetzen jede Maschine, die Sie zu Bruch fliegen.«

Keine Rede von Ersatz für meinen kostbaren Körper . . .

Der Propeller, den wir geheim entwickelten, war höchst sinnreich und ausgeklügelt. Er konnte auch von ferngelenkten Zielflugzeugen genutzt werden, die große Höhen erreichten. Der Propeller stellte sich ganz automatisch auf die dünnere Luft ein.

Als die Russen von unserem Erfolg hörten, baten sie die US-Regierung um Demonstration und detaillierte Unterlagen. Wie hatte Franklin D. Roosevelt doch gesagt? »Gebt den Iwans alles, was sie wollen.«

Also besuchten der russische Major Semenow und seine Frau, beide Experten im Maschinenbau, unsere Fabrik auf Long Island. Während eines Fluges über Washington, D.C., führte ich Major Semenow den Propeller vor.

Die ganze Zeit saß uns Semenows Leibwächter im Nacken. Um den Mann abzuschütteln, griff ich zu einer List: Ich schnallte den Major der Roten Armee auf dem zweiten Pilotensitz fest – für den Aufpasser war kein Platz mehr. Das war das erste und einzige Mal, wo ich mit Semenow über ein paar persönlichere Dinge reden konnte.

Warum er denn die triste Sowjetunion nicht verlasse, wollte ich wissen. Bei seiner umfassenden Ausbildung und den guten englischen Sprachkenntnissen . . .?

»Ich lebe in der Nähe von Moskau wie ein König«, erwiderte er offen. »Ich habe meine eigene Datscha, meine Limousine mit Chauffeur. Warum sollte ich also flüchten? Es wäre ein Irrtum anzunehmen, mir ginge es schlecht. Besuchen Sie mich doch mal, wenn dieser Krieg vorbei ist.«

»Major«, fuhr ich fort, »sicherlich vermuten Sie bereits, daß ich keineswegs die Absicht habe, Ihnen die detaillierten Konstruktionspläne des Propellers auszuhändigen.«

Er lächelte. »Ja, Captain. Das verüble ich Ihnen nicht, aber Ihre Regierung wird Sie schon zur Herausgabe veranlassen.«

Semenow erhielt die Pläne nie.

Eines Tages kam die US Army mit einem höchst sonderbaren Anliegen zu mir. Irgend jemand hatte eine Art Fallschirm-Ersatz entworfen, mit dem man Ausrüstungsgegenstände über unwegsamem Gebiet abwerfen konnte. Es war die Kopie eines Ahornsamens, der mit seinem langen »Propellerblatt« im Herbst ganz langsam vom Baum zu Boden segelt.

Der Erfinder tauchte auf dem Flushing Airport mit einem kleinen Faß voller Kies auf. Gewicht: 100 Pfund. Oben auf dem Faß war ein frei rotierendes Blatt angebracht. Der Erfinder behauptete nun, seine Konstruktion würde wie ein Hubschrauber sinken – allerdings in Selbstrotation, ganz ohne Motorkraft.

Das Faß besaß eine Metallkappe, die das Blatt bedeckte und schützte. An dieser Kappe befand sich ein Seil mit einer Sollbruchstelle, das andere Ende war mit der Flugzeugkonstruktion verbunden. Im Falle des Abwurfs sollte das Seil die Kappe abreißen und den Propeller freisetzen.

Der Erfinder und ich luden das schwere Ding auf den Rücken meiner zweisitzigen Stinson L 5. Um den Abwurf so bequem wie möglich zu machen, hatte ich vorsorglich die Tür entfernt. Das Ende des Seils vertäuten wir an einer der Rumpfverstrebungen.

Die Air Force wünschte einen Abwurf aus geringer Höhe. Also ging ich auf nur 150 Meter, drehte mich um und schubste das Paket hinaus.

Ratsch! machte es – und die ganze Seite des Flugzeugs riß ab und sank mit dem Faß in die Tiefe. Die Sollbruchstelle war natürlich nicht gebrochen. Ich saß praktisch im Freien. Die lädierte Maschine schwankte wie ein Rohr im Wind. Jeden Augenblick konnte sich der Motor aus seiner beschädigten Verankerung lösen und selbständig machen.

Ich stellte den Motor ab und setzte zu einer sofortigen Landung an.

Das Flugzeug war hin. Selbst die Rumpfverbindungen zum Flügel waren verbogen. Die einzigen Teile, die noch zu gebrauchen waren, waren der Motor, der Propeller und die Räder.

»Speed« Hanzlik, der gestrenge alte Pilot und Besitzer des Flushing Airport, kam langsam heran und inspizierte das Wrack. Er zupfte an den Fetzen der olivbraunen Bespannung. Dann schüttelte er den Kopf. »Allmächtiger, lebst du gefährlich!«

Das Fallschirm-Experiment war ein Schlag ins Wasser. Das Propellerblatt gab nicht genug Auftrieb. Wie ein Stein schlug das Faß auf dem Boden auf, platzte und versprühte jede Menge Kies über den Flughafen.

Es waren noch echte Pioniertage, als wir während des Krieges mit den viermotorigen Sikorsky S 44-Flugbooten über den Atlantik flogen. Wir mußten uns an den Sternen orientieren, die wir meist wegen der Wolkendecke gar nicht sahen. Navigationsirrtümer waren oft die Folge.

Unsere Hauptroute war die Strecke New York–Shannon/Irland, auf der viele prominente Politiker zu unseren Fluggästen zählten wie zum Beispiel der tschechoslowakische Außenminister Jan Masaryk und Eduard Benesch, der Präsident der tschechoslowakischen Exilregierung in London.

Jan Masaryk, flog Anfang 1948 noch einmal mit mir. Diesmal war er allein.

»Herr Minister«, sagte ich, »ich erinnere mich daran, daß Sie während des Krieges vorausgesagt haben, daß nach der Befreiung Ihres Landes durch die Russen ein weiteres Problem entstehen würde – die Russen wieder aus Ihrem Land herauszubekommen. Ihre Prophezeiung ist eingetroffen. Fürchten Sie und Präsident Benesch immer noch, daß die Kommunisten Sie umbringen könnten?«

Ich las die Angst in seinen Augen, als er düster erwiderte: »Ich war einer der drei nichtkommunistischen Minister, die im vergangenen September Bomben mit der Post bekommen haben. Früher oder später werden sie Benesch und mich wohl kriegen.«

Wenige Monate später wurde Masaryks zerschmetterter Körper auf dem Hof des Prager Außenministeriums direkt unter seinem Fenster gefunden. Die Kommunisten behaupteten, er habe Selbstmord begangen.

Benesch starb sechs Monate später in seinem Haus in Sezimovo Usti, vermutlich an gebrochenem Herzen.

Passagiere und Besatzung liebten die Flugboote von American Export, Pan Am und BOAC. Sie waren zwar langsamer als die Landflugzeuge, hatten dafür aber große und ausgesprochen luxuriöse Kabinen mit Panoramafenstern und Diwans – als hätte man einem kleinen bequemen Ozeandampfer Flügel verpaßt. Die Flugboote besaßen auch eine enorme Reichweite. Es war wie in Jules Vernes »In achtzig Tagen um die Welt«.

Eines Morgens im Jahr 1944, auf dem Flug von Bathurst in Gambia über Belem in Brasilien nach Trinidad, fragten wir unsere fünfundzwanzig Passagiere, ob sie Lust hätten, an einem Rekordversuch für planmäßige Transportflugzeuge teilzunehmen. Sie waren begeistert. Also verzichteten wir auf das Auftanken in Belem. Statt dessen drehten wir nach Norden und verkürzten die etwa 6000 km lange Strecke um 1000 km.

Von da an hingen wir buchstäblich neunzehn Stunden in der Luft.

Auf den letzten 1000 km bis Trinidad drosselten wir die Motoren, die normalerweise 2000 Umdrehungen pro Minute machten, auf 1200. Wir flogen weniger als 160 km pro Stunde, da wir Sprit sparen mußten. Die Propeller drehten sich so langsam, daß wir fast das Firmenzeichen »Hamilton Standard« auf den Blättern erkennen konnten. Zweimal sahen wir auf dieser Reise die Sonne untergehen – und das war Weltrekord.

Doch diese großen Flugboote hatten auch ihre Probleme. Wirtschaftlich konnten sie sich mit den Landflugzeugen nicht messen. Manchmal dauerte es Stunden, bis wir bei ungünstigen Wind- oder Wasserverhältnissen ein Flugboot an einer Boje vertäuen konnten.

Um sie zu warten, wurden sie für gewöhnlich auf großen Rädern, die unter Wasser am Rumpf befestigt werden mußten, an Land gezogen. Dazu waren Froschmänner nötig. Ihre Arbeit war kein Zuckerschlecken, besonders bei eisigem Winterwetter. Alles in allem waren die Flugboote so kostspielig, daß sie selbt einem Krösus den letzten Pfennig aus der Tasche gezogen hätten.

Mitten im Krieg wurde American Export das Geld knapp. Eines Abends rief mich ein Vorstandsmitglied an.

»Jack, Export ist am Ende. Unter Umständen können bereits am nächsten Freitag keine Gehälter mehr gezahlt werden. Du solltest dich schleunigst nach einem neuen Job umsehen. Wenn du deinen Kameraden noch nichts davon erzählst, verschaffst du dir einen Vorteil . . .«

Es ist nicht besonders klug, von einer Fluggesellschaft zur anderen zu »hüpfen«, sozusagen im fliegenden Wechsel. Man verliert seinen Platz auf der Dienstalterliste und muß ganz von vorn anfangen. Also beschloß ich, mich nach einem Entwicklungspiloten-Job umzusehen.

Ich schickte ein Telegramm an die Curtiss-Wright Aircraft Corporation (C-W) in Buffalo. »Habe gehört, daß Sie einen Chef-Entwicklungspiloten suchen. Erbitte Antwort.«

Innerhalb weniger Stunden war sie da. »Kommen Sie nach Buffalo. Kosten werden erstattet. Paul Hovgaard, C-W, Buffalo.«

Senator Harry Truman hatte sich mit seiner Kritik an den C-W-Marine-Sturzkampfbombern einen Namen gemacht. Er hatte sie als »schlechte Flugzeuge« beschimpft, »die unsere heldenhaften Piloten draußen im Pazifik umbringen . . .«

Die Aufmerksamkeit, die Truman damit auf sich zog, war es nicht zuletzt, die zu seiner Wahl zum Präsidenten der Vereinigten Staaten führte. Die schweren zweisitzigen Sturzkampfbomber hatten wirklich eine extrem hohe Unfallquote.

Außerdem hatte C-W Schwierigkeiten mit ihren zweimotorigen C 46-Transportern, einer größeren Schwester der erfolgreichen Douglas DC 3.

Bereits am nächsten Morgen war ich in Buffalo. Der alte Flugzeughase Paul Hovgaard und sein Stab zeigten mir riesige

Gebäude, gerammelt voll mit Tausenden von Ingenieuren, die brav an der Verbesserung der Sturzkampfbomber arbeiteten. Sie alle saßen an identischen Zeichentischen in peinlich genau ausgerichteten, mindestens anderthalb Kilometer langen Reihen . . . Diese Lohnknechte bewegten ihre Arme wie gesichtslose Roboter. Es war ein unendliches Meer menschlichen Fleisches – furchterregend anzusehen. War so etwas nötig, um Flugzeuge zu konstruieren? Stand uns das alles im Jahr 2000 bevor? Ähnliche deprimierende Sklavengalerien hatte ich bereits bei Douglas in Kalifornien und Boeing in Seattle gesehen. Das wollte ich nicht! Ich wollte ein Individuum bleiben, ein Pionier. Ich wollte Maschinen fliegen und nicht in der anonymen Masse derer versinken, die sie konstruierten.

Abends lud mich Hovgaard zu sich nach Hause ein. Er ließ durchblicken, daß C-W tatsächlich große Schwierigkeiten mit den Bomberflugzeugen habe. Sie zeigten bei schnellen Sturzflügen bedenkliche Schwanzvibrationen. Ihr bekannter, brillanter Testpilot, der kleine Red Halsey, der als Flugheld auf den großen Lucky Strike-Reklamen abgebildet worden war, hatte zehn Tage zuvor einen bösen Bruch gebaut. Über Buffalo war die Maschine ins Vibrieren geraten und unkontrollierbar geworden. Alles sah nach einem pfeilgeraden Absturz aus. Halsey konnte sich mit dem Fallschirm retten. Aber beim Absprung erwischte ihn das Leitwerk noch an den Hüften und zerschmetterte ihm die Knochen. Red Halsey würde monatelang im Krankenhaus bleiben müssen und vielleicht nie mehr fliegen können.

Also brauchte C-W einen neuen Chef-Entwicklungspiloten. Neunzig Prozent meiner Arbeit würde darin bestehen, am Boden die Daten auszuarbeiten, die ich in der Luft gesammelt hatte. Ich sollte den Problemen auf die Spur kommen. Mein Gehalt würde 800 Dollar monatlich plus Prämien betragen – in jenen Kriegstagen nicht gerade ein Pappenstiel.

»Wir arbeiten bei unseren Forschungen sehr eng mit der Cornell-Universität zusammen«, betonte Hovgaard. »Es wird also auch nach dem Krieg eine Zukunft für Sie bei C-W geben. Amerika wird sich nicht noch einmal mit heruntergelassenen

Hosen erwischen lassen. Wir werden nicht aufhören, hochentwickelte Militärmaschinen zu bauen . . .«

Ich kehrte nach New York zurück und kündigte bei American Export.

Doch eine Woche später erhielt ich ein Telegramm der US-Marine: Da C-W und Export beide Marineverträge hätten, könne Export mich nicht freigeben. Ich solle mir aber keine Sorgen machen, mit Unterstützung der US Navy werde Export finanziell abgesichert.

Diese lebensrettende Geldspritze der US-Marine rettete auch meine Laufbahn als Linien-Pilot. Innerhalb von zwei Jahren war der Krieg vorbei. Und wie ich befürchtet hatte: Kaum war die Tinte auf dem Waffenstillstandsvertrag trocken, wurden die Militärverträge mit C-W gekündigt. Die große Gesellschaft schrumpfte zusammen, als hätte sie eine Bombe getroffen. Fast alle Mitarbeiter wurden entlassen. Also blieb ich bei den Flugbooten, die uns soviel Spaß machten.

Einer der unzähligen Zwischenfälle während der Flugboot-Epoche ereignete sich eines Nachts in Port Lyautey. Auf dem Flughafen hatte die US Navy etwa ein Dutzend heliumgefüllter zweimotoriger Luftschiffe stationiert, liebevoll »Blimps« genannt. Ihre Aufgabe bestand darin, über dem Mittelmeer zu patrouillieren und nach deutschen U-Booten Ausschau zu halten.

Gewöhnlich starteten die Blimps gegen zwei Uhr nachts. Sie entfernten ihre Ankermasten und schleppten dann lange Haltetaue mit, an denen mitunter auch ein kleiner Metallanker hing.

Alles Personal auf dem Flughafen schlief in blechernen Nissenhütten. Für die jungen Blimp-Offiziere war es ein Heidenspaß, ihre baumelnden Seile absichtlich über die dünnen Metalldächer der Hütten zu schleifen. Es war auch so fast unmöglich, in der brütenden Hitze zur Ruhe zu kommen, aber der Höllenlärm, den die Kameraden verursachten, vergrößerte unsere Leiden ins Unendliche.

Eines Nachts kamen meine Crew und ich gegen ein Uhr todmüde von einem Flug nach »Hause«. Erschöpft fielen wir auf die Betten.

Gegen zwei Uhr – ich war wohl zu erschöpft, um einschlafen

zu können – hörte ich, wie sich in der Ferne die Motoren der Blimps warmliefen. Seufzend machte ich mich auf das Scheppern des Ankers gefaßt. Allerdings war ich nicht auf das vorbereitet, was dann wirklich geschah.

Ein ohrenbetäubender Krach, ein Reißen, Knirschen und Poltern – fassungslos starrte ich in den sternenhellen nordafrikanischen Himmel.

Ein Blimp-Anker, der von einem Seil herabhing, hatte sich in unserem Dach verfangen und die gesamte Hütte hochgehoben, ein paar Meter weitergeschleppt und dann zu Boden donnern lassen.

Das war das Finale der Blimp-Attacken in Port Lyautey.

Leonard Falcon, einer unserer Funker, hatte eine verhängnisvolle Neigung zu Seitensprüngen. Obwohl er verheiratet war, hatten es ihm die jungen Damen von Limerick in Irland besonders angetan. Diese Leidenschaft wurde nur noch von einem übertroffen: von Leonards Angst vor Geschlechtskrankheiten.

Über Leonards Leichtlebigkeit empörte sich unser moralischer Captain Tommy Thomson über die Maßen. Wir entschlossen uns, dem guten Falcon einen heilsamen Streich zu spielen. Ich sollte Falcon statt der üblichen Chinintablette als Malaria-Prophylaxe ein harmloses Präparat verabreichen, das seinen Urin verfärbte.

Gesagt, getan. Leonard, der Frauenheld, schluckte brav und ahnungslos.

Zwei Stunden nach dem Start unseres Flugboots in Port Lyautey kam er in heller Aufregung zu mir aufs Flugdeck gestürmt. Seit er wußte, daß ich Medizin studiert hatte, war ich für ihn eine Art Berater in sexuellen Fragen geworden. Leonard war außer sich. Auf der Stelle müsse ich ihn auf die Toilette begleiten.

Ich besah mir das Dilemma: Das winzige Eckurinal war blutrot. Ich heuchelte Mitgefühl, konnte es aber nicht unterlassen, Leonard dezent auf seinen leichtsinnigen Lebenswandel in Irland hinzuweisen.

Er flehte mich um medizinische Hilfe an. Ich gab ihm höchst hinterlistig noch zwei Färbetabletten.

Die Flüge von Marokko nach Gambia waren lang: 2600 km. Wir hatten es uns zur Gewohnheit gemacht, eine Abkürzung über Land zu fliegen, über die Spanische Sahara, Mauretanien und Senegal, statt die sichere, aber längere Küstenroute zu benutzen.

In 150 Meter Höhe donnerten wir wie ein fliegender Teppich über die Wüste. So niedrig, daß wir den Kamelen Sand in die Augen wirbelten. Wir flogen den Beduinen praktisch zur einen Zelttür hinein und zur anderen wieder hinaus.

Araber sanken auf die Knie und beteten angsterfüllt zu Allah. Sie hatten nie zuvor ein Flugzeug gesehen.

Allerdings hätten wir die größten Schwierigkeiten bekommen, wenn wir in dieser Gegend zur Notlandung gezwungen worden wären. Wir waren mitten in der Wüste, 500 Kilometer von der Kuste, vom Wasser entgernt!

Inzwischen erflehte der entnervte Leonard weitere Tabletten. Sein Urin war – natürlich! – noch tiefer rot geworden. Diesmal überreichte ich ihm teuflischerweise ein Medikament, das für Farbwechsel sorgte.

Eine Stunde hinter Bathurst färbte der verzweifelte Leonard das Urinal schneeweiß.

Captain Tommy und ich hatten die größten Schwierigkeiten, die zwölf Mann starke eingeweihte Crew bei der Stange zu halten. Sie bog sich vor Lachen.

Leonard meinte düster: »Nun pinkle ich weiß. Es würde mich überhaupt nicht überraschen, wenn es beim nächsten Mal blau wäre. Gibt es eigentlich eine Geschlechtskrankheit, bei der man rot, weiß und blau pinkelt, Jack?«

»Ja«, vertraute ich ihm geheimnisvoll an. »Allerdings ist das sehr selten. Man nennt es Patriotische Syphilis.«

Leonard grunzte nur noch: »Wetten, ich hab's?«

Hoch über dem Atlantik, auf dem Flug nach Belem, gebe ich eine neue Runde Chinintabletten aus. Leonard erhält statt dessen eine ungefährliche Methylenblau-Tablette.

Während wir von Belem aus nordwärts auf Trinidad zustreben, pinkelt Leonard lebhaft blau.

»Jack, mich hat's erwischt«, klagt er. »Kein Zweifel möglich.

Was soll ich nur machen? Wie bringe ich das meiner Frau bei? Drei Wochen lang waren wir nicht in New York. Sie wird doch wissen wollen, weshalb ich nicht mit ihr schlafe. Und ich? Ich werde auch zu Hause das Klobecken rot, weiß und blau färben!«

Natürlich hatte ich vor, Leonard nach der Landung in New York alles zu gestehen. Doch dann wurde ich aufgehalten, Leonard war schon fort.

Eine Woche später zitierte der Flugdirektor Captain Tommy und mich zu sich ins Büro. Er las uns heftig die Leviten.

Leonard – außer sich vor Entsetzen – war sofort in die ärztliche Abteilung der Fluggesellschaft gestürmt und hatte dem diensthabenden Arzt erklärt, er leide unter Patriotischer Syphilis . . .

Der Krieg, von dem alle angenommen hatten, er würde nur ein Jahr dauern, zog sich bis zum Frühjahr 1945 hin. Unsere American Export, trotz der Marineverträge finanziell immer noch schwach auf der Brust, bekam nun weit größere Aufträge von Air Transport Command (ATC). Ich wurde Chefpilot der zuständigen Abteilung. Die Epoche der Flugboote ging zu Ende.

Zunächst unterstützten wir England. Aber nach der Landung der Alliierten in der Normandie folgten wir unseren Truppen, die sich in östlicher Richtung über den Kontinent bewegten. Wir rückten Berlin immer näher.

ZWEITES BUCH

1. Berlin-Inferno

Wenige Stunden nach der deutschen Kapitulation im Mai 1945 landete ich mit der ersten schweren viermotorigen US-Militärmaschine, einer Douglas DC 4, auf dem bombenzerklüfteten Flughafen Tempelhof. Unsere Passagiere waren hohe amerikanische Militärs und Diplomaten.

Als wir auf das zurollten, was von den ehemals so imposanten Gebäuden übrig war, schleuderten russische Soldaten Granaten wie Feuerwerkskörper in die Luft. Einige landeten unerfreulich nahe bei unserer Maschine.

»Mein Gott, Skipper! Die beschießen uns ja!« schrie der Copilot auf.

Offenbar war das die russische Vorstellung von Humor. Sie zerschossen die wenigen erhaltengebliebenen Fensterscheiben und Wände der Flughafengebäude rücksichtslos mit ihrer Artillerie. Ich mußte daran denken, daß ich beim Richtfest dieses Bauwerks im Jahr 1937 dabeigewesen war . . .

Später fanden wir heraus, daß die Russen keineswegs verrückt geworden waren. Sie verachteten uns. Sie hatten erfahren, daß der Flughafen Tempelhof zum amerikanischen Sektor gehörte, und zerstörten nun die Quartiere, in denen die Amerikaner leben sollten.

Nachdem wir die Maschine vor dem Flughafengebäude abgestellt hatten, eskortierte man unsere Passagiere höflich, aber energisch ins Freie. Kein Wort der Begrüßung, kein Willkommen. Es blieb kein Zweifel, wer jetzt in Berlin das Zepter führte.

Unserer empörten Crew wurde befohlen, an Bord zu bleiben. Ich wies energisch darauf hin, daß die Maschine schließlich durchgecheckt werden müsse. Ungerührte, steinerne Gesichter blickten mich an. Die Russen hielten ihre Maschinenpistolen im Anschlag. Ich nahm all meinen Mut zusammen, schob die häßlichen grauen Dinger beiseite und verließ die Maschine. Die Crew folgte mir.

Das wirkte. Die sauer dreiblickenden Russen ließen verdutzt ihre Waffen sinken. Jimmy Forrestal, der amerikanische Marineminister, war unter unseren Passagieren. Als er die Maschine verließ, meinte er: »Skipper, aus meinem Kabinenfenster habe ich eine Frau gesehen, die auf einem hohen Schuttberg ein Kind zur Welt brachte. Wenn das kein Symbol für die deutsche Zukunft ist . . .«

Bei meinem zweiten Besuch in Berlin, ein paar Wochen später, war der Empfang freundlicher. Diesmal wurden wir nicht beschossen. Oberst Frank Howley und seine handverlesene Mannschaft waren von Dessau heranmarschiert und hatten in Berlin einen starken Brückenkopf gebildet. Den Flughafen Tempelhof hatte er buchstäblich russischen Händen entrungen. Angehörige der US Air Force winkten uns lächelnd zu unserem Abstellplatz.

Vor dem Flughafen, auf der Berliner Straße (heute Tempelhofer Damm), standen Hunderte von Russen aller Dienstgrade Schlange. Sie warteten auf das Penicillin, das die amerikanischen Streitkräfte an Militärs gratis ausgaben, als Heilmittel gegen Geschlechtskrankheiten. Mit Schaudern erzählten sich die Berliner, daß russische Soldaten, wenn sie sich infiziert hatten, von ihren Vorgesetzten kurzerhand erschossen wurden.

Es hieß, eine Berliner pharmazeutische Fabrik habe, weil es in Deutschland kein Penicillin gab, in großen Tanks den Urin der amerikanischen Soldaten gesammelt, um das wertvolle Medikament, das im menschlichen Körper nicht zerfällt, herauszudestillieren.

Es gab auch skrupellose Geschäftemacher, die für viel Geld Puderzucker als Penicillin verkauften.

Andere Schlangen bildeten sich vor den Armee-Geldumtauschstellen. Hier tauschten die Russen ihr wertloses Militärgeld gegen US-Scrip-Dollar, also Besatzungsgeld, ein. Aber damit noch nicht genug. Präsident Roosevelt stellte in einem Anfall von übertriebener Solidarität den russischen Alliierten sogar die Druckplatten für die Interimswährung zur Verfügung. So konnten die Russen soviel US-Geld drucken, wie es ihnen gerade in den Sinn kam. Roosevelt hätte ihnen auch gleich den Schlüssel für Fort Knox in die Hand drücken können . . .

Schon 1945 war abzusehen, welchen Kurs die amerikanische Wirtschaft nehmen würde und wie despektierlich die Russen mit den naiven Amerikanern verfahren würden.

Die amerikanischen Offiziere auf dem Flughafen Tempelhof hatten uns geraten, nicht ohne Begleitung und nur in Uniform auf die Straße zu gehen und unsere 38-Kaliber-Pistolen stets bei uns zu haben.

Vorsichtig gingen wir die Belle-Alliance-Straße (heute Mehringdamm) in nördlicher Richtung.

Wilde, verschmutzte mongolische Gestalten, behängt mit den verschiedensten russischen Uniformteilen, ballerten mit ihren Maschinenpistolen herum und zielten auf alles, was ihre infantile Phantasie erregte oder ihren Unwillen hervorrief. Ich habe mit eigenen Augen gesehen, wie russische Soldaten auf einen aus einer Ruine herausgeschleppten Heizkörper schossen, weil er ihnen keine Wärme spendete.

Es gab nicht mehr viel, was man hätte zerstören können. Die einst so breite, großzügige Straße war durch Ruinenberge auf einen schmalen Trampelpfad reduziert. Ausgebrannte Panzer, Flugzeugteile, Blindgänger, verrostete Stahlgerippe und Schutt häuften sich auf dieser und allen anderen Straßen Berlins.

Aus den Fenstern der wenigen noch intakten Häuser hingen traurige, aus Flicken zusammengeschusterte amerikanische und rote Fahnen. Mitleiderregende Zeichen von Unterwerfung gegenüber den Siegern.

Trotz des Waffenstillstands hatten wir jetzt einen kalten Krieg, aus dem sogar ein heißer werden konnte – oder hatten wir gar keinen Waffenstillstand? Mit Sicherheit waren die Russen nicht unsere Alliierten. Wie lange würde das naive Amerika noch brauchen, um das endlich zu begreifen?

Und dann der amerikanische Finanzminister Henry Morgenthau mit seinem blinden Haß auf alles, was deutsch war! Aus

Deutschland sollte nach seinem Willen ein Agrarland werden. Das hätte das Land ins tiefste Mittelalter zurückversetzt.

Wir gingen weiter, bahnten uns unseren Weg durch die elenden, schwelenden Ruinen dessen, was einmal eine so prächtige Weltstadt gewesen war. Überall hing der durchdringende, süßliche Geruch verwesender Leichen in der Luft.

Als wir die nächste große Querstraße, die Yorckstraße, erreicht hatten, schlingerte ein olivbrauner Armeelastwagen an uns vorbei, auf dessen Kühlerhaube ein großer Sowjetstern prangte. Der Fahrer schwenkte eine Flasche, aus der er von Zeit zu Zeit einen großen Schluck nahm. Sein Slalom um die Straßensperren gelang nur recht unvollkommen – er riß Steinhaufen um und beschädigte sein eigenes Fahrzeug.

Auf dem Lastwagen befanden sich vier hysterisch schreiende deutsche Frauen. Ihre Gesichter waren mit Ruß verschmiert. Sie hatten sich so unansehnlich wie möglich machen wollen, aber es hatte ihnen nicht viel geholfen. Ihre Peiniger, zwanzig bis dreißig johlende russische Soldaten, malträtierten die Frauen abwechselnd und vergingen sich an ihnen.

Als sie vorbeirumpelten, warfen einige Soldaten leere Flaschen auf die Straße, andere hoben ihre Waffen und schossen.

Wie schnell doch die Geschichte wechselt! Nur wenige Jahre zuvor hatte ich auf dieser Straße andere offene Lastwagen gesehen, damals beladen mit fanatischen SA-Männern, die lodernde Fackeln schwenkten und das Horst-Wessel-Lied sangen.

Wieder auf dem Flughafen Tempelhof, besorgten meine Crew und ich uns starke Taschenlampen. Wir wollten die weitverzweigten unterirdischen Kellergewölbe inspizieren, in denen die Deutschen im Verlauf des Krieges eine Flugzeug-Montage-Halle errichtet hatten. Hier unten war man vor Bomben sicher gewesen.

Oben hatte man primitive Holzhütten als Tarnung für feindliche Aufklärungsflugzeuge aufgestellt. Man wollte dadurch verhindern, daß das weitläufige Flughafengelände als Orientierungshilfe diente. Um den im Keller fertiggestellten Kampfflugzeugen den Start zu ihren jeweiligen Basen zu ermöglichen, wurden die Baracken einfach beiseite geschoben.

Als wir die schrägen Zementrampen in die kalte, feuchte Dunkelheit hinunterstiegen, hallten unsere Schritte und Stimmen dumpf wider. Die häßlichen, schmutzigen Rohbetonwände schienen uns zu verspotten. Wasser tropfte von der Decke, klatschte in kleine Pfützen, die sich auf dem Boden gebildet hatten. Es klang fast wie Gewehrfeuer.

Riesige Buchstaben warnten die inzwischen verschwundenen Arbeiter: »Vorsicht, Feind hört mit!«

Jeden Augenblick befürchteten wir, einen schwarzgestiefelten SS-Mann um die Ecke kommen zu sehen und sein grobes Kommando zu hören: »Halt! Ihren Ausweis!«

Wir besahen uns ein mit Tarnfarbe bestrichenes FW 190-Jagdflugzeug näher. Es war zu einer raffinierten Todesmaschine weiterentwickelt worden. Nichts erinnerte mehr an die Me 109, die als Vorbild für die Fw 190 gedient hatte.

Allerdings konnte nur das Ende des Montagebandes besichtigt werden, der Anfang lag in den unteren Kellerräumen. Und die waren von den Russen unter Wasser gesetzt worden.

Zerstörung und blinde Wut überall in diesem gottverlassenen Land! Ich fühlte mich elend und deprimiert. Welch ungeheure Energie die Menschen vergeudeten, um sich umzubringen!

Der letzte deutsche Kommandant des Flughafens Tempelhof, Oberst Rudolf Böttger, hatte sich geweigert, den prächtigen Gebäudekomplex in die Luft zu jagen, wie es die Nazis befohlen hatten. Anstelle des Flughafens mit seinem kilometerlangen überhängenden Hangardach – bei weitem das schönste und außergewöhnlichste der Welt – zerstörte Böttger kurz vor dem Zusammenbruch die Pläne der Fw 190 und – schoß sich eine Kugel durch den Kopf.

Ich bat den jetzigen Flughafenkommandanten um einen Jeep. Es erschien mir weit einfacher, allein durch die Stadt zu fahren.

»Sie können ein Fahrzeug haben, Captain. Aber ich bestehe darauf, daß Sie einen deutschen Fahrer mitnehmen. Sie mögen sich in Berlin ja mal ausgekannt haben, aber heute würden Sie sich mit Sicherheit verirren. Die meisten Straßen sind unbefahrbar. Selbst wir besitzen keine verläßlichen Stadtpläne. Am liebsten wäre es mir, wenn Sie gar nicht fahren würden. Es ist da draußen verdammt gefährlich.«

»Unsinn«, lächelte ich. »Ich kenne Berlin wie meine Westentasche.«

Und ich fuhr allein.

Obwohl ich mich noch im amerikanischen Sektor befand, stand an fast jeder Kreuzung ein weiblicher russischer Soldat, der autoritär und ohne jedes Lächeln den spärlichen Militärverkehr regelte. Sie hantierten mit zwei Fähnchen in den Farben Rot und Gelb, deren Bedeutung mir nie klargeworden ist. Sie wiesen mit der roten Fahne zunächst auf einen Passanten, schwangen sie dann vor ihrem Körper, danach machten sie mit der gelben Fahne dasselbe und steckten die beiden schließlich unter den linken Arm, um das Manöver mit Salutieren zu beenden.

Diese Amazonen waren in dasselbe zerknitterte olivbraune Zeug mit weiten Kniebundhosen gekleidet wie ihre männlichen Kollegen. Ihre gedrungenen Beine steckten in staubigen schwarzen Lederstiefeln.

Diese schlitzäugigen Tigerinnen aus dem Osten zeigten keinerlei Gefühlsregungen. Ein kurzer, bedrohlich aussehender Knüppel hing an dem breiten Ledergürtel, der ihre Jacke zusammenhielt. Über der Schulter die unvermeidliche Maschinenpistole.

Den Höhepunkt bildeten allerdings jene Polizistinnen auf den Kreuzungen, die ihre Lederstiefel mit frivolen Damenpantöffelchen vertauscht hatten, die sie vermutlich in einem Berliner Boudoir hatten mitgehen lassen.

Mitunter waren auch beide Arme mit geplünderten Armbanduhren bedeckt. Ein sinnloser »Schmuck«, denn sie konnten die Zeit nicht lesen ...

Es dauerte Monate, bis die arglosen Amerikaner die Situation begriffen und darauf bestanden, daß sich die Russen auf ihren Sektor beschränkten.

Unser Flughafenkommandant behielt recht: Bereits fünf Minuten vom Flughafen entfernt hatte ich mich verirrt. Meine Orientierungspunkte waren durch Bomben und Artillerie ausgelöscht. Ganze Häuserblocks fehlten.

Ich hielt den olivfarbenen Jeep an und versuchte, Fußgänger nach dem Rückweg zum Flughafen zu fragen. Doch die Frauen ergriffen sofort die Flucht, und die Männer täuschten Unwissenheit vor. Eine Unterhaltug mit einem »Besetzer« konnte Unannehmlichkeiten mit sich bringen.

Schließlich sprang doch ein junger Bursche zu mir auf den Jeep und geleitete mich zum Flughafen zurück. Eine Schachtel Zigaretten ließ seine Augen aufstrahlen.

Am nächsten Tag sah ich mich dann mit einem deutschen Fahrer ein wenig gründlicher im zerstörten Berlin um. Die Stadt hatte schon aus der Luft schlimm ausgesehen, aber auf unserem Weg durch die verstopften Straßen trafen wir nur Zerstörung und Tod an.

Immer wieder mußte mein Fahrer hart auf die Bremse treten, um den Wagen vor einem apathisch reagierenden Fußgänger zum Stehen zu bringen.

»Was zum Teufel ist denn mit denen los?« fragte ich. »Träumen sie?«

Der Fahrer sah mich mürrisch an. »Ihnen ist es egal, ob sie überfahren werden oder nicht. Wofür lohnt es sich schon zu leben?«

Endlich fanden wir die Aschaffenburger Straße, in der ich gelebt hatte. Sie war dem Erdboden gleichgemacht. Pfosten steckten im Schutt, mit Hausnummern darauf. Auch ein paar Zettel flatterten im Wind. Auf ihnen war zu lesen, wohin zum Beispiel ein Carl Schmidt gezogen war. Aber keine Nachricht darüber, wo meine Mentorin, Fräulein von Gynz, abgeblieben war.

Das Geschäft gegenüber, wo mir die freundlichen Verkäuferinnen mehr Butter und Wurst verkauft hatten, als mir zustand, war verschwunden, glatt und sauber von der Oberfläche dieses Planeten weggrasiert.

Ich setzte mich bedrückt auf die Bordsteinkante. Mein ausgemergelter Fahrer hockte sich verdrießlich neben mich. Nach einer Weile stöhnte ich auf: »Ich habe nicht gedacht, daß es so schlimm ist.«

Mein Fahrer hob die Schultern. »Aber jetzt herrscht doch

Ruhe. Das davor, ja, das war schlimm! Sogar die Asphaltstraßen haben gebrannt.«

Jahre später, als der kluge Professor Ernst Reuter Regierender Bürgermeister von Berlin war, saß er eines Abends neben mir im Cockpit. Wir näherten uns der Stadt mit gedrosselten Motoren, schwebten fast unhörbar hinab. Die hohen Ruinenskelette unter uns schimmerten im fahlen Mondlicht.

»Professor«, meinte ich nachdenklich, »ob das wohl jemals wieder aufgebaut wird? Werden diese häßlichen Ruinen nicht für immer bleiben?«

Reuter schüttelte den Kopf mit der blauen Baskenmütze. »In fünfundzwanzig Jahren werden alle Narben Vergangenheit sein!«

Ich sah ihn ungläubig an, aber Reuter sollte recht behalten.

Es war eine anstrengende Detektivarbeit, meine Freunde aus dem Vorkriegs-Berlin zu finden. Das Deutsche Rote Kreuz und die mitleiderregend schlecht ausgerüstete Suchstelle für vermißte Personen mußten alle Recherchen zu Fuß erledigen.

Ihre Spurensucher wurden von mir auf Brunhild und Fräulein von Gynz angesetzt. Die Post funktionierte noch nicht. Erst im April 1946 nahm sie im amerikanischen Sektor ihren Dienst wieder auf. Das Telefonsystem war auch größtenteils zerstört. Schnelle Kommunikation war unmöglich.

In einem Zustand tiefster Depression und Entwürdigung versuchten meine Freunde, irgendwie zu überleben. Viele von ihnen waren allerdings an der Front gefallen oder durch Bombenabgriffe ums Leben gekommen. Ich machte mich auf, Lebensmittel zu kaufen oder zu organisieren.

Zunächst suchte ich den provisorischen PX-Laden auf dem Flughafen Tempelhof auf. An der Wand hing eine Warntafel: »Bedenke, die Deutschen sind deine Feinde. Keine Unterstützung mit Lebensmitteln. Keine Fraternisierung mit den Fräuleins!«

Eine Zeichnung machte den letzten Satz überdeutlich. Eine gefährlich aussehende Verführerin raffte den Rock hoch. Auf ihrem Geschlechtsteil krabbelten ekelhafte Insekten herum.

Vernünftigerweise wurde dieses Fraternisierungsverbot im September 1945 in den Westzonen aufgehoben. Alle Einschränkungsversuche waren von vornherein nutzlos gewesen. Die Kontakte der westlichen Alliierten mit den Deutschen schwollen zu einer Flutwelle in Sachen Sex, Handel, Liebe und Heirat an – in dieser Reihenfolge. Ganz im Gegensatz zu den Verbindungen mit den Russen. Die waren schon wenige Monate nach dem Einmarsch der Roten Armee zum Erliegen gekommen. Ich war der Meinung, daß alle Bitterkeit endlich aufhören mußte, die Flammen des Hasses durften nicht weiter geschürt werden. Dennoch war es durchaus gefährlich, mit den Militärgesetzen in Konflikt zu geraten. Ich wandte mich also bei meiner Lebensmittelbeschaffung anderen Quellen zu.

Die Militärküchen und -kantinen gingen mit den Essensresten höchst verschwenderisch um, warfen Berge in die Abfallkübel, wo sie mit altem Motoröl ungenießbar gemacht wurden.

Ich fand schnell heraus, daß die Feldwebel in den Küchen bestechlich waren. Sie sammelten die Essensreste für mich, und ich brachte sie mit dem Jeep zu meinen hungernden Freunden.

Dann und wann übernachtete ich auch bei ihnen in ihren ausgebombten Wohnungen, in denen Decken und Wände fehlten. In kalten Nächten schliefen wir auf dem Fußboden unter Teppichen. Die Deutschen machten nun auch Bekanntschaft mit Wanzen. Für sie eine ganz neue Erfahrung.

Mir schien es außerordentlich unfair, in meiner behaglichen Offiziersunterkunft auf dem Flughafen Tempelhof zu übernachten, während nur ein paar Straßen entfernt Menschen, die mir einmal geholfen hatten, in menschenunwürdigen Behausungen lebten.

Meine Ziele in der zerstörten Stadt steuerte ich stets vor Einbruch der Dunkelheit an. Die ausgehungerten Menschen scheuten auch vor Überfällen nicht zurück. Manchmal fragte ich mich, ob es nicht klüger wäre, mich ärmlich zu kleiden und zu versuchen, als Deutscher durchzuschlüpfen.

Ein paar meiner Crewmitglieder beschwerten sich: »Wenn Sie nachts auf den Straßen herumspazieren – warum sollen wir dann in der Kaserne bleiben? Da draußen gibt es jede Menge flotte Miezen.«

»Niemand hat Ihnen verboten auszugehen. Sie wurden lediglich darauf hingewiesen, daß es gefährlich ist. Im übrigen spaziere ich nicht herum, ich übernachte bei Freunden.«

Wenig später überbrachte mir eines Morgens bei meiner Rückkehr ein junger Major die Mitteilung: »Captain, wie haben eine böse Nachricht für Sie. Ihr Funker wurde heute früh tot aufgefunden. Er wurde keine zwei Straßen vom Flughafen entfernt erschossen. Brieftasche und Pistole fehlen.«

Jedesmal, wenn ich nach New York flog, brachte ich eine große Kiste mit. Ihr 40-Dollar-Inhalt: konzentrierte Rinderbrühe mit Nudeln. Das war die bequemste Methode, Kalorien zu transportieren.

Wenn ich durch die Straßen Berlins lief und so einen armen, halbverhungerten Teufel sah, schob ich ihm wortlos eine Tüte Suppe in die Tasche und ging schnell weiter. Ich hatte Angst, daß andere beobachteten, welche Schätze ich mit mir herumtrug, und mich überfielen.

Ich besuchte alte Freunde, eine Arztfamilie in der Parkstraße in Tempelhof. Alliierte Bomber hatten die Gegend in Schutt und Asche gelegt. Offenbar hatten sie den kleinen See im nahegelegenen Park für eine Landebahn des nicht weit entfernten, aber getarnten Flughafens Tempelhof gehalten. Die Vorderfront des Hauses, in dem der Arzt lebte, fehlte. Ich hatte immer den Eindruck, mich dort wie auf einer Bühne zu bewegen.

Primitive Mongolen- und Kirgisentruppen hatten vor und in dem Park ihre Zelte aufgeschlagen und ihre Pferde angepflockt, waren gefährlich und unberechenbar, konnten nicht einmal von ihren eigenen Offizieren gebändigt werden.

Die Kirgisen hatten lange schwarze, von den Nasenflügeln herabhängende Schnurrbärte. An den breiten Ledergürteln baumelten halbmondförmige Säbel. Sie waren so schwer, daß sie ihre Träger fast zu Boden zogen.

Die noch abenteuerlicheren Mongolen, gelbe Horde genannt, hatte ihre Pferdewagen im Kreis aufgestellt. In dessen

Mitte brannte ein Lagerfeuer, das sie mit den letzten Bäumen des Parks fütterten.

Die Russen hatten die 7000 Milchkühe Berlins in Richtung Osten abtransportiert. Die wenigen übriggebliebenen Rinder wurden von ihnen geschlachtet. Die Gerippe hingen nun malerisch über dem Feuer. Die Köpfe verschwanden allerdings auf geheimnisvolle Weise. Die Deutschen stibizten sie, um daraus eine nahrhafte Suppe zu kochen.

Unheimliche Kriegsgesänge und wilde Tänze dauerten manchmal die ganze Nacht hindurch. Von den Anwohnern hätte sich wahrscheinlich niemand gewundert, wenn plötzlich Dschingis Khan aufgetaucht wäre, um seine barbarischen Brüder zu einem weiteren Raubzug durch Tempelhof anzuführen.

Es gab glücklicherweise noch ein paar funktionierende Wasserpumpen in Berlin, jene grün gestrichenen Dinger mit den großen altmodischen Schwengeln. Sie waren Tag und Nacht von Sowjetsoldaten umringt, die im Hinterhalt darauf lauerten, daß sich eine arme Frau der Pumpe näherte, um einen Eimer Wasser zu holen. Dann stürzten sie sich auf das bedauernswerte Wesen – egal, wie alt es war.

Der Arzt berichtete mir von Frauen, die vierzigmal oder mehr vergewaltigt worden waren. Er erzählte auch, wie er versucht hatte, die Opfer danach vor Geschlechtskrankheiten und Schwangerschaft zu bewahren. Mit nichts anderem als Wasser! In Berlin gab es weder Medikamente noch Antiseptika. Viele Ehemänner und Kinder waren gezwungen, die Schändung ihrer Frauen und Mütter mit anzusehen.

Eine Welle von Selbstmorden überschwemmte das Land.

Der Arzt wurde wenig später von den Russen in ein Kriegsgefangenenlager verschleppt und dort drei Jahre lang festgehalten. Die Essensrationen, erzählte er später, waren so kümmerlich, daß die Gefangenen gezwungen waren, Baumrinde zu essen.

Wenn ein Gefangener in einen eisigen Fluß fiel, war es seinen Kameraden nicht gestattet, ihm wieder herauszuhelfen. Und falls er sich selbst an Land schleppte, durften ihn seine Leidensgenossen nicht mit ihren Körpern wärmen oder ihm trockene

Kleidung bringen. Gewöhnlich starben die Opfer innerhalb von Stunden an Lungenentzündung.

In einem letzten, verzweifelten Versuch, sein Leben zu retten, impften Mitgefangene billigen Rotwein in die fiebernden Venen des Opfers und beteten inständig, daß die Fermentierung des Weins die gleiche Wirkung wie Penicillin haben möge. Etwa zehn Prozent der Patienten wurden gerettet.

Im Spätsommer 1945 zogen dann die Russen alle Register bei ihrer Plünderung Berlins und Ostdeutschlands. Eine große Anzahl von Straßenbahnen und Eisenbahnwaggons wurde in die Sowjetunion verladen. Danach folgte der Abtransport der Geleise. Wir konnten das aus der Luft sehr genau verfolgen. Eisenbahnschienen glänzen im Mondlicht . . .

Ein beredtes Beispiel der sinnlosen Plünderei war das bekannte Druckhaus Tempelhof. Die Russen schlugen mit Hämmern auf die empfindlichen Druckmaschinen, so kostbar wie Rolls-Royce, rissen sie aus den Verankerungen und ruinierten sie völlig. Das Metall warfen sie wie Abfall auf ihre Lastwagen und transportierten es nach Hause. Was nicht wegzuschleppen war, wurde entweder angezündet oder unter Wasser gesetzt.

Die Singer-Nähmaschinenfabrik, immerhin teilweise in amerikanischem Besitz, wurde ähnlich ausgeraubt.

Der britische Feldmarschall Montgomery war der erste hohe Militär, der im Oktober 1945 die Befürchtung äußerte, den Deutschen stünde ein Hunger- und Seuchenwinter bevor. Es gab weder Kohle noch Holz für die Bevölkerung. Die Berliner hatten bereits jeden Baum im früher so herrlichen Tiergarten abgeholzt und verfeuert. Die Russen hatten dasselbe mit den Wäldern rund um Berlin getan. Mit verhängnisvollen Folgen übrigens: Durch die fehlenden Wälder stieg der Grundwasserspiegel in Berlin so hoch, daß zahlreiche Keller überflutet wurden.

Das Elend in Berlin schien einfach kein Ende nehmen zu wollen. Es war sogar die Rede davon, den amerikanischen Sektor zu evakuieren und die Berliner nach Westdeutschland zu bringen.

Die nächtlichen Geräusche auf den Straßen im völlig dunklen Berlin waren beängstigend. Es gab nicht einmal Autos, die die

146

Szene mit ihren Scheinwerfern wenigstens zeitweise erhellt hätten. Wir lebten wie in Höhlen – ohne Strom und Heizung.

Da war das gespenstische Tacken eines Holzbeins auf dem Bürgersteig, regelmäßig wie ein Uhrwerk – grausige Mahnung an die sinnlosen Opfer in einem sinnlosen Krieg. Da war das Rumpeln eines kleinen Leiterwagens mit seinen quietschenden, primitiven Rädern, der meist mit Holz oder ein paar irgendwo organisierten Kohlen beladen war. Da waren die gelegentlichen Pistolenschüsse und das plötzliche Geknatter einer russischen Maschinenpistole oder die mitleiderregenden Schreie einer vergewaltigten Frau.

Ein bitterkalter Dezember kam und mit ihm die Nachricht, daß Brunhild Suadicani, ihre Mutter und Großmutter sich in einem Flüchtlingslager in Leuna aufhielten. Oberst Suadicani befand sich in einem amerikanischen Kriegsgefangenenlager und war in schlechter körperlicher Verfassung.

Ich ersuchte die US-Militärbehörden um Erlaubnis, die Frauen nach Berlin holen zu dürfen. Sie wurde mir erteilt, nachdem ich erklärt hatte, daß ich für ihren Lebensunterhalt aufkäme. Zigaretten halfen, das Problem des Transports von Leuna nach Berlin zu lösen.

Nach meinem nächsten New York-Flug erfuhr ich von einem jungen Sergeant, daß die Suadicanis Unterkunft in einem von ihm beschlagnahmten Schuppen gefunden hatten. Ich begriff, daß es die Sergeants sind, die in einer Armee das Sagen haben, nicht die Generale.

Brunhild fand nach den Jahren der Trennung überraschende erste Worte: »Oh, Jack. Wir sind von diesem Nazi-Pack ja so betrogen worden . . .«

Ihr zweiter Satz war dann nicht mehr so überraschend: »Bist du verheiratet?«

Die Suadicanis waren nicht länger elegant gekleidet, wirkten bedrückt wie alle Deutschen nach dem Kriege. Ihre Gesichter waren elend und verhärmt. Ich war überrascht, daß Brunhild eine kleine Tochter hatte. Sie hatte einen jungen deutschen Kampfflieger geheiratet, mit ihm jedoch nur zwei kurze Wochen zusammengelebt. Er war aus Stalingrad nicht mehr zurückgekehrt.

Die Suadicanis verdienten eine bessere Bleibe als die elende Scheune, in der sie untergekommen waren. Wieder half der Sergeant und fand erstaunlich schnell eine Wohnung in der Tempelhofer Manfred-von-Richthofen-Straße.

In einer bitterkalten Nacht rumpelten wir mit einem geliehenen amerikanischen Armeewagen über die kopfsteingepflasterte Katzbachstraße. Plötzlich tauchten vor unserem Kühler im Strahl unserer schwachen Scheinwerfer russische Soldaten auf. Die Gruppe trug die üblichen Maschinenpistolen und gestikulierte wild.

Mein erschrockener Fahrer verlangsamte die Fahrt, aber ich schrie ihn an: »Gib Gas! Fahr direkt auf das Gesindel los! Nicht anhalten!«

Automatisch trat er aufs Gaspedal und würgte den Motor ab.

Die Radaubrüder rissen die Autotür auf und zerrten uns auf die Straße. Einer von ihnen hielt einen kleinen nickelbeschlagenen Revolver auf meine Stirn gerichtet. Er war nicht mehr ganz sicher auf den Beinen. Der Revolverlauf schien immer größer zu werden. Ich schloß die Augen, als ich sah, wie sich der schmutzige Finger um den Abzug krümmte. Ich wartete auf den Knall und fragte mich, ob ich den wohl noch hören würde, bevor es abging in die Ewigkeit.

Plötzlich wurde ich im rauhen Griff aus der Schlußlinie gezogen – gerade in dem Augenblick, als es knallte. Der Schuß versengte mir die Haare.

Die drei Frauen und das Baby begannen zu schreien. Ich machte mich entschlossen frei und wirbelte herum. Ich zählte fünf Personen. Drei von ihnen Soldaten in russischer Uniform, zwei in grobes, dunkles Ziviltuch gekleidet.

Ich zog meinen Mantel aus und zeigte aufgeregt auf die vier Kapitänsstreifen auf meiner ATC-Militärjacke. Ich wies auch auf das Militär-Emblem auf dem olivgrünen Auto. Für einen Moment schien sie das nachdenklich zu stimmen. Ich nutzte die Gunst der Sekunde und schob die Frauen wieder in das Auto hinein.

Dann bellte ich den Fahrer an: »Los! Um Himmels willen, fahr doch los!«

Er warf den Motor an. Wieder Fehlanzeige.

Einer der Russen sprang auf die Kühlerhaube. Die anderen zerrten uns wieder aus dem Wagen. Dann stiegen sie ein, knallten die Türen zu und rasten davon.

Ich lief hilflos hinterher, aber die roten Rücklichter des Wagens waren in wenigen Sekunden verschwunden. Im Schatten eines Hauses sah ich plötzlich einen deutschen Polizisten – wahrscheinlich einer der ersten Polizisten auf den Staßen Berlins nach Kriegsende.

»Geben Sie mir Ihre Waffe!« schrie ich ihn an.

Er deutete auf seine Hüften: Er war unbewaffnet. Natürlich – kein Deutscher durfte Waffen tragen!

Genau in diesem Augenblick bog eine amerikanische Militärpolizei-Streife um die Ecke. Ich sprang ihnen vor die Scheinwerfer und fuchtelte wild mit den Armen. Kreischend kam das Fahrzeug zum Stehen.

Ich erklärte die Sachlage, wollte bereits zu ihnen in den Wagen steigen und rief: »Drehen Sie um. Mal sehen, ob wir die Bande noch erwischen!«

»Um Himmels willen!« erwiderte der Fahrer trocken. »Sind Sie übergeschnappt? Wenn wir sie finden, würden sie uns doch vermutlich alle ohne mit der Wimper zu zucken über den Haufen schießen!«

Der Fahrer nickte statt dessen dem deutschen Polizisten zu. »Sie kommen mit. Es scheinen ja auch Zivilisten in den Fall verwickelt zu sein.«

Zitternd vor Kälte ging ich zu den Suadicanis zurück. Erst jetzt wurde mit bewußt, daß das Diebsgesindel auch meinen Mantel mitgenommen hatte. Wir drängten uns in der eisigen Dunkelheit eng aneinander. Das Baby begann zu jammern. Wahrscheinlich war es inzwischen halb erfroren.

Endlich bogen wieder Scheinwerfer um die Ecke. Ein olivbrauner Militärwagen hielt neben uns, nahm uns auf und brachte uns endlich in die neue Behausung der Suadicanis.

Mit Papier und hochprozentigem Wodka machten wir ein

Feuer in dem Kachelofen im Wohnzimmer. Der neue Fahrer erklärte mir, die Militärpolizei bestünde darauf, daß ich mich die ganze Nacht zu ihrer Verfügung hielte. Entweder im Offiziersklub oder in einer für Offiziere beschlagnahmten Villa. Ich entschied mich für letzteres, denn ich wollte, daß Brunhild bei mir blieb. Frau Suadicani war damit einverstanden. Der Krieg hatte ihre Prinzipien und Moralbegriffe über den Haufen geworfen.

Gegen drei Uhr wurden Brunhild und ich in unserer recht komfortablen Villa durch lautes Klopfen geweckt. Vorsichtig schlich ich mich mit der Pistole an die Tür und öffnete sie behutsam.

Draußen stand mein erster Fahrer, vor Kälte schlotternd. Aufgeregt deutete er auf einen Militärwagen, der mit laufendem Motor vor dem Haus wartete. »Kommen Sie schnell, Captain. Sie haben unsere Autodiebe gefaßt!«

Wir sprangen in den Jeep und fuhren in Richtung Flughafen und weiter durch mir unbekannte Straßen in den Sowjetsektor. Schließlich hielten wir vor einem Gebäude, von dem eisverkrustete rote Fahnen herabhingen. Vor der Tür waren Jeeps mit sowjetischen Kennzeichen unvorschriftsmäßig geparkt. Offenbar eine Leihgabe der überaus großzügigen US-Armee . . .

Zwei amerikanische Militärpolizisten geleiteten den Fahrer und mich bis zum Eingang. »Weiter dürfen wir nicht mitkommen, Captain. Aber wir werden draußen auf Sie warten.«

Russische Militärpolizisten mit ausdruckslosen Gesichtern führten uns im Haus an einer erhöhten Richterbank vorbei, auf der ein gebieterischer Major thronte.

Auf einer rohen Holzbank in einer Ecke saßen mehrere russische Soldaten mit glattrasierten Köpfen. Einer von ihnen hielt einen Taschenspiegel in den Händen. Ein anderer blickte hinein, während er sich mit einer großen Metallfeile im Mund herumfuhrwerkte.

Verblüfft sah ich den Amateur-Zahnarzt und meine Begleiter an. Einer der russischen Militärpolizisten trat auf den Mann zu und zog ihm die Unterlippe mit dem Daumen herunter. Er enthüllte eine Reihe garantiert rostfreier Eisenzähne.

Inzwischen klopften meine Begleiter an eine große imposante

Tür. Am Ende des kärglich beleuchteten Raumes saß hinter einem Schreibtisch ein säuerlich dreinblickender, kleiner russischer Major.

Auf zwei Sofas zu beiden Seiten des Raumes lungerten vier oder fünf hochgewachsene, schlanke Kosaken mit glatter olivfarbener Haut. Sie trugen glänzend schwarze Reithosen mit dazu passenden Hemden, verziert mit teurer schwarzer Spitzenstickerei. Ihre langen Beine steckten in blankpolierten schwarzen Lederstiefeln. Jeder hielt formvollendet ein dünnstieliges Wodkaglas in der einen und eine lange schwarze Zigarre in der anderen Hand.

Sie sahen mich mit eiskalten Blicken an, als wollten sie sagen: »Also Sie sind einer von diesen schlaffen, schwachen Amerikanern . . .«

Ohne aufzustehen ließ der Major einen Schwall Russisch auf mich los. Ungemütliches Schweigen breitete sich aus. Dann griff er ungeduldig nach einer Reitpeitsche vor ihm auf dem Schreibtisch, stand auf und marschierte schnurstracks aus dem Raum. Mit einer knappen Geste bedeutete er meinem deutschen Fahrer und mir, ihm zu folgen. Bevor wir durch die Tür gingen, drehte ich mich noch einmal nach den ausgestreckten orientalischen Gestalten um. Sie erwiderten meinen Blick mit offener Feindseligkeit.

Wir gingen in das Kellergeschoß hinunter und blieben vor hohen, abweisenden Gittern stehen. Ein Soldat öffnete das große Schloß und schob die schwere Stahltür auf. Wie nach einem Dammbruch strömte eine Flut elender Gestalten heraus. Die Menschen waren in die verschiedenartigsten russischen Uniformteile gekleidet, aber auch in Zivil.

Wortlos hob der vor mir stehende Major die Peitsche und schlug sie mit aller Kraft in die Menge. Sie wich zurück, kauerte sich gegen die Gitter, wie in einem Löwenkäfig. Der Major bellte Befehle.

Endlich ergriff ein Übersetzer das Wort. »Sir, der Herr Major möchte, daß Sie die Banditen identifizieren, die Ihr Auto gestohlen haben. Morgen früh werden sie erschossen!«

Ungläubig sah ich in das harte Gesicht des Majors, auf die

Gefangenen, auf meinen Fahrer. Der begann aufgeregt zu flüstern: »Captain, die drei Burschen da! Erkennen Sie sie denn nicht? Das sind die Ganoven!«

»Nein. Ehrlich gesagt, ich erkenne sie nicht wieder. Ich hatte so verfluchte Angst, daß ich gar nicht richtig auf die Gesichter geachtet habe.«

»Aber Captain! Ich bin ganz sicher!«

»Himmel, Mann! Hier geht es um Leben oder Tod! Ich kann doch die armen Teufel nicht in den Tod schicken, wenn ich meiner Sache nicht ganz sicher bin.«

Auf den Befehl des Majors drängten die russischen Soldaten die Menge wieder in den Käfig zurück. Die schwere Tür schlug zu.

»Der Major ist sehr unzufrieden mit Ihnen«, sagte der Übersetzer. »Egal ob sie die Leute nun erkannt haben oder nicht. Sie werden morgen früh alle erschossen.«

Der Major drehte sich wütend auf dem Absatz um und marschierte die Treppe wieder hinauf.

Draußen im Jeep dachte ich: »Nie würde Hollywood es wagen, so eine Story seinem Publikum als wahr zu verkaufen!«

Unser gestohlener Wagen tauchte übrigens nie wieder auf. Aber wir hatten noch Glück gehabt. Oft genug sah man auch den Fahrer und die Insassen nicht wieder.

Die Familie Suadicani sollte noch viele Jahre in der Tempelhofer Wohnung leben, die durchlöchert war wie ein Schweizer Käse. Mit der Zeit machten sie es sich wohnlicher. Billiges Glas ersetzte endlich die Bretter, mit denen die Fenster vernagelt gewesen waren. Auch die Löcher im Dach wurden von den Suadicanis und ihren Nachbarn in mühseliger Kleinarbeit verstopft.

Bei jedem Flug nach Berlin schmuggelte ich ein paar Stangen Zigaretten ein, um Brunhild und ihrer Familie zu helfen. Sogar meine Eltern in Pennsylvania schickten einen ständig fließenden Strom von Care-Paketen an die Suadicanis und meine anderen deutschen Vorkriegsfreunde, die sie persönlich gar nicht kannten.

Ich muß allerdings gestehen, daß ich zuweilen meine Kolle-

gen beneidete, die ihre geschmuggelten Zigaretten dazu benutzten, hochwertige Kameras und optische Geräte in Berlin zu kaufen. Es gab Tage, an denen ich die Tatsache verfluchte, Deutschland vor dem Krieg kennengelernt und Bindungen geknüpft zu
haben.

Ein Jahr nachdem ich die Familie Suadicani aus der sowjetischen Zone nach West-Berlin gebracht hatte, starb Brunhilds
Vater in einem amerikanischen Kriesgefangenenlager.

Brunhild, die wie ihre Mutter nie in der NSDAP gewesen war,
gelang es, eine Stellung als Sekretärin bei den Amerikanern auf
dem Flughafen Tempelhof zu finden. Als Alleinverdienerin der
vierköpfigen Familie wurde ihr eine günstigere Lebensmittel-
karte zuerkannt, und langsam begann sich ihre Situation zu bessern. Aber dennoch hatte es eine junge Witwe mit Kind im
Nachkriegsdeutschland schwer. Die Jahre gingen nicht gerade
freundlich mit der feinfühligen Brunhild um. Ihr Schicksal war
mit dem Deutschlands aufs engste verbunden.

Mit sechzig Jahren setzte sich Brunhild zur Ruhe. Mutter und
Tochter gaben die Wohnung auf, die ich vor so langer Zeit für
eine Stange Zigaretten »organisiert« hatte, und verließen Berlin.

Meine alte Mentorin und erbitterte NS-Gegnerin, Fräulein von
Gynz, ausfindig zu machen war weit schwieriger. Das Rote
Kreuz brauchte lange, um sie aufzuspüren. Vergeblich hörte ich
die Radiosendungen ab, in denen nach Vermißten oder ihren
Angehörigen gesucht wurde.

Schließlich erhielt ich dann doch einen blauen, offiziell aussehenden Brief, in dem stand, daß Fräulein von Gynz in einem möblierten Zimmer in der Mommsenstraße wohnte – gar nicht weit
von ihrer alten Adresse entfernt.

Auf meinem nächsten Flug nach Berlin würde ich nur eine
knappe halbe Stunde Aufenthalt haben. Das machte mir jeden
Ausflug in die Stadt unmöglich. Also schickte ich Fräulein von
Gynz ein Telegramm aus New York und bat sie, sich mit mir auf
dem Flughafen zu treffen.

Wir landeten abends, mit Verspätung. Ich hastete aus dem

Flugzeug und durch den langen Tunnel in die bombenzerstörte Ankunftshalle. Es gab keinen anderen Weg in den dunklen Warteraum als durch ein massives, messinggerahmtes Fenster. Der Raum war gerammelt voll mit schäbig gekleideten Deutschen. Fräulein von Gynz war nicht darunter. Würde ich das alte Mädchen überhaupt wiedererkennen?

Da spürte ich eine leichte Hand auf meinem Arm.

Das ausgezehrte Gesicht zeigte die gelbliche Farbe aller hungernden Deutschen. Es war Fräulien von Gynz – aber in den vergangenen sechs Jahren war sie um gut zwanzig Jahre gealtert. Auf dem Rücken trug sie einen leeren grauen Rucksack, die Ausstattung des Tages, in dem die Menschen einfach alles verstauten, was ihnen das Überleben sicherte.

Tränen standen in ihren großen braunen Augen. »Sehen Sie, Herr Bennett, genau wie ich es gesagt habe: Die Nazis haben unser schönes Vaterland zerstört, und unschuldige Menschen sind es, die jetzt darunter zu leiden haben. Die überlebenden Nazis tummeln sich bereits wieder auf dem schwarzen Markt, sahnen schon wieder ab. Viele von ihnen – wenn auch nicht unser Schreibfreund Göring – sind ungeschoren davongekommen. Und jetzt spielen manche die Hofschranzen für Ihre amerikanischen Offiziere.«

Fräulein von Gynz machte eine kleine Pause und fuhr dann fort: »Und Sie sind Offizier bei der Air Force? Waren Sie etwa tatsächlich die ganze Zeit über Spion?«

Ihr Anblick erschütterte mich. »Nein, Fräulein von Gynz. Ich war nie Spion, bin auch kein Offizier bei der Air Force, sondern Chefpilot bei einer Fluggesellschaft. Aber ich habe auch die Technik nicht an den Nagel gehängt, bin Entwicklungsingenieur bei mehreren Flugzeugherstellern.«

Ihr Gesicht leuchtete für Sekunden auf. Wir sprachen sehr schnell, bemühten uns, in der knappen halben Stunde die vergangenen Jahre nachzuholen. Großer Gott, wie übel hatte das Schicksal dieser intelligenten alten Dame mitgespielt!

Dann mußte ich zurück zur Maschine. Ich hatte einen großen Sack voller Lebensmittel und Zigaretten für sie – ein kleines Vermögen damals. Aber es war viel zu gefährlich, sie damit nachts allein nach Hause gehen zu lassen. Sie wäre kaum bis zur nächsten Straßenecke gekommen. Diebe und Wegelagerer lauerten überall.

Ich telefonierte nach einem Air Force-Jeep mit Fahrer und ließ sie nach Hause bringen.

Nun hatte ich noch einen Schutzbefohlenen in Berlin. Auch meine Eltern setzten Fräulein von Gynz auf ihre Liste der Care-Paket-Empfänger.

Fünf Jahre später starb die gebrochene alte Frau. Ich hatte sie nach unserem Treffen auf dem Flughafen Tempelhof nicht mehr wiedergesehen.

Aber es war einfach unmöglich, jedem zu helfen, den ich von früher her kannte. Eines Tages erhielt ich sogar einen Bettelbrief von Hans Dole, jenem heißblütigen Nazi vom AKA, der Brunhild so dringend vor mir gewarnt hatte: »Das könnte böse Folgen für dich haben . . .«

Nun schrieb Dole einen mitleidheischenden Brief, daß er völlig mittellos sei, aber für Frau und Kind sorgen müssen. Ob ich ihm nicht helfen könne. Ich konnte nicht. Es täte mir leid, aber ich hätte einfach keine Möglichkeit, alle zu unterstützen, die ich einmal kennengerlernt hatte.

Hans Dole bekam einen hochdotierten Posten bei einem der städtischen technischen Betriebe. Aber wir haben keinerlei Kontakt. Offenbar hat er mit immer noch nicht verziehen . . .

Amerikanische Zigaretten – »Amis« – wurden das eigentliche Zahlungsmittel im Lande. Es gab Tage, wo in Berlin ein Karton mit 20 Schachteln für 1000 Dollar gehandelt wurde. Dann pendelte sich der Preis bei etwa 100 Dollar ein. Die deutsche Rechnung hieß damals: 3 Amis = 18 Reichsmark. Deutsche Zigaretten – aus allem nur nicht aus Tabak hergestellt – waren als »Lungentorpedos« bekannt und kosteten zwei Reichsmark das Stück.

Auf die »Torpedos« folgte die sogenannte »Amerikanische Zigarette (Echter Tabak!)«. Sie war wirklich aus amerikanischem Tabak hergestellt, aber der rührte aus recht zweifelhaften Quellen her.

Kippensammler folgten unauffällig den amerikanischen Soldaten und warteten auf den Augenblick, wo sie ihre Zigaretten wegschnippten. Entweder rauchten sie den noch glimmenden Stummel dann selbst, oder sie schüttelten den Rest Tabak in mitgeführte Dosen. Diese Tabaksammlung wurde einem Kleinunternehmer übergeben, der eine Zigarettenmaschine über den Krieg gerettet hatte und nun die »Amerika-Zigarette« produzierte – mit Tabak aus zweiter Hand.

Im Laufe der Zeit wuchsen in Berliner Kleingärten, auf Balkonen und Fensterbrettern wahre Tabakplantagen heran, die die Produktion der »Amerika-Zigarette« beträchtlich bereicherten.

Ein paar ausgebuffte Militärs, besonders auf den Flughäfen Tempelhof und Frankfurt am Main stationierte Amerikaner, wurden auf der Zigaretten-Route zu Dollar-Millionären. Diese pfiffigen Burschen tauschten US-Zigaretten gegen Zeiss- und Leica-Optik ein.

Diese Objekte von hohem Wert, aber geringem Gewicht wurden sorgfältig verpackt und zollfrei mit der Armeepost an Vertrauensleute in den USA geschickt und erzielten dort astronomische Preise.

»Captain Dan, der Kameramann« bezog auf dem Flughafen Tempelhof seine Zigaretten gleich kistenweise. Eine Kiste enthielt zwanzig Stangen. Gewisse Kasernenräume in Tempelhof waren bis unter die Decke mit teuren Kameraausrüstungen vollgestopft. Sie waren besser sortiert als ein gutgeführtes Fachgeschäft.

Mancher alliierte General auf der Durchreise war sich nicht zu schade, ein paar hundert Dollar auf die Schnelle zu verdienen. Da jeder irgendwie in das Geschäft verwickelt war, wurde dafür gesorgt, daß bei der Landung eines Flugzeugs sofort ein Militärlaster bereitstand, um die Konterbande diskret und schnell abzutransportieren.

Die größten Verdiener waren vermutlich die sogenannten Flugbegleiter, die als zivile Stewards vom Militär angeheuert worden waren. Sie flogen regelmäßig und konnten fast unbegrenzt Zigaretten nach Berlin hereinbringen. Über Strohmänner kauften sie sich Wohnhäuser in Berlin, da der Erwerb von deutschem Grund und Boden Ausländern kraft der Militärgesetzte wohlweislich verboten war. Irgendwann wurde der amerikanische Zoll stutzig, und der Laden flog auf. Air Force-Inspektoren begannen mit Blitzkontrollen in den Flugzeugen. Illegale Frachten wurden konfisziert.

Eines Morgens flogen wir über Holland. Ich war als Checkpilot auf der DC 4 nach Frankfurt/Main an Bord.

Plötzlich knackte unser Funklautsprecher: »ATC AN 6342. Paßt auf, daß euer Vogel sauber ist.«

»Um Himmels willen, Jungs! Wie viele Kisten Zigaretten haben wir an Bord?« fuhr der Captain hoch. »Sieht ganz so aus, als würde die Maschine in Frankfurt gefilzt.«

»Einen Moment bitte, Skipper«, sagte der aufgeregte Navigator. »Ich zähle mal nach. Aber was die sechs Air Force-Offiziere an Bord mitschleppen, das weiß ich nicht.«

Mit besorgtem Gesicht starrte der Captain durch die Windschutzscheibe.

Wenig später kam der Navigator zurück. »Skipper, das sieht böse aus. Wir halten den Rekord von sechsunddreißig Kisten!«

»Jesus!« stöhnte der Captain auf. »Am liebsten würde ich die Tür aufreißen und alle rausschmeißen!«

Nun war die Reihe an mir. »Nein, Jim. Das kannst du nicht. Selbst wenn du langsamer fliegst, würde der Luftstrom die Pappkartons gegen das Höhenruder drücken und es beschädigen.«

»Immer mit der Ruhe, Captain Jack. Ich habe ja auch nur gemeint, daß ich es liebend gern tun *würde*. Fällt dir denn nicht was Schlaues ein?«

»Aber ja«, lachte ich. »Reißen wir doch alles in kleine Stücke und jagen es durch die Abtriftröhre.«

Diese Röhre hat einen Durchmesser von etwa vier Zentimetern und führt vom Cockpit zum Flugzeug hinaus.

Und tatsächlich rief Captain Jum seiner Mannschaft zu: »Okay, Jungs, das ist die einzige Lösung! Bildet eine Kette. Sagt den Typen von der Air Force da hinten, sie sollen euch gefälligst helfen. Nehmt eure Klappmesser, und dann ran an die Arbeit. Ich werde zwar etwas langsamer fliegen, aber euch bleibt dennoch nur eine Stunde.«

Fluchend und stöhnend machte sich die Crew über die Kisten

her und zerschnipselte alles in kleinste Stückchen – und so gingen Zigaretten durch die Röhre, die in Frankfurt die stolze Summe von 72 000 Dollar gebracht hätten . . .

Unten in Holland wird man nicht schlecht gestaunt haben, als wir ihr blitzsauberes Land mit Papierschnipseln und Zigaretten übersäten.

Der letzte Akt spielte in Frankfurt. Das Flugzeug wurde gar nicht untersucht! Eine grimmige, hundemüde Crew mit Blasen an den Fingern fuhr mit dem Bus ins Quartier nach Bad Homburg.

Eine der größten illegalen Zigarettenbörsen Europas befand sich am Brandenburger Tor in Berlin. Militärpolizisten patrouillierten dort und nahmen nicht nur Deutsche fest. Sogar ein sowjetischer Generalmajor wurde von den Briten dingfest gemacht.

Der amerikanische Militärgouverneur General Lucius D. Clay beugte sich klugerweise dem Druck wie ein Baum dem Wind und unterlief die Transaktionen mit einem Trick: Er machte den Tauschhandel mit Zigaretten legal und richtete sogenannte Börsen ein, in denen die Deutschen ihre Waren ausstellten.

Die amerikanische Militärwährung, »Scrip« oder »Funny Money« genannt, war eine andere Möglichkeit, zu schnellem Reichtum zu kommen. Die regulären Dollars, die »Greenbacks«, wurden damals in Deutschland nicht als legale Währung anerkannt. Es war den Deutschen sogar unter Androhung der Todesstrafe verboten, »Greenbacks« zu besitzen.

Die GIs aber brauchten Reichsmark, um die – normalerweise für sie verbotenen – deutschen Nachtclubs besuchen zu können. Trotz aller bestehenden Gesetze kauften sie deshalb Mark für ihre Dollars – und für die »Greenbacks« bekamen sie mehr als für die Interimswährung, die »Scrips«.

Bei den Piloten, die oft unterwegs waren, tauschten sie für zwei »Scrips« einen »Greenback«. Die Piloten tauschten in Wechselstuben außerhalb Deutschlands eins zu eins – und jeder machte Gewinn.

Aber kein Land kann auf die Dauer ohne eine eigene stabile Währung existieren. Wie einst die Römer sollten Alliierte wie Deutsche diese Lektion bald lernen . . .

Die Alliierte Kontroll-Kommission hatte am 5. Juli 1945 den Kontrollrat für das besetzte Deutschland ins Leben gerufen. Berlin besaß nun eine Viermächte-Regierung mit vier Stadtkommandanten.

Wir Piloten hatten damals nur eine ziemlich vage Kenntnis davon, daß der Alliierte Kontrollrat am 30. November 1945 drei Luftkorridore festgelegt hatte. Sie führten von Berlin aus nach Hamburg, Hannover und Frankfurt am Main. Sie waren 32 km breit und sollten den alliierten Luftverkehr zwischen der ehemaligen Hauptstadt und den Westzonen garantieren. Es gab auch einen 32-Kilometer-Radius rund um Berlin, in dem sich alle vier Mächte frei bewegen konnten.

Die maximale Flughöhe in den Korridoren durfte nur 3300 Meter betragen. Später sollte sich herausstellen, daß dies eine bedauernswerte Verschwendung von Treibstoff mit sich brachte, besonders für die Düsenmaschinen.

Dann bekamen wir Flugkarten, auf denen die Korridore als blasse Linien verzeichnet waren. Wir hielten das Ganze damals für eine Entscheidung, die am grünen Tisch gefallen war und bald in Vergessenheit geraten würde. Keiner von uns maß den Korridoren besondere Bedeutung bei. Unsere Navigationshilfen waren ohnehin viel zu beschränkt, um uns auf diesen Routen dienlich zu sein. Wie Blinde mit ihren Stöcken mußten wir uns von der schwachen Funkstation in Berlin in den Bereich der leistungsfähigeren Station in Fulda tasten. Dazwischen bestand keinerlei Navigationshilfe.

Prompt bin ich auf einem meiner ersten Flüge von Hanau nach Berlin meilenweit an der Stadt vorbeigeflogen. Als ich aus 3000 Meter Höhe die Müritz und sogar die Ostsee aufblitzen sah, wurde mir mein Irrtum bewußt. Verlegen drehte ich bei.

Tatsache war, daß wir Berlin nur durch eine Kombination aus Orientierungspunkten, Windmeldungen und einer großen Portion Glück ausfindig machen konnten. Eine erste Ahnung, daß es so etwas wie Luftkorridore gab, kam mir mit einem geharnischten Brief der Alliierten Kommandantur im Frühling 1946. Man warf mir vor, ich hätte die Korridorbestimmungen verletzt. In Anbetracht unserer lausigen Navigationsmittel konnte ich diesen Brief nicht ernst nehmen.

Seltsamerweise mußten unsere ATC-Flugzeuge, die Douglas DC 4, die kurze, noch aus dem Krieg stammende Stahlbahn von Hanau benutzen, obwohl der große gutbeleuchtete Rhein-Main-Flughafen mit seinen betonierten Bahnen nur 30 Kilometer entfernt war. Es ging das Gerücht um, daß General Eisenhower Frankfurt für seine Militärmaschinen freihalten wollte.

Eine andere Erklärung war, daß durch die Vibration unserer schweren Maschinen auch noch der Rest der Frankfurter Häuser zum Einsturz gebracht werden könnte. Die dritte: daß in der Rhein-Main-Metropole zwar sehr viele Menschen, aber nur wenige Unterkünfte existierten.

Wir waren nicht gerade entzückt, nachts auf dem winzigen, stockfinsteren Hanauer Flughafen landen zu müssen. Die einzige Navigationshilfe, die wir hatten, war die altmodische NA radio range im entfernten Frankfurt, ein wandernder Scheinwerferstrahl, der breiter und schwächer wurde, je mehr wir uns Hanau näherten. Mir kam das, besonders bei schlechtem Wetter, immer so vor, als wollte ich unter Wasser auf einem Delphin reiten.

Darüber hinaus war die perforierte Stahlmatten-Bahn in Hanau schmierig und glatt. Sie hatte rasierklingenscharfe Konturen. Das leiseste Rutschen der Räder, und die Reifen waren zum Teufel. Wenn die Stahlbahn mit Eis bedeckt war, wurde jede Landung ein Himmelfahrtskommando.

Außerdem war das schwer bewachte, isolierte Hanau trostlos, und Fahrten nach Frankfurt waren besonders nachts eine unsichere Sache. Die verbitterten Deutschen spannten mitunter dünne, aber sehr kräftige Drähte quer über die Fahrbahnen, genau in Höhe der Windschutzscheibe eines Jeeps. Am nächsten Morgen wurde dann der Jeep im Straßengraben gefunden. Seine Insassen: geköpft. Schließlich wurden starke Drahtschneider an den Kühler des Jeeps montiert.

Hanau war aber in anderer Beziehung höchst interessant. Der Flugplatz diente als Montage- und Schrottdepot für die amerikanischen Flugzeuge. Wir waren Augenzeugen, wie rund 1200 durchaus brauchbare Fairchild- und Piper-Maschinen verbrannt oder von Bulldozern zerstört wurden. Die meisten dieser teuren Flugzeuge waren während des Krieges ihren Privatbesitzern unter Zwang abgekauft worden.

Es wäre sinnvoller gewesen, die Flugzeuge in den Staaten oder in Europa an den Mann zu bringen. Tausende unserer Kampfflugzeuge, angeblich »abgenutzt oder veraltet«, wurden zerstört, weil eine Lagerung sich »nicht mehr gelohnt« hätte.

Eines Morgens mußten meine Crew und ich ohnmächtig mit ansehen, wie einige tausend Schweißanlagen noch in den Originalverpackungen zertrümmert wurden.

In einem Hangar von Hanau waren mehr als hundert deutsche Arbeiter damit beschäftigt, ihre Hämmer auf Fliegerarmbanduhren und andere kostspielige Instrumente niedersausen zu lassen. Die Hämmer des Hades . . .

Meine einzige Nachkriegsbegegnung mit Rangsdorf dauerte nur wenige traumatische Sekunden.

Im Jahr 1946 gab es nur eine geringe Anzahl von Flügen von und nach Berlin, so daß der Tempelhofer Tower, nachdem er mich am 16. Mai 1946 um genau 18.30 Uhr mit dem Flug E 2 nach Hanau verabschiedet hatte, den Funkverkehr für diesen Tag einstellte. Das hieß, daß wir, bis wir in die Reichweite des Frankfurter Flughafens kamen, von der Umwelt sozusagen abgeschnitten waren.

Als wir eine Flughöhe von 700 Metern erreicht hatten, sah ich zu meiner Linken in einiger Entfernung den runden Flugplatz Rangsdorf liegen. Ich brauchte meine Maschine nur um einige Grade nach links zu drehen – dann würde ich Rangsdorf überfliegen können. Ich war gespannt, wie es dort aussah. Zum letzten Mal war ich 1938 von diesem prächtigen Aerodrom aus gestartet.

Rangsdorf liegt innerhalb der 32-Kilometer-Zone rund um Berlin. Es bestand also kein Zweifel, daß ich mich hier frei bewegen konnte.

Ich fragte meine sechs Militär-Passagiere über das Bordmikrofon, was sie von meinem Plan hielten, und erwähnte auch, daß ich vor dem Krieg hier Nazi-Flugzeuge geflogen war.

Sie waren einverstanden, sogar begeistert. Besonders erinnere ich mich an Oberst Morton I. Cohen. Er hat mir später Aufnahmen des unglaublichen Zwischenfalls geschickt, der sich gleich darauf ereignen sollte.

Ich fuhr die Landeklappen aus, um langsamer fliegen und genauer sehen zu können, was die Kriegsläufe vom Aero-Club und der NSFK-Fliegerschule übriggelassen hatten.

Ich reichte dem Copiloten meine 16-Millimeter-Kamera und bat ihn, den Flugplatz zu filmen. Es war mein Plan, in Höhe des Sees an der Westseite des Flugfeldes die Normalroute zu verlassen und dann östlich einen Halbkreis zu schlagen. Ich wollte also keinen Rundflug machen.

Leider überflogen wir Rangsdorf so schnell, daß ich keine genauen Beobachtungen machen konnte. Dennoch entdeckte ich viele Löcher in dem früher so gepflegten Feld. Offensichtlich legten die Russen keinen Wert darauf. Damals war die Rasenfläche so glatt gewesen wie das Billardtuch im Aero-Club.

Von dem eindrucksvollen Gebäude war nichts zu sehen. Später hörte ich, es sei bis zur Unkenntlichkeit zerbombt worden. Auch von den drei funktionellen Hangars war nichts zu entdecken, ebenso fehlte das Z-förmige Verwaltungsgebäude.

Es standen nur wenige russische Flugzeuge auf dem Platz. Möglicherweise waren die anderen in den offenbar noch intakten Bücker-Flugzeugwerken untergebracht.

Am Nordrand des Flugplatzes schienen neue Eisenbahngleise gelegt worden zu sein. Wahrscheinlich hatten die Deutschen Rangsdorf während des Krieges zu einer Flugzeug-Produktionsstätte ausgebaut. Es standen dort auch mehrere große Wellblechgebäude. Ich konnte mich nicht erinnern, sie 1938 schon gesehen zu haben.

Zwei weiße Leuchtraketen störten mich plötzlich aus meinen Überlegungen auf. Sie waren von der Mitte des Flugplatzes abgefeuert worden. Genau dort hatte 1938 der deutsche Luftaufsichtmann gestanden. Die Raketen schossen parallel in die Höhe und zerplatzten in etwa 200 Metern. Lange Rauchfahnen hinter sich herziehend, sanken sie wieder zu Boden.

Es war nicht klar, was sie zu bedeuten hatten. Vermutlich wollten uns die Russen »vertreiben«. Aber warum benutzten sie dann keine roten Raketen? Wollten sie uns zur Landung zwingen?

Trotzdem verfolgte ich meinen Plan, einen Halbkreis über Rangsdorf zu fliegen und dann wieder auf unsere alte Route zurückzukehren.

Da brach die Hölle los. Wie ein Geschoß des Teufels kam ein russisches Kampfflugzeug im Sturzflug auf uns zu! Anscheinend spielte es das alte, gefährliche Spiel des Abdrängens – ganz so wie die Teenager in ihren Autos auf den amerikanischen Highways. Dicht nebeneinander rasen sie dahin. Sie kommen einander immer näher . . . Wer zuerst aufgibt, ist der »Feigling«. Oder war das vielleicht ein übriggebliebener Kamikaze-Flieger aus dem Zweiten Weltkrieg?

Ich verstand die Attacke von unseren russischen »Alliierten« nicht. Sie mußten unsere Identität doch einwandfrei erkannt haben. Das Sternenbanner war groß und breit auf unser Seitenruder gemalt.

Das Kampfflugzeug mit einer 27 auf dem Rumpf war jetzt so nahe, daß wir seinen Motor heulen hören konnten, über das Donnern unserer vier 1800-PS-Pratt & Whitney-Motoren hinweg. Ich konnte das Profil des Piloten erkennen, seinen braunen Lederschutzhelm, ja sogar die Nieten an der Motorhaube.

Jeden Augenblick konnte dieser Verrückte sich in unsere Maschine bohren. Dabei würde er sie der ganzen Länge nach aufreißen. Das wäre unser Ende. Ein roter Feuerball am Himmel – mehr würden die Bauern da unten von unserem Flugzeug nicht erkennen.

Fast paralysiert beschloß ich dennoch, stur geradeaus zu fliegen.

Als der russische Pilot mit seiner Maschine so nahe war, daß sie mir die ganze Sicht nahm, zog er plötzlich die Nase hoch und schrubbte über uns hinweg. Der Rumpf hätte um ein Haar das Dach unseres Cockpits abrasiert.

Er war fort. Verschwunden. Vor uns nur der blaue Himmel mit dem fernen Horizont.

Langsam begannen wir wieder zu atmen. Vielleicht war dem Irren da draußen inzwischen auch der Wunsch gekommen, noch etwas länger auf dieser schönen Erde zu verweilen?

Doch unsere Erleichterung sollte nur von kurzer Dauer sein. Zwei andere Flugzeuge mit Tarnanstrich tauchten links und rechts von unserer Maschine auf. Noch waren sie etwa 1000 Meter entfernt, aber sie wollten uns eindeutig in die Zange nehmen.

Meine Crew stimmte mit mir darin überein, daß es sich höchstwahrscheinlich um Jakwolew (JAK 9 D)-Flugzeuge handelte. Diese Maschinen ließen sich in etwa mit den amerikanischen P 51-Mustang-Kampffliegern vergleichen. Die JAK hat 1260 PS und erreicht eine Geschwindigkeit von 550 km/h. Ihre größte Steigfähigkeit liegt bei 1000 Metern pro Minute. Normalerweise war sie mit einer 20-mm-Kanone und einem 12,7-mm-Maschinengewehr bestückt.

Da war unsere schwerfällige DC 4-Verkehrsmaschine mit ihren 300 km/h kein ebenbürtiger Konkurrent. Wir hatten keinerlei Chance, diesen gemeinen kleinen JAKs davon- oder über sie hinwegzufliegen, und mußten eine hilflose Zielscheibe abgeben.

Ich rief dem Copiloten zu, diesen Angriff zu filmen, und bat unseren Funker, der ganzen Welt über Langwelle von dem unglaublichen Vorfall zu berichten.

Die verrückten roten Hunde schienen sich einen imaginären Punkt genau vor unserer Nase als Zielgebiet ausgewählt zu haben. Hier würden sie haarscharf aneinander vorbeifliegen oder aber – durch ein Mißverständnis – aufeinanderprallen. Dann würden wir in ihre Kollision mit hineingezogen.

Ich bemühte mich um einen möglichst geraden Kurs, hielt auch die Fahrt konstant, spielte die makabre Rolle einer Schachfigur in ihrem albernen Spiel. Es war eine Lehrstunde in Sachen Selbstdisziplin. Doch glücklicherweise waren ihre Berechnungen korrekt.

Aber nun wurde es noch gefährlicher: Eine JAK kam von unten hoch, die andere schoß von oben herunter.

Ich entschloß mich, mit der DC 4 so weit hinunterzugehen,

daß ich direkt über den Baumwipfeln flog und die Attacken um 50 Prozent verringerte.

Gleichzeitig reduzierte ich die Geschwindigkeit so weit wie möglich. Ich wußte, daß ihre hochgezüchteten Maschinen nicht so langsam fliegen konnten, ohne abzusacken.

In diesem Augenblick rief der Funker, daß er endlich Verbindung zu verschiedenen Stationen habe – sogar zu dem entfernten England.

Nun hatten wir also wenigstens die grimmige Befriedigung, daß die Welt erfuhr, was die Russen gerade mit uns anstellten.

Noch nie hatte ich ein Verkehrsflugzeug so niedrig und langsam geflogen. Wir wirbelten buchstäblich den Sand von den Äckern, die nur wenige Meter unter unseren Propellern lagen. Aufgeschrecktes Federvieh entwich gackernd und flügelschlagend Schuppen und Ställen.

Plötzlich deutete mein Funker auf eine Reihe winziger Punkte, die in V-Formation von Südwesten herangeflogen kamen.

Dem Himmel sei Dank! Es waren freundliche, schnelle Ami-Jäger, die sich unserer Feinde annahmen. Sie trugen unsere US Air Force-Embleme und waren zähe und kraftvolle Republic P 47 Thunderbolt-Kampfflieger.

Das war eine Verletzung des Viermächte-Abkommens, da nur Kampfflugzeuge der Sowjets die Luftkorridore benutzen durften. Himmel – beschworen wir da einen neuen Krieg herauf?

So schnell, wie die Russen aufgetaucht waren, verschwanden sie nun auch wieder.

Unsere freundliche Eskorte, es waren etwa acht Maschinen, stieg mit uns in eine angemessene Reisehöhe von 2000 Metern. Ihr gutmütiges Flügelwedeln deutete an, daß wir bei ihnen in guter Obhut waren.

Unser Begleitkommando blieb bei uns, bis wir Hanau erreichten.

Nach der Landung lotste uns ein »Follow me«-Jeep zu einem etwas entfernteren Abstellplatz. Hier nahmen uns Militärpolizisten in Empfang, und wir wurden einer langen, intensiven Befragung durch den militärischen Geheimdienst unterzogen und aufgefordert, alle Filme den Militärbehörden für ihre weiteren Untersuchungen zur Verfügung zu stellen.

Alle Beteiligten waren der Meinung, daß wir uns zu jeder Zeit im erlaubten Luftraum befunden und daß die Russen bewußt provoziert hatten. Damit hatten sie böswillig und schwerwiegend amerikanische Militär- und Zivilpersonen gefährdet.

Wir wurden zur Geheimhaltung verpflichtet. Schon zu jenem frühen Zeitpunkt waren die Westmächte bereit, eine Menge zu schlucken.

2. Flüge über Ozeane und Kontinente

Nicht alle unsere Flüge führten nach Berlin. Wir flogen auch nach Hamburg, Kopenhagen, Stockholm, Amsterdam und Paris.

Auf dem Kopenhagener Flughafen hatte ich kurz nach Kriegsende ein erschütterndes Erlebnis. Als wir aus unserer Maschine kletterten, sahen wir etwa dreißig junge Männer zwischen zwanzig und dreißig Jahren in lockerer Formation vor der Mauer der Flugzeughalle versammelt. Sie lärmten und neckten einander. Kopenhagener Polizisten, mit Maschinenpistolen bewaffnet, standen wachsam in ihrer Nähe.

Ich fragte einen der Umstehenden, ob es sich um Rekruten handele.

»Nein«, erklärte der. »Das sind Landesverräter, die für die Deutschen gearbeitet und uns im Krieg das Leben zur Hölle gemacht haben. Innerhalb der nächsten Stunde sollen sie hinter der Halle erschossen werden.«

»Mein Gott«, sagte ich erschüttert. »Ahnen sie denn, was ihnen bevorsteht?«

»O ja, sie wissen Bescheid.«

»Aber sie machen so einen gelösten Eindruck«, stotterte ich, »lachen sogar.«

»Ich bin kein Psychiater«, war die bittere Antwort. »Vielleicht sind sie übergeschnappt. Hauptsache jedenfalls, daß wir sie los sind.«

Innerhalb der nächsten Stunde hörten wir dann wirklich eine Gewehrsalve. Wenige Minuten später bewegte sich eine Prozession schwarzer Leichenwagen in Richtung auf die Flugzeughalle zu.

Eines Abends flogen wir von Kopenhagen in die Staaten. In 3500 Meter Höhe näherten wir uns Island von Süden her. Unter uns lag eine flache Wolkendecke, die plötzlich blutrot wurde, als hätte sie jemand in Brand gesteckt.

Wir waren verblüfft. Hier an der wilden, zerklüfteten Südküste gab es doch nur wenige Fischerdörfer.

Wir setzten uns mit Meeks Field, unser Auftankstation in Reykjavik, in Verbindung.

»Hier N 3228, schätze 30 Minuten entfernt, über der Südküste, Flughöhe zehn. Möchten auf acht hinunter. Haben strahlendroten Schimmer in den Wolken entdeckt. Brände oder Explosionen in unserem Gebiet?« Und dann – nur so zum Spaß: »Vielleicht ist der Vulkan Hekla zu neuem Leben erwacht?«

Island Control antwortete: »N 3228. Keinerlei Verkehr. Sie können auf acht hinunter. Keine Brände gemeldet.« Und dann, lachend: »Hekla ist seit Jahren nicht mehr aktiv. Vielleicht brennt ein Fischerboot.«

Wir tauchten in die Tomatensuppe hinab. Bei genau 2700 Metern Höhe durchbrachen wir die Bewölkung . . .

Unter uns ein Inferno! Ein Meer von gelbroten Flammen!

Hekla war tatsächlich ausgebrochen.

Wir sahen direkt in das Kraterinnere, kreisten fasziniert über der brodelnden Lavamasse, die über den Rand des Kegels quoll. Wie böse zischende Schlangen bewegten sich die Lavagluten auf die wenigen kleinen Dörfer zu, die am Meeresufer lagen. Wie lange würde es dauern, bis dort alles Leben erloschen war?

Wir saßen auf einem Tribünenplatz, den der Herrgott nur wenigen Menschen vorbehalten hat. Riesige schwarze Felsbrocken, manche so groß wie ein Haus, wurden zu uns heraufgeschleudert. Unsere Maschine tanzte wie ein Korken an einer Schnur vor einem Ventilator.

Die Vernunft riet uns, das gefährliche Gebiet schnell wieder zu verlassen und nach Meeks Field weiterzufliegen. Unterwegs funkten wir hastig eine Beschreibung und empfahlen, schnelle Rettungsboote auf den Weg zu schicken.

Bei der Landung in Meeks Field stellte unser Bodenpersonal fest, daß die Unterseite unserer DC 4 viele kleine Löcher aufwies. Die Steine aus dem Vulkan hatten uns noch in einer Höhe von 2700 Metern getroffen. Ein paar Rundflüge mehr über Hekla – wer weiß . . .?

Der Amsterdamer Flughafen Schiphol war bei Kriegsende ein einziger Trümmerhaufen. Die Deutschen hatten ihn – wie die gesamten Niederlande – besetzt, aber es waren die Alliierten, die Schiphol in Grund und Boden bombardierten, wie alle deutschen Lufwaffenbasen, die sie erreichen konnten. Die Niederländer bekamen jedoch nichts von der massiven alliierten Unterstützung ab, die zum Beispiel die großen deutschen Flughäfen wie Hamburg, Berlin und Frankfurt erhielten.

Aber die Holländer spuckten in die Hände und schulterten Hacken und Schaufeln. Sie schütteten die Bombenkrater zu und besserten die Rollbahnen aus. Fleißig wie eine Armee von Ameisen. Selbst der bittere Winter 1945/46 konnte sie nicht entmutigen.

Schiphol war schon immer ein Symbol niederländischer Zähigkeit gewesen. Der Flughafen liegt genau da, wo sich früher einmal der Haarlem-See erstreckte. Die große Wasserfläche war wegen ihrer unberechenbaren Stürme von den Seefahrern Schiffshölle genannt worden; sogar eine hitzige Schiffsschlacht hatte hier im Jahr 1573 stattgefunden, genau an der Stelle, wo heute die Schiffe aus der Luft landen. Aber 1852 wurde der See, nur neun Kilometer von Amsterdam entfernt, trockengelegt und in ein Landwirtschaftsgebiet umgewandelt.

Im Frühjahr 1946 war es dann geschafft, zwei Rollbahnen einigermaßen in Schuß und ein schwaches Funkfeuer installiert. Im Sommer setzte man entschlossen eine dürftige ILS-Anlage, ein Instrumenten-Lande-System, in Betrieb.

Dazu waren selbst die Briten auf ihrem Flughafen Hamburg

noch jahrelang nicht in der Lage. Sie entschuldigten sich mit dem Hinweis, daß das Zubehör, wie zum Beispiel Kabel, kaum zu beschaffen sei. Die Briten mußten sich allerdings den Vorwurf der Verschleppung gefallen lassen. Im Gegensatz zu den amerikanischen Flugzeugen waren die englischen Maschinen nämlich nicht mit Empfangsgeräten für das ILS-System ausgerüstet, und angeblich wollten sie nicht, daß amerikanische Flugzeuge bei schlechtem Wetter in Hamburg landeten.

Nach monatelangem entnervenden Warten auf eine ILS-Anlage in Hamburg holte ich höchstpersönlich die fehlenden Kabel von der US Air Force und brachte sie nach Hamburg. Die Installation hätte vielleicht dreißig Minuten gedauert. Aber auf die Inbetriebnahme mußten wir in Hamburg noch viele Monate warten.

Das erste primitive Instrumenten-Lande-System in Schiphol war lächerlich ungenau. Ich erinnere mich an Instrumentenanflüge, wo der Leitstrahl durch die riesigen Stahlverstrebungen eines Fußballstadions so verzerrt wurde, daß wir unsere Witzchen darüber machten, Schiphol wolle uns wohl zunächst zu ein paar Stadionrunden veranlassen.

An einem unvergeßlichen, klaren Nachmittag im Jahr 1946 wollten wir auf dem Flug von Berlin nach New York in Schiphol zwischenlanden.

Beim Anflug rief ich dem Flugingenieur zu: »Fahrwerk runter!«

Ich hörte, wie die schweren Räder ausgefahren wurden, und dann, wie sie mit dem typischen Rumpel-Geräusch einklickten. Ich sah auf das Armaturenbrett und überprüfte die drei grünen Lichter, die anzeigten, ob das Fahrwerk tatsächlich ausgefahren war. Flugingenieur Frank bestätigte: »Drei Beine raus und gesichert.«

Andere Dinge nahmen mich in Anspruch. Es herrschte ein starker Gegenwind, und ich mußte mehr Gas geben, um den Aufsetzpunkt zu erreichen.

Nur so zur Abwechslung – die Verkehrsfliegerei wird durch die Routine langweilig – beschloß ich, mit etwas Schub zu landen. Eine solche Landung ist für Anfänger einfacher. Erfahrene

Piloten nehmen dagegen Gas weg und schweben mit Propeller-
maschinen buchstäblich ein.

Als wir den Zaun passierten, also die Begrenzung des Flugplatzes überflogen hatten, rief der Flugingenieur: »Checkliste
komplett.« Ich nickte bestätigend.

Vor uns sahen wir Hunderte von ungeduldigen holländischen
Arbeitern. Sie standen zu beiden Seiten der Bahn und warteten
darauf, daß wir endlich durch waren, damit sie weiterarbeiten
konnten. Ein Ausruhen auf dem Spatenstiel gibt es in den Niederlanden nicht.

Gleich würden unsere dicken Ballonreifen den Boden küssen.
Das Aufsetzen würde so weich sein, daß niemand wissen würde,
ob wir noch in der Luft oder bereits auf der Erde waren. Die
Crew würde bewundernd murmeln: »Jesus!« oder: »Skipper,
müssen Sie denn jedesmal eine solche Schau abziehen?« So etwas hört jeder Captain gern . . .

In diesem Augenblick mußten die Reifen etwa vier Zentimeter über dem Boden sein. Noch eine Millisekunde und . . .

Flopp! Eine große rote Leuchtrakete schoß direkt vor unserer
Nase hoch und zerplatzte an der Windschutzscheibe.

Hatte da jemand auf uns geschossen? Rot bedeutet Gefahr!
Nur weg hier!

»Wir starten durch!« bellte ich und gab Vollgas. Die mächtigen Motoren erwachten donnernd zu neuem Leben. Die Nase
der DC 4 reckte sich wieder gen Himmel. Die Maschine wirkte
wie ein erschreckter Hengst, der sich auf die Hinterbeine stellt.

»Landeklappen ein Viertel einziehen!« befahl ich. Und dann:
»Fahrwerk rein!«

Ich blickte auf das Armaturenbrett, wo die grünen Lichter
jetzt ausgehen mußten. Aber da waren gar keine . . . waren
keine?

Mein Gott! Unsere Räder waren gar nicht ausgefahren! Deshalb also hatte ein freundlicher, hellwacher Holländer die rote
Signalrakete abgeschossen. Er hatte uns davor warnen wollen,
eine prächtige Bauchlandung zu machen. Himmel, der Mann
hatte unsere Maschine gerettet!

Unsere eigene Fahrwerkhupe hatte nicht funktioniert, weil

ich nicht abgedrosselt hatte. Sie tutet nur, wenn das Gas ganz weggenommen wird und die Räder nicht ausgefahren sind.

Nachdem wir wieder Höhe gewonnen hatten und der erste Schreck nachließ, begannen wir das Geschehene zu überdenken.

Endlich sagte Frank kläglich: »Ich bekenne, es war mein Fehler. Ich habe das Fahrwerk doch glatt wieder eingezogen, nachdem es schon draußen war. Tut mir leid. Geistiger Ausfall, vermutlich!«

»Dem Himmel sei Dank für den pflichtbewußten Deichbauer!« seufzte ich.

Herbst 1945. Wir waren auf dem Weg nach Berlin. Nach dem Start von Westover in Massachusetts, hoch über dem Atlantik, klopfte es an die Tür des Cockpits. Ein ernst blickender Leutnant der Armee zückte seine Kripo-Marke und bat mich um ein Gespräch unter vier Augen.

Ich setzte mich neben ihn auf die untere der beiden Crew-Kojen.

»Wissen Sie, Skipper«, meinte er, »daß unter Ihrer Nase eine Menge Hokuspokus veranstaltet wird? Ich rede von Schmuggel. Nicht Zigaretten. Drogen.«

Ungläubig starrte ich ihn an. »Ich kenne doch meine Leute. Die meisten habe ich selbst eingestellt. Bis auf die zivilen Stewards, die von der Air Force eingesetzt sind und in Westover an Bord kommen. Sie verbringen die meiste Zeit mit den Passagieren in der Kabine. Diese Leute sollten doch von ihren militärischen Zollbehörden untersucht werden. Mir ist bekannt, daß ein Captain nach den Regeln für alle Passagiere verantwortlich ist – aber wir können doch nicht auch noch die Passagiere *untersuchen*!«

Der Gesetzeshüter verzog das Gesicht und deutete auf eine kleine Leinwandtasche, auf der mit großen Buchstaben »Erste Hilfe« stand. Sie war mit Schnappverschlüssen an der Cockpitwand befestigt, die Lasche mit Draht und Plomben gesichert. Der Grund für diesen Aufwand: In den Arzttaschen befanden sich nicht nur die üblichen Pflaster und Kopfschmerztabletten, sondern auch Morphiumspritzen als Schmerzlinderung bei möglichen Verletzungen.

»Wissen Sie, daß das Morphium hier drin auf dem schwarzen Markt fast tausend Dollar wert ist?«

Ich zuckte mit den Schultern.

Er stand auf, nahm die Tasche von der Wand und legte sie mir auf den Schoß.

Ich glaubte meinen Augen nicht zu trauen: Die Rückseite war fein säuberlich herausgetrennt. Das Morphium war fort. Statt dessen waren Papierrollen so hineingestopft, daß niemand den Diebstahl bemerken konnte.

»Donnerwetter«, entfuhr es mir. »Wie sind Sie denn darauf gekommen?«

»Kombination, Skipper, reine Kombination. Neunzig Prozent dieser Taschen haben keine Rückseiten mehr. Die Erste-Hilfe-Beutel werden vom Bodenpersonal Ihrer Fluggesellschaft vor dem Start in New York hier installiert. Dann dreißig Minuten Flugzeit nach Westover. Aufenthalt in Massachusetts: vierzig Minuten. Vor dreißig Minuten haben wir Westover wieder verlassen. Mit anderen Worten: Das Morphium ist innerhalb der letzten hundert Minuten gestohlen worden. Ihre Crew war bis auf den Flugingenieur im Flughafengebäude. Der Flugingenieur verbrachte die Zeit mit einer gründlichen Inspektion der Maschine. Und, wie Sie schon sagten – Sie kennen Ihre Crew. Er ist wohl kaum zu verdächtigen. Wen haben Sie denn im Auge?«

»Den Steward«, sagte ich schnell.

»Genau! Aber nun werde ich Ihnen noch etwas zeigen.«

Er langte zur oberen Koje und löste dort fachmännisch mit einem Schraubenzieher die Deckenverkleidung. Etwa zwanzig Plastikbeutel mit einem weißen Pulver fielen heraus.

»Das Reinste vom Reinen – Hasch«, kommentierte er, nachdem er gekostet hatte. »Wahrscheinlich fast eine Million Dollar wert.«

»Der Steward«, entfuhr es mir wieder.

»Genau«, lächelte er.

»Na, dann mal los. Schnappen wir uns den Bastard!«

»Ein Sherlock Holmes sind Sie nicht gerade, Skipper.« Er

verstaute die kostbaren Päckchen wieder hinter der Deckenverkleidung. »Wir werden Ihren Steward diesmal mit der Beute abziehen lassen müssen. Schließlich wollen wir doch die ganze Bande haben. Hier ist eine Telefonnummer, da können Sie mich Tag und Nacht erreichen. Aber bitte – kein Wort, zu niemandem. Besonders nicht zu Ihrer Crew!«

Damit stand er auf, schüttelte mir die Hand und verschwand in der Kabine.

Einige Wochen später verkündeten Schlagzeilen in den USA, daß 120 Mitglieder eines Rauschgiftrings festgenommen worden waren. Einige der beteiligten Stewards sollten in Berlin ins Immobiliengeschäft eingestiegen sein.

Denjenigen, die glauben, man könnte mit Kommunisten friedlich zusammenleben, werde ich folgende Episode schildern, die sich 1946 auf dem Einweihungsflug meiner Fluglinie, der American Overseas Airlines (AOA), von New York nach Reykjavik ereignete. Meine Maschine war voll besetzt mit wichtigen Zivil- und Militärpersonen. Drei Stunden vor dem Ziel erhielten wir die unglaubliche Nachricht, daß die Kommunisten auf Island den Antennenmast der Radiostation in die Luft gesprengt und den Sender niedergebrannt hatten – auf US Air Force-Gelände!

Diese Radiostation war unsere einzige Navigationshilfe, um nach Meeks Field zu gelangen. Die roten Bastarde gingen davon aus, daß wir ohne Orientierungshilfe in den eiskalten Atlantik stürzen würden. Es war heller Tag, also konnten die Sterne uns auch nicht helfen.

Zufällig war unser erfahrener Chef-Navigator mit an Bord. Er brachte uns sicher auf die Insel. Wir hatten Glück, mit unserer DC 4 über die an diesem Tag niedrig hängenden Wolken steigen und unseren Weg mit Hilfe einiger Sonnenlinien und unseres Oktanten finden zu können. Dann stand uns Gott noch einmal bei, als wir blind durch die Wolkendecke hinunterstießen – und die zerklüfteten Klippen von Island und Meeks Field vor uns lagen. Ebenso glücklich wie stolz rollten wir auf das Empfangskomitee zu, das uns vor dem sogenannten Flughafengebäude, ein paar verrosteten Nissenhütten, erwartete.

In jenen romantischen Tagen der Fliegerei entstieg der Captain als erster dem Flugzeug und stolzierte vor seinen Passagieren die Gangway hinunter – ganz wie der Kapitän eines Ozeandampfers.

Gerade als mein Fuß isländischen Boden berührte und die Militärkapelle die amerikanische Nationalhymne zu spielen begann, trat der riesige, fast zwei Meter große Vorsitzende der isländischen Kommunistischen Partei einen Schritt vor und – spuckte mir kräftig auf die blankgeputzten Schuhe.

Ich hatte eine Pergamentrolle in der Hand, eine Botschaft des Bürgermeisters von New York für den Präsidenten von Island. Das Papier war um einen Holzstock wie um einen Besenstiel gewickelt.

Ich war so wütend, daß ich auf die Blitzlichter der Pressefotografen gar nicht achtete. Ich schlug die schwere Papierrolle dem riesigen Kommunisten auf die Nase, daß das Blut spritzte. Natürlich gab es ein größeres Handgemenge. Wir mußten schließlich durch amerikanische Militärpolizisten voneinander getrennt werden.

Überraschenderweise spielte die Presse den Zwischenfall zu einer simplen Meldung herunter: Auf Island sei eine Radiostation »auf geheimnisvolle Weise« niedergebrannt, hieß es da.

Das war nur einer der Überfälle, die sich isländische Kommunisten auf mit Stacheldraht gesichertem US Air Force-Gelände erlaubten. Es war mir unbegreiflich, daß die amerikanische Regierung auf diese Provokationen nie reagiert hat.

Allerdings darf man auch nicht übersehen, daß die amerikanischen Soldaten bei der isländischen Bevölkerung mit der Zeit gemischte Gefühle weckten. Die Isländer sind ein stolzes, sehr religiöses Volk. Auf die hübschen isländischen Frauen stürzten sich die GIs wie Bienen auf Honig und konnten nicht begreifen, daß die zunächst geduldeten »Ehen auf Probe« schließlich legalisiert werden sollten.

Die Amerikaner waren in den ersten Kriegsjahren nach Island gekommen und hatten Meeks Field aufgebaut. Es war die wichtigste Auftankstation auf der Nordatlantik-Route zwischen Amerika und Europa. Auch die Deutschen hatten den Wert Islands erkannt und in aller Stille eine kleine, aber wichtige meteo-rologische Beobachtungsstation errichtet. Beim Aufkreuzen der Amerikaner hatten sie sich allerdings zurückgezogen.

Islands eintönige Landschaft erinnert an die Mondoberfläche. Es ist ein abweisendes, karges, ödes Land.

Die hier stationierten Soldaten fühlten sich auf Dauer nicht wohl. Sie lebten in Nissenhütten, von hohen Erdwällen umgeben, um die unangenehmen Winde abzuwehren, die oft mit Geschwindigkeiten von 160 km/h übers Land fegten. Man hatte sogar starke Taue von Hütte zu Hütte gespannt, an denen sich die GIs notfalls festhalten konnten. Die Unfallquote hatte keine Feindeinwirkung als Ursache. Sie betraf Soldaten, die über die Klippen geweht wurden. Die Selbstmordrate war die höchste von allen Air Force-Stützpunkten. Eine erschreckende Zahl von Soldaten wurde mit der Diagnose »Felsen-Koller« nach Hause geschickt. Und es gab viele, die sich als blinde Passagiere in den Flugzeugen versteckten, nur um von der unwirtlichen Insel fortzukommen.

Eines Tages parkte meine Air Force-Maschine vor dem Flughafengebäude von Meeks Field. Gegen 14 Uhr, drei Stunden vor dem Start nach Westover, fuhr ich mit meinem Jeep zur Maschine, um dort mein Gepäck zu deponieren. Verblüfft stellte ich fest, daß die Maschine völlig unbewacht war. Als ich meinen Reisesack am hinteren Ende der Kabine verstaute, kam es mir so vor, als habe sich dort etwas bewegt. Ich wollte schon nachsehen, ob sich vielleicht eine Ratte eingeschlichen hatte, ließ den Gedanken dann aber doch wieder fallen. Sicherlich waren die anderen Gepäckstücke durch meinen Sack nur ins Rutschen geraten.

Eine Stunde nach dem Start und hoch über dem Atlantik kam der Steward aufgeregt zu mir ins Cockpit gestürzt. Unter dem Gepäckhaufen halte sich ein blinder Passagier versteckt! Ich sprang von meinem Sitz hoch und drängte mich durch die Soldaten, die sich inzwischen um das Häufchen Elend geschart hatten.

Ich forderte die Passagiere auf, sich wieder auf ihre Plätze zu begeben, und kniete mich neben den Mann. Ich fragte ihn freundlich, wie lange er sich denn da schon versteckt halte.

»Seit Stunden, Skipper«, schluchzte er auf. »Ich habe Sie beobachtet, wie Sie Ihr Gepäck an Bord gebracht haben.«

Mit zitternder Hand streckte er mir ein Bündel Scrip-Dollar entgegen und versuchte, es in meine Tasche zu stecken. »Hier, das sind mehr als 5000 Dollar. Ich habe sie beim Poker gewonnen und gespart. Um Himmels willen, sagen Sie bloß in Westover nicht, daß ich an Bord bin. Ich werde versuchen, nach der Landung klammheimlich zu verschwinden. Sie wissen doch, daß ich als Deserteur vor dem Erschießungskommando lande, wenn sie mich erwischen.«

»Mann, Sie sind verrückt«, erwiderte ich mitleidig. »Unser Funker hat bereits mit Westover gesprochen, und die Militärpolizisten greifen Sie, sobald Sie Ihren Fuß auf den Boden setzen.«

Er rollte sich auf den Bauch und vergrub das Gesicht in den Händen. »Lieber bin ich tot als noch länger auf Island! Haben Sie schon mal auf diesem Felsen gelebt? Den Wind heulen hören und die blaugrauen Wolken nur ein paar Meter über Ihren Kopf hinwegwehen sehen? Wochenlang geht das so – ohne Ende. Keine Frauen, keine Freunde, keine Sonne.«

Nachdem ich mir dieses menschliche Wrack eine Weile betrachtet hatte, flüsterte ich ihm zu: »Warum tun Sie denn nicht so, als seien Sie übergeschnappt? Bei Ihnen bahnt sich doch wirklich ein solider Nervenzusammenbruch an. Warum stecken Sie also nicht ein Stückchen Seife in die Tasche und beißen von Zeit zu Zeit etwas ab? Das gibt ganz herrlichen Schaum vor dem Mund. Ich werde das Spiel mitmachen und anordnen, daß Sie auf Ihrem Sitz angeschnallt werden. Jedermann wird sehr schnell davon überzeugt sein, daß Sie durchgedreht sind. Das Schlimmste, was Ihnen passieren kann, ist, daß Sie für gewisse Zeit im Krankenhaus landen. Aber sagen Sie keinem, daß ich mit Ihnen unter einer Decke stecke. Und versuchen Sie nie wieder, jemanden zu bestechen.«

Trotz aller Gewissensbisse war ich froh, ihm diesen Rat gegeben zu haben. Der junge Mann spielte seine Rolle ganz ausgezeichnet. Er fabrizierte so viele wundervolle Seifenblasen, daß ich ihm heimlich den Wink geben mußte, nicht allzu dick aufzutragen.

Monate später hörte ich, daß man ihn zur Beobachtung in ein Krankenhaus eingeliefert, ihn dann aber nach einer Weile als »geheilt« entlassen und zur Dienstleistung auf die sonnigen Azoren versetzt hatte.

Auf einem Zivilflug nach New York stürzte eines Winterabends Anfang der fünfziger Jahre ein aufgeregter Steward ins Cockpit. In der Kabine sei eine Deutsche durchgedreht. Sie versuche gerade, das Fenster des Notausgangs aufzumachen und hinauszuspringen.

Es herrschte so rauhes Wetter, daß es zu gefährlich war, aufzustehen und aufrecht durch die Kabine zu gehen. Die Propeller schleuderten pausenlos Eisstücke gegen den Rumpf. Es war ein wildes Stakkato, aber in den Ohren jedes erfahrenen Piloten willkommene Musik. Wenn wir dieses Getose nicht hören, dann ist das ein alarmierendes Zeichen, daß die Propeller das Eis nicht abschütteln und im Laufe der Zeit zu ineffektiven Keulen werden.

Nachdem die Turbulenzen ein wenig nachgelassen hatten, schwankte ich durch den Mittelgang auf die erregte Dame zu, indem ich mich an den Garderobenablagen weiterhangelte. Eine unserer Stewardessen versuchte vergeblich, die verstörte Frau zu beruhigen. Ich kniete mich neben sie und bat sie, mir ihre Probleme zu erzählen.

Zögernd und schluchzend kam es: »Ihr Amerikaner haßt uns doch. Ihr habt unsere Städte zerbombt. Und heute versuchen Sie, das Flugzeug abstürzen zu lassen, nur damit ich ertrinke!«

»Fliegen Sie nach Amerika zu Verwandten?« erkundigte ich mich. So kurz nach dem Krieg brauchte jeder Deutsche einen Bürgen in den Vereinigten Staaten, um ein Visum zu bekommen.

»Ja. Ich wollte drüben ein neues Leben beginnen. Aber ich werde Amerika nie erreichen!«

Nun versuchte ich es auf anderem Wege: »Wenn ich das Flugzeug abstürzen lasse, nur um Sie umzubringen, müßten doch auch alle anderen Passagiere ertrinken. Und was erreichen Sie, wenn Sie 2700 Meter über dem Ozean aus dem Fenster springen?«

Sie mußte lachen.

»Das Wetter wird sich sicherlich bald bessern«, fuhr ich fort. »Die Stewardess muß sich jetzt wieder um die anderen Passagiere kümmern. Falls Sie noch einmal Angst bekommen sollten, rufen Sie uns einfach hier mit diesem Knopf. Aber lassen Sie die Hände bitte vom Fenster. Sonst müssen wir Sie festschnallen. Und das wollen Sie doch sicher nicht, oder?«

Die Stewardess gab der verängstigten Frau eine Schlaftablette. Langsam begann sie sich zu entspannen.

Jahre später schrieb sie mir einen Brief. Sie sei in Ohio glücklich verheiratet, habe sogar Kinder. Der letzte Satz lautete: »Sie hatten recht. Die Amerikaner wollten uns Deutsche nicht umbringen. Vielen Dank, Captain!«

Eine ähnliche Episode spielte sich ein paar Wochen später auf einem planmäßigen Flug von Berlin nach New York ab. Wir durchflogen die typische Winterhölle mit wilden Schneestürmen und heulenden Winden.

Ein paar Stunden nach dem Zwischenaufenthalt auf Island kam wieder einmal der Steward ins Cockpit gerannt. »Skipper, ein Passagier hat das Notausgangfenster geöffnet und versucht hinauszuspringen.«

Der Flugingenieur und ich eilten in die Kabine. Ein paar kräftig gebaute Passagiere drückten einen jammernden Mann auf seinen Sitz zurück. Das Notausgangfenster lag auf dem Boden. Schnee wirbelte durch das schwarze Loch in die Kabine herein. Der eiskalte Raum glich einem Tollhaus, Frauen schrien und rannten hysterisch hin und her.

Ich beugte mich über das Menschenknäuel, das große Ähnlichkeit mit einem Football-Gerangel hatte, und bat die Passagiere, den Mann auf einen der rückwärtigen Plätze zu hieven, wo wir ihn festschnallen konnten. Dann wandte ich mich an den fluchenden, stöhnenden Fluggast:

»Sie terrorisieren die anderen Passagiere, die Ihretwegen frieren müssen. Wenn Sie jetzt nicht endlich mit dem Zirkus aufhören, stopfen wir Ihnen einen Knebel in den Mund. In ein paar Stunden sind wir in Gander. Dort werfen wir Sie raus – und da ist das Wetter schlimmer als hier! New York können Sie vergessen!«

Der Flugingenieur bemühte sich nach Leibeskräften, das Fenster wenigstens notdürftig zu reparieren. In einer der modernen Druckausgleichskabinen würde es heutzutage natürlich keinem Passagier gelingen, ein Fenster aufzubekommen.

Ich bat den Funker: »Sobald Sie Gander erreichen können, erzählen Sie denen, was hier los ist. Sie sollen einen Polizeiwagen mit einer Zwangsjacke schicken und diesen Irren ins Gefängnis stecken . . .!«

Wir landeten in Gander inmitten eines heulenden Blizzards, der so stark war, daß er unsere Maschine auch noch schüttelte, als wir längst vor dem Flughafengebäude zum Stehen kamen.

In Begleitung einiger Polizisten ging ich zu dem Unruhestifter zurück. Er saß zusammengekauert auf seinem Sitz und starrte bedrückt in das Schneetreiben.

»Bitte, Captain, schicken Sie mich bloß nicht in dieses abscheuliche Wetter hinaus«, flehte er mich an. »Ich würde in diesem gottverlassenen Land zugrunde gehen.«

Die Polizisten und ich sahen einander verblüfft an. Eben noch hatte sich dieser Mann das Leben nehmen wollen, und nun hatte er Angst, in einer Schneewüste umzukommen! Wie auf Kommando brachen wir in lautes Lachen aus.

»Hören Sie«, sagte ich schließlich. »Meine Passagiere sind nicht gerade gut auf Sie zu sprechen, Sie würden es nie zulassen, daß ich Sie nach New York mitnehme, und auch ich kann die Verantwortung nicht übernehmen.«

»Aber Captain, Sie sehen doch, daß ich jetzt ganz normal bin.«

»Sicher, Mr. Normal. Aber für wie lange?« gab ich zurück.

»Und wenn ich mich bis nach New York neben ihn setze und auf ihn aufpasse?« schlug einer der Polizisten vor.

Ich dachte einen Augenblick nach. »Und wer soll für Ihre Unkosten und den Flug nach New York und zurück aufkommen?«

»Ich!« meldete sich Mr. Normal hastig. »Liebend gern zahle ich für den Polizisten!«

Wieder dachte ich nach. Die Captains internationaler Fluggesellschaften sind nur zu vertraut mit den Problemen, die auftreten können, wenn man einen unwillkommenen Passagier in einem fremden Land ohne Durch- oder Einreisepapiere absetzt. Meine Gesellschaft war auch verantwortlich für Mr. Normals Rückflug. Und die Polizei von Neufundland würde meiner Gesellschaft für den Gefängsnisaufenthalt eine saftige Rechnung präsentieren . . .

Zögernd stimmte ich zu. »Also gut. Aber nur, wenn alle anderen Passagiere einverstanden sind. Ich werde einen entsprechenden Fragebogen herumgehen lassen.«

Jeder gab sein schriftliches Einverständnis, und ab ging's mitten hinein in einen neuen Schneesturm. Mr. Normal war für den Rest des Fluges ein geradezu mustergültiger Passagier.

Eines Nachmittags, kurz nachdem wir mit unseren DC 4 die Flugroute von Berlin nach New York aufgenommen hatten, berichtete unser Bodenpersonal ebenso aufgeregt wie beeindruckt, daß der weltbekannte russische Komponist Dimitrij Schostakowitsch sich unter unseren Passagieren befinde. Sechs Leute seien in seinem Gefolge, wahrscheinlich Leibwächter.

Tagesgespräch im Flughafen war die unnachahmliche Art, mit der die Russen ihre Tickets bezahlt hatten. Sie hatten weiße Schuhkartons voller alter, großformatiger US-Dollar auf den Tisch geknallt. Diese Banknoten wurden in der westlichen Welt schon seit Jahren nicht mehr benutzt, sie waren durch den häufigen Gebrauch befleckt und zerknüllt. Es gab zahlreiche Vermutungen, wie die Russen diese Relikte angesammelt hatten.

Ein paar Stunden nach unserer Zwischenlandung in Prestwick schlenderte ich durch die Kabine, um unsere Passagiere zu begrüßen und mit Dimitrij Schostakowitsch zu essen. Nur zögernd machten mir die beiden neben ihm sitzenden Leibwächter Platz. Zwei weitere Wächter saßen in der Reihe hinter dem großen Komponisten und zwei genau vor ihm. Ihre weiten Jacketts wirkten durch die Pistolenkolben, die in ihren Schulterhalftern steckten, noch voluminöser.

Als die Stewardess das Essen servierte, meinte ich lächelnd zu

Dimitrij Schostakowitsch: »Sie sind aber gut bewacht.« Einer seiner Wächter beugte sich von hinten über die Lehne und sagte freundlich: »Dimitrij Schostakowitsch spricht kein Englisch. Wir sind auch keine Leibwächter, sondern seine Assistenten.«

Dimitrij war ein grotesk nervöser Kettenraucher. Es war offenkundig, daß dieses große Genie unter starkem Druck stand. Er war verängstigt, neigte zu Luftkrankheit. Energisch hatte er Molotow entgegengehalten, daß sein Gesundheitszustand diese Reise nicht erlaube. Außerdem sei seine Musik in der UdSSR nicht erwünscht. Warum dann plötzlich Amerika?

Die *Prawda* und die KPdSU hatten ihm trotz seiner prosozialistischen Äußerungen in der Presse und in Interviews, die natürlich gesteuert waren, vorgeworfen, nicht parteikonform zu komponieren.

Stalin hatte ihn zu sich gebeten und ihm befohlen, vor dem Kongreß der Wissenschaftler und Künstler für die Verteidigung der Freiheit zu dirigieren.

Dimitrij Schostakowitsch hatte kapituliert – aus Angst um sein Leben.

Während unseres gemeinsamen Essens stellte er mir nur eine Frage. Nachdem er das lange US-Zoll-Formular studiert hatte, wollte er wissen, warum es verboten sei, Federn von Paradiesvögeln einzuführen.

Ich erklärte ihm, daß Tierschützer dieses Gesetz initiiert hätten. Es werde als grausam angesehen, den Vögeln die herrlichen, farbenprächtigen Schwanzfedern auszurupfen, nur um Damenhüte damit zu verzieren. Ich sagte, die Vögel könnten nicht mehr fliegen. Sie hätten ihre Freiheit verloren, müßten sterben.

Schostakowitschs Leibwächter lachten auf, aber der Komponist schürzte die Lippen und blickte ernst vor sich hin.

Ein Pilot einer internationalen Fluggesellschaft kommt mit den unterschiedlichsten Zollbehören zusammen. Mir scheinen die amerikanischen und englischen die strengsten zu sein.

1946 flog ich als Checkpilot, also als Prüfer, mit meinem guten Freund Captain Rolfo in einer Air Force-Maschine von Frankfurt nach Westover in Massachusetts. Entsprechend den

Vorschriften saßen Rolfo und seine Crew bereits vierzig Minuten vor dem Start im Cockpit. Sie waren mit der Überprüfung der Maschine beschäftigt.

Plötzlich fuhren mehrere US-Militärjeeps mit Blaulicht und quietschenden Reifen direkt vor dem Flugzeug vor. Soldaten mit Maschinengewehren eskortierten etwa dreißig braun uniformierte Militärs, darunter auch Frauen, über die Gangway in unsere Maschine.

Rolfo drehte sich zu mir um und meinte: »Was zum Teufel hat denn das zu bedeuten?«

Wenige Minuten später klopfte es energisch an der Cockpittür. Sie schwang auf, ein Oberst der Armee stand auf der Schwelle und sagte wichtigtuerisch:

»Meine Herren, wir haben gerade Ihre Passagiere an Bord gebracht. Es sind außerordentlich wichtige Leute. Sie werden streng bewacht. Es handelt sich um eine Geheimmission. Sie werden gebeten, sich während des Fluges nicht mit ihnen zu unterhalten.«

Der Offizier sah Rolfo an. »Captain, hier ist ein versiegelter Umschlag. Öffnen Sie ihn erst, wenn Sie über Funk dazu aufgefordert werden. Behalten Sie den Umschlag stets bei sich, geben Sie ihn nicht aus der Hand. Die US Army dankt Ihnen für Ihre Kooperation. Guten Tag, Gentlemen.«

Der Offizier salutierte zackig, drehte sich auf dem Absatz um und knallte die Tür hinter sich zu.

Rolfo starrte ihm mit offenem Mund nach. »Himmel, was für ein Glück, daß ich nicht bei der Armee bin! Außerdem wünschte ich mir, die Leute würden die Cockpitür ein wenig leiser schließen.«

Kaum waren wir in der Luft, begannen die Crewmitglieder mit vorsichtigen Inspektionsgängen. Neugierig schlenderten sie durch die Kabine und warfen unseren Passagieren verstohlene Seitenblicke zu. Ihre Identifizierungsversuche blieben ohne Erfolg.

Irgendwann nahm mich Rolfo beiseite und fragte: »Was, glaubst du, steckt dahinter, Jack?«

»Ich habe nicht die leiseste Idee. Hohe Ränge sind nicht dabei. Ich habe keinen einzigen Generalstern entdecken können.«

Die Bombe platzte zwischen Labrador und Massachusetts. Ein aufgeregter Rolfo stöberte mich in meiner Cockpit-Koje auf, wo ich gerade ein wenig zu schlafen versucht hatte. Er zeigte mir die Nachricht, die der Funker soeben aufgefangen hatte.

»Code RST – 40 – Captain von ATC Flug 43 – A. Öffnen Sie den Brief und bestätigen Sie die folgende Funknachricht. Sie werden nicht in Westover landen. Ich wiederhole: Keine Landung in Westover. Ihr Ziel ist Washington National Airport. Dort erwarten Sie Militärpolizisten, die Ihre Passagiere in Empfang nehmen. Ihre Crew wird durch den Zoll gehen und gleich zum Flugplatz zurückkehren, um nach New York zu fliegen. US Air Force, Authority General MacGuire.«

Mich durchzuckte es wie ein Blitz. Nun wußte ich, wer unsere Passagiere waren und weshalb sie so geheimnisvoll befördert wurden. Es waren die berühmt-berüchtigten Kronberg-Juwelen-Diebe. Wir flogen sie zurück in die Staaten, ins Gefängnis.

In Kronberg im Taunus, hoch über Frankfurt, liegt Schloß Friedrichshof. Es wurde im Tudorstil für die Kaiserin Friedrich, die Witwe Kaiser Friedrichs III., erbaut. Sie lebte dort bis zu ihrem Tod 1901. Während des Zweiten Weltkriegs holte ein Nachkomme von ihr, Prinz Wolfgang von Hessen, den kostbaren Familienschmuck wegen der Bombenangriffe aus dem Banksafe und versteckte ihn in den Kellerräumen des Schlosses. Hier schien er ihm sicherer zu sein.

Nach dem Krieg besetzten die Amerikaner das Schloß. Zeitweilig war es auch das Quartier General Eisenhowers.

Der weibliche US Army Captain Nash, Major Jackson und Colonel Durant suchten eines Tages im Keller angeblich nach Wein. Der Chauffeur des Prinzen gab ihnen einen Hinweis auf das Versteck des Schmucks, den das Trio dann auch prompt mitgehen ließ.

Die Diebe wurden schnell gefaßt und 1946 in Frankfurt vor ein Militärgericht gestellt.

Zufällig hatte ich mit Prinz Wolfgang gesprochen. Er hatte mir anvertraut, daß sich ein Army Colonel Robinson aus New

York bei ihm gemeldet habe. Der Prinz würde die Juwelen nur dann zurückbekommen, wenn er ihn – Rechtsanwalt Robinson – mit dem Fall beauftrage. Robinsons Forderungen seien so hoch gewesen, daß er ihm einen Teil der Juwelen dafür angeboten habe. Damit sei Robinson einverstanden gewesen.

Rolfo war sichtlich durcheinander. »Mann, da sitzen wir aber schön in der Tinte«, stöhnte er auf.

Ich war verdutzt. »Wieso denn? Wir fliegen zwar ein bißchen länger nach Washington, aber schließlich sind das Überstunden. Deine Crew und du – ihr kriegt mehr Geld.«

Rolfo stöhnte noch einmal auf. Er hob die Hände. »O nein, Jack, so einfach ist die Sache nicht. Jeder einzelne aus dieser verdammten Crew ist vollgepumpt mit Parfum und anderen Luxusartikeln aus Paris. Wir haben Schmuggelware im Wert von Tausenden von Dollar an Bord! Auf dem Herflug hatten wir einen Zwischenaufenthalt in Paris. Wir haben die ganze Stadt leergekauft!«

»Tut mir leid«, erwiderte ich. »Ich sehe immer noch nicht, wo das Problem liegt. Was ist denn der Unterschied, ob wir in Washington oder Westover/Massachusetts landen? Zoll gibt's überall.«

»Jack . . .« Er sprach mit mir so geduldig wie mit einem begriffsstutzigen Kind. »Du weißt doch genau, wie konziliant die Zollbehörden in Westover sind. Die haben's doch nur mit heimkehrenden GIs zu tun. Bei diesen Kriegshelden drücken sie beide Augen zu. Der Zoll hat noch kein einziges ATC-Flugzeug inspiziert. Aber Washington – meine Güte, das ist ein ganz normaler Zivilflughafen. Sie werden uns auseinandernehmen!«

»Dann macht ihr es eben ganz offiziell, Rolfo«, schlug ich vor. »Gebt den Kram an und zahlt nach.«

Davon war Rolfo auch nicht begeistert. »Niemand hat genug Geld, die Zollgebühren zu bezahlen. Du kannst dir nicht vorstellen, welche Mengen wir auf der Mühle haben. Außerdem« – er sah mich an –, »auch du sitzt ganz schön in der Patsche. Schließlich bist du der ATC-Chefpilot. Wenn die Air Force erfährt, in welchem Umfang wir geschmuggelt haben, wird sie vielleicht die Verträge mit ATC kündigen. Hunderte von uns werden ihre Arbeitsplätze verlieren . . .«

Nun machte auch ich mir Sorgen. »Warum schmeißt ihr das Zeug nicht einfach aus dem Kanzelfenster? Wir sind über dem Meer. Da kann niemand zu Schaden kommen.«

Rolfo runzelte verzweifelt die Stirn. Auch darauf hatte er eine Antwort: »Jack, wir haben mehrere Vier-Liter-Krüge mit astronomisch teurem Moschusöl an Bord. Es ist der intensivste und dauerhafteste Duft der Welt. Er wird nur für die wertvollsten Parfums benutzt. Wir können die Glaskrüge nicht an den Propellern vorbeiwerfen. Wir könnten sie beschädigen. Wir können das Zeug aber auch nicht durchs Klo spülen. Die Leute vom Zoll würden den Braten meilenweit riechen. Und wohin mit den leeren Krügen? Auch die duften nach . . .«

»Entzückend, Rolfo! Da stecken wir ganz schön in der Tinte, was? Du kannst sicher sein, daß die Presse bereits Wind von unseren Passagieren hat. Die Reporter werden Schlange stehen. Das FBI wird auch vertreten sein. Bei all dem Theater können wir mit unserer Schmuggelware gar nicht unbemerkt durchschlüpfen! Junge, Junge, ATC wird eine Menge Schlagzeilen machen – Juwelendiebe und Parfumschmuggler!«

»Mir kommt da eine Idee. Als Captain habe ich das Recht, einen Notfall zu avisieren. Als Grund gebe ich technisches Versagen oder ähnliches an. Dann könnte ich doch in Westover landen.«

»Du greifst da nach einem sehr gefährlichen Strohhalm, Rolfo. Vergiß nicht, daß ich an Bord bin. Ich müßte für dich lügen, dein Märchen unterstützen. Aber selbst wenn ich es täte, könnten sie immer noch Verdacht schöpfen. Und dann haben wir den Schlamassel. Bete lieber zu Gott, daß über Washington schlechtes Wetter ist. Dann könntest du auf einen anderen Flughafen ohne Zollbehörde ausweichen.«

»Das Washingtoner Wetter ist glasklar. Aber du bist doch Checkpilot, Jack«, meinte Rolfo hinterlistig. »Also müßtest du auch klüger sein als alle anderen. Laß dir was einfallen. In einer Stunde sind wir über Westover, in dreien über Washington.«

Ich ließ mich in die Koje zurückfallen und dachte lange über die Habgier der Menschen nach.

Plötzlich kam mir ein Einfall. Ich winkte Rolfo wieder zu mir.

»Rolfo, was hältst du davon? Wir werden doch bei Morgengrauen in Washington landen. An dem Flughafen wird immer noch gebaut. Es gibt da also eine Menge Löcher und Gräben. Wenn du über die Wege rollst, stoppst du einfach. Bestimmt ist zu dieser Zeit kein Betrieb, so daß dir keine andere Maschine auf die Pelle rücken kann. Du informierst Washington Tower und deine Passagiere, daß du Probleme mit einer Bremse hast, damit der Ingenieur hinaushopsen kann, um den Schaden zu ›beheben‹. Dann wirft der Dritte Offizier ein paar Fallschirmsäcke hinaus – in denen befindet sich natürlich kein Werkzeug, sondern eure verdammte Schmuggelware. Du mußt natürlich die Motoren laufen lassen, um Krach zu machen. Aber da die Passagiere ja bewacht werden, wird es ihnen kaum möglich sein, neugierige Blicke auf eure Transaktion da draußen zu werfen. Dein Ingenieur läßt das verfluchte Zeug in einer Baugrube verschwinden und klettert wieder an Bord. Dann rollst du ganz gemütlich und unschuldig vors Gebäude.«

»Donnerwetter, Jack – du bist ein Genie! Ich sage sofort der Crew Bescheid.«

»He, Rolfo, warte mal! Das Ganze ist natürlich auf deinem Mist gewachsen. Ich will damit nichts zu tun haben. Ich bleibe hier gemütlich im Cockpit sitzen und frage von Zeit zu Zeit nach den Bremsen.«

Drei Stunden später, als unsere Räder Washingtoner Flughafenboden berührten, war gerade ein schwacher lachsrosa Streifen im Osten zu erkennen. Sonst war es stockdunkel. Rolfos Aktion klappte wie am Schnürchen: in den Gräben verschwanden 100 000 Dollar . . .

Und im Flughafengebäude passierte dann – gar nichts! Die Presse war nicht da. Das FBI war nicht da. Es war vier Uhr früh. Selbst der Zoll schlief noch!

Die Juwelendiebe wurden in Sekundenschnelle abgeführt. Das riesige Terminal war leer und verlassen. Unsere Schritte hallten schauerlich auf dem Marmorboden. Sie schienen uns zu verspotten.

Als wir wieder zum Start rollten, verlangsamte Rolfo kurz an der Stelle, wo wir »entladen« hatten. Er warf einen verzweifelten Blick aus dem Seitenfenster und gab dann seufzend Gas.

Bei einer anderen Begebenheit im Jahr 1946 kamen wir nicht so ungeschoren davon. Wir waren, aus Berlin kommend, in New York gelandet und fuhren zu unserer Basis in der Nähe des Marine-Terminals von La Guardia. Das Gepäck der Crew war wie üblich getrennt von den Koffern der Passagiere auf dem Zoll-Tresen deponiert. Wir passierten den New Yorker Zoll so oft, daß wir die meisten der Inspektoren beim Vornamen kannten. Gelegentlich brachten wir ihnen eine Flasche irischen Whiskey als Geschenk mit. Whiskey war nach dem Krieg in den Staaten noch schwer zu bekommen.

Die Kontrollen erfolgten gewöhnlich eher flüchtig. Auch an diesem Tag. Schon nach wenigen Minuten standen wir draußen vor dem Flughafengebäude.

Einer der beiden Flugingenieure, Robbie Weinstein, ein junger Jude mit ausgeprägtem Sinn für Humor, bot mir an, mich nach Hause zu fahren. Dankbar ließ ich mich auf dem Beifahrersitz nieder. Hinten saß bereits eine unserer Stewardessen.

Ein paar Meilen vom Flughafen entfernt sprang plötzlich ein rothaariger Mann in Zivil vor unser Auto. Er winkte mit einer Polizeimarke in der einen und einem kleinen nickelbeschlagenen Revolver in der anderen Hand.

In der nächsten Sekunde hatte der aufgebrachte kleine Bursche bereits die hintere Tür aufgerissen und sich neben die Stewardess gesetzt.

»Fahren Sie zum Flughafen zurück«, knurrte er.

Robbie, mit einer Entgegnung immer schnell bei der Hand, brummte: »Umkehren? Du kannst mich mal, Junge! Wir fahren jetzt zum nächsten Polizeirevier.«

»Ich bin vom FBI«, donnerte der Karottenkopf und hielt Robbie seine glänzende Marke unter die Nase. »Sie sind des Schmuggels verdächtig, und wenn Sie weiter so mit mir reden,

Mr. Weinstein, werden wir Ihr Auto in unserer Garage in Manhattan auseinandernehmen.«

Die Tatsache, daß der wütende kleine Beamte Robbies Namen kannte, schockierte uns. Wir schwiegen. Robbie wendete den Wagen und fuhr nach La Guardia zurück.

»Laufen Sie mir voran zurück zum Zoll!« befahl der Inspektor streng.

Der unverbesserliche Robbie kicherte: »Genau wie die Gestapo. Links, zwo drei vier, rechts, zwo drei vier . . .«

Vor dem Flughafengebäude erregten wir ungeheures Aufsehen.

Der FBI-Mann zupfte mich am Arm.

»Captain«, zischte er mir zu, »wenn Sie vergessen haben sollten, irgend etwas zu verzollen, dann tun Sie das jetzt. Selbst wenn es sich dabei nur um eine Sicherheitsnadel handeln sollte. Geben Sie sie an. Man wird Sie alle durchsuchen.«

»Ich habe aber nichts zu verzollen«, erwiderte ich.

Plötzlich fiel es mir wieder ein: Ich hatte in Shannon eine kleine Krawattenklammer gekauft, die noch nicht einmal einen Dollar gekostet hatte. Das sagte ich dem FBI-Agenten.

»Gut, geben Sie sie an«, raunzte er.

Einen Augenblick später standen wir wieder vor dem Zoll. Die Beamten waren genauso überrascht wie wir, uns so bald wiederzusehen.

Mr. FBI wandte sich an die Stewardess: »Besitzen Sie etwas, das Sie vorhin nicht deklariert haben?«

Das verschüchterte Mädchen schüttelte den Kopf.

Zielsicher nahm der FBI-Agent ihr die Brieftasche aus den Händen und zog drei sehr teure Armbanduhren hervor.

»Wo haben Sie diese Uhren gekauft?« triumphierte er.

Die Stewardess brach in Tränen aus. »Der Steward hat sie mir gegeben. Er bat mich, sie für ihn durch den Zoll zu nehmen.«

»Oho! Sie haben also nur dem Steward einen Gefallen getan?« höhnte Mr. FBI. Dann bat er eine Inspektorin, die Stewardess in einem Nebenraum einer Leibesvisitation zu unterziehen. Auch Robbie und ich wurden zum Striptease gebeten. Die sorgfältige Untersuchung brachte nichts weiter ans Tageslicht.

Mr. FBI wandte sich an mich: »Captain, Sie und der Flugingenieur sind frei. Ihre Stewardess aber steht unter Arrest. Sie wird eine saftige Geldstrafe bekommen. Noch irgendwelche Fragen?«

»Ja. Woher wußten Sie, daß die Uhren in der Brieftasche steckten?«

Ohne eine Antwort packte er die niedergeschlagene Stewardess am Arm und ging mit ihr davon. Ein paar Wochen später wurde sie von der Airline entlassen.

Unsere Crews haben in den folgenden Jahren beim Zoll jede Kleinigkeit angegeben – bis hin zu Ein-Cent-Sicherheitsnadeln. Schließlich war der Zoll so entnervt, daß er neue Formulare drucken ließ. Darauf hieß es, daß nur Gegenstände im Wert von mehr als fünf Dollar zu deklarieren seien.

Ein anderer »Fall« hatte amüsantere Dimensionen. Ich holte einen Vizepräsidenten unserer Airline auf dem alten Flughafen Berlin-Tegel ab. Es war spät am Abend, nur wenige Passagiere waren mit der Air France-Maschine aus Paris gekommen. Das kleine behelfsmäßige Flughafengebäude war fast menschenleer.

Ich sah, wie mein Freund John Spangler sein Gepäck vom Laufband nahm und sich damit den grünuniformierten Zollbeamten näherte, und ging zu ihm hinüber.

Auf die Frage: »Haben Sie etwas zu verzollen? Parfum, Spirituosen, Tabakwaren?« erwiderte John, ein überschwenglicher, extrovertierter Typ, strahlend: »Nein, meine Herren. Mein Freund, Captain Bennett, wird für meine Ehrlichkeit bürgen.«

»Mr. Spangler ist ein Mann von unfehlbarem Charakter«, mischte ich mich lächelnd ein.

John brauchte seine Koffer nicht zu öffnen. Ich nahm sie vom Tresen, und John zottelte mit einer großen braunen Einkaufstüte hinter mir her.

Plötzlich hörte ich hinter mir ein Gespräch. Ich drehte mich um und sah, daß Johns Tragetüte geplatzt war. Kleine Parfumflakons klackerten in regelmäßigen Abständen heraus – wie Münzen aus einem einarmigen Banditen, der gerade den Jackpot ausspuckt. Einige Flaschen zerbrachen auf dem harten Zementfußboden. Der Duft der schweren Parfums verbreitete sich schnell. Alle erstarrten, als habe man einen Film angehalten.

Verlegen bis unter die Haarwurzeln sah ich die Zollbeamten an. Einige lachten, platzten fast vor unterdrücktem Gelächter.

Und dann geschah das Überraschende: Wie ein Mann drehten sich die Beamten um, als hätten sie nichts gesehen. Spangler und ich sammelten schnell die heilgebliebenen Flaschen ein.

»Guter Gott, John«, schnaufte ich. »Wieviel von den Dingern hast du denn?«

John Spangler flüsterte: »Neununddreißig. Alles Geschenke für die Sekretärinnen in New York.«

Beim nächsten Mal traf es dann mich. Wir waren auf einem Flug von Berlin nach Kopenhagen. Der Leiter unserer Station auf dem Flughafen Kastrup hatte mich gebeten, ihm eine Stange Zigaretten mitzubringen.

Nachdem wir geparkt hatten, steckte ich mir die Stange unter den Arm und machte mich auf den Weg zu unserem Büro.

Ein Mann in grüner Uniform kam mir entgegen. »Was haben Sie denn da?« fragte er streng.

»Zigaretten, wie Sie sehen«, erwiderte ich höflich.

»Das kostet Sie fünfzig Dollar. Sie haben geschmuggelt.«

»Zum Teufel, das ist doch kein Schmuggel. Jeder kann die Stange sehen. Der Krieg ist kaum vorbei. Wollen Sie sagen, daß es bei Ihnen schon wieder so etwas wie Zoll gibt?«

»Unser Zoll war auch während des Krieges tätig«, entgegnete der Beamte würdevoll.

»Sogar unter der deutschen Besetzung?« fragte ich verblüfft.

Er wurde rot. »Würden Sie mir bitte ins Büro folgen?«

Dort erleichterte er mich um meine Zigaretten und um fünfzig Dollar. Dann wollte er auch noch Namen und Adresse meines Chefpiloten wissen. »Wir werden einen Bericht über Sie schreiben.«

Das war mein einziger Triumph. Der Chefpilot war ich.

Als ich zehn Tage später seinen Brief erhielt, antwortete ich postwendend, daß der Übeltäter hart gerügt worden sei . . .

Zu dieser Zeit erlebte ich einen der seltenen gefährlichen Zwischenfälle im Zivilflugverkehr. Wir waren auf dem Weg von Neufundland nach Island. Es war Nacht, und die Meteorologen hatten zwei Tiefdruckgebiete vorausgesagt. Unglücklicherweise sollten wir genau zwischen beide geraten.

Nach dem Start, in 3000 Meter Höhe – das war das Höchste, was wir uns damals ohne Druckausgleich in östlicher Richtung gestatteten –, ging ich durch die Kabine, um die Passagiere zu begrüßen. Das war noch gute, alte Sitte. Mitunter setzte man sich auch neben einen der Passagiere, plauderte und aß mit ihm.

An diesem Abend beschloß ich, ein wenig länger in der Kabine zu bleiben. Ich flog mit einem jungen, gutaussehenden Copiloten – Roger Beau –, der mich schon häufiger darauf hingewiesen hatte, daß es höchste Zeit für ihn sei, endlich auch Captain zu werden. Er hätte das notwendige Dienstalter und die entsprechende Erfahrung. An Selbstsicherheit mangelte es ihm nicht.

Also hatte ich Roger versprochen, daß er auf diesem Flug alles allein machen dürfe. Er würde links im Cockpit auf dem Captainssitz Platz nehmen und jede Entscheidung treffen. Ich dagegen würde den stillen Beobachter spielen.

Während ich neben einem Passagier genüßlich mein Abendessen verzehrte, wurde es draußen zunehmend ungemütlicher. Die Propellerblätter schleuderten unter lautem Geklirr Eisstückchen gegen die Aluminiumverkleidung des Rumpfes.

Vorsichtig, um die Passagiere nicht unnötig zu beunruhigen, spähte ich aus dem Fenster. Ich sah, daß sich vorn auf den Flügelkanten eine Menge Reif festgesetzt hatte. Normalerweise schaltet man gegen Eisbildung auf den Flügeln nur hin und wieder den pneumatischen Enteiser ein. Den Enteiser dauernd laufen zu lassen ist riskant. Dadurch bildet sich auf ihm zuviel Eis und macht ihn nutzlos. Ich hoffte, daß Roger das nicht vergessen hatte.

In den folgenden Minuten verschlechterte sich das Wetter weiter. Plötzlich flog die Cockpittür auf. Der Ingenieur machte mir ein Zeichen, so schnell wie möglich nach vorn zu kommen.

Mittlerweile war die Turbulenz so stark, daß ich nicht mehr aufrecht gehen konnte. Auf Händen und Füßen robbte ich mich aufs Cockpit zu.

Dort stellte ich entsetzt fest, daß Roger in einer Art Schock zu sein schien. Er hielt das Steuer fest umklammert, so fest, daß seine Knöchel schneeweiß hervortraten. Sein Gesicht wirkte wie erstarrt, eine Maske des Schreckens. Während ich auf den Sitz des Copiloten zukroch, warf ich einen Blick auf den Geschwindigkeitsmesser. Ich glaubte meinen Augen nicht: Er zeigte nur 140 Knoten an! 200 Knoten hätten es mindestens sein müssen. Geschwindigkeit ist ein unsichtbarer »Himmels-Haken« – sie ist es, die ein Flugzeug überhaupt in der Luft hält.

Über das Klappern der Eisklumpen und das Donnern der Motoren hinweg rief mir der schwitzende Roger zu: »Ich kann das verfluchte Ding nicht länger halten! Wir schmieren ab in den Atlantik! Die Mühle wird immer langsamer!«

Automatisch gab ich Vollgas. Mit der linken Hand wollte ich wieder einmal die Flügel-Enteiser anstellen. Zu meiner größten Überraschung liefen sie bereits.

»Wie lange laufen die Dinger denn schon?« fragte ich Roger.

»Himmel!« stöhnte er auf. »Die ganze Zeit. Ich habe vergessen, sie auszuschalten. Nun haben wir die Scheiße. Wir sammeln immer mehr Eis an.«

Ich schaltete die Enteiser erst einmal aus. Seiner Analyse über unsere augenblickliche Situation hatte ich nichts hinzuzufügen. Sie traf ins Schwarze. Tödlich genau. . . .

Aber ich hatte keine Zeit, jetzt mit ihm und seinem Unvermögen zu hadern: »Laß mich das Monstrum ein paar Minuten fliegen.«

Roger ließ das Steuer so schnell los, als habe es sich in glühende Kohlen verwandelt.

»Du dummer Hund«, dachte ich. »Du kannst die Verantwortung wohl nicht schnell genug loswerden, was? Darüber werden wir später noch ein Wörtchen miteinander zu reden haben. Das heißt, wenn es für uns überhaupt ein Später gibt.«

Als ich meine Hände ganz leicht aufs Steuer legte, entzog es sich meinem Griff. Ganz so, als sei es ein menschliches Wesen, das über meine Berührung empört war. Ich packte ein wenig fester zu. Nun spürte ich gar keinen Widerstand mehr.

Großer Gott, wir fielen aus der schwarzen arktischen Nacht mitten hinein in den eisigen Atlantik. Innerhalb von Sekunden würde sich der eine Flügel senken, und wir würden unkontrollierbar ins Trudeln geraten . . .

Mir erschien es unglaublich, daß das bei 140 Knoten passieren konnte. Normalerweise sackte die Maschine erst bei 85 Knoten ab. Wir mußten auf allen Vorderkanten Tonnen von Eis angesammelt haben. Die Eislast mußte soviel wiegen wie die ganze verdammte Maschine. Sicherlich sahen wir von vorn wie ein fliegender Eisberg aus. Hypnotisiert beobachtete ich, wie der Höhenmesser auf 2700 Meter, dann auf 2400 Meter absank. Und ich konnte nichts dagegen tun.

Was für ein lausiger Tod, dachte ich. Ärzte schätzen, daß der menschliche Körper höchstens drei Minuten im eiskalten Ozean überleben kann. Aber würden wir nicht vorher schon, beim Absturz, ums Leben kommen?

Mir blieb keine andere Wahl. Ich schlug den Knüppel nach vorn, ließ die Nase schneller sinken, um die Fahrt zu erhöhen. Bei 2000 Metern und 150 Knoten versuchte ich noch immer mit Vollgas, die Höhe zu halten. Heilige Mutter Gottes – bei diesem Manöver hatten wir 1000 Meter an Höhe vergeudet. Noch einmal so etwas, und wir wären endgültig im Eimer. Aus! Finis!

Ich versuchte, ein paar lumpige Meter zu steigen, aber die Geschwindigkeit sank schon wieder auf 148 Knoten. Fast kam es mir vor, als spräche das Steuer mit mir: »Laß doch die Experimente! Hör auf mit der Höherschrauberei! Sonst habe ich keinerlei Gewalt mehr über die Mühle, und wir sacken wieder ab.«

Der Ingenieur legte seine riesigen Hände auf die vier Gashebel und sah mich fragend an. »Skipper, wir haben jetzt schon seit zwei Minuten volle Pulle drauf . . .!« Offenbar wollte er das Gas wegnehmen. Auf so diskrete Art machte er mich darauf aufmerksam, wie riskant es war, länger als eine Minute mit voller Kraft zu fliegen. Es bestand die Gefahr, daß die Motoren in Brand gerieten . . .

Ich legte meine Faust fest auf die seine und sagte: »Wenn ich das Gas wegnehme, ist unsere Schau beendet!«

Er bedeckte seine Augen mit den Händen und stöhnte: »Wahnsinn! Letzte Woche erst brannte in New York ein Motor aus, weil er knapp zwei Minuten voll aufgedreht war.«

Trotz meiner Angst bemühte ich mich um Festigkeit. »Zum Teufel mit den Motoren! Sie werden es nicht wagen, uns jetzt im Stich zu lassen.«

Ich versuchte aus dem Seitenfenster zu spähen. Die Auspuffringe mußten rot glühen. Ich fragte mich, ob sie die Motorverkleidung davonblasen oder zum Schmelzen bringen würden. Aber die Seitenfenster und die Windschutzscheibe waren inzwischen mit – Gott weiß wieviel! – Eis bedeckt. Ich konnte absolut nichts erkennen. »Das ist vielleicht auch besser so«, dachte ich resignierend.

Plötzlich begann der verfluchte Knüppel in meinen verschwitzten Händen zu bocken. Offensichtlich sammelten wir noch mehr Eis an. Mir blieb keine andere Wahl. Ich mußte das Flugzeug weiter nach unten driften lassen.

Mit einem Blick auf das Außenthermometer stellte ich verblüfft fest, daß es nur null Grad anzeige. Unsere Wettervorhersage hatte in dieser Höhe mit minus fünfzehn Grad gerechnet. Ich überlegte einen Augenblick. »Laß die flügellahme Ente bis auf 350 Meter absinken. Vielleicht ist da unten wärmere Luft, die etwas von dem Eis zum Schmelzen bringt . . .«

Also drifteten wir weiter abwärts. Der Höhenmesser zeigte 1500, 1200, 900, 600 Meter. Trotz Vollgas sackten wir wie ein Stein ab. Unterhalb von 350 Metern wurde die Luft plötzlich glatt.

»Lieber Gott, laß mich am Leben. Womit habe ich das alles nur verdient?« stöhnte Copilot Roger neben mir auf.

Ich sah ihn angewidert an. Mir fiel nichts Tröstendes ein. »Gott straft die Vermessenen. Das Ungerechte daran ist nur, daß Sie eine Menge unschuldiger Menschen mit in den Tod nehmen werden.«

Knapp unter 350 Meter über dem Wasserspiegel wagte ich den letzten Versuch, unseren Bleivogel in der Luft zu halten. Die

Temperatur lag etwas über null Grad. Vorsichtig spielte ich mit dem Steuer. Ich glaubte, ich könnte bei 150 Knoten einfach so in der Luft hängen bleiben. Der Höhenmesser zeigte an, daß wir inzwischen klägliche 130 Meter über dem Meer waren. Ich dachte: »Jetzt sind wir so niedrig, daß die Schaumkronen unseren Bauch naßspritzen!«

Über die Schulter hinweg sagte ich zum Funker: »Versuch mal, das Wetterschiff irgendwo da unten zu erreichen. Erkläre ihnen, was passiert ist. Bitte sie, in der Nähe zu bleiben, es sei ein Notfall. Erbitte unsere und seine genaue Position, da wir keine Möglichkeit haben, uns nach den Sternen zu orientieren. Unsere Antennen sind vermutlich ebenfalls durch das Eis abgeschlagen worden. Wir haben Navigationsschwierigkeiten.«

Dann wandte ich mich an den Navigator: »Bring den Stewardessen bei, was los ist. Sie sollen die Passagiere auf eine Notwasserung vorbereiten, alle müssen ihre Rettungswesten anlegen. Haltet die Hysterie in Grenzen. Die Passagiere dürfen nicht wie aufgescheuchte Hühner durch den Mittelgang laufen. Das stört das Gleichgewicht der Maschine.«

Inzwischen hatte der Funker bereits eine Positionsbestimmung vom Wetterschiff erhalten. Bei unserer augenblicklichen Geschwindigkeit würde es noch vier Stunden dauern, bis wir Island erreichten . . .

Der Ingenieur verzog das Gesicht. »Skipper, du glaubst doch nicht etwa, daß die Motoren das mitmachen?«

»Glauben? Daran wage ich nicht einmal zu denken!« gab ich zurück. »Ich bin damit beschäftigt, uns ein paar Minuten länger am Leben zu halten. Und dann noch ein paar und noch ein paar . . . Du weißt: Unsere Chance, Island lebend zu erreichen, steht eins zu einer Million.«

»Warum versuchen wir nicht, neben dem Wetterschiff aufzusetzen?«

»Aufsetzen? In der rauhen See da unten?« knurrte ich. »Unsere Sicht ist gleich Null. Die Windschutzscheiben total vereist. Wir müßten blind notwassern. Bei dem Aufprall würde mit Sicherheit die Nase flötengehen und dann die Flügel. Wir würden in Sekundenschnelle sinken. Und selbst wenn wir nicht auseinanderbrechen – wie sollte uns das kleine Wetterschiff aus den haushohen Wellen auffischen? Und das mitten in der Nacht. Wahrscheinlich wässern wir meilenweit vom Schiff entfernt.«

Es war ein nervenaufreibender Flug. Nur eine Sekunde der Unaufmerksamkeit, und wir würden eine Beute der gigantischen Wellen werden. Ich wagte nicht, die Steuerungsautomatik einzuschalten, um einmal ein paar Minuten Ruhe zu haben. Auch Roger konnte ich das Steuer nicht überlassen. Er war ein gebrochener Mann. Zusammengekrümmt hockte er auf seinem Sitz, die Hände über den Augen.

Hatten wir überhaupt genug Treibstoff bis Island? In unserem Flugplan war dieser mörderische Konsum nicht vorgesehen. Die Spritanzeiger drehten sich wie winzige Roulettes – sichtbarer Beweis für die Plünderung unserer kostbaren Reserven.

Nach einer Ewigkeit tippte mir der Navigator auf die Schulter. »Gute Nachricht, Skipper. Ich schätze, wir sind noch etwa dreißig Minuten von der isländischen Küste entfernt.«

Mehr als drei Stunden waren also vergangen. Mir kam das wie ein Märchen vor. »Vielleicht schaffen wir es. Das heißt, wenn die Motoren noch ein wenig länger mitmachen. Wir müssen versuchen, wenigstens etwas Eis von der Windschutzscheibe loszuwerden, damit wir sehen können, wo wir landen. Und wir müssen auf mindestens 700 Meter bleiben, damit wir auf Meeks Field nicht gegen die Anlagen prallen.«

Ich war gar nicht so sicher, daß wir überhaupt so weit kommen würden.

»Sieh zu, daß du von Meeks den Wetterbericht bekommst«, bat ich den Funker.

Ich war selig, als die Maschine etwas zu steigen begann. Wir hatten noch für 45 Minuten Sprit. Daher war die Maschine leichter als üblich – das heißt, bis auf unseren Eisballast. Wahrscheinlich war es uns nur deshalb gelungen, die notwendigen 700 Meter Höhe zu erreichen.

In diesem Augenblick verkündete der Funker aufgeräumt: »Meeks ist absolut klar. Keine Wolke am Himmel. Sie jubeln, daß wir es geschafft haben. Sie stehen für den Notfall bereit. Aber die Landebahn ist eine einzige Eisfläche.«

»Weshalb sind die so sicher, daß wir es geschafft haben?« fragte ich mich.

»Captain, warum versuchen wir nicht, das kleine geschwungene Notfenster zu öffnen?« erkundigte sich der Ingenieur. Dieses Fenster befindet sich neben der Windschutzscheibe vor dem Captainssitz und kann notfalls geöffnet werden, um herauszuschauen, wenn die Scheibe vereist ist.

»Himmel ja«, rief ich. »Versuch es!«

Wir waren noch auf 700 Meter. Unser automatischer Funkpeilungszeiger auf dem Armaturenbrett begann zu pendeln. Unsere Restantenne war offenbar unter so viel Eis begraben, daß die Reichweite auf wenige Meter beschränkt war. Ich jubelte auf: »Männer, ich glaube, wir sind über dem Feld!«

Der Ingenieur hämmerte mit blutenden Fäusten gegen das zugefrorene Notfenster und fluchte: »Aber was nützt uns das, wenn wir nichts sehen können? Soll ich das Fenster mit der Axt herausschlagen?«

Ich zögerte. Dabei würden Glassplitter durch das Cockpit fliegen, würde womöglich auch die große Windschutzscheibe zum Teufel gehen. Dann wäre es aus mit uns.

Ich erinnerte mich daran, daß wir gewöhnlich eine Aldis-Lampe an Bord hatten. Das ist ein großer Handscheinwerfer, der von den Flugzeugbatterien angetrieben wird. Ich wußte, daß die Aldis-Lampen so heiß werden konnten, daß sie bei unvorsichtiger Handhabung ein Loch in ein Sitzkissen brennen konnten.

»Halte die Aldis-Lampe gegen die Windschutzscheibe«, bat ich unseren Ingenieur, »aber paß auf, daß du mich nicht blendest. Ich fliege nach Instrumenten. Vielleicht können wir ein Loch in die Eisschicht schmelzen. Gott steh uns bei, wenn die Hitze die Windschutzscheibe sprengt!«

Dann überflog ich ein paarmal die Funkpeilstation. Dabei mußte ich sehr vorsichtig wenden, um nicht an Höhe zu verlieren. Das Fliegen war nun noch anstrengender als zuvor. Zehn Minuten vergingen, dann 20, 25.

Der Ingenieur jammerte: »Wir müssen mindestens fünfundzwanzig Zentimeter Eis auf der Scheibe haben. Ich habe jetzt ein Loch von gut fünfzehn Zentimetern ins Eis geschmolzen. Aber es ist immer noch nichts zu sehen. Wir werden die kleine Scheibe wohl doch zertrümmern müssen.«

Ich warf einen Blick auf die Kraftstoffanzeiger. Die Nadeln standen fast auf Null. Wir hatten keinen Sprit mehr. Aber irgendwie mußten wir runter. Ich hob die Hand. »Okay, hol die verdammte Axt. Aber sei vorsichtig!«

Uns allen lief der Schweiß übers Gesicht. Meine Hände waren klatschnaß. Ich schützte meine Augen vor den Glassplittern, die jeden Augenblick durchs Cockpit fliegen mußten.

Der Ingenieur hämmerte gegen das Glas. Es gab einen dumpfen Knall.

Und plötzlich rutschte ein großes Stück Eis die Windschutzscheibe herunter. Das kleine Fenster war nicht zerbrochen, aber die Erschütterung hatte eine Eisschicht gelöst.

»Laß die Axt los!« brüllte ich.

Ich spähte durch dieses Gottesgeschenk von einem Loch und erblickte das erleuchtete Flugfeld von Meeks vor mir. Doch unsere Anflugposition war miserabel. Glatt 500 Meter zu hoch und weit ab von der Mittellinie. Aber ich wagte es nicht, den malträtierten Motoren auch nur eine Sekunde länger zu trauen. Wenn ich noch mal eine Runde flog, würde uns das fünf Minuten kosten. Dafür hatten wir einfach nicht mehr genug Sprit.

Ich ging steil hinunter. Als ich sah, daß wir fast 100 Knoten zuviel draufhatten, trieb ich die Maschine in einen scharfen Kurvenflug und hielt mit der Nase auf die Rollbahnschwelle zu. Das war zwar »Kunstflug mit Passagieren«, aber es war unsere einzige Rettung. Die bleischwere Maschine sackte ab, als hätte sie keine Flügel mehr.

»Mein Gott, Skipper!« kreischte der Ingenieur. »Du bohrst uns noch in die Erde. Zieh hoch! Um Himmels willen, zieh hoch!«

In diesem Augenblick waren wir über der Landebahn. Ich brüllte: »Fahrwerk runter, Klappen raus!« Ich zog die Nase hoch und sah auf der Skala 150 Knoten – gerade als wir überraschend weich auf der glitzernden, eisbedeckten Bahn aufsetzten. Ich berührte leicht die Bremsen. Sie waren wirkungslos.

»Das ist ja rutschig wie Eulenscheiße«, meldete sich der Ingenieur. »Wir werden nie stoppen können. Und da hinten, am Ende der Bahn – siehst du den niedlichen kleinen Felsen?«

Es war ein gespenstisches Gefühl, so die Bahn entlangzuschlittern – ganz ohne Steuerung und Bremswirkung. Die Begrenzungslichter zuckten an uns vorbei wie Maschinengewehrfeuer.

»Verdammt«, dachte ich, »der Ingenieur hat recht. Wir werden auf den Felsen prallen! Da wir keinen Sprit haben, werden wir zwar nicht verbrennen, aber wir werden uns alle Knochen brechen. Ob sie überhaupt genug Särge für uns haben? Meine Güte, haben wir uns nur deshalb den ganzen langen Weg über den Atlantik gequält, um in diesem jämmerlichen Loch zu verrecken?«

Jetzt kam der Felsen in rasender Geschwindigkeit auf uns zu. Noch immer hatten wir erschreckende 100 Knoten drauf, aber die Bahn war fast zu Ende.

Mir blieb nur noch eins übrig. Ich rief: »Haltet euch fest! Ich werde das Biest einfach herumreißen. Vielleicht haut es uns das Fahrwerk weg!«

Ich riß den schweren Vogel links herum. »Kommt schon, ihr lieben Motoren! Strengt euch noch ein einziges Mal an. Dann habt ihr für heute Ruhe. Vielleicht auch für immer!«

Wir drehten uns auf der spiegelglatten Rollbahn so schnell um 180 Grad, daß mir vor Verblüffung fast die Augen aus dem Kopf fielen. Ich mußte aufpassen, daß wir uns nicht um unsere eigene Achse drehten und wieder auf den dämlichen Felsen zurasten.

Geschafft! Nun hatten wir wieder die ganze Bahn vor uns, rutschten nun jedoch mit 80 Knoten rückwärts auf den Felsen zu! Anstatt von vorn, würde der Aufprall nun von hinten erfolgen.

Ich gab noch einmal Vollgas und stellte erleichtert fest, daß die Kiste langsamer wurde und – endlich stehenblieb. Ich drosselte die Motoren. Unser Schwanz war nur Millimeter vom Felsen entfernt.

Großer Gott, ich danke Dir! Wir leben noch! Keiner aus der Crew sagte ein Wort.

Doch mit einem Mal saßen wir mitten drin in einem Schneesturm. Wir konnten die Hand nicht vor Augen sehen. Ich zog die Parkbremsen an. Wenn es nur ein paar Sekunden früher zu schneien begonnen hätte . . . Ich wagte den Gedanken nicht zu Ende zu denken.

Wir saßen einfach schweigend da. Irgendwie hatte wohl keiner von uns so recht begriffen, daß wir noch lebten.

Aus der Kabine drang Applaus. Die Ovationen wurden ohrenbetäubend.

»Ich höre gar keine Bitte um Dacapo«, meinte der Ingenieur trocken.

Vom Tower kam eine krächzende Mitteilung: »Die Sicht ist saumäßig. Bei dem Schneegestöber finden Sie das Terminal nie! Wir werden Ihren Vogel abschleppen.«

Dagegen hatte ich nicht den geringsten Einwand. Die Felsen nahe der Rollwege waren schon bei Tageslicht gefährlich genug.

Fast eine halbe Stunde zuckelten wir also hinter einem schnaubenden, keuchenden Trecker her. Schließlich fand der Fahrer die halbverrostete Nissenhütte, die Meeks als Terminal diente.

Die Passagiere sammelten ihre Siebensachen zusammen und verließen die Maschine. Über die Gangway traten sie hinaus in das Schneetreiben. Einige von ihnen waren aus dem Häuschen, einige ganz still. Manche knieten nieder und küßten die verschneite Erde.

Meine erschöpfte Crew und ich zogen uns langsam die Mäntel an und gingen hinaus, um unsere Maschine von außen zu inspizieren.

Sie wies keinerlei Ähnlichkeit mehr mit einem Flugzeug auf. Von vorn wirkte das Gebilde tatsächlich wie ein riesiger Eisberg. Später stellte die Air Force fest, daß sich ein Eiszapfen von etwa einem halben Meter Länge auf der Nase gebildet hatte. Es war ein Wunder, daß wir überhaupt hatten fliegen können.

Ach ja – Roger Beau. Er zog sein Beförderungsgesuch zurück. Zwei Wochen später kündigte er. Heute verkauft er Immobilien auf Long Island. Wir hörten von ihm: »Hier ist es ein bißchen weniger aufregend . . .«

Während des Krieges flog Marlene Dietrich gelegentlich mit uns. Sie war eine der beliebtesten Künstlerinnen der amerikanischen Truppenbetreuung, setzte sich unermüdlich ein. Ich habe sie erschöpft, dem Zusammenbruch nahe an Bord unserer Flugzeuge erlebt.

In Deutschland wurde Marlene später häufig der Vorwurf gemacht, sie sei nicht nur eine Gegnerin des Nationalsozialismus, sondern eine Feindin der Deutschen geworden.

An einem Sommernachmittag des Jahres 1945 spazierte ich in ATC-Uniform in der Nähe des Arc de Triomphe durch Paris.

Unerwartet wurde ich sanft an der Schulter berührt. Jemand mit heiserem, aber sehr markantem Timbre schnurrte: »Captain, fliegen Sie nach New York?«

Es war Marlene Dietrich in einer einfachen olivbraunen Uniform, mit flachen, absatzlosen Schuhen. Aber selbst dieser Aufzug konnte ihre wohlgeformte Figur nicht verbergen.

Ich nickte und sagte: »In drei Stunden starte ich von Orly aus.«

Sie reichte mir ein paar mit US-Marken frankierte Briefe. »Könnten Sie die für mich in New York in einen Postkasten werfen? Der Postweg ist so unglaublich langsam.«

Ich deutete auf die Briefmarken und erwiderte: »Madam, ich würde es wirklich gern für Sie tun. Aber Sie wissen doch, daß es gegen die Postbestimmungen verstößt, frankierte Briefe zu befördern. Manchmal werden wir in New York vom Zoll mehr als gründlich untersucht.«

Ohne zu zögern löste sie mit ihren gepflegten, lackierten Fingernägeln die Marken ab. Dann steckte sie Marken und Briefe ganz einfach in meine Uniformtasche, strahlte mich mit ihren herrlichen azurblauen Augen an und hauchte: »Nun wird es gehen – bitte!«

Sie war wieder ganz der blaue Engel. In diesem Augenblick hätte sie jeden Mann auf dem weiten Erdenrund dazu bringen können, einen Mord zu begehen.

Sie wandte sich ab, zögerte jedoch und kam noch einmal zurück. »Waren Sie seit dem Waffenstillstand schon mal in Berlin?«

»Ja«, erwiderte ich. »Gestern.«

»Wie sieht es denn da aus?« fragte sie besorgt.

»Unbeschreiblich. Ich habe vor dem Krieg in Berlin studiert. Sie würden es nicht wiedererkennen. Es ist in die Steinzeit zurückgebombt worden.«

Ihre Lippen begannen zu zittern, die Augen füllten sich mit Tränen. Ohne ein weiteres Wort drehte sie sich um und eilte davon – mit gesenktem Kopf die Avenue de Wagram entlang.

Niemand wird mich je davon überzeugen können, daß Marlene Dietrich Deutschland haßt!

Zu Beginn des Jahres 1946 zog ich aus mehreren Gründen nach Europa. Nach den Kriegsjahren in New York hatte ich genug von der Stadt. Sie befand sich in einem Gärungsprozeß. Schon damals war eine Fahrt durch Harlem für einen Weißen ein gefährliches Unternehmen. Selbst ein Blinder konnte sehen, daß sich überall in Amerika Rassenkonflikte wie schwarze Wolken am Horizont zusammenballten.

Irgendwo zwischen all dem Unsinn, den Adolf Hitler von sich gegeben hat, findet sich auch die Vorhersage: »Die Städte Nordamerikas werden in den fünfziger Jahren Rassenunruhen erleben . . .«

Das war eine der wenigen Feststellungen des »Führers«, die stimmte. Allerdings hat er sich im Jahrzehnt verschätzt. Aber auch ich bin davon überzeugt, daß ein Bürgerkrieg Amerika für viele Jahre erschüttern wird.

Inzwischen wurde die finanziell kränkelnde American Export Airlines für 'nen Appel und 'n Ei an American Airlines verkauft. Das Stammhaus, die Export Steamship Line, hatte die Nase voll von den kostspieligen Versuchen, den Atlantik mit Flugbooten zu überqueren. Die »Mariner« im Hauptquartier am Broadway betrachteten unsere Flugexperimente mit Angst und Schrecken. Für sie waren wir ein Faß ohne Boden, in das sie unablässig riesige Summen pumpten.

Über Nacht wurden wir also zu American Overseas Airlines (AOA). C. R. Smith, der Präsident, schlug vor, mich zum Europadirektor mit Sitz in Frankfurt oder Berlin zu machen. Ich votierte für Berlin, trotz der bedrohlichen sowjetischen Umgebung. Berlin war die historisch gewachsene Hauptstadt und vor dem Krieg Sitz der Deutschen Lufthansa gewesen. Der Flughafen Tempelhof verfügte außerdem über ausreichende Hangars, die leerstanden und hervorragend für unsere Zwecke geeignet waren. Sie waren für Pfennige zu mieten.

Demgegenüber war der Frankfurter Flughafen bis auf das letzte Gebäude zerstört. Ich schlug sogar vor, alle amerikanischen Flugzeuge meiner Gesellschaft in Berlin warten zu lassen. Hier wäre es billiger, es gäbe keinerlei Probleme mit den Gewerkschaften. Aber ich wurde für viele Jahre von gewissen AOA-Direktoren überstimmt, deren Frauen Angst hatten, in einer »geteilten Stadt hinter dem Eisernen Vorhang« zu leben. Wenn die Anteileigner mancher Gesellschaften wüßten, aus welch albernen Gründen mitunter weitreichende Entscheidungen getroffen werden – sie würden die Verwaltungsgebäude stürmen . . .

Unser New Yorker Hauptquartier ordnete also an, daß meine sechs zweimotorigen DC 3 in Frankfurt am Main stationiert wurden. Gegen alle möglichen Widerstände begann ich damit, eine Fluggesellschaft aufzubauen.

Die Nazis hatten gegen Ende des Krieges nach ihrem Konzept der verbrannten Erde alle Autobahn- und sonstigen Brücken in die Luft gesprengt. Es war verdammt schwierig, unsere Passagiere überhaupt zum Flughafen zu transportieren.

Treibstoff und Bodenausrüstungen mußten aus US Air Force-Beständen »organisiert« und oft genug durch Bestechung herbeigeschafft werden. Die meisten europäischen Flughäfen waren von Bomben zerstört. Navigationshilfen waren ebenso spärlich wie unzuverlässig.

AOA befand sich in Konkurrenz zu britischen und skandinavischen Fluggesellschaften. Der großherzige Uncle Sam »verschenkte« amerikanische Maschinen, AOA dagegen mußte hartverdiente Dollar auf den Tisch des Hauses blättern. Eine britische Linie stellte dienstentlassene Royal Airforce-Piloten ein – mit nur wenig Blindflugerfahrung. Es gab so viele Unfälle – besonders zwischen London und Paris –, daß ein Scherz die Runde machte, man versuche, den Kanal mit Aluminium zu überbrükken.

Wie so oft in Fällen schlampiger Unternehmensführung hatte New York nicht genau genug definiert, daß der neue innereuropäische Dienst allein meine Sache war. Das öffnete Eifersüchteleien und Intrigen Tür und Tor.

Ich wurde auch von einigen meiner Pilotenkollegen im Management beneidet, die über mehr Dienstjahre verfügten als ich. Ein böswilliger ehemaliger Chefpilot flog als Captain für mich, bis seine sechsmonatige Flug-Qualifikation auslief. Fünfzehn Minuten vor dem Start rief er die Flugkontrolle an und erklärte, sein Flug sei nicht legal, seine Qualifikation ausgelaufen. Laut räsonierte er darüber, daß es schließlich unsere Pflicht sei, sich darum zu kümmern.

Theoretisch mochte das durchaus stimmen. Aber wir bekamen um fünf Uhr morgens keinen Ersatz für ihn. Der Flug mußte ausfallen.

Ein paar Jahre nach dem Krieg kaufte sich einer unserer Captains, der blonde Lennert Thorell, einen neuen Bellanca-Tiefdecker, eine flotte rote Kiste. Lennert konnte sich das leisten. Seine Frau Barbro war die Enkelin des Stahlkönigs Andrew Carnegie und eine der Erben seines Vermögens. Lennert verbrachte viele vergebliche Stunden damit, ihr das Fliegen beizubringen.

Eines Tages sprach er mich an. »Jack, ich schlage dir einen Handel vor. Ich habe Barbro jetzt die astronomische Anzahl von vierzig Flugstunden gegeben. Du weißt, acht Stunden sollten reichen, aber sie ist immer noch nicht in der Lage, allein zu fliegen. Nicht, daß Barbro begriffsstutzig wäre – weit gefehlt. Aber wir kabbeln uns dauernd im Cockpit. Sie akzeptiert mich einfach nicht als Lehrer. Wenn du ihr nun das Fliegen beibringst, bekommst du das Schlüsselchen für den Vogel zum eigenen Gebrauch . . .«

Lennerts Vorschlag klang verlockend. Ein Flugzeug zu besitzen und zu unterhalten ist teurer als ein Rennstall voller Araber-Vollblüter. Also gab ich Barbro Flugstunden, wann immer ich in New York war.

Wochenland trieben wir uns auf dem riesigen verlassenen Solberg-Hunterdon-Flugfeld herum, das bei Kriegsende von der Air Force verlassen worden war. Die herrlich glatten Rollbahnen hatten Amerikas schwerste Bomber erlebt. Sie waren so extrem lang, daß jeder einigermaßen erfahrene Pilot unsere kleine Holzmaschine fünfmal hintereinander auf ihnen hätte landen können. Barbro schaffte es kein einziges Mal.

Sie war – um es rundheraus zu sagen – eine lausige Pilotin und eine schlechtgelaunte Schülerin. Der ganze Staat Texas hätte nicht ausgereicht, sie landen zu lassen.

Nach ein paar Monaten war ich genauso entnervt, wie Lennert es gewesen war. Inzwischen hatte sie weitere dreißig Flugstunden absolviert. Ohne jeden Erfolg.

Und dann kam ein besonders ruhiger, sonniger Nachmittag. Wir hatten mindestens fünfzehn Feldrunden gemacht und waren gelandet. Das heißt, ich war gelandet. Jedesmal hatte ich in die Steuerung greifen und die Landung für Barbro übernehmen müssen. Wir saßen eng nebeneinander in der kleinen Luxuskabine, jeder mit einer separaten Steuerung vor sich.

Jedesmal fing Barbro viel zu hoch mit der Landung an. Dann ließ sie die Mühle aushungern, bis die Fahrt vollkommen abriß und die Maschine wie ein Stein zu Boden gehen und dabei ins Trudeln kommen konnte.

Und jedesmal wiederholte ich mit ruhiger Stimme: »Barbro, du bist noch viel zu hoch, um die Geschwindigkeit so zu drosseln. Spürst du denn nicht, wie die Maschine bebt? Sie fleht dich doch förmlich an, sie entweder hinunterzufliegen oder die Fahrt zu beschleunigen.«

Um es fein auszudrücken: Barbro konnte ein regelrechtes Biest sein. »Du Bastard!« schrie sie. »Wenn du endlich deine gottverdammten Pfoten vom Knüppel nehmen würdest, könnte ich dir beweisen, daß ich landen kann.« Oder: »Du blöder Hund! Es ist schließlich meine Maschine. Laß sie mich doch zertrümmern, wenn es mir Spaß macht. Aber ich würde gar keinen

Bruch riskieren, denn ich kann landen. Aber du, du mischst dich dauernd ein . . .«

Lennert riet mir: »Überhöre ihre Beleidigungen einfach. Laß ihr doch ihren Willen. Sie hat's ja. Sie kann es sich leisten. Vielleicht wird es ihr sogar eine Lehre sein . . .«

Meine Geduld war am Ende. Ich beschloß, ihr »ihren Willen zu lassen«. Es war offenbar die einzige Art, ihr zu beweisen, daß sie die Maschine wirklich zu hoch abfing. Also klemmte ich mir bei unserem nächsten Rundflug ein paar Streichhölzer zwischen die Zähne.

Barbro starrte mich verblüfft an. »Was zum Teufel soll das denn nun wieder?«

»Ich schütze meine Beißerchen wegen des bevorstehenden Absturzes«, erklärte ich seelenruhig. »Ich schwöre dir, daß ich meine Pfoten vom Knüppel lasse. Aber ich sage dir voraus, daß wir Bruch machen werden.«

Wie erwartet, fing Barbro die Maschine wieder viel zu hoch ab. Sie war mit der Landung 30 Meter über dem Boden schon fertig. Wenn sie die Maschine allein hätte fliegen lassen, hätte sie vermutlich eine ganz akzeptable Landung hingelegt. Das Maschinchen verstand eben mehr vom Fliegen als Barbro.

Bei der nächsten Runde knurrte ich: »Barbro, du bist schon wieder hundert Meter zu hoch. Geh doch tiefer – runter, runter!«

Zögernd schob Barbro den Knüppel ein paar Zentimeter nach vorn und fing die Maschine wieder ab. Diesmal 60 Meter zu hoch.

Sie spuckte Gift und Galle.

»Du Hundesohn! Das ist das Tiefste. Das absolut Tiefste, sage ich dir! Sonst klatsche ich doch glatt auf die Bahn. Aber du läßt deine Baumwollpflücker-Pranken gefälligst von meinem Steuer und kreuzt die Arme über der Brust – damit ich sie genau sehen kann. Faß ja nichts an! Wäre doch gelacht! Ich beweise dir jetzt, daß ich eine federleichte Landung zustande bringe. Ich kann genauso gut fliegen wie du!«

Die kleine Maschine begann zu zittern und zu beben. Die Luft, die bislang so ruhig und glatt über die Flügel gestrichen war, wurde nun turbulent. Kein Auftrieb war mehr da. Wir standen buchstäblich in der Luft. Der Geschwindigkeitsmesser glitt unter 80 km/h. 96 hätten es mindestens sein müssen. Das leichte Flugzeug begann sich über den rechten Flügel zu neigen.

Ganz verstohlen, so daß Barbro es nicht sehen konnte, drückte ich mit dem Knie gegen die Steuersäule. Ich wollte einen glatten Bruch machen und nicht auf dem Rücken aufschlagen, womöglich unter den Wrackteilen eingeklemmt. Ich brachte meine ganze Willensstärke auf, nicht doch einzugreifen.

Plötzlich und mit kreischender Endgültigkeit fiel alles aus. Das teure Flugzeug, ein Kunstwerk vieler fleißiger Monteure, klatschte mit ohrenbetäubendem Krach auf dem harten Zement auf. Beide Propellerblätter brachen ab und wurden in die Luft geschleudert. Unter uns zersplitterten die Fußbodenbretter. Die eleganten, schlanken Holzflügel zerplatzten wie Papiertüten. Die Reifen der Räder explodierten wie zwei Bomben. Eine riesige Staubwolke bildete sich.

Dann wurde es erschreckend still.

Barbro starrte mich an und schnaubte. »Du Pferdearsch! Das war dein Fehler! Hast du denn nicht gesehen, daß ich viel zu hoch war?«

»Raus hier!« bellte ich. »Sofort! Vielleicht gehen gleich die Benzintanks in die Luft.«

Insgeheim machte ich mir nicht allzuviel Gedanken darüber. Die Tanks waren fast trocken. Aber ich wollte Barbro das Fürchten lehren.

Nun kam der alte mürrische Norweger Thor Solberg, der Besitzer des Flugplatzes, in seinem zerbeulten Jeep angesaust. Mit Feuerlöschern in beiden Händen sprang er heraus.

»Jesus Christus!« kreischte er. »Ich habe es genau gesehen. Das war ein vorsätzlicher Bruch! Was glauben Sie denn, wer Sie sind? Ein Stuntman aus Hollywood vielleicht? Ha – nun wird die Presse natürlich ein paar saftige Geschichten über meinen Flugplatz zum besten geben. Dabei will ich doch gerade eine Flugschule eröffnen. Einen Namen hatte ich auch schon – ›Der sichere Flug‹ . . . Zum Lachen, was? Das ist der erste Absturz, den ich hier erlebe. Den ganzen Krieg haben wir schadlos überstanden. Aber da kommen Sie und fangen die Maschine zu hoch ab. Sie zerschmettern die schöne Mühle mir nichts, dir nichts am Boden. Sie können sicher sein, daß ich bei unserer Luftfahrtbehörde Anzeige gegen Sie erstatten werde . . .«

Und genau das tat der Bastard dann auch. Aber die Herren in Washington vermochten ihm einfach nicht zu glauben. Der offizielle Untersuchungsbericht las sich so: »Mr. Solbergs Beschuldigung der absichtlichen Zerstörung eines wertvollen Flugzeuges erscheint nicht stichhaltig. Vermutlicher Grund des Unfalls: plötzliche und unvorhersehbare Turbulenzen . . .«

Nein, Barbro flog nie wieder allein. Sie hatte für immer genug!

3. Die Luftbrücke

Am 18. Juni 1948 kündigten die westlichen Alliierten an, daß es in Westdeutschland eine neue Währung geben würde. Das war ihre Antwort darauf, daß Verhandlungen mit den Russen über eine gemeinsame Währungsreform für alle vier Besatzungszonen gescheitert waren.

Nur fünf Tage später, am 23. Juni, gaben die Russen bekannt, daß sie eine eigene Währung für Ostdeutschland und Berlin einführen würden.

Inzwischen hatten die Westmächte jedoch dafür gesorgt, daß auch West-Berlin die neue westdeutsche Währung erhielt.

In einer geheimen Mission wurden 250 Millionen Mark in Kisten verpackt, die die Aufschriften »Whiskey«, »Gin« und »Brandy« trugen, und am 23. Juni nach Berlin geflogen. Am nächsten Tag verkündete man hochoffiziell, daß West-Berlin eine neue Währung habe.

Die Sowjets verboten die »Westmark« natürlich in ihrem Einflußbereich und unterbrachen die Verbindungen zwischen Berlin und Westdeutschland auf dem Landwege. Die Blockade war da!

Es wird behauptet, daß das erste Flugzeug der Luftbrücke am

26. Juni 1948 nach Berlin geflogen sei. Das ist nicht ganz korrekt.

Am späten Nachmittag des 23. Juni arbeitete ich in meinem Büro auf dem Flughafen Frankfurt. Da klingelte das Telefon. Die US Air Force war am Apparat.

»Captain, haben sie eine DC 4, mit der Sie heute abend Kohlen nach Berlin fliegen können? Wir haben leider keine Frachtmaschine zur Verfügung.«

Verdutzt donnerten meine Füße vom Schreibtisch auf den Boden.

»Wa . . . as? Kohlen?«

»Yes, Sir.« Und mit einem hörbaren Grinsen: »Ich sagte Kohlen!«

»Mann, Sie machen vielleicht Scherze! Der Kohlenstaub würde unsere Kabinen ruinieren. Wir befördern Passagiere. P-a-s-s-a-g-i-e-r-e! Über Frachtmaschinen verfügen wir nicht. Haben Sie denn wirklich keine?«

»Nein. Die Air Force hat zwar zwei DC 4 in Europa, aber nicht in Deutschland. Sie könnten doch die Sitze herausnehmen, Captain. Wir packen die Kohlen in Säcke und . . .«

»Ausgeschlossen!« unterbrach ich ihn. »Kommt überhaupt nicht in Frage. Was ist denn eigentlich los? Haben die Russen mal wieder die Autobahn dichtgemacht?«

Schon seit Monaten hatten die Sowjets immer wieder Katz' und Maus mit den Zufahrtswegen gespielt. Mal waren sie offen, mal waren sie geschlossen.

»Ja, Captain, so ist's. Marienborn ist schon den ganzen Tag zu. Auguren wollen wissen, daß es diesmal länger dauert. Behalten Sie es bitte für sich, aber es könnte möglich sein, daß wir gezwungen werden, Berlin aus der Luft zu versorgen. Hören Sie mal – wie wär's denn mit Kartoffeln in Säcken?«

Ich überlegte. »Also gut. Meine Airline wird mir zwar die Hölle heiß machen, aber . . . Augenblick mal! Ich habe ja gar keine Crew.«

»Könnten Sie die Maschine nicht selber fliegen?« klang es beschwörend aus dem Telefon.

»Unter Umständen würde es gehen. Aber ich muß einen Copiloten und einen Ingenieur auftreiben. Wie lange brauchen Sie, um die Kartoffeln einzusacken?«

Die Stimme klang unendlich erleichtert. »Gegen zwanzig Uhr dürften wir fertig sein. Vielen Dank! Vielleicht machen Sie damit sogar Geschichte.«

Es wurde dann tatsächlich der erste Flug der alliierten Luftbrücke. Die telefonischen Anfragen und meine abendlichen Flüge wiederholten sich, bis die US Air Force am 26. Juni 1948 mit ein paar eigenen Maschinen die Luftbrücke offiziell eröffnete.

Am 24. Juni 1948 sperrten die Sowjets um 6 Uhr früh jeden Verkehr von und nach Berlin wegen »technischen Störungen«.

General Lucius D. Clay beschrieb das später als »einen der grausamsten Versuche der modernen Geschichtsschreibung, eine Hungersnot für politische Zwecke auszunutzen . . .«

Aber die Air Force war unvorbereitet, mußte so schnell wie möglich ihre DC 4 herbeischaffen, die überall auf dem Erdball verstreut waren. Sie waren damals die geeignetsten Transportmaschinen, weil sie zehn Tonnen Nutzlast befördern konnten. Im Gegensatz dazu konnten die kleinen zweimotorigen DC 3 nur fünf Tonnen tragen.

Die Luftbrücke, die so harmlos mit einem einzigen Telefonanruf in meinem Büro begonnen hatte, sollte den amerikanischen Steuerzahler 350 Millionen Dollar, den britischen 17 Millionen Pfund und den deutschen 150 Millionen Mark kosten. 2,3 Millionen Tonnen Lebensmittel, Heizmaterial, Treibstoff und Maschinen wurden von amerikanischen und britischen Flugzeugen nach West-Berlin gebracht. Die Luftbrücke dauerte fünfzehn Monate und beschäftigte 57 000 Menschen.

Ich bin fest davon überzeugt, daß die Luftbrücke ein teurer Fehler war. Nie hätten wir zulassen dürfen, daß die Unterstützung Berlins solche Summen kostete. Wir hätten ganz einfach mit Panzern über die Autobahnen fahren sollen. Das hatte auch General Clay Washington vorgeschlagen. Aber die Russen wurden nie auf diese Probe gestellt.

Und falls jemand behaupten sollte, das hätte Krieg bedeuten können, so halte ich entgegen, daß die Russen kein einziges unserer Luftbrücken-Flugzeuge abgeschossen haben. Warum hätten sie dann auf unsere Panzer schießen sollen? Und schließlich wurde auch die Luftbrücke mit einem gewissen Kriegs-Risiko ins Leben gerufen. Ich behaupte außerdem, daß wir großes Glück hatten, daß die Russen im Mai 1949 die Blockade von sich aus beendeten. Wir hatten einen gefährlichen Präzedenzfall geschaffen und hätten Berlin nicht bis in alle Ewigkeit aus der Luft versorgen können.

Die Zeitschrift *Fortune* hat die Luftbrücke »einen Rolls-Royce-Dienst für das größte Armenhaus der Welt« genannt.

Kurz vor seinem Tod 1978 vertraute General Clay einem unserer gemeinsamen Freunde an, daß der amerikanische Geheimdienst zu spät eingesehen habe, daß uns die Sowjets auf dem Landweg nie angegriffen hätten. Wir hätten nur Stärke zu demonstrieren brauchen. Und Korea und Vietnam hätte es vielleicht nie gegeben . . .

Mit Sicherheit aber haben die Sowjets sehr schnell erkannt, daß die Luftbrücke die Beziehungen zwischen Westdeutschland und den Westalliierten veränderte. Aus Besetzern und Besetzten wurden Partner mit einem gemeinsamen Ziel.

Nachdem ich 35 Jahre lang ziemlich eng mit den Russen zusammengelebt und ihre Mentalität kennengelernt habe, behaupte ich außerdem, daß sie von der pompösen Luftbrücke nicht sonderlich beeindruckt waren. Sie hielten es eher für ein Zeichen von Schwäche, sich dazu zwingen zu lassen, eigenes Territorium auf so kostspielige Weise zu versorgen.

Die Briten beteiligten sich vom 30. Juni an ebenfalls am Unternehmen Luftbrücke. Sie benutzten DC 3-Maschinen und nannten ihre Aktion zunächst »Carter Paterson«, später jedoch »Plane Fare«. Der Name wurde geändert, weil die Russen ironisch die Tatsache herausstellten, daß Carter Paterson der Name eines bekannten Londoner Abbruchunternehmens sei, was darauf schließen ließe, daß die Briten ihre Truppen von Berlin abzuziehen beabsichtigten.

Anfänglich arbeiteten die Amerikaner und Briten getrennt. Die Briten benutzten den nördlichen Korridor und flogen von Wunstorf in der Nähe von Hannover zum Berliner Flughafen

Gatow. Die Amerikaner flogen über den südlichen Korridor ein. Beide verließen die Stadt dann durch den mittleren Luftweg.

Berlins Flughafen Tempelhof war für derartigen Massenverkehr denkbar ungeeignet. Er besaß nur eine provisorische Stahllandebahn, wie wir sie schon in Hanau kennengelernt hatten. Gestartet wurde vom Gras aus. Schließlich wurden dann noch zwei Zementbahnen angelegt. Die Landungen waren für unerfahrene Piloten abenteuerlich, da man die angrenzenden Wohnhäuser praktisch nur um Handbreite überflog.

An einem Ende ragte ein 130 Meter hoher Brauerei-Schornstein in die Luft, dessen Besitzer sich standhaft weigerte, das Ungetüm abreißen zu lassen. Wir hätten ihn einfach in die Luft sprengen und erst später um Erlaubnis fragen sollen. Schließlich war die Berliner Bevölkerung dem Hungertode nahe.

Aber dann kam die Luftbrücke doch richtig in Gang. Am vierten Tag wurden 384 Tonnen eingeflogen, und Mitte Juli erhielt Berlin bereits täglich 1500 Tonnen Versorgungsgüter aus der Luft. Normalerweise benötigte man wenigstens die zehnfache Menge.

Zu dieser Zeit verbrachte Colonel William Wuest Tage damit, den günstigsten Ort in Berlin herauszufinden, von dem aus man aus niedriger Höhe am besten Kohlensäcke abwerfen konnte. Stundenlang kurvte er über der Stadt, bis er endlich gefunden zu haben schien, was er suchte: den US-Militärschießplatz. Dort konnten Pfeiler die rollenden Kohlen notfalls aufhalten. Aber es blieb bei einem ersten Versuch: Die in Säcke verpackten Kohlen zerbröselten beim Abwurf aus den B 29-Bombern zu Staub.

Während der ersten Monate gab es unendlich viele Koordinierungsprobleme. Es schien unmöglich, die langsame DC 3 und die um rund 50 Prozent schnellere DC 4 in ein gemeinsames Flugplan-Korsett zu zwängen. Schließlich stellte man »Stundenpläne« auf: Der Korridor stand eine Stunde lang für die DC 3 und dann 45 Minuten für die DC 3 und dann 45 Minuten für die DC 4 offen.

Nun bekamen wir DC 4 aus Texas, Japan, Hawaii und Alaska.

Die Crews aus Alaska tauchten in ihren schweren, pelzgefütterten Parkas auf, die aus Hawaii fast im Baströckchen . . .

Innerhalb weniger Wochen hatten wir 224 dieser Flugzeuge im Einsatz, unterstützt von weiteren 100, die in den Staaten als »Zulieferer« benutzt wurden.

Sobald die DC 4 auf dem Rhein-Main-Flughafen eintrafen, wurden sie ihrer überflüssigen Funkausstattung entledigt, ihrer Extra-Treibstofftanks, Trennwände, Waschtische. An ihre Stelle kamen Mehl, Käse, Gemüse und Fleisch. Und schon wenige Stunden später waren sie auf dem Weg nach Berlin.

Von Wiesbaden oder Frankfurt aus wurden 70 Flugzeuge en bloc ausgesandt. Ein Block belegte die Zeit von 6 Uhr bis 12 Uhr, der nächste von 12 bis 18 Uhr und so weiter.

Von Frankfurt oder Wiesbaden ging es zunächst in 1000 Meter Höhe in Richtung Darmstadt. Dann folgte eine Linksdrehung nach Aschaffenburg mit einem Anstieg auf 1700 bis 2300 Meter. Dort wurde noch einmal eine 33-Grad-Drehung nach Fulda vollführt, das etwa 70 Kilometer entfernt liegt. Die Aktion lief mittlerweile so präzise wie ein Uhrwerk ab. Unsere schwerbeladenen DC 4 flogen genau 272 km/h. Radar nahm uns die Landungen ab.

Falls ein Pilot aus irgendeinem Grund seinen Landeanflug versiebte, mußte er sofort wieder durchstarten und durch den mittleren Korridor Berlin verlassen. Sein Flug war umsonst. Aber es gab nun einmal keinen anderen Weg, um gefährliche Staus zu vermeiden.

Alle leeren Flugzeuge kehrten im Abstand von drei Minuten über den mittleren Korridor nach Hannover, Frankfurt oder Wiesbaden zurück – in vier verschiedenen Höhen, genau so, wie sie hereingekommen waren. Aus Berlin heraus betrug die Geschwindigkeit 288 km/h, da die Maschinen jetzt leichter geworden waren.

Die Radarüberwachung vom Boden aus war so genau, wie ich sie nie wieder erlebt habe. Wenn unsere Maschinen nur geringfügig schneller oder langsamer wurden, kam sofort die Aufforderung, die Geschwindigkeit anzugleichen. Manchmal nur um einen lächerlichen Kilometer oder zwei. Als wir diese Instruktionen zum ersten Mal hörten, lachten wir, hielten es einfach nicht für möglich, so akkurat zu fliegen.

Allerdings wehrten wir uns energisch gegen General Tunners Anweisungen, unsere Positionsangaben nicht nur in Minuten, sondern auch in Sekunden zu machen. Wir Zivilpiloten wußten, daß es einfach sinnlos war, das Funkfeuer so präzise anzugeben.

Ein Blick auf den Radarschirm am Boden war höchst eindrucksvoll. Die Flugzeuge erschienen als einzelne grüne Punkte, perfekt aufgereiht wie Perlen an einer Kette. Mit Metronom-Genauigkeit bewegten sie sich auf Berlin zu.

Im Tempelhof zogen wir uns alle auf dieselbe Anflughöhe zusammen und waren theoretisch drei Minuten, in der Praxis jedoch häufig genug weniger als eine Minute voneinander entfernt.

Es erscheint im nachhinein fast kriminell, im Blindflug unerfahrene Militärpiloten für eine solche Rund-um-die-Uhr-Aktion bei jedem Wetter einzusetzen. Das stundenlange Fliegen nach Instrumenten verlangt Jahre des Trainings, schon um das Gefühl der Platzangst loszuwerden. Darüber hinaus ist das Winterwetter in Europa das miserabelste der Welt – ausgenommen vielleicht die Route Chicago–New York.

Die Piloten waren häufig genug am Rande totaler Erschöpfung. Wir paar Zivilpiloten hatten sogar eine Sieben-Tage-Woche. Wenn ich in Berlin ankam, machte ich es mir zur Gewohnheit, während meine Maschine entladen wurde, das Flugbüro aufzusuchen. Dort rollte ich mich unter einem freien Schreibtisch zusammen, um wenigstens eine Mütze Schlaf zu bekommen. Auf dem Tisch zu schlafen war nicht ratsam. Es herrschte zu große Geschäftigkeit im Büro.

Heute, da die Luftbrücke bereits Geschichte ist und niemand mehr zur Verantwortung gezogen werden kann, darf man es ruhig sagen: Auch während der Flüge wurde geschlafen. Es gab keine andere Möglichkeit, sich auszuruhen. Nach geglücktem Start wechselten sich Pilot und Copilot mit kleinen Schlummerpausen auf dem Fußboden der Maschine ab. Manche erfahrene Crew machte sich sogar einen Sport daraus, so sanft zu landen, daß der schlafende Kollege nicht geweckt wurde.

Ende Juli 1948 hatte der unbeliebte, strenge General Tunner die Aufsicht uber die Luftbrücke übernommen – über die Köpfe der Generale Clay, Smith und Le May hinweg. Doch selbst er sah die Notwendigkeit ein, seinen Air Force-Piloten ein wenig Erholung zu gewähren. Nach drei Monaten Dienst gönnte er ihnen einen Monat Urlaub in Arizona.

Aber es gab auch Ärger mit meinen Piloten. Im August 1948 stampfte Captain Johnnie Bridge in mein Frankfurter Büro.

»Ab heute verlangen wir eine zusätzliche Korridor-Prämie.«

»Was für eine Korridor-Prämie, verdammt noch mal?«

»Es ist mir ernst damit, Jack. Die Luftbrückenflüge sind gefährlich. Wenn unsere Forderung nicht erfüllt wird, fliegen wir ab Mitternacht nicht mehr.«

Bridge war als Beutelschneider bekannt. In Miami, hieß es, habe er sogar Bordbücher gefälscht, um mehr Geld zu verdienen.

»Johnnie«, schnarrte ich. »Wir stecken mitten in einer internationalen Krise. Wenn die Zeitungen Wind von eurer Forderung bekämen, würden sie uns in die Pfanne hauen. Verschwinde lieber wieder nach Miami.«

Bei seinem nächsten Prüfungsflug war unser geldgieriger Johnnie leider nicht in Bestform . . . Es war einfach, ihn nach Miami zurückzuschicken.

Mit frischen Kräften ging ich daran, ein weiteres Problem zu lösen. Eine DC 4-Cockpitcrew bestand aus Captain, Copilot und Flugingenieur. In meinen Augen war der Flugingenieur so überflüssig wie ein Heizer in einer Elektrolok. Er behinderte die Piloten in der engen Kanzel und kostete nur Geld.

Ich machte kurzen Prozeß und schickte die ohnehin korridormüden Ingenieure zurück in die Staaten. Dies war in jener Ausnahmesituation möglich. Das grundsätzliche Problem der Flugingenieure ist jedoch bis zum heutigen Tag noch nicht gelöst.

Habgier war eine andere Seite der Medaille. Berlin wurde wegen der gefallenen Grundstückspreise zum Tummelplatz für Spekulanten. Die Geschäftemacher bestachen das leitende Bodenpersonal, um einen der raren Plätze in unseren Maschinen zu bekommen.

Aber es gab nicht nur Streß, es gab auch eine Menge Spaß – zum Beispiel beim Funkverkehr. Und das war gut so.

Da gab es einen Engländer, der uns seine Position stets gereimt zum besten gab.

»I'm a Yankee with a blackened soul, bound for Gatow with a load of coal.« (»Ich bin ein Yankee mit schwärzlichem Sinn, flieg nach Gatow mit Kohlen hin.«) Oder: »Ich bin ein lieber Yankee-Stoffel, auf dem Weg nach Gatow mit 'nem Sack Kartoffel . . .«

Oder der Texaner, der den Funkverkehr mit Melodien auf seiner Mundharmonika bereicherte.

Da war der englische Lancaster-Pilot, dessen Flugzeug-Kennzeichen mit Tb endete. Doch diese Buchstaben gab er nie an. Er ließ dafür einen schwindsüchtigen Husten hören . . .

Sogar der gestrenge General Tunner wußte, daß nichts schlimmer ist als die Monotonie der Routine. Nie hatte er gegen die Scherze über Funk irgend etwas einzuwenden. Im zivilen Flugverkehr ist derartiges streng verboten und kann zum Verlust der Lizenz führen.

Ein weiteres Melodrama war die Ankunft von Freddie Laker in seinem antiken britischen Halifax-Bomber, der als Frachtmaschine diente. Der mutige und liebenswerte Freddie flog damals sein einziges, recht ramponiertes Flugzeug im Dienst der Royal Air Force. Gleich nach der Landung, wenn die Entlade-Mannschaft auf die Maschine sprang, sauste Freddie aus dem Cockpit – angetan mit einem ölbeschmierten Overall, Schraubenzieher in den Händen –, um die Reste seines fliegenden Wracks notdürftig für den Rückflug zusammenzuflicken.

Freddies Wagemut und sein unternehmerischer Geist traten schon damals zutage.

Zu einer Kontroverse zwischen Franzosen und Amerikanern kam es, als eine amerikanische DC 3-Crew, die Versorgungsgüter für die französische Garnison nach Berlin brachte, feststellte, daß ein Teil der als lebensnotwendig deklarierten Ladung aus – Wein bestand.

Kurzerhand warfen sie den Wein mit der Bemerkung über Bord: »Das ist doch wohl nicht so wichtig wie Milch für hun-

1. Jack Bennetts Geburtshaus in Ebensburg/Pennsylvania. Im Erdgeschoß links die Praxis von Doc Bennett.

2. Im Alter von vier Jahren auf der Vordertreppe des Wohnhauses in Ebensburg mit zwei der zahlreichen Jagdhunde, die ständig in Haus und Praxis herumliefen.

3. Der mit dreizehn Jahren selbstgebastelte Eisschlitten. Ein Harley-Davidson-Motor, auf einem eisernen Dreieck befestigt, trieb einen selbstgeschnitzten, anderthalb Meter langen hölzernen Propeller an.

4

5

4. Eaglerock-Doppeldecker mit OX-5-
Motor. Mit einer Maschine dieses Typs
wagte Jack im Alter von vierzehn Jahren
seinen ersten Alleinflug. Eines Tages
explodierte der 90-PS-Achtzylindermotor,
und die mit Lederriemen befestigte
Metallhaube wickelte sich um den rechten
Flügel.

5. Waco 10, mit der der fünfzehnjährige
Jack die Berufslizenz erwarb. Die Maschine geriet dabei ins Trudeln, fing sich aber,
bei ausgeschaltetem Motor, kurz vor dem
drohenden Absturz selbst.

6. Einladung zum Adventstee bei der
Familie Suadicani. Hier fand die erste
Begegnung mit Hermann Göring statt.

7. Oberstleutnant Carl Suadicani, Kommandant des Reichsluftfahrtministeriums
und rechte Hand von General Erhard
Milch.

6

7

8

8. Berlin, Sommer 1938. Mit Brunhild Suadicani, der Tochter des Kommandanten, auf dem Balkon des Hauses Speyerer Straße 12 am Bayrischen Platz.

9. Bei Fräulein von Gynz-Rekowski wohnte Jack Bennett während seiner Berliner Studienzeit. Die Tochter eines preußischen Generals und erbitterte Gegnerin des NS-Regimes war eine strenge, aber liebenswürdige Mentorin.

9

Lfd. Nr. des Fluges	Führer	Begleiter	Muster	Zulassungs-Nr.	Zweck des Fluges	
1.	Bennett	/	Heinkel 72 13 u. 123	EMYU	Übung für Prüfung	F
2.	„	/	„	„	„	
3.	„	/	„	„	„	
4.	„	/	„	„	„	
5.	„	/	„	„	„	
6.	„	/	„	„	„	
7.	„	/	„	„	„	
8.	Bennett	/	„ „	EFRU	Übung Masse Peterson Prüfung	
9.	„	/	„	„	„	
10.	„	/	„	„	„	
11.	„	/	„	„	„	
12.	„	/	„	„	„	
13.	Bardosch	Bennett	„ „	EMYU	Übungs-Flug	
14.	„	„	„	„	„	
15.	Bennett	/	„	„	„	
16.	„	/	„	„	„	
17.	„	/	„	„	„	
18.	„	/	„	„	„	
19.	„	/	„	„	„	
2 0.						

Die Richtigkeit der Flüge
Lfd. Nr. 1 – 33 bescheinigt.
d. Flughauptwart.
Unterschrift
Rangsdorf, den 6. 7. 38.

10. Doppelseite aus Jack Bennetts Rangsdorfer Flugbuch. Der südlich von Berlin gelegene, 1936 erbaute Sportflughafen Rangsdorf war Hermann Görings Lieblings-Flugplatz und der größte und modernste der sechs NSFK-Schulen für Motorflugsport.

11. Auf dem Rangsdorfer Rollfeld. Als Lehrmaschinen standen verschiedene Flugzeugtypen zur Verfügung, u. a. Messerschmitt Me 108 »Taifun«, Bücker »Jungmann« und »Jungmeister«, Heinkel »Kadett« 72 D.

12. Wilhelm Sachsenberg, Chef der NSFK-Sportflugschulen (rechts), erstattet Korpsführer Friedrich Christiansen Bericht. In der Mitte Standartenführer Siebel.

Abflug			Flug				
			Landung			Flugdauer	Kilometer
Ort	Tag	Tageszeit	Ort	Tag	Tageszeit		
dorf chule	6/7/38	8 17	Ranzdorf Flieg Schule	6/7/38	8 20	.03	
	„	8 26	„		8 30	.04	
	„	8 37	„		8 40	.03	
	„	8 50	„		8 56	.06	
	„	9 00	„		9 04	.04	
	„	9 09	„		9 10	.06	
	„	9 19	„		9 23	.04	
	„	11 09	„		11 18	.09	
	„	11 20	„		11 30	.10	
	„	11 32	„		11 43	.11	
	„	11 49	„		11 50	.06	
	„	11 51	„		11 58	.07	
	1/7/38	17 24	„		17 28	.04	
	„ „	17 34	„		17 42	.08	2/12
	„	17 02	„		17 11	.09	
	„	17 12	„		17 19	.07	
	„	17 46	„		17 52	.06	
	„	17 56	„		18 02	.06	
	„	18 05	„		18 10	.05	

13

05322 ✳

DEAL GOOD GUARANTEE ALL EXPENSES

COMPENSATION CONTIGENT BUT WORTHWHIL

PARTY AND ASCERTAIN IF POSSIBLE IDEN

PERSONS TO WHOM HER HUSBAND GAVE HIS F

SWEDISH PROFITABLE FOR HER ALSO = SIE

13. Focke-Wulf FW 56 »Stößer«, einer der Vorläufer der Stukas.

14. Telegramm eines New Yorker Rechtsanwalts, das in Schweden vermutete Vermögen Hermann Görings betreffend.

15. Hinterer Sitz einer Messerschmitt Me 108 »Taifun« mit Schleppantennenrolle. Bei einem Anflug auf Tempelhof im Jahr 1938 vergaß Jack Bennett die 60 Meter abgespulten Kupferdraht, streifte mit der Antenne eine Hochspannungsleitung und legte die Stromversorgung des Flughafens und der angrenzenden Bezirke lahm.

16. Hitler begrüßt seinen persönlichen Piloten Hans Baur vor einem Abflug im Jahr 1938.

17

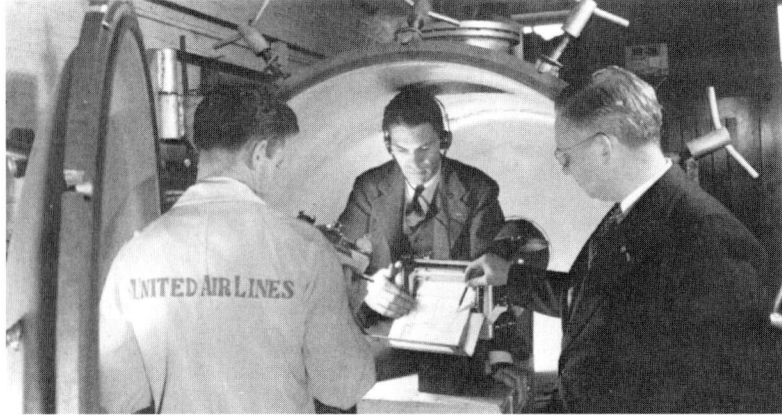

18

17. Jack Bennett in einer Stinson L 5-Militärmaschine, mit der während der Kriegsjahre Propeller-Testflüge durchgeführt wurden. Bei diesen Tests, die zu den gefährlichsten Unternehmungen in der Flugforschung gehören, gingen neun Maschinen zu Bruch.

18. United Airlines besaß eine der ersten Druckkammern der Welt, um Flüge in extremen Höhen zu simulieren. Links vor der Kammer Jack Bennett, rechts Forschungsingenieur Ray Kelly.

19. Maschinen des Typs DC 3 (Dakota), die knapp dreißig Passagiere aufnehmen konnten, machten die zuvile Luftfahrt populär. Das deutsche Gegenstück war die ewas langsamere Junkers 52.

20. Sikorsky S 44, das letzte und schnellste Zivil-Flugboot, das von American Export Airlines auf den Strecken New York-Neufundland, Irland, Afrika, Süd- und Nordamerika eingesetzt wurde.

21. Als Flugboot-Captain der American Export Airlines, 1944.

19

20

22. Aschaffenburger Straße 24, Berlin-Wilmersdorf, im Juni 1945: das Haus, in dem der Student Jack Bennett 1937/38 bei Fräulein von Gynz-Rekowski gewohnt hatte.

23. Berliner schauen vom S-Bahnhof Tempelhof der Abfertigung der Luftbrücken-Flugzeuge zu.

24. Während der Berliner Blockade (Juni 1948 bis Mai 1949) startete alle drei Minuten eine Maschine vom Tempelhofer Flugfeld.

21

22

23

24

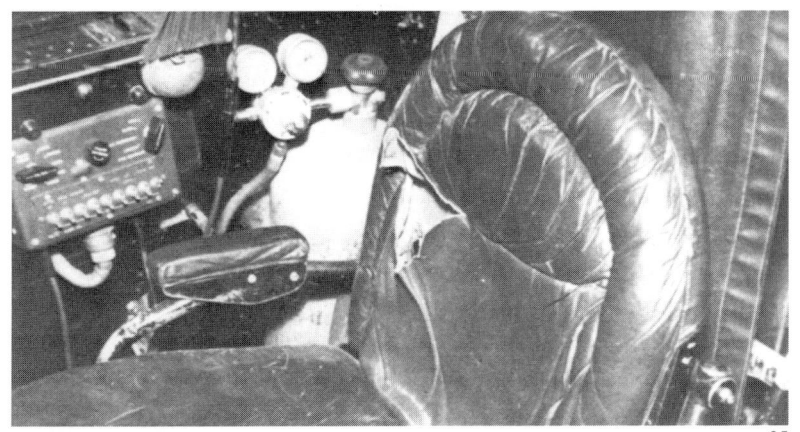

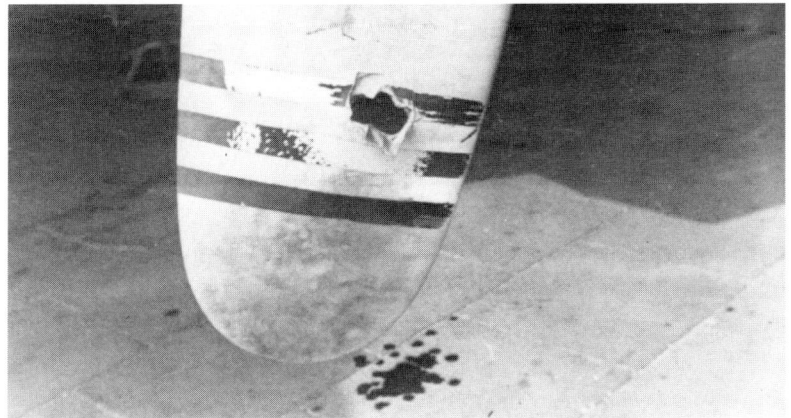

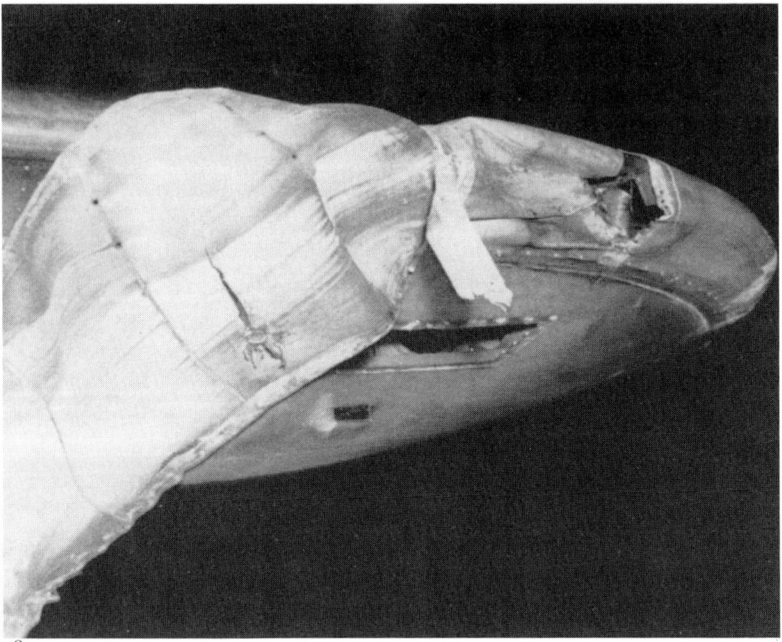

28

29

Im Berlin-Jet:
Pilot ließ die
Stewardeß fliegen

Captain von der Fluggesellschaft sofort „gefeuert" ● Verweise für die anderen Besatzungs-Mitglieder

rb. **Berlin, 14. Juni**

Auf dem Copiloten-Sitz einer Boeing 727 der PanAm hat die Berliner Stewardeß Maren S. (24) die rund 78 Tonnen schwere Düsenmaschine auf dem Weg von Berlin nach Hamburg gesteuert.

Ihr Freund, der 56jährige Flugkapitän Ed B., hatte ihr das Abenteuer erlaubt. Die Maschine flog ohne Passagiere. Trotzdem wurde der Pilot fristlos gefeuert und muß jetzt auf sein Monatsgehalt von rund 12 000 Mark verzichten. Die anderen Besatzungsmitglieder kamen mit schweren Verweisen davon.

Lesen Sie den Bericht auf Seite 3.

30

25.–27. Am 29. April 1952 wurde eine Maschine der Air France von einer russischen JAK beschossen. Oben: der durchlöcherte Sitz des Copiloten, der sich zu diesem Zeitpunkt zufällig in der Kabine aufhielt. Mitte: Einschuß in ein Propellerblatt. Unten: die zerstörte Galley.

28. Die zerfetzte Flügelspitze einer DC 4 nach dem Zusammenstoß mit einer Möwe.

29. 2. Dezember 1957: Bauchlandung einer DC 4 der Air France auf dem Flughafen Tempelhof. Monteure versuchen, die Maschine mit Hilfe von Luftsäcken wieder aufzurichten.

30. Schlagzeile der BILD-Zeitung vom 14. Juni 1974.

31

32

31. JAK 40. Der dreimotorige sowjetische
Passagier-Düsenjet wurde im Hinblick auf
eine eventuelle Übernahme für die amerikanische Zivilluftfahrt von Jack Bennett in
Moskau getestet.

32. Auf dem Moskauer Scheremetjewo-
Flughafen vor einer JAK 40. Rechts neben
Jack Bennett (Mitte) Sergej Jakolew, der
Sohn des berühmten sowjetischen Flug-
zeugkonstrukteurs Alexander Jakolew.

33

33. Jack Bennett in seiner Erfinderwerk-
statt an der Präzisionsschleifmaschine.

34. Ein Captain sagt »good bye« – Jack
Bennett nach seinem letzten Passagierflug
am 28. November 1974.

gernde Kinder. Warum sollen die Franzosen Wein kriegen, wenn die Amerikaner noch nicht mal Coca-Cola haben ...«

Eine empörte französische Delegation wurde im US-Hauptquartier vorstellig. In einem historischen Abriß versuchte sie nachzuweisen, daß Wein für einen Franzosen tatsächlich lebensnotwendig ist.

Die Franzosen nahmen an der Luftbrücke mit keinem einzigen Flugzeug teil. Sie entschuldigten sich damit, daß alle ihre Maschinen in Indochina gebraucht würden. Vertrauliche Air Force-Akten weisen nach, daß die Franzosen eine Beteiligung mit einem einzigen amerikanischen B 17-Bomber aus dem Zweiten Weltkrieg angeboten hatten, was jedoch als unpraktikabel abgewiesen wurde.

An einem Novembermorgen des Luftbrücken-Jahres 1948 befanden wir uns in der Nähe von Fulda auf dem Weg nach Berlin. Unsere Höhe betrug 2300 Meter. Es war so neblig, daß wir nicht einmal die Nase unserer DC 4 sehen konnten. Die Welt da draußen hatte aufgehört zu existieren. Wenn wir nicht das Motorengeräusch gehört und die Vibrationen gespürt hätten – wir hätten glauben können, in einem Hangar zu sitzen.

Die Instrumente zeigten an, daß wir soeben die Grenze nach Ostdeutschland überflogen. Die einzige Unterbrechung in der Monotonie waren die zuweilen deftigen Funksprüche. Wie war die Welt doch friedlich ...

Plötzlich ertönte ein so markerschütternder Knall, als hätten wir gerade einen Wolkenkratzer gerammt. Wir blieben für eine Sekunde buchstäblich in der Luft stehen. Fast alle Instrumente sanken kurz auf Null.

Der Copilot ergriff das Mikrophon: »Frankfurt, hier N 5542. Wir sind von Russen angeschossen worden. Wahrscheinlich haben sie einen unserer Motoren weggeblasen!«

Verblüfft hörte ich seiner Diagnose zu. Ich selbst hatte keine Ahnung, was gerade geschehen war. Jedenfalls hatte kein Blitz aufgeleuchtet, war auch jenes unheimliche Winseln in unseren Kopfhörern nicht ertönt, das für gewöhnlich eine elektrische Entladung ankündigte. Diese Entladungen treten meist an Flugzeugen auf, die besonders stark aufgeladene Wolken durchfliegen. Aber die Elektrizität entlädt sich in den meisten Fällen in die Luft und richtet an der Maschine keinen nennenswerten Schaden an.

Frankfurt reagierte aufgeregt: »Haben verstanden, daß Notfall vorliegt. Wiederholen Sie Ursache und Art. Können Sie Flughöhe und Geschwindigkeit halten?«

Und dann meldete sich noch eine Stimme. Im unverkennbaren Südstaatendialekt. »Immer mit der Ruhe, ihr furchtlosen Ritter der Lüfte. Ihr seid nur von einem Blitz getroffen worden.«

Jetzt wurde ich wütend. Diese Art Klugscheißerei konnte ich auf den Tod nicht ausstehen. Der Sprücheklopfer war ganz offenbar eines dieser »30-Tage-Wunder«, ein Air Force- oder Air Reserve-Pilot und noch nicht ganz trocken hinter den Ohren. Dieser Heini glaubte tatsächlich, wie ein alter Hase präzise Instrumentenflüge durchführen und uns weise Ratschläge erteilen zu können, und besaß die Frechheit, aus wenigstens 75 Kilometer Entfernung sein Urteil über einen Zwischenfall abzugeben, von dem er absolut nichts wußte.

Gegen einen Blitzschlag sprach eigentlich alles. Es herrschte kein unruhiges Wetter, es gab keine Kumuluswolkenbildung, keinen Niederschlag. Also begann ich an eine besonders heftige elektrische Entladung zu glauben. Ich bedeutete meinem Copiloten, ruhig zu sein. Unsere Kiste schien wieder ganz normal zu funktionieren. Geschwindigkeit und Höhe waren genau so, wie sie sein sollten. Offenbar funktionierten auch alle vier Motoren ganz normal.

Ich nahm das Mikrophon. »Frankfurt, hier N 5542. Kein Notfall. Wiederhole: kein Notfall! Explosionsursache noch unklar. Mit Sicherheit kein Blitzschlag. Geschwindigkeit wieder normal, können Flughöhe halten. Werden weiter beobachten. Ende.«

Während wir uns auf dem südlichen Korridor Berlin näherten, stellte ich fest, daß die Fahrt doch etwas abgefallen war. Wir mußten mehr auf die Tube drücken als normalerweise.

In Tempelhof erwartete uns eine Überraschung. Während wir uns in die Schlange der Luftbrücken-Maschinen einreihten, sahen wir, wie uns das Bodenpersonal aufgeregt umringte. Später stellten wir entsetzt fest, daß an den beweglichen Schwanzflächen und Querrudern ganze Teile fehlten. Es sah aus, als hätte ein riesiger Hund Stücke herausgebissen. Durch die Reibung mit den Wolken hatte sich auf der Oberfläche ein enormes elektrisches Feld gebildet und mit Wucht entladen. Heutige Maschinen haben Entladevorrichtungen.

Unser Vogel wurde in den Hangar gerollt und war bald von Fotografen belagert. Sie kletterten auf hohe Leitern, um einen besseren Überblick zu haben. Als wir ihre Fotos später betrachteten, glaubten wir unseren Augen nicht zu trauen: Man hätte meinen können, die Maschine sei von Abwehrgeschossen getroffen worden. Die Air Force schätzte, daß 65 Prozent der Steuerfläche zerstört worden war. Es ist den grandiosen Douglas-Konstrukteuren zu verdanken, daß wir überhaupt in der Luft blieben. Die dringend benötigte Maschine mußte wochenlang pausieren, bis die Reparaturteile aus Kalifornien eintrafen.

Eine ähnlich schlimme Entladung erlebte ich in einer Boeing 727. Dieses hervorragende dreistrahlige Düsenflugzeug besitzt große Flächen aus Kunststoff, die als stromlinienförmige Verkleidung dienen und für statische Aufladung besonders anfällig sind.

Wir befanden uns in 1000 Meter Höhe und flogen nach Instrumenten auf Tempelhof zu. Die Luft war ruhig. Gewitterstörungen waren weder angesagt, noch kündigten sie sich auf unserem Radarschirm an. Die Wolkenuntergrenze lag bei 600 Metern. In wenigen Minuten würden wir den Flughafen sehen können.

Da vernahmen wir in unseren Kopfhörern das eigenartige winselnde Crescendo, das eine Entladung ankündigt.

»Jetzt kommt's!« rief ich Copilot Bob zu, der die Maschine flog. Hastig zog ich eine Zeitung aus meinem Pilotenkoffer und hielt sie mir vors Gesicht. Das ist ein alter Trick, sich gegen die blendende Helligkeit zu schützen. Ich kannte das bereits, meine Maschine wurde schon von so starken Blitzen getroffen, daß die Farbe vom Rahmen der Windschutzscheibe absplitterte und mir die glühendheißen Flocken um die Ohren flogen.

In diesem Augenblick war ein solcher Knall zu hören, als sei eine Bombe direkt vor unserer Nase explodiert.

Bob schrie: »Herr im Himmel!«

Ohne die Zeitung vom Gesicht zu nehmen, fragte ich: »Hat es dich geblendet?«

»Nein«, brüllte Bob. »Aber nimm doch endlich die verfluchte Zeitung vom Gesicht und sieh hinaus!«

Scherzhaft zierte ich mich. »Nein, ich habe Angst.«

Aufgebracht knurrte Bob: »Sei doch nicht albern, Jack! Leg endlich die Zeitung weg und sieh aus dem Fenster. Du wirst staunen!«

Betont langsam ließ ich die Zeitung sinken. »Okay. Aber könnt ihr jungen Leute nicht mal eine kleine Krise allein bewältigen? Müßt ihr deshalb einen alten Mann beim Lesen stören?«

Da wurde mir bewußt, daß ich über die Instrumente hinweg ins Leere starrte. Die große runde schwarze Plastiknase war weg. Einfach weg! Sie war in tausend Stücke explodiert. Ich sah direkt hinunter auf die Straßen des Bezirks Neukölln. Es war ein eigenartiges Gefühl, als würden wir im Korb eines Fesselballons sitzen und über die Brüstung gucken. Ich blickte auf den Radarschirm. Kein Bild.

»Der Radar im Wert von etwa 80 000 Dollar ist mit der Nase im Eimer«, knurrte ich. »Ist auf die Straße gefallen. Ich kann nur hoffen, daß kein harmloser Spaziergänger getroffen worden ist.«

Der Rest unserer Instrumente schien in Ordnung zu sein.

Ich nahm das Mikrophon. »Tempelhof Tower. Hier N 2790. Wir befinden uns östlich des Flughafens, in 600 Meter Höhe. Hatten eine schlimme Entladung, die uns die Nase weggeputzt hat. Sind dabei, das Fahrwerk rauszulassen, wissen aber nicht, ob es beschädigt ist oder nicht.«

Tempelhof antwortete: »Die Feuerwehr ist alarmiert. Halten Sie uns auf dem laufenden. Alles klar zur Landung.«

Ich fuhr die Räder aus – sie funktionierten. Dennoch war da so ein unangenehmes Windheulen unter unserem Cockpitboden . . .

»Bob«, brummte ich. »Willst du dieses Wrack landen oder soll ich?«

Bob verzog das Gesicht. »Ich überlaß es dir. Wenn wir Bruch machen, mußt du den Bericht schreiben.«

Ich griff nach dem Steuer. Alles schien in Ordnung zu sein. Nach einer glatten Landung rollte ich zum Terminal und parkte die Maschine strategisch geschickt, damit die Passagiere beim Aussteigen nicht bemerkten, daß dem Flugzeug die Nase fehlte. Sie waren durch die Explosionsgeräusche schon verstört genug.

Bob und ich gingen um die Maschine herum. Von der Plastiknase war nichts übriggeblieben. Es sah aus, als sei sie mit einem riesigen Messer abgeschnitten worden.

Bob pfiff durch die Zähne. »Nur ein paar Zenitmeter mehr, und wir hätten keine Instrumente mehr gehabt. Und noch ein paar Zentimeter mehr – dann hätte es auch uns nicht mehr gegeben . . .«

Auch von den Luftbrücken-Crews wurden mitunter Navigationsfehler begangen, aber geflissentlich aus den Schlagzeilen der Presse herausgehalten. Die russischen Propagandamühlen arbeiteten ohnehin emsig genug. Gelegentlich stellten Piloten fest, daß sie nicht nach Plan fliegen konnten, sondern wegen schlechter Wetterbedingungen nach Wien oder Marseille ausweichen mußten.

Eine unerfahrene Crew war einmal so verwirrt, daß sie einfach weiterflog, bis irgendwo unter ihr ein Flughafen auftauchte. Erst am Boden stellte sie fest, daß es sich dabei um Prag handelte. Sie wurden von der Luftwaffe der ČSSR geradezu überschwenglich begrüßt. Ihnen zu Ehren wurde sogar eine Party gegeben, und man bestand darauf, daß sie über Nacht blieben.

Die Crew war gerade eingeschlafen, als sie von dem amerikanischen Militärattaché wieder aus dem Bett geholt wurde. Die Russen hätten inzwischen von ihrem »Ausflug« erfahren. Es wäre angebracht, so schnell wie möglich wieder gen Westen zu verschwinden. Inzwischen hatten die Tschechen das Flugzeug aufgetankt, und die Maschine hob sicher ab. Die Russen veröffentlichten kein Wort über den Zwischenfall. Wahrscheinlich befürchteten sie, daß dadurch die Sympathie der ČSSR für die Sache West-Berlins bekannt würde.

Gegen Ende des Sommers, als die Anfangsschwierigkeiten beseitigt waren, sah sich Berlin einem neuen Mangel gegenüber. Es fehlte an Flugplätzen.

Weder Tempelhof noch Gatow konnten ausgebaut und erweitert werden. Aber im französischen Sektor gab es ein ideales Gelände in Tegel. Es war von den deutschen Truppen als Übungsplatz benutzt worden. Normalerweise wären die Bauarbeiten kein Problem gewesen. Aber die Bedingungen – sie waren nun mal nicht so . . .

Beton war in Berlin Mangelware. Und dieses Material war einfach zu schwer, um ebenfalls von unseren Maschinen eingeflogen zu werden. Aber es gab einen Betonersatz, ein Material, an dem im Nachkriegs-Berlin wahrlich kein Mangel herrschte: zerbrochene Ziegel.

Das nächste Problem bestand darin, diesen Schutt aus der Innenstadt nach Tegel herauszuschaffen. Zehn Millionen Ziegelsteine wurden benötigt. Man bat die Berliner um Hilfe, und 17 000 – 40 Prozent von ihnen Frauen – folgten dem Aufruf. Alle Bevölkerungsschichten waren vertreten: Arbeiter und ehemalige Offiziere, Wissenschaftler, Lehrer und Damen der Gesellschaft.

Die Bauarbeiten begannen am 5. September 1948. Vier Monate waren vorgesehen. Tegels welliges Gelände verschluckte so viele Ziegel, daß man gut und gern zehn Hochhäuser in der City damit hätte erbauen können. Aber schon nach zwei Monaten war die Rollbahn fertig, und am 5. November landete bereits die erste Maschine. Tegel wurde der Hauptterminal der britischen Tankflugzeuge.

Einer meiner erfahrenen, aber frisch aus Amerika importierten Captains hielt den wie ein Weihnachtsbaum beleuchteten Flughafen Tegel für Tempelhof und landete kurzerhand dort. Er hatte den Radaranweisungen wohl nicht allzuviel Beachtung geschenkt, war einfach nach Sicht geflogen und hatte sich vertan. Das kann übrigens ein Grund sein, eine Crew zu feuern.

Am nächsten Morgen wurde ich zu einem mit Recht erzürnten General Tunner zitiert.

»Captain, bitte erklären Sie mir, wie es kommen konnte, daß einer Ihrer ›goldenen‹ Crews ein so dämlicher Fehler unterlaufen ist.« (Mit »goldener« Crew bezog er sich ironisch auf die höheren Gehälter, die unsere Leute im Vergleich zu dem Air Force-Personal bezogen.)

Wie es bei einem solchen Mammut-Unternehmen zu befürchten war, stiegen die Unfallzahlen. Jeden Abend atmete ich erleichtert auf, wenn alles ohne ernsthafte Zwischenfälle abgegangen war.

Eines Tages stand ich unter dem überhängenden Dach in Tempelhof und beobachtete die einfliegenden Maschinen. Plötzlich bemerkte ich, daß Nummer eins in der Schlange Schwierigkeiten zu haben schien. Das Flugzeug kam eigenartig unruhig herangeschwebt. Die Nase schwankte auf und ab, als hätte der Pilot keine Gewalt mehr über das Höhensteuer.

Nun begannen auch die Flughafensirenen zu heulen. Also hatte der Kontrollturm inzwischen von der prekären Lage Wind bekommen, oder die Crew hatte einen Notruf ausgesandt.

Als die DC 4 etwa 20 Meter über den Anfang der Rollbahn hinaus war, hörte sie einfach auf zu fliegen und krachte schwer zu Boden. Wie ein riesiger Pfannkuchen, der in die Pfanne klatscht. Das Fahrwerk zerplatzte. Es gab eine Staubwolke mit davonrollenden Radteilen, Streben und Kabeln. Aber immer noch war Bewegung in der Maschine. Sie hob noch einmal ab, überschlug sich und donnerte nun mit dem Rücken aufs Flugfeld.

Die Feuerwehr raste auf die Unglücksstelle zu. Kleine Rauchwolken stiegen aus dem Wrack auf. Ich sprang in einen Jeep und sauste ebenfalls zum Unglücksort. Ich befürchtete, daß alle drei Crewmitglieder ums Leben gekommen waren.

Doch beim Näherkommen entdeckte ich durch Staub und Rauch Winfried Gundelach vom deutschen Bodenpersonal. Er half den drei verletzten Piloten aus dem umgekippten Cockpit. Behutsam zog er sie durch die Seitenfenster heraus.

Die Untersuchungen – unverständlicherweise gab man sie den anderen Crews nicht genügend bekannt – ergaben, daß die Kohlenladung nicht ausreichend gesichert worden war. Die Säcke hatten sich verschoben und die Maschine gefährlich aus dem Gleichgewicht gebracht. Es war ein absolut vermeidbares Unglück, das drei jungen Männern das Leben hätte kosten können. Die Luftbrücke verlor ein Flugzeug und der Steuerzahler eine Menge Geld.

Bei einem anderen Unglück mit tragischem Ausgang befand ich mich in ungemütlicher Nähe. Es war der 12. Januar 1949, ein kalter, klarer Abend. Mein Copilot und ich waren gerade im Anflug auf Frankfurt. Wir befanden uns in 1000 Meter Höhe, etwa 20 Kilometer östlich vom Flughafen. Vor uns sollte noch ein anderes Flugzeug landen, auch eine DC 4 der Luftbrücke. Sie war uns etwa eine Minute voraus. Die Sicht war ausgezeichnet. Die erleuchtete Rollbahn lag vor uns wie die Auslage eines Spielwarengeschäfts. Unsere Landelichter waren eingeschaltet, auch die der Maschine vor uns. Das machte es dem Kontrollturm und uns leichter, die Flugzeuge zu identifizieren.

Ohne jede Vorwarnung kam plötzlich ein böser Schneesturm auf. Die weißen Flocken wirbelten gegen unsere Windschutzscheibe und reflektierten die Landelichter. Das tanzende Licht blendete uns, es verursachte auch Schwindelgefühle. Wir schalteten sofort alle Außenlichter aus und konzentrierten uns ganz auf unsere Instrumente. Augenblicklich waren die Dinge wieder im Lot. Binnen 30 Sekunden waren wir aus dem Schneesturm heraus, konnten bereits die Rollbahn erkennen.

Aber das Flugzeug vor uns war verschwunden.

Unter uns blitzte es auf, dann schoß eine orangefarbene Flamme Hunderte von Metern in die Höhe.

Der Frankfurter Kontrollturm kreischte buchstäblich: »Air Force 3221, Ihre Position bitte. Wiederhole: Ihre Position bitte!« Und dann: »N 6221, können Sie die Air Force-Maschine vor sich erkennen?«

Nur zögernd griff ich zum Mikrophon. »Frankfurt Tower, Air Force 3221 nicht mehr zu sehen. Wir nehmen an, die Maschine hat fünf Kilometer von unserer augenblicklichen Position abgeschmiert.«

Der Unfallbericht las sich ein paar Wochen später so: »First Lieutenants Boyd und Ladd sowie Technical Sergeant Putnam sind drei Kilometer östlich des Frankfurter Flughafens tödlich verunglückt. Vermutliche Ursache: vorübergehende Desorientierung durch Schwindelgefühl im Schneesturm . . .«

An einem Unfall wie diesem hat eigentlich niemand wirklich schuld. Hätte der Air Force-Pilot jedoch nur ein paar hundert Stunden mehr auf dem Copilotensitz verbringen und Erfahrung bei schlechtem Wetter sammeln können, hätte er höchstwahrscheinlich die Landelichter ausgeschaltet.

Doch nicht alle Unglücksfälle enden tragisch. Eines der bestgehüteten Geheimnisse betraf einen sogenannten fliegenden Güterwagen, eine zweimotorige Fairchild C 82. Fünf dieser Maschinen trafen am 13. September 1948 in Wiesbaden ein.

Der besondere Vorteil dieser Flugzeuge war, daß Fahrzeuge über eine Heckrampe direkt in die Maschine einfahren konnten. Es war praktisch die einzige Möglichkeit, Fahrzeuge nach Berlin zu bringen, ohne sie auseinanderzunehmen zu müssen. Also wurden die C 82 dann und wann zwischen den DC 4 eingefädelt. Die Maschinen flogen wie alle anderen leer nach Wiesbaden zurück. Jedenfalls wiesen das die Begleitpapiere aus. Es gab ja auch keinen Grund, irgend etwas aus Berlin herauszufliegen. Es sei denn gelegentlich Militärpersonal oder Flüchtlinge aus Ostdeutschland.

Doch dann und wann gab es Ausnahmen. Amerikanische Offiziere, die Berlin verließen, hatten keine Möglichkeit, ihre großen Straßenkreuzer mitzunehmen. Die Landwege waren blockiert.

Man munkelte, daß unsere Offiziere im Schutze der Dunkelheit in Tempelhof auf die Gelegenheit lauerten, mit ihren Schlitten im offenen Bauch der Fairchild zu verschwinden. Während des Fluges blieben sie ganz einfach hinter dem Steuer. Für Passagiere gab es im Flugzeug keine Sitzgelegenheiten.

Die Fairchild C 82 konnte gut und gern drei Wagen transportieren, die mit Seilen fest am Boden verankert wurden, um gefährliche Gewichtsverschiebungen zu verhindern. Das Ganze ähnelte durchaus einer Fähren-Prozedur.

Aber dann hörten wir, daß eines Tages eine Rechnung präsentiert wurde. Über Ostdeutschland hatte einer der fliegenden Güterwagen plötzlich mit schwerer Vereisung zu kämpfen. Die Piloten konnten ihre festgesetzte Höhe wegen der Eislast und der drei schweren Autos im Bauch nicht mehr halten. Der Flugingenieur raste nach hinten, weckte die drei Autofahrer und zerrte sie aus ihren Vehikeln. Trotz ihres Protestgeschreis und bitterer Tränen löste er die Bremsen der Wagen. Dann durchtrennte er die Seile mit einer Axt und ließ die Autos – eines nach dem anderen – hinausrutschen. Hinab ins Bodenlose, 1000 Meter unter ihnen.

Eigenartigerweise hörte man von russischer Seite keinen Protest. Vielleicht ist dieser Zwischenfall nur ein Gerücht, oder die teuren Buicks sind in dichtes Waldgelände gefallen und wurden nie gefunden. Und auch die Autobesitzer stellten keinerlei Schadensersatzforderungen . . .

Überraschenderweise unternahmen die Sowjets nur wenig Wirksames, um Sand ins Getriebe der Luftbrücke zu streuen. Sie machten zwar eine große Schau aus ihrer Luftabwehr, indem sie schillernde Phosphorbomben in der Nähe unserer Luftkorridore abwarfen, aber das war auch alles.

Sie störten jedoch mehr Sprechfunkverbindungen, als man sich träumen läßt. Fast täglich unterbrachen die Russen unsere Verbindung mit Störfunk. Das Geräusch erinnerte lebhaft an einen Staubsauger, der schnell an- und ausgeschaltet wird. Aber glücklicherweise hatte unsere Air Force eine ganze Reihe von Kanälen, auf die man notfalls ausweichen konnte. Kurz danach begannen aber auch da die Störmanöver wieder. Es schien immer etwa fünf Minuten zu dauern, bis sie unsere neue Wellenlänge herausgefunden hatten.

An anderen Tagen hörten wir ein seltsames Wimmern wie Mückengesumm. Sofort spielten unsere automatischen Funkkompasse verrückt.

Diese Störungen sollten auch nach dem Ende der Luftbrücke noch jahrelang andauern.

Im Sommer 1948 unternahmen die Russen zwei – allerdings vergebliche – Versuche, unser lebenswichtiges Radarsystem zu stören. Wäre ihnen das irgendwann einmal gelungen, hätte es eine Menge Unfälle gegeben. Vielleicht hätten wir bei Schlechtwetterperioden sogar die Luftbrücke abbrechen müssen.

Offensichtlich erinnerten sich die Sowjets an den Zweiten Weltkrieg und die bescheidenen Versuche der Briten, 1942 das primitive deutsche Radar-Warnsystem »Freya« zu stören, indem sie Aluminium-Streifen von Flugzeugen abwarfen.

Gelegentlich sichtete ich über mir ein sowjetisches Flugzeug, das Alu-Streifen fallen ließ. Aber das blieb wirkungslos. Und schließlich: ein unablässiger Regen von Aluminium über allen drei Korridoren wäre auf die Dauer zu teuer geworden.

Die Air Force war dennoch beunruhigt und ließ eigens Elektronenfachleute aus den USA kommen. Sie tauchten in Tempelhof auf, krabbelten auf den Dächern herum und errichteten geheimnisvolle Antennen. Offenbar bereitete man sich allen Ernstes auf eine eskalierende Störung des Flugverkehrs vor.

Und dann stellte es sich heraus, daß es keineswegs nur Zufall war, daß sich die Russen auf mich »eingeschossen« zu haben schienen: Ich hatte mehr Flüge durch die Korridore aufzuweisen als andere Piloten. Wir sprachen darüber auf verschiedenen vertraulichen Air Force-Zusammenkünften.

Daß ich wirklich das Versuchskaninchen war, stellte sich eines Abends im September heraus. Ich befand mich im Anflug auf Tempelhof aus westlicher Richtung, also auf Ost-Berlin zu. Die Sonne war gerade untergegangen, die Dämmerung zog herauf. Wetter und Sicht hätten nicht besser sein können.

Keine Wolke am tiefvioletten klaren Himmel. Unsere Maschine glitt durch die Lüfte wie ein Glas über das weiche Tuch eines Billardtischs. Die blinkenden gelben Lichter an der Landebahn, etwa 15 Kilometer vor uns, waren deutlich zu erkennen. Das würde wieder eine dieser Bilderbuchlandungen werden! Der leichte Druck eines einzigen Fingers reichte aus, die schwere DC 4 auf ihrer Bahn zu halten. Nichts auf der Welt war an diesem Abend berauschender, als ein Flugzeug zu fliegen.

Als wir über Grunewald auf 500 Meter hinuntergingen, stach uns plötzlich ein grellweißes Licht in die Augen, so hell wie tausend Sonnen. Dennoch war unsere Verblüffung größer als unser Schmerz.

Was konnte das sein? Es gab kein anderes Flugzeug in unserer Nähe, das uns mit aufgeblendeten Scheinwerfern hätte entgegenkommen können. Ich legte schützend die Hand vor die Augen, konzentrierte mich auf meine Instrumente und die Anweisungen der Bodenradarstation.

Es dauerte keine Minute, und wir hatten heraus, daß der extrem starke Lichtstrahl aus dem Osten kam. Dieser Versuch, von einem hohen Turm aus die Luftbrücke zu stören, war amateurhaft. Wir alle konnten nach Instrumenten fliegen, ohne auch nur einen Blick durch die Windschutzscheibe werfen zu müssen. Wir brauchten lediglich unsere Augen zu schützen, bis wir auf 200 Meter hinunter und im Schutz höherer Gebäude waren. Dann konnten wir eine Sichtlandung ohne jede Beeinträchtigung absolvieren.

Nach der Landung eilte ich in das Büro unserer Fluggesellschaft, um das Erlebnis zu berichten. Meine Informationen hatte ich nicht über Funk verbreiten wollen. Aber der Vorfall wiederholte sich nur noch ein- oder zweimal.

Auf dem Rückflug nach Frankfurt bemerkte mein Copilot sauer: »Das Beleidigendste an der ganzen Sache ist, daß die Russen tatsächlich meinen, sie könnten erfahrene amerikanische Instrumentenpiloten mit derartigen Kinkerlitzchen verunsichern!«

Ich erwiderte nichts, aber ich dachte an unsere geheimen Versuche mit dem starken, augenzerstörenden Laserstrahl. Ich konnte nur hoffen, daß die Sowjets nicht an derselben Waffe herumexperimentierten . . .

Andere Störungen waren die Annäherungen der sowjetischen JAKs, die uns in den Korridoren mitunter auf die Pelle rückten. Aber ich hatte den Eindruck, daß einige meiner Luftbrücken-Piloten diese Gefahr ziemlich hochspielten und jede – meilenweit entfernte – JAK schon als »Beinahe-Zusammenstoß« bezeichneten.

Tatsächlich hatten wir einen unserer Copiloten bereits »Katastrophen-Charlie« getauft. Er erschreckte die Passagiere immer wieder mit blutrünstigen Histörchen über sowjetische Kampfflieger, die quasi zum einem Cockpitfenster hinein- und zum anderen wieder herausgeflogen waren.

Aber die Russen waren dennoch unberechenbar. Am 5. April

1948, kurz vor Beginn der Luftbrücke, war ein fahrlässiges JAK-Kampfflugzeug gegen eine BEA-Passagiermaschine geprallt. Die Maschine hatte sich im Anflug auf Gatow befunden. Alle Passagiere waren ums Leben gekommen.

Im Frühjahr 1949 wurde es ruhiger um die Luftbrücke. Die Winterkrise war erfolgreich bewältigt worden. Die Verkehrsdichte ließ nach. Unsere Flüge durch den südlichen Korridor wurden auf fünf bis zehn Minuten »auseinandergezogen«. In den Nachtstunden wurde sogar noch seltener geflogen.

Ungefähr zu dieser Zeit erzählte mir einer meiner Captains die folgende Episode.

Eines klaren Abends war er etwa 35 Kilometer von Tempelhof entfernt und begann mit dem Landeanflug. Da sah er plötzlich die Lichter des Ostberliner Flughafens Schönefeld vor sich auftauchen.

Übermütig wandte er sich an seinen erfahrenen Copiloten: »Terry, wir haben doch keine Passagiere an Bord. Was hältst du davon, wenn wir uns mit den Sowjets einen Scherz erlauben, indem wir so tun, als wollten wir in Schönefeld landen? Wir ziehen erst in letzter Minute wieder hoch und fliegen nach Tempelhof weiter. Wir brauchen bloß ein paar Grade von unserem Kurs abzuweichen. Natürlich geht das nur, wenn keine andere Maschine in der Nähe ist.«

Terry stimmte begeistert zu: »Okay, Bob, ich bin dabei. Besonders nachdem die Russen mit uns so lange Katz' und Maus gespielt haben. Aber für dich, Skipper, könnte es Unannehmlichkeiten von ganz oben geben. Die haben wenig Sinn für Humor.«

Trotz dieser Bedenken meldete sich Terry bei der Air Force in Tempelhof. »Hier N 9401. Sind noch dreißig Kilometer entfernt, in etwa tausend Meter Höhe. Gehen runter auf 600. Flugplatz in Sicht. Wenn kein großer Verkehr herrscht, würden wir gern von Instrumenten- auf Sichtflug übergehen. Geben Sie uns die Erlaubnis?«

Sofort kam die Antwort: »N 9401, kein Verkehr. Sie können zum Sichtflug übergehen.«

Mit diesem Trick wollte Terry den Radar-Kommandos entgehen, die kleine Extra-Tour über Schönefeld unbeobachtet von der Air Force machen.

Nun wandte sich Terry auf einer anderen Frequenz direkt an den Tempelhofer Tower: »Hier N 9401. Wir sind jetzt zwanzig Kilometer entfernt. Unsere Höhe beträgt 750 Meter. Flugplatz in Sicht. Wir machen jetzt noch einen Bogen und melden uns dann beim Anflug.«

Captain Bob lächelte über Terrys »Bogen«. Er würde sehr weit nach rechts ausfallen. Glücklicherweise lag Schönefeld innerhalb des 32-Kilometer-Radius um Berlin, also auf dem Gebiet, in dem sich die Maschinen aller vier Besatzungsmächte frei bewegen konnten.

Bob schaltete die automatische Steuerung aus und schob die Nase der DC 4 in Richtung Schönefeld. Er war überzeugt, daß die Maschine vom sowjetischen Radar längst erfaßt und die Funkgespräche mit Tempelhof abgehört worden waren.

Terry und Bob manövrierten das Flugzeug dann so, als sei es tatsächlich drauf und dran, in Schönefeld zu landen. Sie fuhren das Fahrwerk und die Landeklappen aus. Die Propeller gingen in feine Steigung.

Durchtrieben, wie sie waren, schalteten sie die Landelichter erst ein, als sie auf 150 Meter herunter waren – so niedrig, daß die höheren Berliner Bauten dem Tempelhofer Tower den Einblick in ihre Machenschaften verwehrten. Warnrufe vom Tower hätten ihnen die ganze Schau gestohlen.

Nun brauchten sie nicht mehr lange zu warten. Die Russen schalteten ihre Flutlichtanlage ein. Offenbar konnten sie es gar nicht abwarten, daß ihnen der westliche Vogel ins Netz ging. Bob erzählte mir später, daß er förmlich spüren konnte, wie sie sich da unten in Vorfreude auf den großen Propaganda-Coup die Hände rieben.

In 130 Meter Höhe und direkt über der Schönefelder Landebahn schalteten Bob und Terry die Landescheinwerfer an. Zu ihrer Rechten konnten sie einige beleuchtete Fahrzeuge heranrasen sehen. Offensichtlich das entzückte sowjetische Empfangs-Komitee.

Bob erinnerte sich: »Ich lachte mich halb tot und stellte mir die Schlagzeilen vor, die sie bereits voreilig für ihre Satelliten-Presse formuliert hatten . . .«

In 100 Meter Höhe starteten Bob und Terry voll durch und zogen steil zurück in den Bogen, den sie dem Tempelhofer Tower angekündigt hatten.

In diesem Augenblick kam es leise aus Tempelhof: »Ihr Jungs habt mich für einen Augenblick ganz schön durcheinandergebracht. Dachte schon, ihr wolltet auf dem falschen Flugplatz landen . . .«

Terrys lakonische Antwort: »Wir doch nicht! Unser Bogen ist nur ein wenig zu weit ausgefallen!«

Ein paar Tage später rief mich ein hoher General der Air Force an. »Captain Jack, herzlichen Glückwunsch zu der Safari Ihrer Crew neulich. Sogar Washington konnte sich ein Lachen nicht verkneifen. Dennoch würde ich von einer Wiederholung abraten. Das könnte Wellen schlagen.«

Lachend hängte er ein.

Am 5. Mai 1949 trafen sich die Außenminister der vier alliierten Mächte in Paris. Sie gaben bekannt, daß die Behinderungen auf den Zufahrtswegen von und nach Berlin am 12. Mai aufgehoben würden. Trotzdem war der folgende Monat der betriebsamste seit Beginn der Luftbrücke.

Ich war fast täglich dabeigewesen – vom ersten bis zum 462. Tag, ohne Pause. Aber es war die befriedigendste Aufgabe, die ich jemals gehabt habe. Ich hatte bei weitem die meisten Flüge absolviert. Das amerikanische Militär hatte Hervorragendes geleistet. Ich irrte mich, als ich voraussagte, die Generale Clay und Tunner würden den Boden unter den drei Luftkorridoren mit zertrümmerten Flugzeugen pflastern. Ich hatte – fälschlicherweise – behauptet, daß es nicht möglich sein würde, unter den schwierigen Wetterbedingungen, die gerade im Winter in Mitteleuropa herrschen, sicher zu fliegen. Zu Beginn der Luftbrücke hatte ich General Clay davor gewarnt, den Frankfurter Flughafen als Ausgangspunkt zu wählen, und ihm statt dessen Stuttgart empfohlen. Frankfurt liegt in einem Nebelloch, während Stuttgart fast nebelfrei ist. Clay und Tunner entschieden sich der größeren Nähe wegen dennoch für Frankfurt. In diesem Punkt bewahrheiteten sich meine Voraussagen leider: Der Frankfurter Flughafen mußte an mehreren Tagen wegen Nebel für unsere Flüge geschlossen bleiben. Tunner räumte später ein, daß er, wäre die Luftbrücke in einen zweiten Winter gegangen, wahrscheinlich Stuttgart gewählt hätte.

Drittes Buch

1. Nachkriegsjahre

Im Januar 1950 rief mich ein New Yorker Rechtsanwalt an und bat mich, ihn in seinem Büro aufzusuchen.

Ein paar Tage später saß ich ihm gegenüber. Es stellte sich heraus, daß die Angelegenheit Hermann Göring betraf, vielmehr seine Frau Emmy Göring, geborene Sonnemann.

»Captain«, begann der Anwalt, »ich vertrete eine kleine Gruppe, die deshalb an Ihnen interessiert ist, weil Sie vor dem Krieg mit Hermann Göring bekannt waren. Unsere Leute sind überzeugt, daß Sie wissen, wo sich seine Witwe Emmy Göring zur Zeit aufhält. Meine Auftraggeber vermuten, daß Göring sein Vermögen nach Schweden gebracht hat. Wir würden Ihre Unkosten übernehmen und Ihnen einen gewissen Anteil gewähren, wenn es Ihnen gelingt, von Frau Göring zu erfahren, wo sich dieses Vermögen befindet, das wir dem Zugriff der deutschen Regierung entziehen wollen. Sie sollten ihr klarmachen, daß sie keine Chance hat, auch nur einen Pfennig davon zu sehen, wenn wir es nicht für sie einziehen.«

Das war wohl der blödsinnigste Vorschlag, den ich je gehört hatte.

»Aber ich kenne Frau Göring doch gar nicht«, meinte ich verdutzt. »Ich bin ihr nur ein paarmal auf Gesellschaften begegnet.«

Als ich eine Woche später wieder in Deutschland war, erlag ich meiner Neugierde. Es dauerte nur wenige Tage, bis ich herausgefunden hatte, wo sich Emmy Göring aufhielt – in einer kleinen süddeutschen Stadt.

Am selben Tag erhielt ich das folgende Telegramm aus New York:

»Garantieren Kostenerstattung bei Rückkehr. Erfolgshonorar möglich. Schlage vor, mit Person Kontakt aufzunehmen und Identität derjenigen festzustellen, denen ihr Mann vermutlich in Schweden sein Vermögen anvertraut hat. Auch für sie von Nutzen. Siegwald.«

Ich steckte das Telegramm in mein Tagebuch, wo es bis heute liegt. Emmy Göring habe ich nie aufgesucht.

Beim Namen Göring fällt mir die Geschichte ein, die mir mein Freund Jim Borne, ein Reporter, über den Nürnberger Prozeß erzählt hat und die beweist, was für eine Rolle der Zufall für das Schicksal eines Menschen spielen kann.

Jim berichtete, daß die Alliierten jeden persönlichen Kontakt mit den Nazi-Angeklagten im Gerichtssaal untersagten. Militärpolizei war an allen Ecken und vor den Anklagebänken postiert, jeder Annäherungsversuch seitens der Presse wurde abgewehrt.

Über Monate hatte Jim Göring fasziniert beobachtet.

»Offensichtlich war Göring wesentlich intelligenter als seine Mitangeklagten. Das stellt auch sein IQ-Test unter Beweis. Göring wußte, daß ihm der Galgen bevorstand. Deshalb war er am Prozeß nur mäßig interessiert. Tag für Tag las er lustlos in einem Buch.

Ich saß in seiner Nähe, wir waren nur durch ein paar Stühle und eine niedrige Holzbarriere voneinander getrennt. Von Zeit zu Zeit trafen sich unsere Blicke. Bringen wir die Schau endlich hinter uns, schienen seine Augen zu sagen, auf mich wartet doch nur der Strang!

Eines Tages, als das Gericht eine Mittagspause einlegte, blieben Göring, ein paar weitere Angeklagte und ich zurück. Das war der Augenblick, auf den ich so lange gewartet hatte. Die gelangweilten Militärpolizisten strebten zum Ausgang, um eine Zigarette zu rauchen.

Ich stand auf, streckte mich und schlenderte wie zufällig auf Göring zu. Ich lehnte mich über die niedrige Brüstung und hoffte, daß die Militärpolizisten mich nicht bemerkten. Ich hatte nur eins im Kopf: ein aufsehenerregendes Interview.

Ich lächelte Göring an. ›Generalfeldmarschall, ich habe da

234

eine persönliche Frage, die mich schon eine ganze Weile beschäftigt ...‹

Göring legte sein Buch aufs Knie. ›Schießen Sie los.‹

›Ich frage mich, wie Sie eigentlich mit diesem Nazigesindel zusammengekommen sind. Sie sind doch ein intelligenter Mann. In der Wirtschaft hätten Sie Millionen verdienen können ...‹

›Nun, das war eine Verkettung von Umständen. Es begann 1919 oder 1920 in München. Deutschland war am Boden. Es schien ein Leiden ohne Ende zu sein. Meine Offizierskameraden und ich verbrachten unsere Nachmittage gewöhnlich beim Pokern. Was sollten wir auch anderes tun? Eines Tages, bei einem bescheidenen Mittagessen in einer Eckkneipe, schlug einer meiner Kameraden vor, an diesem Nachmittag unsere Zeit mal nicht mit Karten zu vergeuden, sondern uns diesen Österreicher anzuhören. Er scheine ganz neue Ideen zu haben.

Ich stimmte zu: Ich hätte mir diesen Heller, Hedler oder Hitler schon längst einmal anhören wollen.

So, mein Junge, hat das alles angefangen. Als Titel für diese Geschichte, die Sie ja doch nie im Leben veröffentlichen werden, schlage ich vor: Göring hätte doch lieber pokern sollen ...‹

In diesem Augenblick bemerkten die Militärpolizisten an der Tür, daß ich mich mit Göring unterhielt. Sie liefen herbei, ergriffen mich und schleppten mich mit Gewalt aus dem Saal.

Selbst mein alter Freund General Clay in Berlin konnte mich nicht retten. Ich verlor meine Akkreditierung und wurde in die Staaten zurückgeschickt. Ich mußte mich schriftlich verpflichten, kein Wort über mein Gespräch mit Göring zu veröffentlichen. Meine Zeitschrift durfte keinen Ersatz für mich zu den Nürnberger Prozessen schicken.«

Anfang der fünfziger Jahre wurde AOA an Panam verkauft. Zum Panam-Vorstand gehörte auch Charles Lindbergh, mit dem ich gelegentlich zusammentraf.

Zum ersten Mal war ich ihm an der Rampe des Flughafens begegnet. Er streckte mir die Hand entgegen und sagte: »Ich bin

Charles Lindbergh.« Kein Lächeln, keine Arroganz, keine Scheu, als müsse jeder wissen, wer er sei und daß er seinen Platz in der Geschichte habe.

Er war ein beeindruckend hochgewachsener, ernsthafter Mann, der mit dem Alter massiger wurde. Nie hatte man das Gefühl, daß ihn jemand erkannte, aber das schien ihn nicht zu stören.

Wenn er bei mir im Cockpit saß – manchmal bis zu zehn Stunden lang –, sprach er nie von seinem ersten Alleinflug über den Atlantik, über den wir gerade hinwegdonnerten. Nie äußerte er den Wunsch, selbst das Steuer zu übernehmen.

Er galt als introvertiert. Ich aber hatte einen ganz anderen Eindruck. Seine Fragen prasselten unaufhörlich auf einen herunter wie die Niagara-Fälle. Ganz so, als wisse er, daß es noch viel zu lernen gab, ihm aber nur noch wenig Zeit blieb. Es war anstrengend, mit ihm zusammen zu sein. Er konnte einen auswringen wie ein nasses Geschirrtuch. Charles Lindbergh hätte wahrscheinlich einen großartigen Staatsanwalt abgegeben.

Unterdessen putzten wir unsere Transkontinental-Flüge mit gutaussehenden europäischen Mädchen heraus. Deutsche waren allerdings ausgeschlossen. Warum, ist mir bis heute unklar.

Eines unserer neuen Mädchen war die hochgewachsene rotblonde Sofie Lindsteen. Ihr Onkel war Befehlshaber der norwegischen Land- und Seestreitkräfte. Sie verfügte über eine ausgezeichnete Erziehung und war empfindsam wie ein Reh. Ich wußte nichts über Sofie, bis ich eines Tages während eines Transatlantikfluges durch die Kabine schlenderte. Ein aufgeblasener kleiner italienischer Steward, Scarlatti, schrie sie an, weil sie die Passagiere angeblich zu unbeholfen und scheu bediente. Er drohte dem Mädchen sogar mit einer schriftlichen Beschwerde bei der Fluggesellschaft. Dabei konnte jeder sehen, daß Sofie lediglich nervös war. Es war ihr erster Flug.

Empört stellte ich den Steward zur Rede. Dann versuchte ich, Sofie zu beruhigen. Das gelang mir auch nach wenigen Minuten. Sie gewann Zuversicht und erledigte ihren Dienst für den Rest des Fluges zu aller Zufriedenheit.

Diesem ersten gemeinsamen Flug folgten ein paar Telefonanrufe. Und schon waren wir ineinander vernarrt.

Ihre Haut war so zart und makellos, daß sie fast durchscheinend wirkte. Sie hätte ein Double der Hollywood-Diva Greer Garson sein können. Auf ihrem Kopf saß ein Strudel rotblonder Haare – wie eine Krone. Und die hätte sie auch verdient. Sie hatte den Charakter einer wirklichen Königin.

Sofie und ich erlebten eine weltweite Romanze. Wir trafen uns in Reykjavik, Stockholm, Kopenhagen, New York. Es war eine entspannte, befriedigende, aufrichtige Beziehung. Es gab keinerlei Verstellung. Sofie war ein konservatives Mädchen. Ein Mädchen aus der Alten Welt.

In Oslo lernte ich auch ihre Mutter kennen, eine charmante Aristokratin. Von Anfang an hatte ich klargemacht, daß ich Sofie nie heiraten würde. Sie war zu nervös und empfindsam. Ständig hatte ich Angst, ihr weh zu tun.

Aber dann wurde unsere Beziehung mit einem grellen Paukenschlag unterbrochen.

Sofie stürmte in mein Zimmer in *Ritters Parkhotel* in Bad Homburg, wo wir alle damals untergebracht waren. Ihre Augen waren noch größer als gewöhnlich. Diesmal vor Angst.

»Jack, es gibt da etwas, was ich dir noch nie erzählt habe. Bevor ich dich kennenlernte, war ich mit einem norwegischen Adligen, einem Grafen, so gut wie verlobt. Ich erklärte ihm, daß ich ein Jahr lang fliegen wollte, um mit mir selbst ins reine zu kommen, mir Gedanken über eine mögliche Ehe zu machen. Aber jetzt hat er irgendwie von dir erfahren. Er ist bereits auf dem Weg hierher. Meine Mutter hat mich gerade aus Oslo angerufen. Sie ist außer sich. Hans ist ein Hitzkopf wie du. Er hat eine Pistole bei sich. Er schwört, dich umzubringen . . .«

Ich glaubte Sofie kein Wort und sagte ihr das auch. »Wenn du meinst, mich damit in eine überstürzte Ehe treiben zu können, Sofie, dann hast du dich getäuscht. Es ist unfair, mir diesen Grafen aufzutischen – wenn er überhaupt existiert. Ich habe dich doch oft genug gefragt, ob es irgendwelche Bindungen gibt. Ich hatte nicht vor, Unruhe in dein Leben zu bringen.«

Sofie starrte mich aus schreckgeweiteten Augen an. Dann begann sie zu schluchzen. »Das weiß ich, Jack. Aber du hättest mich doch nie an diesem ersten Abend zum Essen eingeladen, wenn du gewußt hättest, daß ich verlobt bin. Und ich hatte mich vom ersten Augenblick an in dich verliebt.«

Damit schoß sie zur Tür hinaus.

Ein paar Minuten später war sie wieder da. Vorsichtig balancierte sie einen Aktenkoffer auf den Armen. Sie kämpfte mit dem Messingverschluß, dann fiel der Koffer auseinander. Stapel von Briefen lagen darin – alle mit norwegischen Marken. Auf der Rückseite der Umschläge prangte eine blaue Krone.

»Da, siehst du, Jack. Ich habe dich nicht belogen«, sagte Sofie mit zittriger Stimme. »Diese Briefe sind alle von Hans.« Nervös fingerte sie darin herum und fischte einen heraus. Sie zog das Schreiben aus dem Kuvert und reichte es mir. »Lies das, Jack.«

Der Brief war in norwegischer Sprache geschrieben, aber mit englischen und deutschen Brocken versetzt. Meine Augen blieben an einem Absatz hängen.

»Liebste Sofie«, hieß es da. »Ich habe mich entschlossen. Unwiderruflich. Ich glaube Deinen Beteuerungen nicht, daß Dich dieser Captain Jack nicht mit einem billigen Heiratsversprechen verführt hat. Sonst würdest Du mich doch heiraten. Ich werde Jack töten. Er hat mein Leben und meine Hoffnungen zerstört. Ich fliege nach Bad Homburg und werde ihn zum Duell fordern. Wenn er sich weigert, schieße ich ihn über den Haufen . . .«

Ich sah Sofie an. »Großer Gott«, japste ich. »Dieser Bursche ist verrückt. Heutzutage duelliert sich doch kein Mensch mehr!«

»Mag sein, Jack. Aber du solltest ihn nicht unterschätzen. Er kann sehr gut schießen. Ich kann nicht zulassen, daß du meinetwegen dein Leben aufs Spiel setzt. Ich habe Hans geschrieben, daß ich mich umbringe, wenn er es tatsächlich wagt, hier zu erscheinen. Da ist seine Antwort.« Sie reichte mir einen zweiten Brief.

». . . nichts kann mich davon abhalten, diesen Jack umzubringen. Wenn Du Selbstmord begehst, schieße auch ich mir eine Kugel in den Kopf.«

Ich stand auf und trat ans Fenster. Es war ein trüber grauer

Tag. Regen klatschte gegen die Scheiben. »Was für eine unmögliche Situation. Wann wird dieser Hans denn hier sein?«

»Er landet um achtzehn Uhr in Frankfurt«, sagte Sofie sehr langsam. »Jetzt ist es fünfzehn Uhr. Warum fliegst du nicht schnell irgendwohin? Ich werde mit Hans schon fertig. Und wenn ich ihn heiraten müßte . . .«

Es war totenstill im Raum. Nur die Uhr über dem Kamin tickte unerträglich laut.

Endlich brach ich das bedrückende Schweigen. »Spiel hier nicht die Märtyrerin, Sofie. Ich laufe doch vor keinem norwegischen Grafen davon. Und du wirst ihn nicht heiraten, wenn du ihn nicht liebst. Ich hoffe, ich kann diesen Hitzkopf zur Vernunft bringen, bevor er mir eine Kugel durch die Stirn schießt.«

»Du kannst ihn nicht zur Vernunft bringen, Jack. Ich kenne ihn. Du willst mir doch nur beweisen, wie mutig du bist!«

In diesem Augenblick klingelte das Telefon. Verärgert griff ich nach dem Hörer. Es war unser Flugbüro.

»Captain, wir sitzen in der Tinte. Die Crew für die 72 nach New York hatte einen Unfall mit einem Taxi. Der Captain ist schwer verletzt. Könnten Sie für ihn einspringen . . .?«

»Bin schon auf dem Weg.«

Ich küßte Sofie auf die Stirn. »Hans wird wohl mit einer Schießscheibe vorliebnehmen müssen, bis ich aus New York zurück bin.«

Eine Woche später war ich wieder in Bad Homburg. Ich rief sofort in Sofies Zimmer an. Keine Antwort. Sie sei ausgezogen, hieß es am Empfang. Ich rief unsere Fluggesellschaft an und hörte zu meinem Entsetzen, daß Sofie Hals über Kopf gekündigt habe.

Wieder griff ich zum Telefon und rief Oslo an. Sofies Mutter war am Apparat. Sie weinte. »Captain! Gestern hat Sofie Hans geheiratet. Das hätte sie nicht tun sollen . . .«

»Oh, mein Gott«, entfuhr es mir. Ich legte auf.

Jahre vergingen. Ich hörte nichts von Sofie. Dann kamen die Olympischen Winterspiele 1952 in Norwegen. Ich wollte sie mir ansehen, bekam aber keine Unterkunft und wandte mich an Sofies Mutter um Hilfe.

Die Antwort erhielt ich von Sofie selbst. Sie schrieb, daß sie glücklich verheiratet sei und einen Sohn habe. Sie würden mich in Oslo vom Flughafen abholen und dann zu einem kleinen Hotel fahren.

Wir landeten in Oslo in einer selbst für norwegische Verhältnisse bitterkalten Nacht.

Sofie – schön und sensibel wie immer – kam in einem wundervollen Silberfuchsmantel auf mich zugelaufen. Sie stellte mich ihrem Mann vor, einem freundlichen, erstaunlich schüchternen Hans: der typische Bilderbuch-Wikinger – groß, blond und gutaussehend. Auch er in Pelz gehüllt.

Sie fuhren mich durch den tiefen Schnee zu einem winzigen Hotel. Dort gab es Mißverständnisse, weil keine Buchung vorlag. Sehr zögernd nahm ich ihre Einladung an, bei ihnen zu übernachten. Aber es gab im eisigen Oslo keine andere Unterkunft . . .

Beim Frühstück am nächsten Tag sah mich Sofie über den Rand ihrer Kaffeetasse hinweg an. »Hans ist schon zum Dienst gegangen. Wir sind allein im Haus . . .«

Entsetzt rief ich aus: »Allein? Ich wette, er ist da draußen und lädt seine Jagdflinte, um auf meinen Kopf zu zielen, falls ich auch nur den kleinsten Annäherungsversuch wagen sollte.«

»Nein, Jack. Hans vertraut mir. Ich würde auch nichts tun, was seinen Glauben an mich zerstören könnte. Es hat ihn sicher eine Menge Selbstüberwindung gekostet, mich heute mit dir allein zu lassen. Glaubst du, daß ich ihn enttäuschen würde?«

»Nein, Königin. Das würde ich nicht von dir erwarten.«

Nach dem Frühstück steckte Sofie ihren krähenden blonden blauäugigen Jungen in einen dicken Schneeanzug und setzte ihn in einen mit Kufen ausgestatteten Kinderwagen. Wir zogen den merkwürdigen Schlitten gemeinsam durch den tiefen Schnee. Auf der Holmenkollen-Station bestieg ich den Zug, der die Zuschauer zu den Ski-Wettbewerben brachte.

Ich schob das Fenster herunter. Nun war der schwere Stahl des Eisenbahnwaggons zwischen uns. Er schirmte die gefühlsmäßige Spannung ab, die gewisse Peinlichkeit, die ein Wiedersehen nach so langer Zeit mit sich bringt. Es war, als würden wir wieder beginnen, einander Liebesbriefe zu schreiben.

Als der Zug sich langsam in Bewegung setzte, sah Sofie auf. »Ich bin wirklich glücklich, Jack. Ich liebe dich nicht mehr. Nun habe ich endlich meine Ruhe gefunden . . .«

Viele Jahre später hörte ich, daß Sofie und Hans sich getrennt hatten. Ich fragte nicht, wie das geschehen konnte. Ich wollte es nicht wissen.

Da ich als Panam-Pilot in Berlin blieb, sammelte ich in den fünfziger Jahren die bei weitem meisten Flugstunden über den Eisernen Vorhang. Jede Siedlung, jedes Haus entlang den Korridoren wurde mir vertraut. Ich bekam mit, welche Getreide- oder Gemüseart jeder Bauer anpflanzte, kannte die Begrenzungen ihrer Besitztümer und lernte, gute von schlechten Erntejahren zu unterscheiden.

Ich beobachtete, daß es dreier Jahrzehnte bedurfte, um die leeren ostdeutschen Straßen mit wenigstens ein paar Autos zu bevölkern. Die Sowjetunion hatte ihre Besatzungszone hemmungslos ausgeplündert, anstatt ihr finanzielle Hilfe zu geben.

Im Gegensatz dazu wurde Westdeutschland ein Wirtschaftswunderland, mit noch mehr Autobahnen, überladen mit Verkehr. Ich erinnere mich besonders an einen Flug Anfang der siebziger Jahre von Berlin nach Hamburg. Es war ein klarer Sonntagabend. Aus 3300 Meter Höhe sahen wir die Autobahnen und andere Verkehrswege zwischen Lübeck und Hannover. Ein Gebiet von etwa 250 Kilometern – blockiert mit Vehikeln. Sie schlichen Stoßstange an Stoßstange dahin, von Staus unterbrochen. Wir zählten Dutzende von Zusammenstößen.

Die Deutschen sind verrückte Raser. Das Land hat die höchste Unfallquote der Welt. Manche benutzen das Auto als Waffe und nicht zur eigenen Bequemlichkeit. Ungeachtet der Geschwindigkeit rücken sie einander gefährlich auf die Pelle. Ein Humorist hat einmal bemerkt: »Die Alliierten hätten keine Bomben auf Deutschland zu werfen brauchen, um den Krieg zu gewinnen. Sie hätten den Deutschen Autos schenken sollen. Das wäre billiger gewesen.«

Meine heimwehkranken Kollegen kehrten nach kurzer Zeit in die Staaten zurück. Von den USA aus flogen sie die langen Strecken über die Meere nach Asien oder Europa. Aber die Ozeanflüge hatten für mich während des Krieges viel von ihrem Glanz eingebüßt. Mir fehlte einfach die »action«. Nur ein paar Starts und Landungen pro Monat, acht bis zehn Stunden hintereinander ins enge Cockpit gesperrt – das war die Hölle für mich. Ich wollte jeden Tag mindestens sechs schwierige Landungen unter tiefen Wolkendecken und bei schlechter Sicht hinter mich bringen.

Die Russen, offensichtlich darüber pikiert, daß ein amerikanischer Pilot die Stirn hatte, die Korridore so häufig zu durchfliegen, setzten mich auf ihre »Liste der permanenten Luftkorridorverletzer«. Einige Ergebnisse wurden dramatisch hochgespielt, waren aber in Wirklichkeit nur von minderer Bedeutung. Alles in allem kam eine ganz hübsche Akte zusammen.

Eines Tages kamen die Russen in der Alliierten Kommandantur auch mit der förmlichen Forderung, einen meiner besten und pflichtbewußtesten Captains, Bill Perch, von weiteren Korridorflügen auszuschließen. Bill hatte zugegebenermaßen einen kleinen Navigationsfehler begangen und sich etwa anderthalb Kilometer außerhalb des Korridors befunden.

Bill war um Frieden bemüht. Er bot an, in die Staaten zurückzukehren. Ich hätte so etwas nie getan. Sich den Russen zu beugen heißt, von ihnen beherrscht zu werden.

Ich argumentierte bei Vergehens-Vorwürfen so: »Wenn die Russen wirklich daran interessiert wären, uns in den engen, nur 32 Kilometer breiten Korridoren zu halten, dann würden sie auch Funkanlagen entlang der Strecke installieren. Und wenn sie meinen, das sei unsere Aufgabe, brauchen sie uns doch nur die Genehmigung zum Bau derartiger Anlagen auf ihrem Territorium zu geben. Dann hätten wir endlich brauchbare Navigationshilfen. Das Problem wäre ein für allemal geregelt.«

Natürlich gingen die Sowjets auf derartige Vorschläge nicht

ein, sondern behinderten im Gegenteil die Arbeiten an unseren Funkanlagen in Mannsbach bei Fulda.

Etwa um diese Zeit kam dann für mich ein Tag süßer Rache. Morgens rollte ich auf dem Flughafen Frankfurt an den Start zum planmäßigen Flug nach Berlin. Aber am Ende der Bahn stellte ich bei meiner DC 4 ernste Motorenprobleme fest. Wir sagten den Flug ab. An diesem Tag blieb ich am Boden.

Nach wenigen Stunden beschuldigten mich die Russen eines haarsträubenden Vergehens. Sie behaupteten, daß sie meine Maschine 33 Kilometer außerhalb des Korridors in der Nähe von Dessau gesichtet und einwandfrei mit Radar identifiziert hätten.

Frankfurt hatte vergessen, meinen Flugplan zurückzuziehen, als wir den Start absagten. Die Sowjets hatten natürlich eine Kopie erhalten – wie von allen Flügen durch die Korridore. Voller List und Tücke hatten sie sich eine Zeit aus dem Plan herausgepickt und eine Luftraumverletzung erfunden. Sie krönten ihre Beschwerde mit der Forderung, mich von allen weiteren Korridorflügen auszuschließen, da »eine Flugabweichung dieser Größenordnung eine offensichtliche Provokation« darstelle.

In berechtigtem Zorn schrieb ich eine ausführliche Entgegnung. Ich forderte unsere US-Militärs dazu auf, von den Sowjets ein Schuldeingeständnis und eine förmliche Entschuldigung zu verlangen. Schließlich hatten wir sie in flagranti mit schmutzigen Händen im Kuchenteig ertappt. Aber unsere Regierung übte sich – wie stets – in vornehmer Zurückhaltung. Milde fragten sie an, wie ich denn eine Luftraumverletzung habe begehen können, da ich an diesem Tag doch gar nicht vom Boden abgehoben hatte. Die knappe russische Antwort ohne das Fünkchen einer Entschuldigung: »Offenbar hat sich ein anderes Flugzeug außerhalb des Korridors befunden.«

Das war ihre zweite Lüge. Zu dieser Zeit hielt sich kein einziges Flugzeug einer westlichen Fluggesellschaft in der Nähe von Dessau auf.

Der wahrscheinlich schwerstwiegende Übergriff auf die Freiheit der Zugangswege nach Berlin ereignete sich am 29. April 1952 um 10.34 Uhr im südlichen Korridor zwischen Frankfurt und Berlin. Der planmäßige Air France-Flug AF 466, eine DC 4 mit der Markierung F-Beli, befand sich 120 Kilometer südlich von Berlin in 2300 Meter Höhe.

Meine planmäßige Maschine, auch eine DC 4, flog in 3000 Meter Höhe unmittelbar hinter der Air France. Wir konnten die französische Maschine etwa 30 Kilometer vor uns sehen. Und da wir auf derselben US-Radarfrequenz waren, konnten wir auch hören, wie die französischen Piloten Schwallinger und Lepautre Kurshinweise bestätigten. Die Air France flog einen langsamen Schlängelkurs. Offensichtlich versuchte sie, der schwankenden Berliner Funkfernpeilung zu folgen. Von unserem Tribünenplatz aus kam es uns nicht so vor, als würde die Maschine über den Rand des Korridors hinausdriften. Wir hörten auch keinerlei Warnungen über unser Radar. Die Ostzone besaß ebenfalls gute Radaranlagen. Vielleicht »sahen« sie die französische Maschine außerhalb des Korridors.

Plötzlich bemerkten wir, wie sich zwei russische MIG-15-Jagdflieger auf die langsame, schwerfällige Air France hinabstürzten. Entsetzt sahen wir Pulverrauch aus allen drei Maschinen aufsteigen. Wir konnten einfach nicht glauben, daß es sich tatsächlich um einen Angriff handelte. Doch dann sahen wir, wie die AF-Maschine abrupt in die unter ihr liegende Wolkendecke abtauchte, und hörten, wie die Piloten, nun in der Wolkendecke und für ein paar Augenblicke sicher, erregt über die unglaublichen Vorgänge berichteten:

»Wir sind beschossen worden. Unsere Passagiere sind verletzt. Wir wissen nicht einmal, ob wir uns bis Berlin in der Luft halten können. Die Motoren laufen noch. Wir versuchen, uns in den Wolken zu verstecken. Gott steh uns bei, wenn wir aus denen wieder heraus müssen.«

Von unserer Kanzel aus sahen wir, daß die MIGs, eben noch kleine Tüpfelchen am Horizont, sehr schnell größer wurden. Wollten sie sich nun auf *uns* stürzen?

Wir erklärten Berlin Airways einen Notfall und tauchten mit Vollgas ebenfalls hinab in die Wolkendecke. Hier, im Blindflug, glaubten auch wir, vor den MIGs sicher zu sein.

Glücklicherweise blieb es bis Berlin bewölkt. Nach dieser Hetzjagd landeten wir um 11.30 Uhr, direkt hinter der Air France.

Ich lief sofort auf die französische Maschine zu. Stöhnende, blutverschmierte Passagiere lagen auf dem Boden zwischen den Sitzreihen, bis die Rettungswagen kamen und die Opfer aufnahmen.

Das Air France-Flugzeug war schrecklich zugerichtet worden. Es sah aus wie ein Sieb. Der Copilot Lepautre hatte großes Glück im Unglück gehabt. Kapitän Schwallinger hatte ihn gerade aufgefordert, in der Kabine nach dem Rechten zu sehen, als eine Geschoßgarbe den Copilotensitz traf. Das Loch in der Polsterung war tellergroß. Auch am Armaturenbrett waren Einschüsse zu sehen.

Die Kabine war noch mehr beschädigt. Ein Geschoß hatte die Rumpfseite durchschlagen und die gesamte Küche zur anderen Seite hinausgefegt. Hätten zu dieser Zeit Stewardessen in der Galley gearbeitet, sie wären mit ins All hinausgeblasen worden. Andere Geschosse hatten einen der Treibstofftanks durchschlagen und die Landeklappen nur am Haaresbreite verfehlt. Daß bei diesen Beschädigungen nicht das ganze Flugzeug explodierte, grenzt an ein Wunder. Es waren auch mehrere Maschinengewehreinschüsse an den Rumpfseiten zu sehen. Der Beweis, daß die Schützen rücksichtslos und grausam auf die Passagiere gezielt hatten.

Konnte es nun noch einen Zweifel daran geben, daß die Sowjets in ihrem blinden Haß dem Westen schon vor langer Zeit inoffiziell den Krieg erklärt hatten? Selbst wenn sich die harmlose Air France-Maschine tatsächlich zwei oder drei Kilometer außerhalb des Korridors befunden haben sollte, war das noch kein Grund, einen derartigen Überfall auf sie zu unternehmen!

Kein westlicher Pilot hat jemals absichtlich die Korridore verlassen. Dafür hätte es auch gar keine Gründe gegeben. Da drüben gab es doch nichts zu spionieren. Und das wußten die Russen sehr genau.

In einer halben Stunde sollte ich mich auf den Rückflug nach Frankfurt machen. Ich mußte mich also schnell entscheiden:

Durfte ich das Leben meiner Passagiere unter diesen Umständen gefährden? Hatten sich die unberechenbaren Russen vielleicht dazu entschlossen, jedes Flugzeug im Korridor herunterzuholen, nur um herauszufinden, ob die Westmächte energische Gegenmaßnahmen ergreifen würden?

Besonders beunruhigte mich bei dem Geschehen, daß eine französische Maschine betroffen war, obwohl doch die Franzosen am ehesten von allen Westmächten um einen Ausgleich mit der Sowjetunion bemüht waren. Wollten die Russen nun tatsächlich gegen uns alle vorgehen, ohne offiziell den Krieg zu erklären? Ein paar kluge Männer hatten vorausgesagt, daß es dazu kommen würde.

Ich eilte hinüber zur US Air Force-Flugleitung. Dort wurde heftig spekuliert.

»Es besteht durchaus die Möglichkeit, Captain, daß die Russen einen Fehler gemacht haben. Daß sie es in Wirklichkeit auf Ihre Maschine abgesehen hatten. Vielleicht fliegen Sie für ihren Geschmack ein wenig zu oft durch die Korridore.«

»Vielen Dank, Jungs«, erwiderte ich. »Das ist wirklich ermutigend. Aber ich habe mich gerade entschlossen, ohne Passagiere durch den Korridor zu fliegen. Nur um zu sehen, wie weit die Iwans gehen werden.«

Ich hatte höllische Angst, aber die Russen taten mir nichts.

Und natürlich konnte sich der Westen wieder einmal zu nichts anderem aufraffen als zu einem schriftlichen Protest. Es gab von den Russen keinen Schadensersatz, keine Entschuldigung.

Es war übrigens bezeichnend für den Mumm der Franzosen, daß sie ihren nächsten planmäßigen Flug nicht absagten. Um 14 Uhr flogen sie bereits wieder. Mit Passagieren . . .

Jahre später, am 28. Januar 1964, flog ich durch den mittleren Korridor von Berlin nach Köln. Plötzlich meldete sich Berlin Airways bei uns.

»Haben Sie während der letzten Minuten etwas Außergewöhnliches bemerkt? Irgendwelche fremden Aktivitäten?«

»Fremd« war das Codewort für sowjetische Flugzeuge in den Korridoren. Was war geschehen? Hatten die Russen eines unserer Flugzeuge vom Himmel geholt, oder brachten sie gar ihre Truppen in Position? Wir wußten es nicht.

»Negativ«, antworteten wir. »Keine Fremden gesichtet.«

In Köln wußte auch niemand etwas über einen Zwischenfall in den Luftkorridoren.

Aber am Abend erfuhren wir in Berlin, daß östliche MIGs eine unbewaffnete US Air Force-Maschine abgeschossen hatten. Der kleine zweimotorige T 39-Passagierjet war angeblich 60 Kilometer tief in ostdeutsches Gebiet eingedrungen.

Drei junge US Air Force-Flieger verloren ihr Leben. Der harmlose kleine Passagierjet befand sich auf dem Weg von Wiesbaden nach Berlin. Das US-Radar hatte erschreckt und hilflos mit ansehen müssen, wie die Maschine sehr schnell ostwärts in das Gebiet der Sowjetzone geriet. Wiederholt drängten sie darauf, daß die US-Maschine so schnell wie möglich ihren Kurs änderte.

Erstaunlicherweise reagierte das Flugzeug auf diese Warnungen nicht. Die Zeitungen spekulierten damals, daß entweder die Funkverbindung in der Maschine ausgefallen oder auf eine falsche Frequenz eingestellt gewesen war.

Dem hätte ich noch eine weitere Vermutung hinzufügen können. Daß nämlich der Funk zu leise eingestellt war. So eigenartig das in den Ohren eines Nicht-Piloten klingen mag: So etwas kann der erfahrensten Besatzung unterlaufen.

Auch diesmal gab es keinen Schadensersatz oder wenigstens eine Entschuldigung seitens der Sowjets. Und in der Ostpresse erschienen Berichte, in denen die MIG-Piloten für ihre Heldentat gelobt wurden.

Wenn man lange genug in West-Berlin lebt, wird man ein Falke. Es ist unmöglich, eine Taube zu bleiben.

Erwähnenswert ist, daß der Westen nie einen einzigen Schuß auf ein verirrtes Ostflugzeug abgegeben hat. Wenn eine solche Maschine über unserem Gebiet auftauchte, wurde sie lediglich wieder zur Grenze zurückgeleitet.

Knapp zwei Monate später, am 10. März 1964, wurde ein unbewaffnetes RB 66-Flugzeug der US Air Force brutal von sowjetischen Kampffliegern beschossen. Ostdeutschland behauptete, die RB 66 sei 65 Kilometer tief in ihren Luftraum eingedrungen.

Da es sich bei der RB 66 um ein Aufklärungsflugzeug gehandelt hatte, ist es möglich, daß die Maschine das ostzonale Radarsystem auf die Probe stellen wollte, indem es dicht an der Grenze entlangflog. Wenn es dabei hinüber in den Osten geglitten sein sollte, wäre das in der Tat eine Provokation gewesen.

Dennoch wird man an Plutarch erinnert: »Jungen werfen mit Steinen spielerisch auf Frösche. Aber die Frösche sterben im Ernst.«

Kurz nach dieser Kette beschämender sowjetischer Attacken flog ich von Berlin nach Frankfurt am Main durch den südlichen Korridor. Es war ein klarer Abend. Ich befand mich in 3300 Meter Höhe über Fulda.

Mit einem Mal hörte ich, daß Frankfurt Airways Funkkontakt mit einem russischen Verkehrsflugzeug hatte. Die Maschine – A-ZELA – war auf dem Weg von Amsterdam nach Moskau. Die Russen hatten sich gerade über Frankfurt gemeldet.

Da unterbricht plötzlich eine amerikanische Stimme im unverkennbaren Südstaaten-Dialekt: »Hör mal, Russki, A-ZELA, wir sind bewaffnet. 3000 Meter über euch. Haben euch genau im Visier. Ihr Bastarde seid uns in letzter Zeit ein wenig zu flink mit dem Finger am Abzug. Jetzt werden wir mit euch ein bißchen Scheibenschießen üben. Auge um Auge, Zahn um Zahn! Wir kommen! Tat-tat-tat-tat!!«

Der russische Pilot schrie in gutem Englisch: »Um Himmels willen, nicht schießen! Wir haben Passagiere an Bord. Wir sind nicht verantwortlich für die Zwischenfälle in den Korridoren . . .!«

Jetzt kam eine zweite amerikanische Stimme: »Ich bin unter dem Russki, Jim. Wenn du ihn dir von oben vornimmst, stoße ich hoch und schieße von unten. Wir machen ihn fertig. Ich eröffne das Feuer, wenn du bereit bist. Ich habe seinen großen roten Stern genau im Visier.«

Wieder der Russe, diesmal noch hysterischer: »Nein! Sie können doch kein Verkehrsflugzeug abschießen!«

»So?« höhnte der Südstaatler. »Ihr Russen habt das doch

auch getan. Greift nach eurem Kruzifix. In ein paar Sekunden seid ihr in der Ewigkeit.«

Dieser Dialog dauerte an, bis die Russen den Frankfurter Kontrollraum verließen und auf eine ostdeutsche Frequenz umschalteten. Selbstverständlich haben die Amerikaner nicht angegriffen. Sie haben die Russen nur zum besten gehalten und sehr erfolgreich versucht, ihnen Angst einzujagen. Es ist auch wahrscheinlich, daß es sich bei den Stimmen nicht um Militärs, sondern um Piloten aus Verkehrsmaschinen handelte.

Ich war auch in der Nähe, als sich einer der eigenartigsten und immer noch nicht ganz aufgeklärten Unfälle der Luftverkehrsgeschichte ereignete. Am 22. März 1952 gegen 11.30 Uhr befand ich mich auf Instrumentenflug über Fulda und schaltete gerade auf Frankfurt Airways um. Da hörten wir eine KLM-Maschine.

»Frankfurt Airways, hier KLM 63421. Auf dem Weg von Rom nach Frankfurt. Östlich von Ihrer Station und über Stadten um 20. Vermutlich um 29 über Offenbach. Landung gegen 34.« (Es ist üblich, die angenommenen Ankunfts- oder Überflugszeiten in Minuten anzugeben.)

Frankfurt Airways antwortete der KLM-Maschine, daß wir etwa zum gleichen Zeitpunkt über Stadten sein würden, 300 Meter über ihnen, und daß auch wir auf Offenbach zusteuerten. Airways fügte hinzu, daß die KLM-Maschine vor uns landen könne, wenn sie nur ein wenig an Geschwindigkeit zulege, was ihr, als schnellere Maschine, keine Schwierigkeiten bereiten dürfte.

Wie erwartet antwortete KLM: »Natürlich können wir das. Dann sind wir also gegen 25 über Offenbach und werden gegen 30 am Boden sein.«

Copilot Sputney, ein Draufgänger, drehte sich grinsend zu mir um. »Diese holländischen Ganoven. Ich kann förmlich sehen, wie sie ihre Gashebel durch die Windschutzscheibe drükken, nur um vor uns landen zu können.«

Solche Art Humor ist in den Cockpits der Fluggesellschaften nichts Ungewöhnliches. Häufig gibt es erstaunliche Rivalitäten, wer als erster landen darf. Und Sputney war auf diesem Gebiet ganz groß.

Wir sahen auf die Uhr. 10.25, 10.26, 10.27. Aber KLM meldete sich nicht über Offenbach!

Sputney verdrehte die Augen und grunzte spöttisch: »Lügen haben kurze Beine, KLM. Eure DC 6 kann eben doch nicht so schnell fliegen . . .«

In diesem Augenblick unterbrach Frankfurt Airways Sputneys Privatkommentare. »KLM, sind Sie jetzt über Offenbach?«

Keine Antwort von der Maschine. Jetzt nicht und auch in den folgenden 40 Minuten nicht.

Frankfurt erklärte einen Notfall und schloß den Rhein-Main-Flughafen für den gesamten Verkehr. Man wollte das Gebiet freihaben für den Fall, daß KLM ohne Funk ziellos in der Gegend herumirrte. Uns schickte man in die Wartezone nach Stadten zurück.

Kein Mensch wußte, wo sich die KLM-Maschine zu diesem Zeitpunkt befand. Auf unerklärliche Weise war sie vom Frankfurter Radarschirm verschwunden.

Schließlich meldete ich mich bei Frankfurt Airways. »Unser Sprit geht zu Ende. Können Sie uns nicht doch eine Landegenehmigung geben?«

»Okay«, erwiderte Frankfurt. »Aber auf eigenes Risiko. Melden Sie sich über Offenbach. Berichten Sie, wenn Sie ein Wrack sehen.«

Wir landeten bei leidlich gutem Wetter – nur eine 150 Meter hohe, aufgelockerte Wolkenschicht.

Am Boden teilte man unsere Befürchtungen. Wahrscheinlich war die niederländische Maschine ein paar Kilometer vor dem Flughafen abgestürzt.

Wir sprangen in einen Jeep, rasten in östliche Richtung und entdeckten das Wrack schließlich in einem Wald. Eigenartigerweise war das Flugzeug genau an der Stelle abgestürzt wie die Luftbrücken-DC 4 im Januar 1949 während eines Schneesturms.

Die US Air Force begann damit, die 60 Opfer, die noch immer auf ihren Sitzen festgeschnallt waren, aus dem Wrack zu ziehen.

Wir halfen, die wenigen Überlebenden zu den Rettungswagen zu bringen.

Es sah ganz danach aus, als sei die große viermotorige DC 6 nicht sehr hart aufgeschlagen. Sie mußte mit verhältnismäßig geringer Geschwindigkeit in etwa 300 Meter Höhe über den Wald gerutscht sein. Wahrscheinlich hatten ihr die hohen Tannen die Flügel abgerissen. Dann war die Nase abgesackt, Cockpit und Schwanz waren abgebrochen. Aber der mittlere Teil des Rumpfes war erstaunlich intakt. Es lagen auch keine Bruchstücke weit verstreut. Das alles deutete auf einen fast sanften Absturz hin.

Die Propellerblätter waren gewaltsam nach hinten gebogen, sahen aus wie verdrehte Spiralen. Das bedeutete, daß alle Motoren mit viel Kraft gelaufen waren. Also vermutlich weder Motoren- noch Propellerprobleme. Auch Instrumente und Funk schienen intakt zu sein.

»Glücklicherweise hat die Maschine kein Feuer gefangen«, sinnierte ich. »Vermutlich weil es immer noch regnet. Nun bestehen für die US-Fachleute optimale Bedingungen, die Absturz-Ursache festzustellen.«

Meine Gedankengänge wurden durch das Geräusch von amerikanischen Bulldozern unterbrochen. Kreischend und knirschend schoben sie alles, was von der KLM-Maschine noch übriggeblieben war, zu einem handlichen Aluminium-Paket zusammen.

Sputney und ich rannten laut schreiend auf den US-Major zu, der diese sinnlose Aktion angeordnet hatte.

»Großer Gott, Mann! Sie machen jede Chance zunichte, dieses Unglück aufzuklären! Sie zerstören Funkgeräte und Instrumente. Geben Sie den Experten doch die Möglichkeit, die Ursache herauszufinden.«

Der Major schubste mich einfach zur Seite und befahl seinen Leuten: »Schafft diese Zivilisten fort! Wir räumen das Gelände auf!«

Die Experten schlugen die Hände über dem Kopf zusammen, als sie den Blechhaufen sahen. Natürlich stand später in ihrem Bericht: »Grund des Absturzes unbekannt.«

Es ist bei einem Flugzeugabsturz immer riskant, allzu viele und voreilige Schlüsse zu ziehen. Jahre später stellt sich dann oft genug heraus, daß die beste Analyse doch falsch war. Dennoch vermuteten Copilot Sputney und ich, daß die Funkverbindung der KLM-Maschine über Offenbach abgerissen war. Sonst hätte sie sich mit Sicherheit von dort gemeldet.

Wahrscheinlich hat der KLM-Kapitän dann beschlossen, die Landung ohne Funkkurs zu wagen. Wegen der niedrig hängenden Wolkendecke verfehlte die Maschine die Rollbahn und stürzte ab. Unter Umständen hat es im Cockpit auch Rauchentwicklung von einem durchgebrannten Funkgerät gegeben. Das könnte die Sicht der beiden Piloten beeinträchtigt haben.

Es gab auch noch andere Gerüchte. Die KLM-DC 6 sollte von Frankfurt aus nach Amsterdam und New York weiterfliegen. In Amsterdam hatte Königin Wilhelmina an Bord gehen wollen.

Es sei Sabotage im Spiel gewesen, hieß es, eine Zeitbombe, die zu früh hochgegangen war.

Doch auch diese Theorie konnte nie bestätigt werden. Unvernunft hatte alle Unfallhinweise beseitigt.

In den späten vierziger Jahren weitete Panam ihre Flüge Berlin–Hamburg nach Bremen aus. In Bremen hatten wir mehr als eine Stunde Zeit, bis wir uns auf den Rückflug machten.

Eines Tages, das Wetter war ausgesprochen mies, hielt ich mich bei den Bremer Wetterfröschen in ihrem winzigen Büro auf. Ich wollte wissen, ob es Sinn hätte, eine Zwischenlandung in Hamburg zu machen, oder besser direkt nach Berlin zurückzukehren.

Das gesamte Nordseegebiet lag unter einer dichten Wolken- und Nebeldecke. Landungen waren fast unmöglich.

Ich stand allein auf der Gangway meiner DC 4, betrachtete mißmutig die grauen drohenden Wolken und wartete auf die Rückkehr meiner Crew aus dem Flughafen-Restaurant. Nur sehr vage nahm ich wahr, daß ein kleines zweimotoriges Flugzeug amerikanischer Bauart mit Militärkennzeichen schnell auf eine Parkposition in unserer Nähe rollte.

Nun kletterte ein Offizier in khakifarbener Jacke aus der Maschine und kam direkt auf mich zu. Ich bemerkte eine ganze Reihe von Sternen auf seinen Epauletten. Sie machten aus diesem Soldaten einen General. Je näher er kam, desto mehr Sterne zählte ich. Schließlich war ich bei der höchst beeindruckenden Zahl fünf angelangt.

Mit einem breiten Lächeln machte er vor mir halt. Da durchfuhr es mich wie ein Blitz: Das ist Ike Eisenhower! Er war außer Atem, da er fast gerannt war.

»Skipper«, sagte er freundlich, »ich bin Ike Eisenhower. Wo kommen Sie her? Kennen Sie sich mit dem Wetter weiter nördlich aus?«

Nachdem ich mich von meiner Überraschung erholt hatte, erklärte ich, daß ich aus Berlin käme und daß das Wetter absolut scheußlich sei – besonders an der Nordseeküste.

»Würden Sie an meiner Stelle heute nachmittag mit meiner kleinen Maschine nach Bremerhaven fliegen oder nicht?«

Ich versuchte, ein wenig Humor in die Situation zu bringen: »General, die ganze Küste ist pottendicht. Und da Ihre Maschine sicherlich nicht so viele Instrumente an Bord hat wie mein Airliner, wäre es mir schon zu gefährlich, in Ihrem Vogel zu sitzen, wenn er mit ausgeschaltetem Motor parkt . . .«

Eisenhower warf den Kopf zurück und lachte schallend.

»Captain, ich bedanke mich für Ihren guten Rat. Ihr Jungs seid einfach zu konservativ. Man muß doch auch mal was riskieren! Nochmals vielen Dank, aber – nehmen Sie's mir nicht übel – ich fliege auf jeden Fall!«

Immer noch lachend drehte er sich um und eilte auf sein kleines Flugzeug zu. Bald darauf wurden die Motoren angeworfen. Die Maschine rollte davon, mitten hinein in Nebel und Regenschauer.

Sie haben Bremerhaven mit Sicherheit erreicht, da Eisenhower noch eine ganze Reihe von Jahren lebte und sogar Präsident der Vereinigten Staaten wurde . . .

Am 17. Juni 1953 war ich auf dem Weg von Frankfurt nach Berlin. Gegen 13 Uhr flogen wir verhältnismäßig niedrig über dem Stadtzentrum. In einem weiten Bogen wollten wir in Tempelhof landen. Mit einem Mal bemerkte ich, daß die sonst so verlassenen Straßen Ost-Berlins von Menschen wimmelten. Sie kletterten sogar am Columbushaus am Potsdamer Platz empor; sie trugen Fackeln und setzten das Gebäude in Brand, verbrannten rote Fahnen. Aus einigen Fenstern der verhaßten Volkspolizei wehten weiße Tücher zum Zeichen der Kapitulation.

Nach acht Jahren schweigenden Leidens schien es fast unglaublich, daß die Menschen sich gegen die Russen erhoben und dabei ihr Leben riskierten.

Ich rief Tempelhof. »Hier NC 9218. Bitten um Erlaubnis, noch ein paar Minuten über Ost-Berlin kreisen zu dürfen.«

»Erlaubnis erteilt«, erwiderte Tempelhof. »Bleiben Sie auf Sicht. Was geht da drüben eigentlich vor? Ist ein Feuer ausgebrochen? Wir sehen eine Rauchsäule. Gibt's einen Aufstand? Wenn ja, machen Sie Fotos. Die Presse ruft dauernd an.«

»Ja, es brennt. Sieht ganz nach einem Aufstand aus. Wir halten Sie auf dem laufenden.«

Ich sah hinüber zum Copiloten, der erst kurze Zeit bei uns war und als Fotonarr schon dann und wann bei unseren Flügen durch den Korridor Aufnahmen gemacht hatte.

»Das ist die Chance Ihres Lebens«, rief ich ihm zu. »Nun können Sie endlich ein geschichtliches Ereignis festhalten. Fotografieren Sie die Aufständischen da unten. Auch das brennende Gebäude da drüben. Ich werde so niedrig wie möglich fliegen. Sehen Sie, wie da vom Alexanderplatz sowjetische Panzer heranrollen?«

Zögernd kam seine Antwort: »Das ist gefährlich. Die könnten auf uns schießen. Lassen Sie uns bloß so schnell wie möglich abhauen.«

»Seien Sie doch kein Idiot!« bellte ich ihn an. »Wir tragen das Sternenbanner groß und breit auf unserem Schwanz. Die Deutschen werden schon nicht auf uns schießen. Die wollen doch, daß wir Augenzeugen ihrer mutigen Taten sind.«

Nachdem wir die Passagiere informiert und etwa 20 Minuten lang über Ost-Berlin gekreist hatten, landete ich zögernd in Tempelhof. Als wir aus der DC 4 stiegen, waren wir sofort von mehr als 20 Reportern umringt. Sie wollten unseren Film, schrien sich nach unseren Fotos buchstäblich die Kehlen wund.

Doch nach einer Stunde erhielten wir die niederschmetternde Nachricht, daß alle unsere einmaligen Aufnahmen wertlos waren. Der Copilot hatte in Berlin alles mögliche fotografiert – nur den Aufstand nicht ...

Von der versammelten Presse wurde ich gefragt, ob ich sie nicht in einem gecharterten Flugzeug ein wenig über Ost-Berlin kutschieren könne. Unsere Fluggesellschaft war einverstanden, aber die US Air Force nicht. Sie war der Meinung, daß ein Überfliegen Ost-Berlins zum augenblicklichen Zeitpunkt zu riskant sei.

Ein paar von uns stiegen in ein Auto und rasten zum Brandenburger Tor. Dort konnte man die Ereignisse aus der Nähe beobachten, obwohl die westliche wie die östliche Polizei die Übergänge zwischen Ost- und West-Berlin vorsorglich gesperrt hatte. Wir sahen, wie beherzte Deutsche Steine gegen die anrollenden sowjetischen Panzer schleuderten – ihre einzige Waffe gegen die stählernen Ungetüme.

Während der zwölf Jahre zwischen dem Ende der Blockade und dem Bau der Mauer im August 1961 flohen rund drei Millionen Ostdeutsche in den Westen. Viele dieser Flüchtlinge wurden mit unseren Maschinen ausgeflogen. Die mittellosen Menschen, die Angst vor der Zukunft hatten, übernachteten zu Tausenden auf den Straßen West-Berlins und auf dem Boden der Tempelhofer Hallen, direkt neben den abgestellten Maschinen.

Sie waren die unruhigsten und nervösesten Passagiere, die wir jemals an Bord hatten. Noch nie in ihrem Leben hatten sie in einem Flugzeug gesessen. Neunzig Prozent wurden luftkrank. Unsere Stewardessen waren ständig mit Eimern und Lappen unterwegs.

Prompt reagierte Ostdeutschland auf diese Flüge. Man beschuldigte mich, der Chef einer Bande von Korridor-Piloten zu sein, die über ostdeutschem Gebiet Kartoffelkäfer abwarf, um die Landwirtschaft zu ruinieren.

Von ausländischen Korrespondenten erfuhr ich, daß dieses unglaubliche Lügenmärchen sogar in der *Prawda* Schlagzeilen gemacht hatte.

255

Und dabei weiß ich nicht einmal, wie ein Kartoffelkäfer aussieht.

Als nächstes sollte ich gar Behälter mit tödlichen Bakterien wie Typhus und Tetanus abgeworfen haben . . .

Ein unglaublicher Vorfall folgte dem anderen. Bald sollte ich Kinder ostdeutscher Arbeiter mit unseren Flugzeugen in den Westen verschleppt haben. Dann hieß es, daß ich Fluchtpläne aus den Fenstern unserer Maschinen warf. Ich hatte eine Menge Spott von meinen Kollegen zu ertragen.

Um diese Zeit ereignete sich ein zwar amüsanter, aber durchaus provokatorischer Zwischenfall in meiner Maschine.

Eines Sommernachmittags befand ich mich auf dem Flug von Berlin nach Frankfurt. Mit von der Partie war der junge einfallsreiche, mitunter aber ziemlich alberne Copilot Bob Harlequin, dessen Hobby das Zaubern war. Eine von Bobs Eigenheiten war es, ab und zu mit offenem Cockpitfenster zu fliegen. Das war in einer DC 4 ohne Druckausgleich möglich. Dennoch war mir diese Marotte nicht sehr angenehm. Im Cockpit entstand ein störendes Geräusch durch den Flugwind und außerdem ein Vakuum.

Doch gelegentlich machte ich Bobs Späße mit, einfach um den Tag ein bißchen heiterer zu gestalten.

»Jack, es ist unerträglich heiß hier drin. Wie wär's, wenn ich ein Fenster öffnete, bis wir ein paar hundert Meter hoch sind?« fragte Bob.

»Okay«, erwiderte ich. »Aber wirklich nur kurz. Es macht so verdammt viel Krach!«

Bob nahm die Mütze vom Kopf, zog Uniformjacke, Krawatte, Hemd und Unterhemd aus und hängte alles an einen Haken neben seinem geöffneten Fenster. Ihm mußte wohl wirklich sehr warm sein . . .

Inzwischen stiegen wir bereits über Neukölln, dann über Ost-Berlin.

Mit einem lauten »Hui!« wurden Bobs teure Ausrüstungsgegenstände vom Flugwind aus dem Fenster gezogen und flatterten zur Erde.

Bob sah in seiner Verblüffung so komisch aus, daß ich in

schallendes Gelächter ausbrach. Mit einem dürftig bekleideten, ziemlich bedripsten Copiloten flog ich weiter nach Frankfurt.

Ich ließ mir die Gelegenheit nicht entgehen, alle Stewardessen unter irgendwelchen Vorwänden ins Cockpit zu rufen, um sie in den Genuß von Bobs Striptease zu bringen, und nach der Landung in Frankfurt sorgte ich dafür, daß soviel Publikum wie möglich zur Stelle war.

Natürlich spielte die Ostpresse am nächsten Tag – wie erwartet – verrückt: »Kartoffelkäfer-Pilot wirft westliche Uniformteile ab, um Kriminellen zur Flucht zu verhelfen.«

Aber Bob war die Petersilie noch längst nicht verhagelt. Ein paar Monate später beugte er sich auf einem Flug nach Frankfurt vertraulich zu mir herüber und grinste: »Wie wär's, wenn wir den uralten Trick mit der neuen unerfahrenen Stewardess versuchen? Du weißt doch: Wir rufen sie herein, und ich öffne mein Seitenfenster, schaffe ein Vakuum in der Kanzel. Jetzt kann sie die Tür zur Kabine nicht mehr öffnen. Aber ich rede ihr ein, daß die Tür nur klemmt. Nun wird sie sich natürlich mit aller Kraft dagegenstemmen. Ich aber mache mein Fenster blitzschnell wieder zu. Das Vakuum ist aufgehoben, und die Stewardess schießt wie eine Rakete aus dem Cockpit durch den Mittelgang der Kabine . . .!«

Gesagt, getan. Glücklicherweise wurde die Stewardess dabei nicht verletzt. Die Passagiere lachten – Schadenfreude ist bekanntlich die reinste Freude.

Bob öffnete sein Seitenfenster wieder und starrte gelassen nach vorn durch die Windschutzscheibe.

»Um Himmels willen, Bob«, rief ich. »Schließ doch endlich das verdammte Fenster. Die Schau ist vorbei.«

»Ja, ja, Jack«, erwiderte er ungerührt. »Nur noch ein paar Minuten. Es ist so heiß hier drin.«

»Nun ist er endgültig übergeschnappt«, dachte ich. »Es ist überhaupt nicht warm!« Dennoch ließ ich ihm den Spaß – Langeweile ist der Feind der Luftfahrt. (Am Tag meines Abschieds von der Fluggesellschaft sagte ein Copilot zu mir: »Jack, du hast die Flugregeln so ausgelegt, daß wir mit ihnen leben konnten!«)

Nach vielleicht zehn Minuten fast unerträglichen Windgetöses hörte ich plötzlich ein anderes Geräusch. Ein weiches, regelmäßiges »Pfutt, pfutt, pfutt«.

Verblüfft sah ich mich um, konnte die Quelle des Geräuschs jedoch nicht ausmachen. Aber ich bemerkte etwas anderes: Immer wenn ich meinen Kopf in Bobs Richtung drehte, hörte das Geräusch auf. »Warte, du Teufel«, dachte ich. »Ich komm dir schon noch auf die Schliche!«

Und dann hatte ich ihn. Dieser Verrückte hielt doch tatsächlich Karton für Karton Kleenex-Tücher dicht an sein geöffnetes Seitenfenster! Das erste Tuch zog er heraus, den Rest besorgte der Flugwind . . .

Ich griff über ihn hinweg und schloß das Fenster mit einem lauten, vernehmlichen Knall.

»Du dummer Hund«, schnaubte ich. »Die Russen werden glauben, daß diese Kleenex-Spur eine Fluchtroute ist, die wir ausgelegt haben!«

Bob lachte schallend. Das war ganz in seinem Sinne.

»Zum ersten Mal kann ich die Russen sogar verstehen«, sagte ich zu Bob. »Das war verdammt provozierend. Wenn man dir freie Hand ließe, würdest du womöglich noch einen Krieg anzetteln. Gott steh uns bei, wenn die Alliierte Kommandantur davon erfährt.«

Und sie erfuhr es – aus den Schlagzeilen der *Prawda*.

Aber Bob Harlequins Trickkiste war noch längst nicht leer. Ein paar Wochen später teilte er mir seinen neuesten Einfall mit.

»Ich fahre mit einem Jeep, den ich den Militärs billig abgekauft habe und der noch immer olivbraun und mit Militärkennzeichnung versehen ist, langsam Unter den Linden entlang. Wenn ich einem russischen Militärfahrzeug oder einem Diplomatenwagen begegne, fahre ich ganz dicht heran und winke einem der Insassen vertraulich zu. So als würden wir uns seit Ewigkeiten kennen. Praktisch ein ›Todeskuß‹, denn Fraternisierung mit Angehörigen der Westmächte ist streng verboten. Die Reaktion des von mir so herzlich begrüßten Russen ist sehr interessant. Er macht sich auf seinem Sitz ganz klein, will seinen Mitfahrern beweisen, daß er mich noch nie gesehen hat. Schließlich wird es dann dem Fahrer zuviel, er biegt in eine Nebenstraße ein.

Stell dir nur die Schwierigkeiten vor, die auf den armen Teufel warten. Der NKWD wird ihm noch monatelang auf den Fersen bleiben.«

Ich zog die Luft zwischen den Zähnen ein. »Alle Wetter, Bob. Du mußt bei der CIA gewesen sein . . .«

Bob grinste. »Stimmt.«

Mein letztes Abenteuer mit Bob hatte ich an einem Sommerabend in der Nähe des Brandenburger Tors. Er hatte mich von meiner Wohnung im Grunewald abgeholt, um eine Spazierfahrt zu machen. »Keineswegs werden wir in den Ostsektor fahren, um dort zu stänkern . . .«

Schließlich befanden wir uns in der Nähe des Brandenburger Tors und des sowjetischen Ehrenmals, das im britischen Sektor liegt. Sowjetische Soldaten halten dort Tag und Nacht Wache.

»Moment mal, Bob«, sagte ich. »Wir bleiben hier auf Westberliner Gebiet. Ausnahmsweise möchte ich heute mal keine Zwischenfälle mit den Russen.«

Seine großen dunklen Augen sahen mich unschuldig an. Aber ich hätte wissen müssen, daß dieser Knabe immer für eine Überraschung gut war.

»Wie kommst du denn darauf, Jack? Natürlich fahren wir nicht hinüber nach Ost-Berlin. Ich habe es dir doch versprochen.«

Und er wendete den olivbraunen Jeep genau vor dem sowjetischen Ehrenmal. Ich sah die vier russischen Soldaten vor den von schwachen Scheinwerfern angestrahlten Marmorsäulen. Kurzläufige automatische Waffen hingen über ihren Schultern.

Ohne jede Ankündigung schwenkte Bob plötzlich von der breiten Straße ab und bog in einen schmalen Weg ein, der hinter das Ehrenmal führte.

»Wo zum Teufel fahren wir denn jetzt hin?« fragte ich alarmiert.

»Immer mit der Ruhe, Jack. Ich glaube, diese kleine Straße führt um das Ehrenmal herum. Das will ich jetzt genau wissen.«

Also holperten wir in unserem offenen Jeep weiter. Links von uns, etwa fünfzig Meter entfernt in der Dunkelheit, war die Begrenzung des Denkmals. Zwei der sowjetischen Posten waren zwischen die Säulen getreten und beobachteten uns. Vier weitere Figuren in Uniform kamen aus einer kleinen erleuchteten Baracke. Wahrscheinlich war das die Wachablösung. Die schmale Straße beschrieb tatsächlich einen Halbkreis. Schon waren wir wieder auf der breiten Allee vor dem Ehrenmal.

Ich stöhnte auf. »Gut, jetzt wissen wir also, daß die Straße um das Ehrenmal herumführt. Nun laß uns endlich von hier verschwinden.«

Doch Bob grinste nur, zog heftig an seiner langen Pfeife und sprühte Asche über mich. Dann brach er zum zweiten Mal zu einer Umrundung des Denkmals auf.

Diesmal waren die Soldaten hellwach. Sie hielten ihre Waffen in den Händen, zielten jedoch nicht auf uns.

»Du blöder Hund«, brüllte ich. »Dreh um! Bloß weg von hier. Diese schießwütigen Kerle knallen uns doch glatt über den Haufen.«

Bob lachte. »Die werden sich schon wieder beruhigen. Sie denken bestimmt, daß wir eine amerikanische Militärpatrouille sind.«

»Woher willst denn ausgerechnet du wissen, was sie denken?« empörte ich mich.

Aber Bob ließ sich nicht beirren. Er fuhr gerade so schnell, daß ich nicht aus dem Wagen springen konnte. Und ganz offensichtlich stimmte seine Vermutung sogar. Nachdem wir noch ein paar Runden gedreht hatten, schwangen die sowjetischen Soldaten ihre Waffen wieder über die Schultern und kehrten zu ihren ursprünglichen Plätzen zurück. Sie hatten an unserer »Inspektion« offensichtlich das Interesse verloren.

Hinter dem Mahnmal stoppte Bob unerwartet, zog den Zündschlüssel ab und steckte ihn in die Tasche.

»Was hast du denn jetzt wieder vor?« fragte ich verdattert. »Romanze im Mondschein?«

Mit wahrhaft asiatischem Lächeln holte Bob unter seinem Sitz eine ganze Ladung Feuerwerkskörper hervor – die größten Knaller, die ich je gesehen hatte.

Fast starr vor Angst sah ich diesem Verrückten zu. Er zündete einen Feuerwerkskörper nach dem anderen an seiner Pfeife an und legte sie auf dem Boden aus, richtete sie ganz präzise auf die Rückseite des Denkmals und auf das kleine Wachhäuschen. Liebend gern hätte ich den Motor gestartet und wäre davongebraust. Doch der Zündschlüssel steckte in Bobs Tasche . . .

Nachdem Bobs Böller alle gezündet worden waren, startete er mit entnervender Ruhe den Jeep und fuhr langsam zurück auf die Straße.

Hinter uns brach die Hölle los. Das Donnergetöse der explodierenden Feuerwerkskörper ließ unseren Jeep erzittern.

Dann hörte ich, wie die russischen Soldaten ihre Magazine entleerten. Ihr eigentliches Ziel, wir, war längst verschwunden.

Meine Standpauke beantwortete Bob mit einem entwaffnenden: »Mission beendet. Alle zwölf Böller sind losgegangen. Ich habe genau gezählt.«

Kurz darauf, und vermutlich im Interesse des Friedens in Europa, kehrte Bob nach Amerika zurück.

Besuche in Ost-Berlin übten auf viele von uns einen gewissen Reiz aus. Zwischen dem freien West-Berlin und dem straff geführten kommunistischen Ost-Berlin besteht, auch wirtschaftlich, ein solcher Unterschied, daß ein paar Stunden in Karl Marx' Land für gewöhnlich ausreichen, unsere Lebensform noch attraktiver erscheinen zu lassen.

Aber die Theater in Ost-Berlin sind ganz vorzüglich, wahrscheinlich noch besser als die Bühnen West-Berlins. Der Staat unterstützt die Künstler verschwenderisch.

Ein paar Jahre nach Kriegsende war ich eines Abends mit meinem ramponierten Ford Sedan auf dem Weg zu einer Vorstellung im Schiffbauerdamm-Theater in Ost-Berlin.

Mein Begleiter und ich stellten den Wagen auf dem kleinen kopfsteingepflasterten Parkplatz vor dem Theater ab und gingen hinein.

Da ich mein Opernglas vergessen hatte, ging ich in der Pause hinaus, um es mir aus dem Auto zu holen. Als ich mich meinem Ford näherte, sah ich zu meinem Entsetzen, daß sich eine Gruppe Volkspolizisten um ihn geschart hatte und der Wagen praktisch in seine Einzelteile zerlegt wurde. Alle vier Türen standen offen, die Verkleidungen lagen auf der Straße.

Wütend kämpfte ich mich durch die Gruppe. »Was zum Teufel geht hier eigentlich vor?«

Einer der Vopos wedelte mir mit einem Wisch vor den Augen herum. In dürren Worten stand dort, daß Offiziere der DDR autorisiert seien, Wohnungen, Gebäude und Kraftfahrzeuge zu untersuchen, wenn Verdacht auf böswillige Aktivitäten gegen die DDR vorliege.

»Na«, raunzte ich den Offizier an, »welche böswilligen Aktivitäten könnte ich wohl hinter den Türverkleidungen versteckt haben?«

Mein Sarkasmus wurde bewußt überhört. Die Vopos taten, als wäre ich Luft, und machten sich weiter an meinem Auto zu schaffen. Dabei gingen sie mit einer Resolutheit und Erfahrung zu Werke, die mich fast um den Verstand brachten. Sie fotografierten buchstäblich jede Schraube.

Schließlich schnappte ich mir den Anführer der Truppe: »Wenn Ihre Jungs mit ihrer albernen Tätigkeit fertig sind, setzen sie hoffentlich meinen Wagen genauso wieder zusammen, wie er einmal gewesen ist!«

Der Offizier schob mich wortlos beiseite.

Ich stürmte zurück ins Theater und berichtete meine Erlebnisse meinem höchst ungläubigen Begleiter.

Als wir gegen 23 Uhr aus dem Theater kamen, stand mein altes Autochen völlig intakt auf dem Parkplatz. Ganz so, als hätte in der Zwischenzeit keine Hand es berührt. Sogar mein Stadtplan lag auf dem Vordersitz, wo ich ihn zurückgelassen hatte.

Mein Freund inspizierte das Auto, konnte aber nichts Außergewöhnliches feststellen.

»Du hast das alles nur geträumt«, kommentierte er lakonisch.

Nach dem Bau der Mauer wurde ich hin und wieder von der Public Relations-Abteilung meiner Fluggesellschaft in New York angerufen. Meist ging es dann um meine Mithilfe bei irgendwelchen werbewirksamen Unternehmungen. So auch diesmal.

»Richard Hiatus, ein amerikanischer Autor, kommt nach Berlin, um ein Buch zu schreiben. Captain Jack, Sie sind doch länger in Berlin, als Hitler es jemals war. Wie wäre es, wenn Sie Hiatus die Stadt zeigten? Sehen Sie zu, daß er unsere Gesellschaft in seiner Publikation erwähnt. Das wäre eine gute und preiswerte Reklame für uns. Herzlichen Dank und viel Glück!«

Je länger man bei einer Fluggesellschaft ist, desto klarer wird einem, daß es die Werbung ist, die Tickets verkaufen hilft. Anzeigen in Zeitungen oder Zeitschriften sind teuer, Veröffentlichungen im redaktionellen Teil viel wirksamer und – billiger.

Also traf ich mich mit Richard Hiatus, als er in Frankfurt zwischenlandete. Ich flog ihn mit meiner DC 4 nach Berlin. Mit einer Sondererlaubnis saß er vorn bei uns im Cockpit. Wir kreisten ungefähr 15 Minuten über Berlin, bevor wir landeten. Unsere Passagiere in der Kabine dankten mit Beifall für diese kostenlose Sightseeing-Tour.

Hiatus war ein rotgesichtiger, offenbar stark dem Alkohol zusprechender Ire. Ganz deutlich war er darauf bedacht, so viele Zwischenfälle wie möglich zu provozieren, um sie dann für sein Buch zu verwenden. Er war nicht der Autor – er war die Story selbst!

Schon kurz nach der Landung ging es los. Noch während er die Gangway hinunterhüpfte, zeigte der Possenreißer auf das deutsche Bodenpersonal und meinte fröhlich: »Captain Jack, nun zeigen Sie mir doch mal, wer von denen der SS angehört hat.«

Ich ergriff ihn hastig beim Arm und zischte: »Immer langsam. Das ist kein guter Start. Sie sind hier nicht zu Hause in New York.«

Aber der riesige, übergewichtige Hiatus pfiff auf alle Vernunft. Er stürmte los wie ein Gorilla in einem schlechtsitzenden Nadelstreifenanzug. Seine Kamera richtete er ungeniert auf alles, was ihm unter die Augen kam.

In der Ankunftshalle schüttelte er buchstäblich jedem Deutschen, der seinen Weg kreuzte, die Hand. »Sprechen Sie englisch?« bellte er sie an. »Ich bin Amerikaner.«

Letzteres war unübersehbar.

Ich fragte mich, auf welch verrückte Ideen dieser unglaubliche Kerl wohl kommen mochte, wenn er angetrunken war. Ich sollte es bald genug erfahren.

Ich packte ihn am Arm und steuerte ihn auf meinen Volkswagen zu, der vor dem Flughafengebäude geparkt war. Zu dieser Zeit waren wir bereits »Dick« und »Jack«.

Dick warf seinen Koffer so vehement in den Wagen, daß er um ein Haar zum anderen Fenster wieder hinausgesegelt wäre. Dieser Grobian hatte vor nichts Respekt – weder vor Menschen noch vor Dingen.

Wie erwartet kam dann sehr schnell: »Ich bin kein Alkoholiker, Jack. Aber laß uns doch an der nächsten Kneipe halten. Du bist mein Gast, mein Mentor, mein Kumpel.«

»Okay, Dick. Aber nur auf ein Bier. Du mußt dein Buch schreiben, und ich habe nur drei Tage für dich Zeit.«

Wir hielten vor einer schäbigen Eckkneipe am Mehringdamm. Ich wollte eine möglichst unbehagliche Atmosphäre, damit Dick sich nicht festsetzte.

Er sprang aus meinem Käfer, als habe der Sitz Feuer gefangen, und keuchte auf die Kneipe zu. Er riß die Tür so heftig auf, daß sie fast aus den Angeln fiel.

Drinnen bot sich mir dann eine Szene wie im Wilden Westen. Dick schleuderte eine Handvoll Dollar auf die Theke und schrie: »Deutsche Kameraden, die Runde geht auf mich. Der Krieg ist vorbei. Wir sind wieder Freunde.«

Der Krieg war in der Tat seit fast zwei Jahrzehnten vorbei. Dick hinkte der Zeitgeschichte beträchtlich hinterher.

Eine Stunde später zerrte ich ihn wieder auf die Straße und verstaute ihn in meinem kleinen Auto.

»Hör mal, Dick«, sagte ich. »Versteck jetzt bloß deine verdammte Kamera. Wir fahren nach Ost-Berlin. Und ich brauche dir wohl nicht zu sagen, daß die Leute da drüben nicht viel Sinn für Humor haben und daß sie uns Amis nicht gerade mögen. Sie sind bekannt dafür, daß sie Menschen für Jahre ins Gefängnis stecken, nur weil die sie schief angesehen haben. Wir wollen uns also wie höfliche, nette Gäste benehmen, uns nur alles angucken. Laß es nicht zu einem Zwischenfall kommen, über den dann andere berichten, weil du dazu nicht mehr kommst . . .«

Langsam fuhr ich über den berühmten Checkpoint Charlie nach Ost-Berlin hinein. Die Westberliner Polizei und die amerikanische Militärpolizei standen vor ihrer kleinen weißen Holzbaracke und winkten uns einfach weiter. Sie hatten das übliche dünne Lächeln aufgesetzt, so als wollten sie sagen: »Ihr wißt vermutlich, was ihr tut. Aber warum müßt ihr denn unbedingt da rüber, an den Rand des Vulkans?«

Die Grenzpolizisten der DDR in ihren graugrünen Uniformen hielten uns gebieterisch mit ausgestreckten Armen an. Während sie umständlich in unseren Pässen blätterten, sagte Dick provozierend: »Stimmt es eigentlich, Captain Jack, daß dein Foto da drüben in dem kleinen Mauer-Museum hängt? Und daß darunter steht, du habest die Rekordzahl von bisher 15 000 Flügen über den Eisernen Vorhang aufzuweisen?«

Der Grenzpolizist hielt inne und blickte mich eisig an.

Ich trat Dick so heftig auf den Fuß, daß er vor Schmerz wimmerte. Es entstand ein längeres Schweigen. Dann wurden unsere Pässe abrupt zugeklappt und zurückgegeben. Die Polizisten salutierten spöttisch und winkten uns weiter.

Während wir anfuhren, zischte ich zwischen zusammengebissenen Zähnen hervor: »Nur weiter so, du dummer Hund. Dann werden wir nicht mehr lange in Freiheit sein. Geht es denn nicht in deinen Schädel, daß wir uns hier im größten Gefängnis der Erde befinden? Es erstreckt sich von dieser verdammten Mauer bis an den Pazifischen Ozean.«

Ich holte tief Luft und fuhr fort: »Sie haben doch nicht mal vor unserem Militär Respekt. Ich will dir ein kleines Beispiel geben. Wenn unsere offiziellen Militärfahrzeuge den Checkpoint passieren, brechen die Grenzpolizisten oft genug einfach unsere Antennen ab. Kindisch, was? Aber du siehst, der Kalte Krieg ist immer in Gefahr, sich aufzuheizen. Natürlich haben auch unsere Jungs Mumm in den Knochen. Neulich haben sie die Antennen unter Strom gesetzt. Die Grenzer wurden ganz schön durchgeschüttelt.«

Wir fuhren Unter den Linden entlang. Die einst so elegante Promenade sah trostlos aus, die Umgebung wirkte feindselig und angsteinflößend. Sogar Dick schüttelte sich unbehaglich.

In der Nähe des Brandenburger Tors zeigte ich auf die Ruine des weltberühmten *Hotel Adlon*. Die Vorderfront war im Mai 1945, wenige Tage nach Kriegsende, auf mysteriöse Weise abgebrannt. Ein Seitenflügel stand noch. Dort war ein jämmerliches blaues Neonlicht mit den Buchstaben »Adlon« angebracht.

»Können wir hineingehen?« fragte Dick.

Ich zuckte mit den Achseln. »Warum nicht? Mir wird das allerdings traumatische Erinnerungen bringen. In diesen Räumen habe ich an Empfängen teilgenommen, bei denen Hitler seine endlosen Monologe hielt, die Augen starr zur Decke gerichtet.«

Der Eingang wirkte wie eine schäbige Kellertür. Dahinter befand sich ein winziger Empfangsraum, kaum größer als eine Telefonzelle. An einer Wand stand ein ramponierter Empfangstresen, der einem Polizeirevier in Manhattan alle Ehre gemacht hätte. Dahinter saß ein mürrisch aussehender, runzliger Portier mit schwarzgerändertem Kneifer, der dauernd in Gefahr war, ihm von der Nase zu rutschen.

»Frag ihn auf deutsch, ob wir ein Zimmer haben können«, bat Dick.

»Nein«, seufzte der Portier bedauernd. »Wir haben nur zehn Räume, und die sind alle belegt.«

Dick öffnete eine Tür, und wir blickten in einen primitiven kleinen Speisesaal mit nicht mehr als sieben Tischen. Die Tischdecken waren schmutzig.

»Vor dem Krieg konnte sich der Speisesaal des *Adlon* mit dem des *Waldorf Astoria* in New York vergleichen«, sagte ich. »Laß uns gehen. Mir wird sonst übel.«

Draußen im Auto sagte ich zu Dick: »Laß uns zum Luftfahrtministerium fahren, wo ich als junger Bursche Göring nervte, deutsche Flugzeuge fliegen zu dürfen.«

»Okay, Jack. Warum nicht.«

Wir bogen in die Wilhelmstraße ein, fuhren an etwa fünf Seitenstraßen vorbei. Zu unserer Rechten war Wildnis, grünes Gestrüpp mitten in der Stadt. Früher hatten hier die prächtigen Ministerien für Finanzen, Landwirtschaft, das Außenministerium und sogar die Reichskanzlei gestanden. Gelegentlich hatte ich hier vom Balkon aus den Hitler-Reden gelauscht. Dahinter, in einer fernen Ecke des Gartens, war Hitlers Bunker gewesen. Das ausgebombte Areal war nun eine von russischen Bulldozern plattgewalzte Fläche.

Wir näherten uns dem noch immer intakten Luftfahrtministerium, dem heutigen Haus der Ministerien. Der große Granit-Koloß hat einen Großteil seines ehemaligen Glanzes eingebüßt. Hunderte von Einschüssen haben ihre Spuren auf der Fassade hinterlassen.

Noch immer standen Posten vor dem Portal, aber jetzt waren es schlaffe, graugrün-uniformierte Vopos und nicht die stramme, polierte Luftwaffen-Elite in Blau. Die Vopos trugen Maschinenpistolen und keine Vorkriegskarabiner. Das Regime hatte gewechselt, die Struktur aber war geblieben.

»Laß uns doch hineingehen und sagen, daß du wieder eine Verabredung mit Hermann Göring hast«, scherzte Hiatus.

»Aber klar«, erwiderte ich resignierend. »Das entspräche auch glatt dem, was die unter Humor verstehen.«

Wir fuhren langsam zum Alexanderplatz und dann die Frankfurter Allee entlang, die zunächst in Stalin-, später in Karl-Marx-Allee umbenannt worden war. Die monotone Bebauung wirkte so leblos und grau wie verfärbtes Antarktis-Eis.

Dick grunzte: »Diese armen Narren haben einfach ein und dasselbe Gebäude Hunderte von Malen gebaut.«

Wir parkten und schlenderten über die breite Straße, betrachteten die Auslagen der staatseigenen Geschäfte. Sie waren großzügig mit hochwertigen Textilien und Nahrungsmitteln bestückt – für einen Durchschnittsverdiener natürlich unerschwinglich. Wir gingen in den verschwenderisch ausgestatteten Zeiss-Laden. Dort waren in Jena gefertigte Teleskope ausgestellt, so groß, daß sie kaum in ein Observatorium gepaßt hätten.

»Himmel«, sagte Dick laut. »Das ist doch alles Propagandarummel. Wer kann sich so etwas schon leisten? Und selbst wenn – wer braucht denn so was?«

»Dick, sprich doch nicht so verdammt laut«, zischte ich ihm zu. »Hier wimmelt es von Spionen. Wahrscheinlich haben sie uns längst heimlich fotografiert.«

Dick antwortete auf seine Weise. Er holte seine Kamera heraus und begann dreist jeden zu fotografieren, der auch nur im entferntesten dem ähnelte, was er unter einem Spion verstand.

Ich stöhnte innerlich auf. »O Gott, laß uns bloß lebendig hier wieder herauskommen. Dieser Bursche bewegt sich auf feindlichem Gebiet mit der Grazie einer Elefantenherde.«

Inzwischen hatten wir den Zeiss-Laden verlassen und standen vor einem Eisenwarengeschäft. Dick fragte prompt: »Wollen wir hineingehen?«

»Gut«, erwiderte ich. »Ich kaufe hier dann und wann ein paar Werkzeuge.«

Drinnen fragte einer der kühlen unpersönlichen Verkäufer in dem typischen dunkelblauen groben Kittel nach unseren Wünschen. Ich kaufte einen Schraubenzieher und erklärte Dick leise, wie preiswert hier Werkzeuge für mich waren.

Ich fügte hinzu, daß einige der anderen Kunden die allgegenwärtigen Aufpasser seien, und flehte ihn an: »Sei ein braver Junge, Dick. Mach bloß keine Faxen.«

Auf der Ladentheke lag ein dickes Buch. Dicks Reporteraugen hatten es längst erspäht. »Was zum Teufel ist denn das, Jack? Ein Gästebuch?«

Ich nahm es zur Hand. »Das ist ein Beschwerdebuch für die Kundschaft. Der Staat ist daran interessiert, einen möglichst einwandfreien Service zu bieten.«

Mit gerunzelter Stirn las ich einige der offenbar bestellten Kommentare vor. »Der Service in diesem Volkseigenen Betrieb ist ausgezeichnet. – Die Qualität unserer großartigen Produkte ist unvergleichlich.«

In diesem Augenblick reichte mir der Verkäufer den eingepackten Schraubenzieher. Ich gab Dick das Beschwerdebuch, bezahlte, nickte allen Verkäufern höflich zu und ließ ein schallendes »Auf Wiedersehen« hören. Dann verließen wir das Geschäft.

Als wir in die Friedrichstraße einbogen, konnten wir den Checkpoint Charlie bereits in der Ferne erkennen.

»Freiheit in Sicht, Junge«, sagte ich zu Dick. »Und dir ist es nicht mal gelungen, uns ins Gefängnis zu bringen.«

Dröhnend lachte Dick auf.

»Was ist denn so verdammt lustig?« fragte ich aufgeräumt. »Hast du etwa eine kleine Zeitbombe in dem Eisenwarengeschäft deponiert?«

»Und ob ich das getan habe, Jack! Sogar mit unseren Namen drauf!«

»Komm schon, Dick. Hör endlich mit der Komödie auf. Wo hast du unsere Namen hinterlassen?«

»Erinnerst du dich an das Beschwerdebuch in dem Laden? Nun, ich habe hineingeschrieben: Russki, go home!«

Mir stockte der Atem. »Was hast du, du blöder Kerl? Du machst wohl Scherze!«

»Nein, im Ernst, Jack. Ich hab es wirklich getan. War doch höchste Zeit, daß den Russen endlich mal mit gleicher Münze heimgezahlt wird.«

Mir war, als habe Hiatus mir ins Gesicht geschlagen.

»Du Idiot!« zischte ich. »Nun lassen die uns nie im Leben den Checkpoint passieren. Die wissen doch längst Bescheid. Schön, jetzt hast du deine Story – und viel Zeit, sie zu schreiben. Mindestens zehn Jahre in einem Ostberliner Gefängnis.«

Wir näherten uns dem Checkpoint. Die rot-weiße Barriere war heruntergelassen, blockierte die Fahrbahn. Vor ein paar Stunden, als wir nach Ost-Berlin hineinfuhren, war sie offen gewesen.

Sie waren schon im Bilde . . .

Dicks Gesicht wurde kreidebleich. Und mein Hals war so trocken, daß ich nicht einmal mehr schimpfen konnte. Die Grenzpolizisten postierten sich mit ihren gefährlich aussehenden Maschinenpistolen mitten auf der Fahrbahn. Ihre kurzen schwarzen Stiefel waren staubig, ihre Uniformen zerknittert und durchgeschwitzt.

»Das ist der Abschaum«, ging es mir durch den Kopf, »der für die nächsten zehn Jahre oder mehr deine Zelle bewachen wird. Was für ein erbärmliches Schicksal! Jack, du hättest in Ebensburg bleiben und Landarzt werden sollen. Das Leben in diesem geteilten Land ist zu gefährlich für dich . . .«

Ich reichte unsere Pässe durchs Fenster. Sie wurden von den

Grenzpolizisten ignoriert. Einer schob den Kopf durchs Fenster: »Haben Sie Waren in der Deutschen Demokratischen Republik gekauft?«

Liebend gern hätte ich nun gesagt: »Demokratisch, mein Bürschchen, ist ein zu zuckersüßes Etikett für eure kommunistische Sickergrube!« Aber statt dessen zeigte ich ihm brav meinen verpackten Schraubenzieher. Das Telefon im Wachhäuschen schrillte durchdringend. »O Gott«, dachte ich, »jetzt kommt die Mitteilung über uns!«

Einer der Grenzpolizisten ging langsam auf das Häuschen zu. Doch dann hielt er inne, besah sich mein Nummernschild und hob plötzlich die Barriere, die uns den Weg versperrt hatte. Seinem Kollegen rief er zu: »Laß sie durch. Sie haben doch nichts.«

Zögernd nahm der andere den Kopf aus meinem Wagenfenster und winkte uns weiter. Ich ließ den Motor an und rollte die paar Meter bis hinter unsere bewaffneten Militärpolizisten, dann blickte ich in den Rückspiegel. Der Soldat stürzte aus dem Wachhäuschen, gestikulierte wild, besah sich noch einmal unser Nummernschild und schrieb etwas auf.

Inzwischen hatte sich Dick von seinem Schrecken erholt. Er war wieder ganz der alte, schlug sich begeistert aufs Knie und röhrte: »Wir haben da drüben unsere Duftmarke hinterlassen!«

Sechs Monate später erschien Dicks Buch. Blumenreich schilderte er darin, daß die Grenzpolizisten auf uns geschossen und die Rückseite unseres Autos durchsiebt hätten.

Aber das waren Geschichten aus dem Märchenland, in dem Richard Hiatus nun einmal lebte.

Die Tausende von Flüchtlingsflügen aus Berlin heraus waren die befriedigendsten unserer ganzen Laufbahn.

Ein Flug bildete jedoch eine Ausnahme. Wir waren von Berlin nach Frankfurt unterwegs, und ich hatte zugestimmt, einen Hund im Cockpit mitzunehmen. Er saß in einem Lattenverschlag, da im Bauch der Maschine kein Platz für ihn war.

In 3300 Meter Höhe begann das erschreckte Tier hinter uns plötzlich wie wild zu bellen, tobte fast hysterisch in seinem Käfig herum.

»Skipper, ich kann nur hoffen, daß das verflixte Vieh nicht aus seinem Käfig ausbricht«, sagte der besorgte Copilot. »Er klingt verdammt unzufrieden. Und er ist groß wie ein Kalb. Außerdem . . .«

Er kam nicht zu Ende. Mit nervenzerfetzendem Krachen und Splittern hatte es das erregte Tier endlich geschafft, seinen Käfig zu sprengen. Wütend und knurrend machte er einen Satz auf uns zu. Weißer Schaum tropfte von seinen Lefzen. Er kam uns vor wie der größte Schäferhund der Welt.

Nun konzentrierte sich das Tier auf die Windschutzscheibe, die er offensichtlich für einen Fluchtweg hielt. Mit seinen enormen Pranken hieb er auf das Armaturenbrett zwischen unseren beiden Pilotensitzen. Zu unserem Entsetzen schlugen seine pfannkuchengroßen Pfoten zwei Gashebel zurück und blockierten damit zwei unserer Motoren. Seine Tatzen brachten auch die Propellerhebel aus der Synchronanlage. Sie begannen bedrohlich zu kreischen. Ich mußte die Nase hinunterdrücken und unsere Flughöhe verlassen, um unsere Fahrt halten zu können. Wir wären sonst ins Trudeln geraten und abgestürzt.

Behutsam griff ich nach vorn, um die Hundepfoten von den Hebeln zu lösen. So vorsichtig ich dabei aber auch zu Werke ging – das Tier hatte entschieden etwas dagegen. Es schnappte nach meinem Arm, durchbiß mit seinen scharfen Fängen meine Uniform. Blut schoß unter meiner Manschette hervor.

Wir sahen uns also mit der bizarren Situation konfrontiert, daß ein wütender Hund die Gewalt über unser Flugzeug übernommen hatte.

Jetzt schritt der Copilot zur Tat. Vorsichtig griff er zum Mikrophon und meldete Berlin Airways unser Dilemma.

Der altgediente Airways Controller schrie auf. »Was? Wiederholen Sie! Wiederholen Sie!« Und nach einer Pause: »Ein Hund? Sie machen Scherze!«

Unterdessen war die Stewardess beunruhigt ins Cockpit gekommen. »Was ist denn los? Wir werden doch nicht abstürzen, oder . . .«

Auch sie brachte ihren Satz nicht zu Ende. Die verrückte Töle schoß herum und riß ein Stück aus ihrer Unifrom, biß sie, daß Blut über die zerfetzten Strümpfe lief.

Irgend etwas mußte geschehen, und zwar schnell! Wir waren mitten in einem Steilflug abwärts. Unsere augenblickliche Höhe: 2300 Meter. Noch ein paar Minuten, und die Nase unserer DC 4 würde über die Tannenwipfel des Thüringer Waldes schrammen.

Ich wußte nicht, ob der Besitzer des Tieres mit an Bord war. Dennoch lag da unsere einzige Chance. Ich griff zum Bordmikrophon, während der Hund mich wie ein Hühnerhabicht beobachtete.

Betont ruhig sagte ich: »Der Besitzer des Schäferhundes wird gebeten, sofort ins Cockpit zu kommen.«

Sekunden später schwang die Tür auf. Ein schäbig gekleideter ostdeutscher Flüchtling stand hinter uns. Liebevoll legte er die Hand auf den Kopf seines Hundes.

»Rex, wie bist du denn aus deinem Verschlag herausgekommen?«

Das riesige, wütende Tier verwandelte sich urplötzlich in ein gefügiges Schoßhündchen, legte seine Riesenpranken vertrauensvoll auf die Schultern seines Herrchens und schnupperte begeistert in seinem Gesicht herum. Der Hund war zufrieden und entspannt. Jetzt war seine Welt in Ordnung.

Unsere auch. Ich hatte die Maschine wieder in der Gewalt, die Propeller liefen synchron. Langsam schraubten wir uns in die Höhe.

Berlin Airways' Kommentar war ein schlichtes: »Wau!«

Ich wandte mich an den Hundebesitzer: »Eben war Ihr Tier noch ein Ausbund an Zorn. Hat hier einen Riesenwirbel gemacht. Wenn Sie nicht an Bord gewesen wären, hätten wir möglicherweise abstürzen können.«

Der Besitzer sah mich mit großen Augen an. »Rex? Mein Rex? Aber das ist doch eine Seele von Hund. Der tut keiner Fliege etwas zuleide! Rex, sei ein braver Hund. Gib dem Captain Pfötchen!«

Und dieser verflixte Köter streckte mir doch tatsächlich seine Pranke entgegen!

272

Ich gab meinen blutenden Arm zur Inspektion frei und wies auf den Schaden hin, den die Stewardess erlitten hatte. Der Hundebesitzer schüttelte ungläubig den Kopf.

»Ich habe noch nie einen Schäferhund besessen«, sagte ich. »Aber das ist das schönste und größte Exemplar, das ich bisher gesehen habe. Ich würde ihn gern kaufen. Wieviel soll er kosten?«

Der Besitzer sah mich bedauernd an. »Rex ist das einzige, was ich habe, Captain. Meine Existenzgrundlage im Westen. Ich will mit ihm eine Zucht aufmachen.«

Der zweite Hunde-Zwischenfall kostete unsere Gesellschaft ein kleines Vermögen. Einmal wöchentlich waren wir damals mit einem Hunde-Expreß von Berlin nach New York unterwegs. Ein blühendes Unternehmen. Amerikanische GIs sind Hundenarren. Als die US Army in die Staaten zurückkehrte, wollten die Soldaten ihre vierbeinigen Lieblinge natürlich um jeden Preis mitnehmen.

An einem Januarmittwoch verließ ich Berlin mit der Rekordzahl von 168 Hunden in Einzelboxen an Bord meiner DC 4-Frachtmaschine. Wir mußten auf Island und Neufundland auftanken, und dort sollten die Hunde auch spazierengeführt und gefüttert werden.

Als wir nachts in Gander landeten, tobte ein Schneesturm. Das Thermometer zeigte 40 Grad minus. Ich ging in das Büro unserer Gesellschaft und traf dort einen in New York stationierten Captain, der noch nie in Deutschland gewesen war.

»Jack«, sagte er. »Man hat mir erzählt, daß Sie Hunde aus Berlin ausfliegen. Hat man sich damit einen Scherz erlaubt?«

»Nein«, erwiderte ich lachend. »Das stimmt. Und es sind eine ganze Menge.«

Er ließ einen überraschten Pfiff hören. »Das muß ich mir anschauen!«

Eine Viertelstunde später kämpften meine Crew und ich uns durch den Schneesturm zu unserer Maschine vor.

Zu unserer großen Überraschung tappten Dutzende von jaulenden, winselnden Hunden in der eisigen Kälte umher. Wir riefen sie an, aber nur wenige reagierten. Die brachten wir schnell in den Schutz des beheizten Hangars.

Als wir näher an unsere Maschine herankamen, sahen wir, daß die beiden großen Doppeltüren des Frachtraums offenstanden. Aufgeregt flitzten Mechaniker hin und her. Unser Flugingenieur kam atemlos auf uns zugerannt.

»Skipper, etwas Entsetzliches ist geschehen. Die meisten unserer Hunde sind weg! Wir hatten sie aus ihren Käfigen gelassen, um sie zu füttern. Aber dieser idiotische Captain steckte seine neugierige Nase durch den Spalt, und der Sturm riß die Türen weit auf. Unsere lebende Fracht war im Nu verschwunden. Bisher haben wir nur wenige wieder einfangen können. Sie werden draußen in der Dunkelheit, bei dieser scheußlichen Kälte erfrieren.«

Mit jedem freien Mann durchkämmten wir stundenlang das Gelände. Doch wir hatten wenig Glück, konnten nur 23 der 168 Hunde wieder einfangen. Den Rest besorgte die arktische Nacht.

Die Fluggesellschaft hatte sich mit enormen Schadenersatzforderungen herumzuschlagen. Sicherlich haben die Hundebesitzer den genauen Hergang der Tragödie nie erfahren. Und das ist wohl auch gut so . . .

Mit ergrimmten Hundebesitzern ist nicht zu spaßen. Vor ein paar Jahren transportierte Eastern Airlines einen Hund in einer Boeing 727 nach Miami. Bei der Ankunft war das Tier nicht mehr am Leben. Der Besitzer behauptete nun, die Fluggesellschaft sei dafür verantwortlich, daß sein geliebtes Tier erstickt sei.

Der rachedurstige Besitzer verschaffte sich Zugang zum Flugfeld von Miami International Airport und schlug dort den Schwanz einer Eastern Boeing mit einer Axt kurz und klein.

2. Zivilflüge

Einer der haarigsten Zwischenfälle meiner Zivilflug-Laufbahn ereignete sich auf einem Flug nach Tempelhof. Innerhalb von Minuten war alles vorbei, aber den Schrecken habe ich bis heute nicht vergessen.

Kurz nach dem Krieg flogen wir mit einem frühen Modell der Douglas DC 4, die noch mit Extra-Treibstofftanks und einem komplizierten Treibstoffsystem ausgestattet war.

Mein Copilot Larry Beam hatte die Weisheit nicht gerade mit Löffeln gefressen.

Alle Captains waren aufgefordert, Berichte über ihn zu schreiben. Und Larry wußte das. Übereifrig war er bemüht, alles richtig zu machen.

Kurz nach dem Start in Frankfurt, als wir unsere Flughöhe erreicht hatten, fragte er: »Jack, soll ich die Treibstofftanks ausgleichen?«

In jenen Tagen war es noch möglich, Treibstoff von einem Tank in den anderen umzufüllen. Aus Sicherheitsgründen geht das heute nicht mehr.

Ich sah auf den acht Spritanzeigern, daß tatsächlich eine leichte Unausgeglichenheit bestand. Außerdem wollte ich Larry etwas zu tun geben. Wie schon gesagt – ein zufriedenes Cockpit ist ein sicheres Cockpit.

Während der nächsten Zeit überprüfte ich hin und wieder die Spritanzeiger und stellte fest, daß Larry immer noch emsig mit dem Ausgleichen beschäftigt war. Mittlerweile hatte er die beiden Tanks fast auf den Liter genau in Balance. Ich hätte es allerdings lieber gesehen, wenn er sich mit wichtigeren Dingen beschäftigt hätte.

»Larry, deine Einschätzung von Prioritäten ist lausig«, dachte ich bei mir.

Inzwischen war es dunkel geworden, und wir standen kurz vor der Landung. Ich rief nach der Checkliste, mußte es zweimal wiederholen.

Endlich nahm Larry die Liste zur Hand und begann viel zu langsam vorzulesen.

»Donnerwetter«, dachte ich. »Der Knabe hat das Reaktionsvermögen einer Schildkröte.«

Während des Anflugs auf Tempelhof war Larry mit dem Vorlesen immer noch nicht fertig. Also haspelte ich schnell in Gedanken die wenigen echten Risikofaktoren herunter: »Fahrwerk, Propeller, Landeklappen, Treibstoff.«

Ich ertappte mich dabei, daß ich wie gebannt auf unsere Spritanzeiger starrte. Sie standen *alle* auf leer! Mein Gehirn weigerte sich, diese bittere Wahrheit zur Kenntnis zu nehmen.

Der einfältige Larry hatte vergessen, daß alle Tankzuleitungen offen waren und der Inhalt der Haupttanks auf diese Weise in die Hilfstanks floß. Die waren vermutlich übergelaufen und hatten sich wie Syphons in die Atmosphäre entleert.

Also besaßen wir auch keinen Reservesprit mehr!

Aber ich hatte keine Zeit, mir über die Hintergründe Gedanken zu machen. Ich war für ein großes Passagierflugzeug verantwortlich, das in 700 Meter Höhe über eine große Stadt hinwegdonnerte – mit einer Ladung vertrauensseliger Passagiere an Bord. Jeden Augenblick konnten die Motoren aussetzen, und wir würden auf die Gebäude da unter uns krachen.

Es war mein Fehler. Ich hatte die Ereignisse im Cockpit nicht ausdauernd genug beobachtet. Das war das Schlimmste, was in einem Flugzeug geschehen kann. Irgendwie mußte ich es schaffen, die Motoren noch ein paar Minuten am Leben zu erhalten. Es mußten doch noch ein paar Tropfen Sprit in den Tanks oder den Zuleitungen vorhanden sein.

Gegen jede Vorschrift öffnete ich schnell alle Tankleitungen und schaltete die elektrischen Pumpen an. Jetzt bestand allerdings die Gefahr, daß sich irgendwo in dem komplizierten System ein Leck befand, durch das auch noch der letzte Tropfen Benzin entweichen mußte. Statt *einen* Motor durch ein Leck zu verlieren, konnte es nun sein, daß ich *alle auf einmal* verlor. Die normale Lande-Praxis war es, jeden Motor und seine Zuleitung zu isolieren. Doch was war an diesem Flug schon normal?

Larry fiel meine hektische Betriebsamkeit überhaupt nicht auf. Ihm war keineswegs bewußt, daß wir jeden Augenblick abstürzen konnten. Ich sagte es ihm auch nicht. Ich wollte keinerlei unnötige Aufregung in der Kanzel, brauchte Ruhe zum Nachdenken. Und dabei würde mir Larry bestimmt keine Hilfe sein.

Zunächst brachte ich die Propeller wieder in Reiseposition und verlangsamte ihre Umdrehungen. Auch das war ein Tabu bei einer Landung. Aber ich wollte auf diese Weise jeden Tropfen Sprit sparen. Wir konnten Gott danken, wenn wir die Rollbahn erreichten und diese verdammte Kiste irgendwie darauf absetzten – und sei es in einer Art kontrolliertem Absturz.

Während wir so dahinglitten und die Sekunden zu Minuten wurden, sah mich Larry fragend von der Seite an.

»Skipper, soll ich das Fahrwerk rauslassen?«

»Himmel«, dachte ich. »Wenigstens denkt er überhaupt an etwas!«

Ich schüttelte den Kopf und meinte ironisch: »Ich versuche, Benzin zu sparen.«

Vielleicht würde diese Bemerkung den Trottel dazu bewegen, auch einmal einen Blick auf die Spritanzeiger zu werfen. Weit gefehlt. Versonnen blickte Larry weiter zum Seitenfenster hinaus.

Ich wollte das schwere Fahrwerk noch nicht rauslassen. Das würde auch nur Treibstoff kosten. Ich fuhr ja noch nicht einmal die Landeklappen aus. Doch nicht mal das brachte meinen Copiloten aus der Ruhe.

Langsam glitten wir über die Neuköllner Häuser hinweg.

Ich wartete voll Angst auf das schreckliche Schweigen, das mit Sicherheit gleich eintreten würde, wenn alle vier Motoren zur gleichen Zeit ihren Geist aufgaben. Wenn sich die Nase nach unten senkte, mußte ich mir eine Straße als Notlandeplatz wählen.

In Sekundenschnelle würden uns die Häuser die Flügel abreißen. Wie eine Dampframme würden wir auf der Straße aufprallen und alles umpflügen, was sich uns in den Weg stellte – Busse, Autos, Passanten. Irgendwann hätte sich unsere tödliche Kraft ausgetobt. Wir würden in unserem Aluminiumsarg liegenbleiben – tot wie die Türnägel . . .

Plötzlich waren keine Häuser mehr unter uns. Dafür aber – sinnigerweise! – ein großer Friedhof. Dahinter erstreckte sich die heißersehnte Landebahn. Wenn es uns gelang, einigermaßen heil über diese Grabsteine zu kommen, bestand immerhin eine kleine Chance, daß wir am Leben blieben.

Ich schmiß das Fahrwerk raus. Als ich hörte, wie die Räder einrasteten, kümmerte ich mich um die Landeklappen. Gerade hatten wir die Rollbahn erreicht. Einer der Motoren stotterte, als ich das Gas wegnahm. Heftig setzten wir auf der glatten Betonpiste auf.

Während wir auf das Gebäude zurollten, erwartete ich jeden Augenblick, daß auch die anderen drei stehenblieben. Sie spuckten und stotterten, bis wir sie vor dem Terminal ausschalteten.

Ich bat einen der Mechaniker, Meßstäbe in alle Tanks zu stecken. Als sie wieder herausgezogen wurden, waren sie knochentrocken.

Nur zögernd ging ich ins Büro und schrieb einen Bericht. Ich betonte, daß ich Larry während des Fluges keinen Augenblick hätte aus den Augen lassen dürfen. Ich wußte, daß das Management mir die Hölle heiß machen würde. Aber das hatte ich verdient.

Die Geschichte hatte noch ein Nachspiel. Am nächsten Morgen sah ich im Mannschaftsraum einen meiner Kollegen, Captain Thyssen, auf den Ausgang zu seiner Maschine zugehen. In seiner Begleitung Copilot Larry Beam!

Verstohlen machte ich meinem Kollegen ein Zeichen.

»Thy«, begann ich. »Laß bloß deinen Copiloten keine Sekunde aus den Augen!« Und dann erzählte ich ihm die Geschehnisse vom Vortag.

Thy pfiff durch die Zähne. »Du kannst von Glück sagen, daß du noch am Leben bist, Jack. Ich werde Larry heute wie ein Habicht bewachen. Hab schon gehört, daß er das Pulver nicht erfunden hat.«

Am Abend rief mich ein aufgeregter Captain Thyssen an. »Jack, du wirst nicht glauben, was Larry sich heute erlaubt hat!«

»Doch«, erwiderte ich trocken. »In Larrys Fall glaube ich alles.«

»Also, wir sind schwer beladen von Tempelhof aus gestartet.

Und direkt über dem Friedhof, wo du gestern fast Bruch gemacht hast, zieht das Träumerlein Larry doch glatt die Landeklappen hoch. Um ein Haar wären wir zwischen die Grabsteine gesackt, haben sie nur um Zentimeter verfehlt. Ich weiß immer noch nicht, wie wir es geschafft haben, uns über die Häuser hochzuschrauben.«

Ich saß wie paralysiert da, den Hörer in der Hand. Beim Start einer DC 4 sollten die Landeklappen ein bißchen ausgefahren sein, um den Flügeln mehr Auftrieb zu geben. In einer sicheren Höhe von etwa 100 Metern läßt der Captain dann die Landeklappen hochziehen. Doch Larry hatte, wie üblich, auf eigene Faust gehandelt. Hatte einfach in geringer Höhe und bei ebenso geringer Geschwindigkeit an den Klappen herumgefummelt.

»Bist du noch da, Jack, oder bist du in Ohnmacht gefallen?«
»Nein, ich höre, Thy.«
»Ich habe mich schließlich dazu durchgerungen, einen Bericht zu schreiben und Larrys Entlassung zu fordern.«

Verglichen mit den Jahren als Testflieger und Fluglehrer waren die Jahrzehnte bei den Fluggesellschaften für mich zahmer Zauber. Irgendein Weiser hat den Job eines Verkehrspiloten als »365 Tage Langeweile im Jahr« bezeichnet, »unterbrochen nur von ein paar Sekunden des Schreckens«.

Im Sommer 1950 richtete unsere Airline einen planmäßigen Spätnachmittagsflug Frankfurt–Stuttgart ein. Wir flogen mit den kleinen, zuverlässigen zweimotorigen DC 3. Diese Maschinen hatten in den dreißiger Jahren Amerikas Flugwesen großgemacht. Unsere Flugzeit sollte weniger als 40 Minuten betragen.

Als wir um 18.30 Uhr über die Frankfurter Startbahn rollten, hatten wir nur sechs Passagiere an Bord. Mein Copilot Fred meinte: »Was für ein herrlicher Abend zum Fliegen. Eigentlich eine Schande, für das Vergnügen auch noch bezahlt zu werden. Wir können um halb neun bereits wieder in Frankfurt sein. Dann falle ich pünktlich der blonden schwedischen Stewardess in die Arme.«

Ich stimmte ihm zu. Vor uns lag mit Sicherheit einer dieser

angenehmen, herrlichen Flüge in geringer Höhe mit hervorragender Sicht auf die grüne Sommerlandschaft unter uns.

Über Mannheim bog ich ein wenig nach links ab, um unseren Passagieren den Blick auf das bezaubernde Heidelberg zu bieten. Ganz friedlich lag es da unten im blaugrauen Dunst des Neckartals.

In diesem Augenblick kam die Stewardess nach vorn und teilte uns mit, daß wir eine bekannte deutsche Sängerin an Bord hätten. Sie müsse lediglich um acht Uhr in Stuttgart auf der Bühne stehen. Ob wir unsere Ankunftszeit einhalten könnten?

Wir beruhigten sie und schalteten unser Funkgerät auf die Stuttgarter Landekontrolle um.

Stuttgart beantwortete unseren Ruf mit: »DC 3 N 249, wir rechnen mit heftigen Gewitterturbulenzen. Wir raten Ihnen, Ihre Geschwindigkeit zu drosseln und die Landung aufzuschieben, bis das Gewitter unseren Raum verlassen hat.«

Ich nahm etwas Gas weg. Vor uns brauten sich inzwischen die ersten schwarzen Wolken zusammen. Es dauerte gar nicht lange, da prasselte der erste Regen gegen unsere Scheiben. Heftiger Hagel folgte. In Windeseile war es draußen pechschwarze Nacht geworden.

»Der Teufel hole diese neunmalklugen Wetterfrösche mit ihren Doktortiteln«, japste Fred. »Wann werden sie es endlich lernen, Gewitter vorauszusagen?«

Ich rief Stuttgart und bat um weitere Anweisungen für ein Verbleiben nördlich ihrer Station und um die Erlaubnis, höher steigen zu dürfen. Wir waren zu niedrig und gefährlich nahe an den Hügeln rund um Stuttgart, um blind fliegen zu können. Ich hatte keine Lust, mit der Maschine an einem Berg zu zerschellen.

Stuttgart gab uns schnell eine Wartezone. Gott sei Dank waren keine anderen Maschinen in unserer Nähe. Wahrscheinlich hatten sie längst die Flucht ergriffen.

Und dann brach die Hölle los. Tonnen von Hagelkörnern, groß wie Hühnereier, hämmerten gegen unsere Windschutzscheibe und auf das dünne Dach des Cockpits. Das ohrenbetäubende Prasseln übertönte sogar das Dröhnen der Motoren. Ich dachte unwillkürlich an jene DC 3 der United Airlines, der vor kurzem die Fensterscheiben durch Hagel zertrümmert worden waren. Es hieß, sie sei einem Absturz verdammt nahe gewesen.

Plötzlich sackten die Pilotensitze unter uns weg. Fred und ich hingen hilflos in der Luft. Nur die Sicherheitsgurte verhinderten, daß wir uns die Köpfe an der Cockpitdecke blutig schlugen. Das Armaturenbrett spielte verrückt. Die Zeiger rotierten so schnell, daß es unmöglich war, Fahrt oder Höhe abzulesen.

Ich wandte den alten Fliegertrick an, in einer Sekunde der Ruhe einfach auf automatische Steuerung zu schalten. Die funktioniert in solchen Situationen besser als die mitunter grobe menschliche Hand.

»Skipper«, schrie Fred auf. »Unsere alte Krähe kann sich unmöglich länger in diesen Turbulenzen halten. Alles, was uns jetzt noch fehlt, ist ein Blitz.«

Wenn man den Teufel nennt, kommt er gerennt! Im selben Augenblick füllte sich unsere Windschutzscheibe mit einem giftigen violetten Licht. Ein heftiger Blitz zuckte, gefolgt von einem ohrenbetäubenden Donnerschlag. Wir waren verflixt hart getroffen, hatten das Gefühl, in der Luft stehen zu bleiben. Weißglühende Lacksplitter von den Fensterrahmen brannten auf unseren Gesichtern.

Und nun geschah das Unglaubliche: Ganz langsam trieb ein großer blauer Feuerball durch die Windschutzscheibe, als sei sie gar nicht vorhanden. Das Ding hüpfte durchs Cockpit wie ein schwereloser Kinderluftballon, rollte über das Armaturenbrett und schwebte dann auf das Pult zwischen den Pilotensitzen zu. Leichtfüßig hüpfte es über den Boden des Cockpits und dann mitten durch die Kabinentür, als sei auch die nicht vorhanden.

Fred saß mit offenem Mund und schreckgeweiteten Augen da, schneeweiß im Gesicht.

»Elmsfeuer«, rief ich. »Kommt gelegentlich mal vor. Faß es nur nicht mit deinen Pranken an, wenn es wieder vorbeikommt.«

Meine Warnung war überflüssig. Er bekreuzigte sich, guter Katholik, der er war, biß die Zähne zusammen und starrte durch die Windschutzscheibe ins Nichts.

Ich zählte genau 23 Blitzschläge. Das war die größte Anzahl, die ich je auf einem Flug erlebt hatte. Unsere Aluminiumhaut mußte schlicht perforiert sein. Ich blickte nach der Uhr. Wir waren inzwischen 100 Minuten in der Luft und weit von einer Landung entfernt.

Die arme Sängerin da hinten in der Kabine! Selbst wenn wir noch rechtzeitig in Stuttgart ankämen, würde sie wohl kaum in der Lage sein, einen Ton herauszubekommen.

Aber so plötzlich und unerwartet, wie wir in das Gewitter hineingeraten waren, wurden wir auch wieder herausgeschleudert – wie ein Korken aus einer Champagnerflasche.

Nun war alles wieder ruhig und friedlich. Bis auf den Regen und die verfrühte Dunkelheit. Wir flogen unter einer soliden schwarzen Wolkendecke dahin. Seltsam nur, daß wir da unten kein einziges Licht ausmachen konnten.

Diesmal beantwortete Stuttgart unseren Ruf sofort: »N 249, das Gewitter ist in nördliche Richtung abgezogen, aber im ganzen Gebiet herrscht Stromausfall. Kein Funkpeil, keine Flughafenbeleuchtung. Schlagen vor, daß Sie nach Süden weiterfliegen. Haben leider kein Radar, um Sie um die Turbulenzen herumzugeleiten.«

Fred sah mich an. »Skipper, das ist ja entzückend. Ich brauche dir wohl nicht zu sagen, daß unser Spritvorrat zu Ende geht? Es wird knifflig, wenn diese Krauts da unten nicht bald ihren Strom zurückbekommen.«

Seine Mitteilung war beunruhigend, aber korrekt. Wir wußten im Augenblick ja noch nicht einmal genau, wo wir waren.

Aus Angst vor dem mörderischen Gewitter wagte ich es auch nicht, nach Frankfurt zurückzufliegen. Außerdem wußten wir nicht, ob in Frankfurt nicht ebenfalls die Lichter ausgegangen waren . . .

Der Stuttgarter Flughafen ist auch unter normalen Bedingungen kein einfacher Landeplatz. Er ist von Bergen umgeben. Im Süden liegt die Schwäbische Alb, und ich konnte schon die Schlagzeilen lesen: PASSAGIERMASCHINE IN UNWETTER AN BERG ZERSCHELLT. KEINE ÜBERLEBENDEN.

Es war verdammt schwarz da unten. Nicht einmal die Lichter eines Bauernhauses zur Bodenorientierung. Wir saßen also wirklich in der Patsche. Wie sollte ich die Passagiere vor dem sicheren Tod bewahren? Ich fühlte, wie mir das blanke Entsetzen den Rücken heraufkroch, spürte einen bitteren Geschmack im Mund. So fängt es an: Erst ein Problem, dann noch eins . . . bis es keinen Ausweg mehr gibt. Ich mußte, verdammt noch mal, verhindern, daß die Angst mein Denkvermögen lahmlegte.

»Geh doch mal nach hinten«, sagte ich zu Fred. »Mich wundert, daß die Stewardess noch gar nicht hier war, um sich nach unserer Ankunftszeit zu erkundigen. Lüg sie einfach an. Erzähl ihr, es könne sich nur noch um Minuten handeln. Sag, in Stuttgart stünde die Landebahn unter Wasser, müsse aber jeden Augenblick abtrocknen. Sag der hübschen Sängerin, daß es uns leid tut, wenn sie ihren Auftritt verpaßt. Aber sag ihr um Himmels willen nicht, daß sie von Glück sprechen kann, wenn sie überhaupt jemals wieder auf einer Bühne stehen wird.«

Ein paar Minuten später war Fred wieder zurück. »Kabine in saumäßigem Zustand, Skipper. Die Stewardess hat's bös erwischt. Liegt über den hinteren Sitzen. Ich glaube, Beinbruch. Die Passagiere kotzen wie die Reiher. Nur die Sängerin nicht. Ein paar Sitze haben sich aus der Verankerung gelöst. Die Küche und die Gepäckablage sind zum Teufel . . .«

Ich hob die Hand. Ich hatte genug gehört.

Während der nächsten halben Stunde saßen wir einfach nur da und starrten gebannt auf die Treibstoffanzeige, wie Kaninchen auf die Schlange. Langsam, aber sicher bewegten sie sich dem Nullpunkt zu.

Wir riefen Stuttgart. »In drei Teufels Namen! Besorgen Sie sich doch ein bißchen Strom!«

»Wir bemühen uns ja. Wir hoffen auf das Notaggregat«, kam die Antwort. »Wir versuchen alles Menschenmögliche.«

Schließlich sagte ich grimmig zu Fred: »Wir können hier nicht einfach so tatenlos herumsitzen und warten, daß uns der Sprit ausgeht. Laß uns runtergehen und da unten zwischen den verfluchten Hügeln nach der Landebahn suchen.«

»Gut, Skipper. Ich mache mit. Ich fliege, und du suchst.«

Ich rief Stuttgart und teilte meinen Plan mit. »Stellen Sie alle erreichbaren Fahrzeuge an der Landebahn auf, mit aufgeblendeten Scheinwerfern – falls wir das Feld überhaupt finden. Wenn Sie Motorengeräusche hören, sagen Sie uns sofort, aus welcher Richtung. Und schießen Sie dann Leuchtraketen ab.«

Während ich das Mikrophon beiseite legte, dachte ich: »Na, das ist ja wieder wie in den guten alten Tagen des Postflugverkehrs. Damals, vor dreißig Jahren, zündeten sie an den Flugplätzen große Feuer an, um die Bahnen sichtbar zu machen.«

Und schon gingen wir hinunter. Vielleicht zum letzten Mal in unserem Leben. Unsere Scheibenwischer liefen auf vollen Touren. Ächzend schaufelten sie Unmengen spritzenden Wassers zur Seite. Krampfhaft bemühten wir uns, das Dunkel vor uns zu durchdringen. Nur gelegentlich wagten wir es, unsere starken Landescheinwerfer einzuschalten. Es bestand die Gefahr, daß uns ihre Reflexion blendete.

Ich machte mir große Sorgen, daß wir zu weit südlich gerieten. Und da gab es nun einmal keinen anständigen Flughafen. Erst wieder in der Schweiz. Und so weit reichte unser Benzinvorrat mit Sicherheit nicht.

Jedesmal wenn ich die Scheinwerfer anstellte, sah ich, daß wir direkt auf die Bäume zuhielten.

»Hochziehen, hochziehen!« schrie ich und zog ganz automatisch mit am Steuer. Ich war überzeugt, daß wir jeden Augenblick in dieser hügeligen Gegend zu Bruch gehen würden. Wir zogen fast senkrecht hoch, bis die Geschwindigkeit abfiel und wir ausgleichen mußten. Sonst wären wir am Ende noch ins Trudeln geraten.

Fred japste: »Kein Mensch würde glauben, daß man ein Passagierflugzeug so behandeln kann!« Er beugte sich nach unten zu den beiden Spritanzeigen. Sie wiesen auf leer.

Tränen standen in seinen Augen. »Was für eine verdammte Art zu krepieren. Und dabei haben wir doch gar keinen Fehler gemacht.«

Ich spähte wieder einmal hinaus in den strömenden Regen und glaubte fast, da unten ein Tal erkennen zu können.

»Geh langsam paar Meter runter«, sagte ich fast atemlos.

»Stuttgart liegt in einem Loch. Und da unten scheint ein großes Loch zu sein. Vielleicht hat Gott Mitleid mit uns.«

Beim nächsten Mal konnte ich schon ein paar Autoscheinwerfer erkennen. Ich schaltete unsere Landelichter ein. Dann rief ich Stuttgart Tower.

»Vermutlich sind wir über der Stadt. Gehen Sie doch mal vor die Tür und sehen Sie nach, ob Sie unsere Landelichter erkennen können.«

Nach einer langen Pause kam die beunruhigende Antwort: »Wir haben wegen des Regens nur ein paar Meter Sicht.«

Unsere Motoren begannen zu spucken, und ich bellte ins Mikrophon: »Wir haben keinen Saft mehr. Können Sie uns hören? Schießen Sie doch Leuchtraketen ab!«

Wieder die Antwort: »Wir hören nichts.«

Aber dann, nach etwa einer Minute: »Doch! Vielleicht hören wir Sie jetzt . . .«

»Es gibt kein vielleicht«, donnerte ich entnervt. »Ja oder nein, das ist die Frage!«

Nach einer weiteren Pause endlich: »Ja, wir sehen Ihre Lichter. Aber Sie sind zu weit nördlich der Landebahn.«

Fred schob die Nase nach unten und dann nach links. Wenig später bot sich meinen Augen der schönste Anblick meines Lebens: die glitzernde schwarze, nasse Landebahn des Stuttgarter Flughafens, von beiden Seiten durch schwache Autoscheinwerfer beleuchtet.

Abrupt begann der linke Motor zu husten und – setzte aus, aber der zweite Motor lief noch, wenn auch stotternd. Fraglos hatte auch er Benzindurst.

»Gott steh uns bei«, stöhnte Fred. »Lande du, ich kann nicht mehr!«

Ich schmiß das Fahrwerk raus, als wir gerade die Flugplatzbegrenzung überflogen hatten. »Hölle nein«, brüllte ich. »Wir werden diesen Vogel gemeinsam auf die Rollbahn klatschen.«

Und das taten wir dann auch. Gerade als auch der zweite Motor den Geist aufgab. Hart setzten wir in einer großen Wasserpfütze auf und schlidderten zu einem matschigen Halt.

Mit einem Mal war alles ganz ruhig. Fred zitterten die Hände.

Er flüsterte heiser: »Wahrscheinlich war das eben die erste Trokkenlandung der Zivilluftfahrt. Hätten die Motoren nur zwei Sekunden vorher versagt, wären wir jetzt alle tot.«

Natürlich kam genau in diesem Augenblick der Strom zurück. Die Rollbahnlichter gingen an und auch die im Tower – das ganze funkelnde Theater. Sogar der Regen hörte auf.

Mit toten Motoren und ohne einen Tropfen Sprit wurden wir zum Terminal geschleppt.

Ich ging in die Kabine. Die Stewardess und alle Passagiere, bis auf die blonde Sängerin, waren körperliche und seelische Wracks. Irgendwie schafften wir sie aus der Maschine. Dann schritt ich Arm in Arm mit der Sängerin auf das Flughafengebäude zu.

Natürlich entschuldigte ich mich für den unruhigen Flug und die verspätete Landung. Um sie zu trösten, meinte ich, ihre Konzertveranstaltung sei sicherlich sowieso abgesagt. Stuttgart stünde unter Wasser, und es gäbe keine Elektrizität.

Sie antwortete mit umwerfendem Lächeln: »Aber Captain, ich habe den Flug sooo genossen. Es war wie auf der Achterbahn. Einfach himmlisch! Die Blitze waren wirklich aufregend, besonders aber der hübsche blaue Ball, der genau durch den Mittelgang geschwebt kam . . .«

Mir stand buchstäblich der Mund offen. »Flugzeuge sollten von beherzten Frauen geflogen werden«, sinnierte ich, »und nicht von Piloten ohne Mumm in den Knochen.«

Trotz Dutzender kleiner schwarzer Löcher, die die Blitze in die Außenhaut gebrannt hatten, und der vom Hagel ramponierten Nase tankten wir auf und flogen sofort nach Frankfurt zurück. Das Gewitter war weitergezogen, die Luft so sanft und glatt wie Seide.

Dreißig Minuten später hatte uns die Frankfurter Erde wieder. Ich machte mich auf den Weg zu einer Party unseres neuen Flugdirektors, die bereits um acht Uhr im nahegelegenen Waldorf begonnen hatte. Er war frisch nach Deutschland importiert, ein Paragraphenreiter, der vom Fliegen keine Ahnung hatte.

Als ich gegen halb zwölf über die Schwelle trat, sah er auf und rief: »Wo zum Teufel haben Sie eigentlich die ganze Zeit gesteckt? Ich habe schon ein paar mal bei der Flugkontrolle angerufen.«

In mir schoß eine Stinkwut hoch. Aber ich lächelte ihn honigsüß an und meinte: »Strömender Regen, nur strömender Regen.«

Ich ging an die Bar und genehmigte mir einen doppelten Whiskey.

Mitunter geschehen im Cockpit Dinge, von denen sich die Öffentlichkeit nichts träumen läßt. Aber derartiges dringt selten durch die Cockpittür und – Allah sei's gepfiffen – auch kaum an die Ohren des Managements. Eines der erheiterndsten, aber auch haarsträubendsten Ereignisse dieser Art trug sich auf einem Flug von Berlin nach Hannover zu. Ein Kollege hat es mir erzählt.

Der Captain sollte stets im Hintergrund bleiben, wie der Vorstandsvorsitzende eines Unternehmens. Er sollte den großen Überblick haben und Aufgaben überlegt und klug an seine Crew delegieren, die dann an Knöpfen und Schaltern dreht und den Funkverkehr aufrechterhält. Doch das scheinen viele Fluggesellschaften und ebenso viele junge Captains nicht einzusehen. Der Kopf eines Captains sollte nicht mit Trivialitäten belastet sein.

Die British Overseas Airways (BOAC) war sich sehr wohl bewußt, daß allzugroße Vertraulichkeit Verachtung erzeugen kann, und sorgte dafür, daß ihre Captains Prestige und den Respekt ihrer Mannschaft genossen. Viele Jahre hindurch hat BOAC deshalb ihre Captains in Hotels untergebracht, die von denen der Crews weit entfernt waren.

Fluggesellschaften vermeiden es auch möglichst, eine Maschine mit zwei Captains zu besetzen, besonders, wenn es sich dabei um sehr erfahrene Piloten handelt. Es ist eine stehende Redewendung, daß »ein Flugzeug mit zwei Captains ein weniger sicheres Flugzeug« ist. Das wäre so, als würde man vor einen Hundeschlitten zwei Leithunde spannen. Keiner der beiden kann wirklich den Ton angeben, einer stiehlt dem anderen die Schau. Dennoch macht ein momentaner Mangel an Copiloten eine so brisante Besetzung mitunter notwendig.

287

»Wie das Schicksal so spielt«, erzählte mir mein Kollege bei seiner Abschiedsfeier, »flog ich mit einem noch dienstälteren Captain. Der grauhaarige, spitzbärtige Louis Magellan wurde von allen geliebt und verehrt. Er war auch der ältere von uns beiden, stand kurz vor dem Ruhestand. Unser beider Karrieren reichten weit zurück bis in die Tage der Ozeanüberquerungen mit Flugbooten.

Der würdige Louis und ich saßen vor der Doppelsteuerung einer Maschine hoch über Hannover, in 2700 Meter Höhe. Es war schon spät am Abend, und wir warteten sehnsüchtig darauf, endlich landen zu können.

Ich war bemüht, Louis' freundliche Anordnungen so beflissen wie möglich zu befolgen. Und Louis? Der war fast noch höflicher als ich. Es war, als würden wir pausenlos voreinander Kratzfüße machen und uns unserer gegenseitigen Ehrerbietung versichern. Beim Start in Berlin hatte Louis chevaleresk angeboten: ›Seien Sie mein Gast, Thor. Sie fliegen als Captain, und ich versuche, meine Sache als Copilot so gut wie möglich zu machen.‹

›Aber nein, Louis‹, hatte ich abgewehrt. ›Es ist mir ein Vergnügen, Ihnen zu Diensten zu sein.‹

Er hatte es sich zur Gewohnheit gemacht, bei jeder sich bietenden Gelegenheit ›per Hand‹ zu fliegen, um in Übung zu bleiben, und auf die Dienste der automatischen Steuerung zu verzichten.

Doch über Hannover stellte ich mit Überraschung fest, daß er irgendwie von der Rolle zu sein schien. Er ging nur langsam in die Kurven und kam ebenso langsam wieder heraus. Um ihn nicht zu düpieren, fummelte ich mit meinem Knie verstohlen an der Steuersäule herum und sorgte dafür, daß wir uns in der Höhe hielten, die Hannover Control von uns erwartete. Ich beobachtete ihn aus den Augenwinkeln und gewann den Eindruck, daß er von Zeit zu Zeit einduselte. Nun ja, Louis kam in die Jahre. Und so etwas passiert auf Routineflügen durchaus auch jüngeren Piloten, besonders bei Dunkelheit. Das leise, monotone Motorengeräusch hat eine hypnotisch einschläfernde Wirkung. Ermüdung und Monotonie sind Fallgruben des Fliegens.

Dann und wann bewegte sich Louis ein wenig, schien seine Müdigkeit abschütteln zu wollen. Ich spürte seinen leichten korrigierenden Druck auf die Steuerung.

Plötzlich hörten wir die Stimme eines jungen ungeduldigen Piloten, der mit seiner Maschine über uns kreiste: ›Hannover, würden Sie den Airliner unter uns bitte veranlassen, endlich auf seine niedrigere Höhe zu gehen? Wir können schließlich nicht die ganze Nacht hier oben sitzen!‹

Louis und ich sahen uns verdutzt an. Derartige Ausbrüche hatten Seltenheitswert.

Wir gingen auf 1400 Meter hinunter. Für den sonst so peniblen Louis war das nicht gerade eine Glanzleistung. Seine Reaktionen ließen erheblich nach, und seine Kondition begann mich nun doch zu beunruhigen.

Für mich war es kompliziert, die Steuerung mit dem Knie und das Seitenruder mit den Füßen heimlich zu bearbeiten. Dauernd stand ich in Gefahr, von dem liebenswerten Louis ertappt zu werden. Ich wollte seine Gefühle doch nicht verletzen!

Warum saß er eigentlich nicht aufrecht auf seinem Sitz, beide Hände am Steuerrad? Mußte er sich denn wirklich so weit zurücklehnen und die Steuerung mit nur zwei Fingern berühren? Beim endgültigen Instrumentenanflug bewegten wir uns auf groteske Weise mal über, mal unter dem vorgegebenen Gleitweg.

Als ich ihn fragte, ob ich Fahrwerk und Landeklappen ausfahren solle, sah er mich eigentümlich an und fuhr sie selbst aus.

Verdammt noch mal, *er* flog doch die Maschine. Er sollte die Entscheidung treffen und Anweisungen geben! Bisher hatte er auch noch nicht die Checkliste verlangt. Vermutlich war er der Meinung, daß zwei alte Hasen wie wir darauf verzichten konnten.

Inzwischen waren wir auf 100 Meter hinunter. In Kürze würden wir die Wolken durchstoßen haben und die Landebahn vor uns sehen. Aber Louis war weit vom Kurs ab. So würden wir nie die Landebahn finden. Jetzt sank er auch gefährlich tief unter den Gleitweg. Ich konnte doch nicht zulassen, daß er die Maschine zu Bruch flog!

Ich sah zu ihm hinüber, wagte aber nicht, ihn aus seinem Dämmerzustand aufzuscheuchen. Womöglich würde er heftig und riskant reagieren. Aber wir waren dem harten Erdboden gefährlich nahe.

Fast beiläufig und ganz sanft fragte ich: ›Soll ich landen, Louis?‹

Sein müdes Gesicht wurde hellwach. Er schien zutiefst schockiert.

›Mein Gott, Thor‹, japste er. ›Ich war überzeugt, daß *Sie* die Maschine fliegen. Jedenfalls seit wir über Hannover kreisen!‹

In diesem Augenblick kam die beleuchtete Landebahn in Sicht. Ein feiner Dunst lag darüber, und wir waren viel zu weit rechts vom Kurs und verdammt tief.

›Ich hab's, Louis!‹ Ich peitschte die Maschine in eine steile Kurve dicht über dem Boden. Das war unsere einzige Möglichkeit, auf die Bahn zu kommen. Ich drückte noch ein bißchen mehr auf die Tube, damit wir weitere 20 Meter Höhe gewannen, und hämmerte die Flügel in eine horizontale Lage zurück – gerade als wir über das Ende der Rollbahn donnerten. Aufatmend drosselte ich die vier Motoren und war der Meinung, daß wir trotz allem doch noch eine ganz passable Landung hingekriegt hatten.

Während der letzten halben Stunde war die Kiste in der ruhigen, glatten Luft also *praktisch allein* geflogen. Louis und ich hatten nur dann und wann den Kurs korrigiert. Jeder von uns war überzeugt gewesen, daß der andere die Maschine flog. Doch diese Aufgabe hatte eine Geisterhand übernommen.«

Überrascht und stolz erfuhr ich am 30. November 1964, daß mich der Präsident der Bundesrepublik Deutschland, Heinrich Lübke, mit dem Bundesverdienstkreuz Erster Klasse ausgezeichnet hatte. Ich wurde dafür geehrt, daß ich mehr als 15 000mal über den Eisernen Vorhang geflogen war.

Die Auszeichnng sollte mir vom Regierenden Bürgermeister Willy Brandt im Rathaus Schöneberg überreicht werden.

Willy Brandt war oft mit unserer Airline geflogen und vermutlich der höflichste Passagier, den wir jemals an Bord hatten.

Ich lernte ihn Anfang der fünfziger Jahre bei einem kleinen Essen im Rathaus Schöneberg kennen, zu dem der damalige Regierende Bürgermeister Otto Suhr eingeladen hatte. Ich war sehr beeindruckt, als Willy Brandt plötzlich vom Tisch aufsprang und dem überarbeiteten Kellner ohne viel Federlesen beim Servieren half.

Danach sollten wir häufig miteinander fliegen. Willy Brandt saß stets in der ersten Reihe der Kabine. Er schrieb unentwegt. Nie sah ich ihn ohne Stift in der Hand – der geborene Journalist. Er hatte seine Karriere ja auch als Journalist während des Krieges in Norwegen und Schweden begonnen.

An einem herrlichen Sommerabend hatten wir vor dem Abflug nach Berlin eine sehr ermüdende Verspätung von zwei Stunden in Hannover. Willy Brandt war an Bord, und ich lud ihn ein, die Beendigung der Reparaturarbeiten an dem defekten Motor im Cockpit abzuwarten.

Wir sprachen über alles mögliche, und schließlich fragte ich ihn: »Was ist eigentlich das Ziel Ihres Lebens?«

Willy Brandt sah in die untergehende Sonne und erwiderte langsam:»Eines Tages Kanzler der Bundesrepublik Deutschland zu sein.«

Während mir nun also Willy Brandt das Bundesverdienstkreuz an die Uniformjacke heftete und die Kameras der Reporter klickten, flüsterte er mir zu: »Jack, vermutlich wird kein anderer Pilot jemals wieder die Zahl von fünfzehntausend Flügen von und nach Berlin erreichen, aber ich bin nicht sicher, ob wir Ihnen mit dieser Auszeichnung wirklich einen Gefallen tun. Es wird Neider geben.«

Ich konnte mir nicht vorstellen, daß eine so bescheidene Auszeichnung so großes Interesse erregen sollte, und vergaß Brandts Prophezeiung.

Erst später begriff ich, was der erfahrene Wahlkämpfer mir hatte sagen wollen. Es gab tatsächlich Eifersüchteleien innerhalb meiner Fluggesellschaft.

Unsere Presse-Abteilung benutzte mich als Aushängeschild und griff in meine Freizeit ein mit der Begründung, das sei gut für die Werbung und würde helfen, Tickets zu verkaufen. Fernseh- und Rundfunk-Interviews wurden zur Alltäglichkeit. Das Wohnzimmer unseres Hauses ähnelte bald einem Presse-Club. Zunächst hob diese Anerkennung mein Selbstwertgefühl, aber nach ein paar Jahren wurde es lästig.

Die Pfeile, die auf mich abgeschossen wurden, kamen aus den verschiedensten Richtungen. Meist von den Frauen meiner Pilotenkollegen und aus dem unteren Management. Selten von den Piloten selbst. Die zogen mich nur damit auf, daß ich den »Blauen Max« umgehängt bekommen hatte. Sie hatten verstanden, daß der Orden keine persönliche Auszeichnung für mich war, sondern eine anerkennende Geste der bundesdeutschen Regierung allen Korridor-Piloten gegenüber, die während der Jahre sowjetischer Störmanöver der Sache Berlins gedient hatten. Ich hatte einfach eine gigantische Anzahl von Flügen angesammelt – wie die Flieger-Asse in Kriegszeiten, die am längsten im Fronteinsatz waren.

Das Bundesverdienstkreuz wurde zu einem besonders roten Tuch für einen unserer Berliner Schreibtisch-Hengste. Er bombardierte Bonn mit Petitionen, seinem Chef in New York die gleiche oder eine noch höhere Auszeichnung zu verleihen, als würden Orden per Postauftrag versandt.

Als ich anbot, meinen Orden zurückzugeben, um die Wogen zu glätten, kommentierte ein ehrwürdiger Protokollbeamter in Bonn: »Und die Amerikaner haben Hermann Göring wegen seiner Vorliebe für Orden und Ehrenzeichen belächelt . . .«

Aber die dickste Bombe platzte, als die Bundesregierung 1965 einen Film mit dem Titel »Ein Amerikaner in Berlin« über mein Leben drehte. Er wurde in sechs Sprachen synchronisiert und von den Deutschen Botschaften in aller Welt als Werbemittel für die geteilte Stadt eingesetzt. Er zeigt, daß ein Amerikaner in Berlin ein Haus bauen, als Verantwortlicher einer Fluggesellschaft arbeiten und in Ruhe und Frieden leben kann.

Ich hatte inzwischen ein Wassergrundstück an einem See im Zentrum Berlins erworben. Das war an dem Tag gewesen, an dem Nikita Chruschtschow so vulgär mit dem Schuh auf das Podium der Vereinten Nationen in New York getrommelt und sich dabei gebrüstet hatte, die Westmächte würden aus West-Berlin herausgedrängt werden.

Das hatte mich so wütend gemacht, daß ich mich entschloß, ihnen zu beweisen, daß sich ein Amerikaner nicht von den Russen einschüchtern ließ. Viele Westberliner hatten die bedrohte Stadt bereits verlassen. Ich verausgabte mich bis auf den letzten Pfennig, da die vorsichtigen deutschen Banken kein Vertrauen in die Zukunft Berlins hatten und deshalb auch nicht bereit waren, mir Geld zu leihen.

Innerhalb weniger Wochen hatten die Ostdeutschen einen »Gegenfilm« zu dem bundesdeutschen Film produziert. Sie nannten ihn »Ein amerikanischer Millionär in Berlin«. Dabei nutzten sie den »Millionär«, der sich allein auf meine Flugkilometer bezog, für ihre Zwecke aus. Sie behaupteten, daß ich Millionen damit verdient hätte, mittellose Menschen aus der Stadt hinauszufliegen. Dabei vergaßen sie, daß es sich bei den »mittellosen Menschen« um Flüchtlinge ihres Terror-Regimes handelte. Und damit hatte ich keineswegs Millionen verdient. Ich bezog das reguläre Gehalt eines Flugkapitäns und hätte viel mehr verdienen können, wenn ich auf Transatlantikflüge umgestiegen wäre, anstatt in Berlin zu bleiben.

Westdeutsche Fernsehleute, die den östlichen Film aufgezeichnet hatten, luden mich ein, ihn mir anzusehen. Er stellte mich als ein kapitalistisches Werkzeug der Rockefellers dar – ein unsinniger Hinweis auf mein Rockefeller-Stipendium, das mir 1937/38 ein Studium in Deutschland ermöglicht hatte.

Eine total erfundene Szene zeigt Prinz Louis Ferdinand von Preußen und mich vor einer Buchhandlung am Kurfürstendamm. Louis Ferdinand weist dabei auf ein Buch über Fürst Otto von Bismarck, den Begründer des Deutschen Reiches.

Der Chef des Hauses Hohenzollern erklärt mir, daß die Amerikaner dafür Verständnis haben müßten, daß Deutschland wieder so einen Eisernen Kanzler brauche, um wiedervereinigt und stark zu werden – damit es die anderen europäischen Völker beherrschen könne.

Natürlich stehen nicht Louis Ferdinand und ich vor dem Buchladen. Die ostdeutschen Filmemacher hatten sich zweier

Doubles bedient, die von hinten eine fast gespenstische Ähnlichkeit mit uns aufwiesen.

Seit vielen Jahren sind Prinz Louis Ferdinand und ich befreundet. Aber über Bismarck oder die Monarchie habe ich mit ihm noch nie diskutiert, und keiner von uns beiden hat sich jemals politisch engagiert.

Einer unserer begabtesten Capitains war Bob D. Flatow. Ich mochte ihn sehr gern, aber für seine Crews, das Bodenpersonal und die Mechaniker war er ein Ärgernis. Er krittelte rüde und oft grundlos an ihnen herum. Und er machte sich auch das Management zum Feind. Seine Personalakte war mindestens zwanzigmal dicker als die seiner Kollegen. Und schon wieder lag eine Beschwerde über ihn auf meinem Tisch. Zwei schrullige ältere Stewardessen hatten sie verfaßt. Es war die eigenartigste und blumenreichste Klage, die mir je vor Augen gekommen ist.

»Na, du verrücktes Huhn«, sagte ich, als er mir gegenüber saß. »Laß mal deine Version hören. Die der Stewardessen kenne ich schon.«

Bob grinste. »Den beiden alten Schachteln besorgt man's nicht genug. Das ist ihr Problem. Was werfen sie mir denn nun schon wieder vor?«

Ich hob eine Augenbraue. »Die Stewardessen behaupten, du hättest auf einen Überführungsflug ohne Passagiere die Maschine praktisch hochkant geflogen. Es sei für sie unmöglich gewesen, den Mittelgang entlangzulaufen. Wenn du sie ins Cockpit gerufen hast, mußten sie praktisch über die Wand gehen. Wenn sie aus dem Fenster blickten, sahen sie direkt unter sich die Erde. Wie hast du bloß diese Supershow abgezogen?«

Bob grinste immer noch. »Einfach war's nicht. Aber die Idee stammt doch von dir.«

»Von mir?«

»Erinnerst du dich nicht mehr? Ich habe dich als Diplom-Ingenieur vor Monaten mal gefragt, ob es möglich wäre, eine DC 4 hochkant zu fliegen. Du hast gesagt, daß das bei einigen Maschinen, zum Beispiel dem deutschen Kunstflugzeug Bücker ›Jungmeister‹, durchaus möglich war. Diese Typen konnten so lange auf der Seite geflogen werden, bis die Geschwindigkeit abfiel. Die kleine ›Jungmeister‹ hätte einen tiefen Rumpf und eine große Seitenflosse gehabt. Diese Kombination wirkte wie ein Flügel mit dem Seiten- als Höhenruder, sozusagen ein Flug auf Messers Schneide.«

»Und das mußtest du ausgerechnet mit einer DC 4 probieren?«

»Klar, Jack. Ich bekam die Maschine ja auch fast hochkant. Ich habe den rechten Flügel mit dem Querruder hinuntergedrückt und das Seitenruder in die entgegengesetzte Richtung bewegt. So hielt ich die große Kiste hochkant.«

»Mein Gott, Bob! Und das alles mit einer schwerfälligen viermotorigen Transportmaschine, nicht mit einem kleinen, hochgezüchteten Sportflugzeug! Hatte der übergroße Druck auf das Quer- und Seitenruder denn nicht eine ungeheure Vibration zur Folge?«

»Nicht, bis ich etwa sechzig Grad von der Normallage abgewichen war. Und dann blieb ich eben genau unter dieser kritischen Grenze.«

»Und was sollte das alles?«

»Ach Jack, man muß sich doch etwas gegen das tödliche Einerlei einfallen lassen!«

»Dabei hättest du glatt eine der Steuerflächen abreißen können, du Lilienthal! Die Stewardessen haben mir auch erzählt, daß du gelegentlich bei Blitz und Donner in der Kabine auftauchst und die nervösen Passagiere scheinheilig fragst, ob sie etwas sanfte Musik hören wollten. Und dann nimmst du deine Geige aus dem Kasten und kratzt auf ihr unpassende Choräle wie ›Näher mein Gott zu dir . . .‹«

Ich holte tief Atem. »Die Stewardessen empörten sich auch darüber, daß du letzte Woche bei einer leeren Maschine alle vier Motoren abgestellt und die Propeller auf Segelstellung gefahren hast. Nur, um zu demonstrieren, wie leise so eine DC 4 gleiten kann. Ich will hoffen, daß du das nicht noch einmal probierst. Du würdest die Motoren unter Umständen nie wieder in Gang bekommen. Unsere Batterien sind für derartige Belastungen kaum geschaffen. Vergiß nicht, daß du die Batterien und Lichtmaschinen brauchst, um die Propeller auf Segelstellung zu kriegen.«

»Aber Jack, wir haben doch die Motoren gar nicht wirklich abgedreht. Wir haben sie lediglich voll abgedrosselt, haben uns mit den einfältigen Mädchen nur einen Scherz erlaubt. Bei einem Blick aus dem Fenster hätten sie bemerkt, daß die Propeller noch liefen.«

Bob lachte in der Erinnerung laut auf und fuhr dann fort: »Aber es gibt auch ängstliche Hühner unter unseren Piloten. Nimm nur mal Copilot Steve Hutchins. Das ist vielleicht ein Hasenfuß! Wir kletterten von München-Riem aus sehr schnell in die Höhe, weil die vom Radar uns gebeten hatten, für andere Maschinen unter uns Platz zu machen. Also zog ich die Nase steil hoch. Unsere DC 6 war leicht und hatte eine Menge Fahrt. Old Steves Gesicht wurde fast so rot wie seine Haare. ›Nehmen Sie nur mal an, ein Motor fällt aus‹, japste er. ›Dann kriegen wir die Nase nicht mehr rechtzeitig wieder runter und kommen ins Trudeln . . .‹ Ja, und da hat mich der Teufel geritten. Ich konnte der Versuchung nicht widerstehen: Ich mußte dem alten Pingel beweisen, wieviel latenter Schub tatsächlich in der Maschine steckt, und nahm ganz sanft das Gas weg – nicht nur von einem, sondern gleich von *zwei* Motoren! Die Nase hielt ich in dem steilen Winkel. Steves Gesicht durchlief alle Farben des Regenbogens. Jeden Augenblick mußte ihn der Schlag treffen. Nach einer Weile fiel die Fahrt ab, und ich mußte wieder Gas geben.«

Bob lachte mich offen an. »Ich dachte, es sei besser, wenn ich dir die Sache selbst erzähle. Bestimmt wird die Pfeife bald hier aufkreuzen und dir eine Beschwerde auf den Tisch knallen.«

Ich seufzte tief auf. »Da wird er Schlange stehen müssen. Vor ihm haben noch eine Menge anderer dieses Anliegen . . .«

»Nun mach aber mal 'n Punkt, Jack. Du warst doch in deiner Karriere auch kein Kind von Traurigkeit. Ich habe da was von einer Kissenschlacht im Cockpit gehört . . .«

»Stimmt, gebe ich zu. Aber das war vor dem Krieg. Da war ich noch ein halbes Kind. Ich flog als Copilot bei United Airlines mit einem sehr erfahrenen, alten Captain, Bob Dawson. Am Ende der langen Flugtage mit der guten alten DC 3 veranstalteten wir manchmal mit den Stewardessen Kissenschlachten in der Kabine. An diesem Tag waren wir von Chicago nach New York geflogen. Die Passagiere waren bereits von Bord gegangen, und die Kissen flatterten fröhlich durch die Luft. In der Kabine sah es aus, als habe ein Schneesturm getobt. Plötzlich steckte jemand den Kopf zur Kabinentür herein. Ich hielt ihn für einen vom Reinigungspersonal und warf ihm mit aller Gewalt ein zerplatztes Kissen direkt ins Gesicht. Er ging glatt zu Boden. Als sich die herumstiebenden Federn gesetzt hatten, stellte ich voller Schrecken fest, daß meine Zielscheibe Bill Patterson gewesen war, der Präsident unserer Fluggesellschaft.«

»Um Himmels willen, Jack! Hat er dich nicht auf der Stelle gefeuert?«

»Überraschenderweise nicht. Er lächelte uns nur an und meinte: ›Boys, ihr habt hier aber einen netten kleinen Schneesturm entfacht!‹ Dann winkte er uns freundlich zu und verschwand. Bill Patterson ist schon ein Pfundskerl, wahrscheinlich der beliebteste Präsident im gesamten Airline-Geschäft. – Aber schließlich stehe nicht ich hier am Pranger, sondern du. Mir ist auch zu Ohren gekommen, daß du kürzlich einen Frachtverlader gekidnappt hast. Was hast du dazu zu sagen?«

Bob zuckte mit den Achseln. »Nun, Jack, es war ein sehr später Frachtflug nach Hannover. Der Wetterbericht hatte vorausgesagt, daß Hannover innerhalb einer Stunde auf Null Sicht sinken würde. Ich rief den Verladern in der Kabine zu, sie sollten sich mit dem Vertäuen der Fracht ein bißchen beeilen, weil ich so schnell wie möglich starten wollte. Ein netter alter Typ mit dicken Brillengläsern lachte auf und ließ sich besonders viel Zeit mit dem Verknoten der Seile. Die anderen hatten längst die Maschine verlassen. Da hatte ich den Einfall, zur Abwechslung mal mit dem Verlader auf und davon zu rollen und nach Hannover zu starten. Als wir in der Luft waren, drehte ich mich nach ihm um. Er lag auf den Knien und betete. Ich rief ihn ins Cockpit und fragte, was denn eigentlich los sei. Er gestand mir, er sei noch nie in seinem Leben geflogen. Ich ließ ihn vorn zwischen uns Platz nehmen. Nach einer Weile begann er das Ganze sogar zu genießen. Das heißt, bis wir in einen schwierigen Blindanflug gerieten. Der alte Knabe bekreuzigte sich, schloß die Augen und betete wieder. Er war hoch erfreut, als wir aus den Wolken herauskamen und 25 Meter unter uns die Landebahn erblickten. Er grinste buchstäblich von einem Ohr zum anderen. Gegen vier Uhr früh waren wir dann wieder in Tempelhof, und ich fuhr ihn nach Hause. Er hatte das größte Abenteuer seines Lebens hinter sich . . .«

Ich lachte trocken auf. »Wirklich komisch! Ein illegaler Passagier an Bord. Stell dir nur mal vor, das Wetter in Hannover wäre für eine Landung zu schlecht gewesen und ihr hättet auf einen Flughafen im Ausland ausweichen müssen. Zum Beispiel Amsterdam. Der alte Knabe hatte doch keinen Paß bei sich. Das wäre ein Spaß geworden!«

»Na, wenigstens habe ich von dem Burschen etwas gelernt.«

»So? Was denn?«

»Daß es unter dem Bodenpersonal in Tempelhof eine ganze Reihe ostdeutscher Spione gibt. Mehr als hundert.«

»Himmel, Bob. Das ist doch nichts Neues. Unsere CID-Leute wissen das längst. Der Chef-Verlader unserer Gesellschaft ist einer von denen, gehört zur Spitze. Wahrscheinlich werden wir ihn früher oder später entlassen müssen. Übrigens, das nette, tüchtige Mädchen, das jahrelang den PX-Laden geführt hat, spioniert auch für den Osten. Sie haben sie heute entlarvt.«

Ich sah Bob einen Augenblick an. »Sag mal, wie bist du denn neulich den Regierungsinspektor losgeworden?«

»Ach, das«, wehrte Bob ab. »Wir saßen in Düsseldorf rum, hatten da dreißig Minuten Aufenthalt. Copilot Al Testy und ich saßen im Cockpit und lasen Zeitung. Die Tür zur leeren Kabine stand offen, und wir hörten, daß dort jemand herumgeisterte. Wir nahmen an, das sei der Bursche mit unseren Flugpapieren. Plötzlich streckte sich eine Hand mit einem Ausweis der US-Bundesluftfahrtbehörde zwischen Al und mich. Ich sagte: ›Willkommen an Bord‹ und fragte den Inspektor, ob er auch eine Zeitung wolle. Er lehnte das patzig ab. Wahrscheinlich hätten wir seiner Meinung nach das Armaturenbrett studieren sollen, anstatt Zeitung zu lesen. Als der Inspektor außer Hörweite war, flüsterte Al mir zu: ›Ich kenne den Mann. Das ist ein eitler Fatzke.

Wir waren zusammen bei der Flugausbildung. Aber ich glaube, er hat mich nicht wiedererkannt.‹

Als die Maschine beladen war, gingen wir die Checkliste durch, stellten die Motoren an und rollten auf die Startbahn. Es war an Al, die Maschine zu starten.

Während wir uns in die Höhe schraubten, lehnte sich der Inspektor reichlich anmaßend über uns und sagte zu Al: ›Darf ich Ihre Fluglizenz sehen?‹

›Jetzt?‹ fragte Al verblüfft zurück.

›Jetzt!‹ erwiderte der Insepktor.

Ohne mit der Wimper zu zucken ließ Al den Knüppel los und griff in seine Tasche. Der Flugzeugbug fiel so steil nach unten, daß uns die Sicherheitsgurte die Luft abschnitten. Aber der freistehende, nicht angegurtete Inspektor hob ab wie ein Astronaut.

›Nein, natürlich nicht sofort!‹ bellte er wütend.

Al griff zum Steuer und brachte die Nase in eine angemessene Lage. Der Inspektor landete wieder auf den Füßen.

Nachdem wir unsere Flughöhe erreicht und auf automatische Steuerung geschaltet hatten, zeigten Al und ich unsere Papiere vor. Für den Rest des Fluges wurde nicht mehr viel gesagt.«

Ich sah Bob an. »Immerhin hättest du für Al das Steuer übernehmen können. Die Maschine besitzt doch eine Doppelsteuerung. Es war absolut überflüssig, das verdammte Schiff aus dem Himmel fallen zu lassen. Vielleicht hast du sogar mit deinem Knie am Steuer ein wenig nachgeholfen?«

Bob lächelte mich treuherzig an. Dann blickte er verträumt aus dem Fenster und murmelte: »Vielleicht. Aber ich glaube, ich sollte mich jetzt auf den Weg machen. Schließlich habe ich ein Haus in Spanien.«

Ich hob die Hand. »Nur keine Hast, mein Freund. Stimmt es eigentlich, daß du kürzlich in Hannover statt, wie geplant, in Hamburg gelandet bist?«

»Großer Gott, Jack! Du hast wohl überall deine Spione, was? Du weißt, daß die ganze Angelegenheit mit der Zeit langweilig wird. Zweimal am Tag nach Hannover und einmal nach Hamburg. Da muß man doch verblöden. Also: Wir starteten in Berlin und flogen durch den mittleren Korridor. Über Wolfsburg wollten wir gerade zum Anflug auf Hannover ansetzen, als der Copilot mit einem Blick auf den Flugplan feststellte, daß wir eigentlich durch den nördlichen Korridor hätten nach Hamburg fliegen sollen.

›Dafür werden sie uns steinigen!‹ prustete er.

›O Scheiße‹, sagte ich, ›aber vielleicht haben wir noch eine Chance. Flieg so tief wie möglich, gib Vollgas und schieß in der Nähe von Hamburg wieder hoch. Wenn wir Glück haben, bemerkt Hannover Radar gar nicht, was passiert.‹

Obwohl Hamburg weiter von Berlin entfernt ist als Hannover, kamen wir pünktlich an.«

»Ein Wunder, daß ihr nicht vom Radar erwischt worden seid.«

»Nicht unbedingt, Jack. Wir flogen sehr tief. Aber kannst du dir vorstellen, wie die Passagiere auf den Irrtum reagiert hätten? Und die Presse hätte uns und die Gesellschaft ans Kreuz geschlagen.«

»Ich kann nur hoffen, daß das Management in New York nichts davon erfährt, Bob«, meinte ich.

»Und wenn. Unser Vizepräsident ist doch vor ein paar Jahren in Deutschland selbst auf dem falschen Flughafen gelandet.«

»Das stimmt. Mitunter hilft es, wenn man weiß, wo der andere seine Leichen vergraben hat.« Ich blätterte in Bobs dicker Akte. »Hier ist schon wieder so ein Ding! Es wird gemunkelt, daß du die Tauben und Krähen auf manchen deutschen Flughäfen auf drastische Weise dezimierst.«

»Du weißt doch selbst, Jack, wie gefährlich Vögel sein können. Sie fliegen gegen die Windschutzscheibe, geraten in die Motoren – und die Maschine stürzt ab. Die verdammte Brut wird so zahm, weil niemand da draußen auf dem weiten Gelände sie aufscheucht. Sie gewöhnen sich sogar an das Motorengeräusch. Du mußt sie fast überfahren, ehe sie endlich einen Hüpfer zur Seite machen.

Meine Methode zur Verringerung des Federviehs besteht darin, daß ich so nahe wie möglich an die Biester heranrolle. Wenn sie hochflattern, bringe ich die DC 6-Propeller in negative Steigung. Dadurch wird der Propellerwind nach vorn statt nach hinten geblasen. Diese plötzliche Winddrehung überrascht die Vögel, und sie fallen herunter. Nun stelle ich die Props wieder normal ein. Die taumelnden Vögel werden in unsere Propeller gesaugt und zu Mus zermalmt.«

»Und unsere Latten sehen aus wie durch Ketchup gezogen. Du erfahrener Nimrod solltest die Dezimierung des Vogelbestandes auf den Flughäfen lieber den Flughafenbehörden überlassen.«

Bob öffnete den Mund, schloß ihn dann aber wieder.

»Hier habe ich noch einen anonymen Bericht, der dich betrifft. Stimmt es, daß du und ein Copilot eine Stewardess im Cockpit entkleidet habt?«

»Ja«, meinte Bob knapp.

»Ja?« echote ich entnervt. »Du mußt verrückt geworden sein!«

»Das Ganze war eine Verkettung unglückseliger Umstände«, entschuldigte sich Bob. »Wir waren auf dem Weg nach Hannover, Al Testy wieder als Copilot. Chris Stach, Als Freundin, war eine unserer Stewardessen. Sie ist Tschechin, temperamentvoll wie eine Wildkatze. Die beiden stritten sich dauernd. Etwa eine Viertelstunde vor der Landung kam Al auf den verrückten Einfall, Chris einen Streich zu spielen. Er wollte so tun, als sei er vor Liebeskummer aus der Maschine gesprungen.

Also schlenderte Al in die Kabine, lächelte den Passagieren leutselig zu und sprach ein paar Worte mit Chris. Er erklärte ihr, er sei über ihr Zerwürfnis verzweifelt. Dann kam er ins Cockpit zurück und verbarg sich auf der kleinen Toilette. Wie du weißt, haben wir noch drei ältere DC 4-Modelle mit winzigen WCs im Cockpit in Betrieb. Kurz bevor er die Tür schloß, zog er geschickt ein paar Postsäcke davor.

Dann rief ich Chris: ›Sagen Sie Al, er möchte seine vier Buchstaben endlich wieder ins Cockpit hieven. Er kann doch nicht den ganzen Flug über da draußen in der Kabine hocken!‹

›Ich glaube nicht, daß er noch hinten ist‹, erklärte Chris. ›Aber ich seh mal nach.‹

Wenig später kam sie wieder ins Cockpit gerannt. Ihr Gesicht war so weiß wie die Wand. ›Mein Gott, Bob! Al ist nicht da! Ich wette, er hat sich irgendwo versteckt.‹

Sie sah sich um. Wegen der Postsäcke vor der Toilettentür kam sie gar nicht auf den Gedanken, daß er da drin sein könnte.

Hysterisch schrie sie auf: ›Er ist rausgesprungen, Bob! Er ist tatsächlich rausgesprungen! Wir hatten Streit miteinander!‹

›Du meine Güte‹, erwiderte ich. ›Mir ist so, als hätte ich vorhin die Cockpitaußentür gehört!‹

Natürlich ist es unmöglich, diese Tür nach außen gegen den Luftdruck zu öffnen. Aber eine Stewardeß hat doch keinen blassen Schimmer . . .

Chris begann laut zu jammern und zu schluchzen. ›Es ist meine Schuld! Es ist alles nur meine Schuld!‹

Ein paar Minuten lang sah ich mir diese herzzerreißende Szene an. Dann sagte ich zu ihr: ›Bitte, Chris, gehen Sie zurück in die Kabine und versuchen Sie, sich zu beruhigen. Ich werde allein landen müssen. In Hannover werde ich dann sehen, was ich tun kann.‹

Chris ging. Ich klopfte gegen die Wand, um Al zu signalisieren, daß die Luft rein sei. Er kam heraus und setzte sich auf seinen Copilotenplatz. Wir landeten.

Nachdem alle Passagiere von Bord gegangen waren, kam die schluchzende Chris wieder ins Cockpit. Al drehte sich auf seinem Sitz herum und machte: ›Buh!‹

Wie eine gereizte Tigerin fuhr Chris auf ihn los. ›Du Hundesohn!‹ kreischte sie. ›Ich bring dich um!‹ Sie zog ihm ihre langen rotlackierten Fingernägel quer durchs Gesicht. Dann sprang sie auch mich an. Schließlich konnte ich sie einfangen. Ich zog sie fest auf meinen Schoß.

Aber Al war so wütend, daß er ihre dünne Bluse packte und sie in Fetzen riß. Chris strampelte und stieß mit den Füßen. Er zog ihr die Schuhe aus und brach dabei die Absätze ab. Die Strümpfe hingen in Fetzen.

Chris wehrte sich mit Händen und Füßen. Dabei verfing sich ihr Rock am hydraulischen Hebel und zerriß ebenfalls. Schließlich wälzten Chris und Al sich in einem erbitterten Clinch am Boden. Al riß ihr den BH herunter, dann das Höschen.

Danach beruhigte sich die Lage etwas. Chris stand splitternackt vor uns. Als und mein Hemd waren mit Blutspritzern übersät.

Aber nun war es höchste Zeit, die Sache unter Kontrolle zu bekommen. Wie sollten wir die hüllenlose Chris nur unbemerkt nach Berlin zurück und aus der Maschine schaffen? Während des Aufenthalts in Hannover blieb sie vorn im Cockpit. Den anderen Stewardessen erzählten wir, Chris sei krank geworden. Auf dem Rückweg nach Berlin riefen wir über Funk nach einem Krankenwagen. Das ist nichts Ungewöhnliches. Nachdem die Passagiere von Bord gegangen waren, kamen die Krankenträger und brachten die mit Decken notdürftig verhüllte Stewardess in den Ambulanzwagen. Al sprang hinterher. Er dirigierte das Auto aber nicht in ein Krankenhaus, sondern in Chris' Wohnung. So hatte die Geschichte wenigstens noch ein Happy-End.«

»Bob«, schnaufte ich. »Ich bin ganz sicher – in diesem Fall wirst du bestimmt keine Schwierigkeiten mit dem Managemant in New York bekommen.«

Bob sah mich verdutzt an. »Wieso denn nicht?«

»Weil sie das nie im Leben glauben!«

3. Schabernack in den Korridoren

Jede Fluggesellschaft verfügt über eine Handvoll phantasievoller, lockerer Piloten mit einer gehörigen Portion Humor. Ihre Maschinen scheinen mühelos zu fliegen, sie sind wie Pferde, die ihren Reiter nicht brauchen, um sicher den Stall zu finden. Aber wenn sie keine so begabten Piloten wären, hätten sie kaum Zeit für Spaß und Spiel. So unglaublich es klingen mag – diese Spaßvögel haben die höchste Sicherheitsquote. Es sind die Zögerer und Zauderer, die ihre Maschinen zu Bruch fliegen, über rutschige Rollbahnen schliddern, die Reifen verschleißen und persönliche Differenzen im Cockpit haben.

Seltsamerweise scheinen die Manager oft nicht zu wissen, daß es gerade die unbekümmerten Piloten sind, die die Ernte sicher in die Scheuer fahren. Sie fliegen bei jedem Wetter – so regelmäßig wie ein Uhrwerk. Selbst dann, wenn ihre zimperlichen Kollegen ihre Flüge wegen allzu schlechter Wetterbedingungen verschieben oder absagen.

Wenn sich die Jungs aus dem Managemant die Zeit nehmen würden, ab und zu mit den Flugleitern zu sprechen, würden sie um einiges schlauer sein.

Einer dieser Wunderknaben war der humorvolle Frauenheld Captain Eddi Shoulders – ein Typ wie Errol Flynn. Trotz seiner gelegentlichenAbweichungen von den geheiligten Airline-Bestimmungen wurde Eddie zur Überraschung und Befriedigung aller Kollegen zum Check-Captain gemacht, zu einem Captain also, der die Leistung anderer Captains überprüft.

Eddie war einer meiner Freunde. Aber das machte mich auch zur Zielscheibe seiner ungewöhnlichen Scherze. An einem wolkenlosen Sommernachmittag verließen wir beide in DC 4-Maschinen Berlin, um zum gleichen Zeitpunkt nach Hamburg zu starten. Eddie flog den Frachtflug 935 ohne Passagiere, ich hatte auf der 936 eine Menge Fluggäste an Bord. Ich kletterte bald auf 3300 Meter, die Höchstgrenze bei Flügen durch die Korridore. Ich wollte in eine glattere Luft. Über Funk konnte ich hören, daß Eddie um Sichtflugerlaubnis bat. Das bedeutete, daß er in jeder beliebigen Höhe – natürlich unter 3300 Meter – fliegen konnte, solange er nur mit dem Boden Kontakt hielt.

Mein Copilot grinste. »Skipper«, sagte er. »Eddie will heute wohl alle Kühe und Hühner an der Strecke aufscheuchen. Schätze, daß es morgen in ganz Mecklenburg weder Milch noch Eier gibt.«

Ich lachte. »Nein, seit er Check-Captain geworden ist, sind Eddies fröhliche Zeiten vorbei. Wahrscheinlich will er nur vor uns in Hamburg sein und keine Zeit mit Auf- und Absteigen vergeuden. Sein Hobby sind nun mal Rennwagen. Und er liebt den Wettbewerb.«

Aber durch nichts war ich auf das vorbereitet, was uns nach der Ankunft in Hamburg erwartete. Als wir auf das Gebäude zurollten, bat uns der Tower, bei Hamburg Airways anzurufen.

»O je«, meinte der Copilot. »Was haben wir denn nun schon wieder verbrochen?«

Am Telefon hatte der erregte Airways Operator eine Menge zu sagen – nur nichts Freundliches.

»936, wir haben Dutzende von telefonischen Beschwerden erhalten, daß Sie zu niedrig geflogen sind. Sogar Elbschiffer haben sich gemeldet und erklärt, Sie seien so dicht über sie hinweggedonnert, daß ihre Flaggen geflattert haben! Das ist das erste Mal, daß einer von euch Korridor-Piloten beschuldigt wird, zu niedrig über Ostdeutschland hinweggeflogen zu sein. Auch von dort liegen Beschwerden vor. Gratuliere! Man wird Ihnen noch eine Menge Fragen stellen!«

Mein Einwand, meine 936 sei in 3300 Meter Höhe geflogen, stieß auf taube Ohren. Das sei ein ganz anderes Flugzeug gewesen, hieß es. Ich sei einwandfrei als der Unglücksrabe identifiziert worden.

Offenbar war meine Flugnummer mit der von Eddie Shoulders im Airways-Computer durcheinandergeraten.

»So ein Mist«, dachte ich. »Das kann ich nie im Leben aufklären. Und ich kann doch meinen Freund Eddie nicht verpetzen!« Denn natürlich war er der Tieffflieger gewesen.

Ich ging hinüber zum Frachtgelände. Dort lehnte Eddie an seiner Maschine, die gerade entladen wurde. Er platzte fast vor Lachen.

»Du verrückter Hund«, tobte ich. »Airways macht mich an, nur weil du beinahe die Kirchtürme abrasiert hast.«

»Weiß ich, Jack. Heute hast du nicht gerade einen Glückstag. Ich habe mich die ganze Zeit an die erlaubte Minimalgrenze von 700 Metern gehalten. Aber das scheinen alle für sehr niedrig zu halten. Zum Glück hat dich der Computer mit mir verwechselt. Bitter ist nur, daß ich als Check-Pilot nun auch noch einen Bericht über dich schreiben muß . . . Würde doch verdammt nach Begünstigung riechen, wenn ich es nicht täte.«

Einige Zeit später verzichtete Eddie Shoulders auf seinen Job als Check-Captain. Er fühlte sich zu eingeengt.

Eines Tages kam Eddie zu mir. »Jack, ich habe gehört, daß du mehr deutsche FKK-Gelände kennst als irgendein anderer Pilot. Sag mir mal, wo welche sind.«

»Deine Schmeichelei bringt dich den nackten Tatsachen auch nicht näher.«

»Komm schon, Jack. Du weißt doch, daß es eine Menge FKK-Plätze gibt. Erstaunlicherweise befinden sich viele in der Nähe von Flughäfen.«

In gespielt strengem Ton belehrte ich Eddie: »Die Schwierigkeit besteht darin, eine gute Ausrede zu finden, warum man über diesen Örtlichkeiten so tief hinuntergeht, um auch die Details erkennen zu können.«

»Nun hör schon auf mit dem Quatsch, Jack. Stimmt es, daß in der Nähe von Hannover ein FKK-Gelände ist?«

»Ja, Eddie«, lachte ich. »Aber du traust dich ja doch nicht, so tief zu fliegen . . . Hast du Hamburg vergessen?«

»Zeit heilt Wunden, Jack. Wo liegt das verdammte Gelände genau?«

»Ein paar Kilometer vom östlichen Ende der Startbahn entfernt. Wenn du nur ein paar Grade nach rechts drehst, kommst du über einen kleinen See. Genau da ist das Quartier der Nacktfrösche. Wenn du nicht allzu steil steigst, hast du einen guten Überblick. Würde sich für eine Sightseeing-Tour anbieten. Aber natürlich darfst du das nur mit einer Frachtmaschine machen, voll beladen. Die ist zu schwer, um schnell zu steigen – eine gute Entschuldigung dafür, daß du so niedrig fliegst.«

»Wie tief gehst du denn immer runter?«

»Oh, auf etwa dreißig Meter«, bluffte ich. »Ich fliege so tief, daß die Äste der Bäume schwanken und das Wasser Wellen schlägt.«

Das war natürlich blanker Unsinn. In Wahrheit flog ich in einfacher Höhe. Ich war ganz sicher, daß Eddie sofort merkte, wie ich ihn auf den Arm nahm. Doch da hatte ich seine Naivität unterschätzt.

Ein paar Wochen später war ich in Hannover. Der rundliche, normalerweise immer vergnügte Stationsleiter Charlie Kurzstrom nahm mich beiseite.

»Sag deinen Kollegen, daß die Nackten da am See ziemlich sauer sind. Ein paar von unseren Burschen fliegen angeblich besonders tief über ihr Camp.« Charlie tat so, als bereiteten ihm diese Worte tiefe Pein. »Wir haben einen Brief von denen bekommen«, fuhr er fort. »Ein paar von unseren Maschinen sind so tief geflogen, daß die Bäume schwankten. Beim nächsten Mal wollen sie fotografieren und das corpus delicti an unsere Zentrale in Frankfurt schicken. Wir haben Glück, daß sie das nicht gleich gemacht haben.«

»Aber Charlie«, wandte ich ein. »Ich kann mir nicht vorstellen, daß einer von un so was tut. Warum bringst du nicht einfache eine Warnung am Schwarzen Brett an?«

»Gute Idee, Jack.«

»Eddie Shoulders, du Plaudertasche«, dachte ich. »Hättest du unser kleines Geheimnis nicht für dich behalten können? Jetzt wird todsicher noch jemand erwischt!«

Eine Woche später saß ich im Crewraum des Flughafens Tempelhof.

»Wissen Sie, daß Captain Bob Flatow wieder mal Schlagzeilen gemacht hat?« fragte mich jemand.

»Nein. Was ist denn passiert?«

»Na, ein paar Frachtflieger sind wohl ein bißchen zu tief über ein FKK-Gelände bei Hannover geflogen. Die erbosten Hüllenlosen griffen zur Kamera und fotografierten Bob Flatow, wobei natürlich jeder Flugzeuge so geschickt fotografieren kann, daß es aussieht, als würden sie ganz niedrig fliegen . . .«

Wieder einmal hatte es also Eddie Shoulders, Initiator des Ganzen, geschafft, mit heiler Haut davonzukommen.

Kurz nach dem Krieg sind unsere Militärmaschinen in Deutschland wirklich sehr niedrig geflogen. Der Geist des Sieges lag noch in der Luft. Die malerischen Flüge durchs Rheintal waren erregend. Die Maschinen donnerten dicht über den Fluß hinweg. Brücken waren kein Hindernis mehr. Sie waren alle zerstört. Auch von Paris und London aus wurde so niedrig über den Kontinent nach Berlin oder Frankfurt geflogen, daß man fast die Spitzen der Kirchtürme streifte.

Max Schmeling, der einstige Boxweltmeister im Schwergewicht, lamentierte mir gegenüber darüber, daß niedrig fliegende Maschinen im Gebiet von Hamburg die Nerze seiner Zuchtfarm so erschreckten, daß sie die Fortpflanzung einstellten. Später las ich in der Presse, daß dies zum Ruin seines Unternehmens geführt habe.

Schmeling war häufiger Gast auf unseren Flügen zwischen Hamburg und Berlin. Er hat die größten Pranken, die ich je gesehen habe. Wenn man ihm die Hand gibt, verschwinden die Finger in seinem stahlharten Griff. Man kann nur ein Stoßgebet zum Himmel schicken und hoffen, seine Hand unversehrt wieder zurückzubekommen.

1938 hatte er seinen Titel an Joe Louis verloren, den schwarzen amerikanischen Boxer, der ihn schon zwei Minuten nach Kampfbeginn k. o. schlug.

Einmal fragte ich Schmeling: »Wie hart hat Louis denn zugeschlagen?«

Seine wortkarge Antwort lautete: »Etwa so hart, wie ein Muli auskeilt!«

Ich erinnere mich an einen Start vom Flughafen Tempelhof. Ein Pilot der Air Transport Command machte eine tiefe Schleife über Ost-Berlin und flog dann auf den Kurfürstendamm zu. Er donnerte so niedrig über den Wittenbergplatz, daß ein erschreckter Straßenbahnfahrer seine Elektrische anhielt. Die Fahrgäste – offenbar noch immer unter dem Schock der Bombenangriffe – sprangen aus den Wagen und suchten Schutz in den umliegenden Ruinen.

Aber als die Fluggesellschaften ihre eigene Ausrüstung nach Berlin brachten, war die Zeit derartiger Scherze vorbei. Die Piloten der Airlines haben die Ausbildung und das Verantwortungsbewußtsein von Chirurgen. Sie denken gar nicht daran, mit dem Leben ihrer Passagiere oder mit den ihnen anvertrauten Maschinen leichtsinnig umzugehen. Auflagen über Auflagen werden ihnen von den Regierungen aufgebürdet. Dazu kommen noch die Bestimmungen der einzelnen Fluggesellschaften. Kein anderer Beruf wird so streng überwacht. Ich halte ihn für bei weitem überreglementiert. In bestimmten Notsituationen bleibt dem Piloten wenig Möglichkeit zu einer freien Entscheidung, die unter Umständen klüger wäre als die starren Vorschriften.

Es ist einfach unmöglich, exakte Bestimmungen für jeden einzelnen Notfall auszuarbeiten, es ist unbestrittene Tatsache, daß die Regeln für die schwächeren unter den Piloten aufgestellt wurden – ihnen soll damit das Denken abgenommen werden. Aber sie töten die Initiative der cleveren und technisch begabten Piloten.

Ich habe miterlebt, wie energische Captains durch brillante und ungewöhnliche Aktionen ihre Maschinen retteten und dennoch diszipliniert wurden, weil sie gegen die Bestimmungen verstoßen hatten – Bestimmungen, die bei genauer Befolgung Menschen und Maschinen zerstört hätten.

Hochintelligente Piloten gehen an der Langeweile der Routineflüge zugrunde. Die alltäglichen Wiederholungen beanspruchen sie nicht genug. Und Ermüdung kann für die Sicherheit böse Folgen haben. Als junger Chefpilot stellte ich nach dem Krieg viele Piloten für die Cockpits unserer schnell expandierenden Gesellschaft ein.

Eines Tages sagte unserer alter, erfahrener Flugdirektor Jim Craig zu mir: »Jack, Sie stellen lauter Intelligenzbestien ein. Die werden verdammt frustriert sein, wenn sie erst einmal fünfzig geworden sind.«

»Jim«, wandte ich ein. »Der Panam-Begründer Juan Trippe hat die Maßstäbe gesetzt. Er wollte Annapolis-Absolventen mit Abschlüssen vom MIT oder Yale und einer Menge praktischer Flugerfahrung.«

»Das hört sich in der Theorie sehr gut an, aber in der Praxis funktioniert es leider nicht. Erstens gibt es nicht genug Leute mit derartigen Qualifikationen. Und dann werden Ihre Gehirnakrobaten durch die tägliche Arbeit bei einer Fluggesellschaft nicht genug gefordert. Für die ist es doch nichts, einfach so dazusitzen und zu beobachten, wie draußen die Wolken vorbeiziehen. Nach fünf oder sechs Jahren sind sie unzufrieden. Wenn sie trotzdem bei der Stange bleiben, so nur wegen ihres relativ hohen Gehalts und der großzügigen Freizeit. Aber diese Leute passen sich nicht an wie brave Zinnsoldaten. Sie denken mit – und das können Sie nicht gebrauchen. Stellen Sie also einfache Bauernjungen mit durchschnittlicher Bildung und vorhersehbaren

Reaktionen ein. Engagieren Sie Karrengäule anstelle von hoch-gezüchteten Rennpferden!«

»Es gibt nur etwa fünf Prozent ›geborene Piloten‹. Techni-sches Wissen hat damit nichts zu tun. Die besten Flugschüler, die ich je gehabt habe, waren Ballettänzer und Jongleure. Die größten Individualisten sind nun mal auch die besten Piloten. Wie ungeschliffene Diamanten, deren Wert man erst später er-kennt. Und wenn es einmal wirklich Probleme geben sollte, kommen meine technischen Genies und zaubern eine Lösung aus dem Hut.«

»Aber das geschieht doch nur sehr selten. In 99 Prozent sei-ner Zeit wird Ihr Genie höchst langweilige Routinearbeit zu ver-richten haben und dabei so frustriert sein, daß er unter Umstän-den gegen einen Berg fliegt. Er wird versuchen, die Maschinen umzukonstruieren, statt ganz einfach die vorhandenen Knöpfe und Schalter zu bedienen, wozu auch ein intelligenter Gorilla fä-hig wäre. Und das ist eigentlich alles, was heutzutage verlangt wird.

Und noch etwas: Ihr Superpilot ist natürlich in der Lage, die Maschinen wesentlich geschickter zu fliegen als seine mittelmä-ßigen Kollegen. Und das läßt denen keine Ruhe. Sie werden es ihm gleichtun wollen und dabei in die größten Schwierigkeiten geraten.«

Jim Craig ist vor einigen Jahren gestorben. Ich sollte noch oft Gelegenheit haben, über seine Worte nachzudenken. Zum Bei-spiel kurz nach dem Krieg, als wir den regulären Passagierdienst mit einer Gesellschaft aufnahmen, die heute nicht mehr existiert.

Das Wetter in Berlin war schlecht. Unter diesen Bedingungen hätten wir in den Staaten gar nicht starten oder landen dürfen. Aber in Europa, wo es keine offiziellen US-Wetterwarten gab, war es den Piloten gestattet, ein »Look See« zu machen, das heißt, es war dem Ermessen des Captains überlassen, ob er flog oder nicht. Er fungierte sozusagen als sein eigenes Wetteramt . . .

Wegen des dichten Nebels waren einige unserer Piloten, die eigentlich Berlin hätten anfliegen sollen, nach Hannover ausge-wichen. Dort saßen sie wie Hühner auf der Stange und warteten ab, ob sich die Lage über Berlin nicht endlich besserte.

Einer meiner talentierten Superpiloten aber flog nach Berlin. Er wußte vom Nebel und auch, daß die Landebahn vereist war. Dennoch legte er in Tempelhof eine einwandfreie Landung hin. Für ihn waren die Bedingungen nicht außergewöhnlich, für ihn waren sie »normal«.

Nun sahen die anderen Piloten in Hannover natürlich blaß aus. Sie wollten sich keineswegs Unfähigkeit vorwerfen lassen und starteten ebenfalls nach Tempelhof. Der zweite, der über Tempelhof erschien, war ein weiterer »Fünf-Prozenter«. Auch er landete glatt.

Doch dann war ein eher durchschnittlicher Steuer-Jockey, John Penny, an der Reihe. Die Landehilfen in Berlin steckten damals erst in den Anfängen. Es gab kein Radar.

Johns erster Landeversuch in westlicher Richtung geriet zu weit rechts, viel zu niedrig über den Wohnhäusern. Er reagierte ebenso erschreckt wie seine Crew. Copilot und Ingenieur drängten heftig darauf, nach Hannover zurückzufliegen.

Aber John, in einem albernen Anflug von Stolz, machte noch zwei weitere schlampige Landeversuche, bis er schließlich mit viel Glück die alte DC 4 in einer Paniklandung auf den Boden setzte, so hart, daß die Stewardess von einem kontrollierten Absturz sprach. Und ihre Beschreibung entsprach sicherlich den Tatsachen, denn der heftige Aufprall riß die Schubladen aus den Schränken in der Galley.

Zur selben Zeit hatten wir eine Neuauflage der schon bekannten Scherze unseres pfiffigen Eddie Shoulders. Superpiloten wollen, wie gesagt, beweisen, daß sie besser sind als ihre Kollegen, wie Chirurgen, die den Schwestern imponieren möchten.

Piloten wollen von den Stewardessen hören: »Skipper, Ihre Landungen sind die weichsten.«

Nur wenige Stewardessen und Fluglaien wissen, daß eine weiche Landung allein noch kein Befähigungsnachweis ist. Sie ist ein Kinderspiel, wenn man die Landebahn in ihrer ganzen Ausdehnung ausnutzt. Die wirkliche Herausforderung besteht darin, ebenso *weich* wie *kurz* zu landen.

Eines Tages provozierte mich Captain Eddie im Berliner

Crewraum. »Jack, ich habe gehört, daß du mit deiner DC 4 auf der östlichen Landebahn in Hannover landest und bei der ersten Abzweigung schon abbiegst. Und das Ganze bei nicht mehr als zwanzig Knoten Gegenwind.«

»Darauf kannst du Gift nehmen«, erwiderte ich spöttisch. »Mit normaler Bremsung und voll beladen. Ich kann es übrigens auch in Frankfurt, wo die erste Abzweigung noch eher kommt.«

Eddie starrte mich fassungslos an. »Vielleicht in Hannover, aber doch nie in Frankfurt! Das ist unmöglich!«

Nun mischte sich ein Flugingenieur ein. »Eddie, ich war dabei, als Jack das gemacht hat. Keine harte Bremsung oder zu niedrig über die Rollbahnschwelle. Er bekommt aber auch normalerweise mehr Applaus vom Tower als Sie.«

Tief geknickt verließ Eddie den Raum.

Während der folgenden Wochen hörte ich von Copiloten und Ingenieuren dann und wann, daß Eddie in Frankfurt und Hannover mächtig trainierte. Es hieß, er habe sich sogar beim Tower erkundigt, ob meine Landungen tatsächlich besser und kürzer seien als seine . . .

Und dann platzte die Bombe.

Eines Tages wurde ich gebeten, unverzüglich zum Flugdirektor zu kommen.

Im Vorzimmer saß eine grausam lächelnde Sekretärin. Diese zähen alten Störche gehören zum Inventar. Sie regieren das Ganze mit eiserner Hand und überleben gewöhnlich Generationen von Chefs. Sie wissen über die Vorgänge in der Fluggesellschaft meist besser Bescheid als ihre Arbeitgeber, sind wie zusammengerollte Kobras – jederzeit zum Biß bereit. Sie wissen genau, wo die Leichen im Keller vergraben sind und wer gerade mit wem schläft. Sich mit ihnen anzulegen ist weit gefährlicher, als dem Präsidenten einer Airline auf die Hühneraugen zu treten. Am gefährlichsten aber ist es, ein Verhältnis mit ihnen zu beenden.

Gereizt winkte mich der weibliche Dragoner zur Tür ihres Chefs. Drinnen, hinter seinem großen braunen Eichenschreibtisch, hockte der erboste Flugdirektor. Vor ihm, auf der anderen

Seite des Schreibtischs, stand der lächelnde Eddie – Pilotenmütze in der Hand.

»Was für ein idiotisches Spielchen habt ihr beide euch denn nun schon wieder ausgedacht? Wir sind doch hier nicht im Zirkus!«

Eddie hob die Hand. »Aber Hajo, was ist denn schon dabei, wenn man versucht, noch besser zu landen als die Kollegen?«

»Was dabei ist, Eddie?« giftete der Direktor. »Was dabei ist, wenn man die Landelichter an der Schwelle der westlichen Landebahn von Hannover zerstört? Einer von euch beiden kam so tief herein, daß er noch vor den Lichtern aufsetzte und sie glatt überrollte! Bravo! Vier 500-Dollar-Lichter sind im Eimer! Und an dem Tag, an dem das geschah, wart ihr beide in Hannover.«

»Wer sagt das?« unterbrach Eddie. »Ich bin ganz sicher, daß es weder Jack noch ich waren. Wir würden doch nie die Sicherheit unserer Maschine derart gefährden.«

»Für mich seid ihr die beiden Hauptverdächtigen, da ihr die kürzesten Landungen macht. Seid ehrlich und gesteht. Sonst teile ich den Schaden ganz einfach unter euch beiden auf.«

Damit war die Diskussion beendet. Eddie und ich verließen das Büro.

Im Vorzimmer saß die Sekretärin noch immer grinsend hinter ihrer Schreibmaschine. Ich war felsenfest davon überzeugt, daß sie sich kein Wort hatte entgehen lassen.

Auf dem Gang sagte Eddie zu mir: »Wie sollen wir bloß beweisen, daß wir es nicht waren?«

»Ich bin morgen in Hannover und werde mich um die Sache kümmern«, beruhigte ich ihn. »Drück die Daumen, daß die Reifenspuren nicht mit denen einer DC 4 übereinstimmen.«

Tatsächlich entsprachen die Aufsetzspuren nicht dem Fahrwerk einer DC 4.

Später erfuhren wir, daß eine kleine Convair eine Konkurrenzgesellschaft der Übeltäter gewesen war. Die Maschine hatte sich auf einem Übungsflug befunden.

Eddie und ich waren von allen Vorwürfen reingewaschen.

Inzwischen stieg unsere Gesellschaft mit einer neuen Flotte von Boeing 727 in das Düsenzeitalter ein. Eddie, früher das Kreuz des Managements, wurde erneut zum Check-Captain gemacht. Er verstand es, selbst die kratzbürstigsten, widerborstigsten alten Propeller-Captains zu beschwatzen, die neuen, schnellen Jets so delikat zu fliegen, als seien sie Kolibris. Die Piloten bewunderten und verehrten Eddie Shoulders genau so, wie sie die anderen beiden Check-Captains verachteten. Es brauchte schon sehr viel Diplomatie und auch Humor, Kollegen zu kritisieren – besonders wenn sie älter sind als man selbst.

Doch Eddie war nun mal kein Mann fürs Management. Wie beim ersten Mal gab er seinen Posten schon bald wieder auf und wurde erneut Linien-Pilot.

Jetzt, da er wieder mehr Zeit für seine Rennautos und seine Freundinnen hatte, sah er viel fröhlicher drein.

Deswegen war ich baff, als mir jemand eines Tages zuflüsterte, daß der gute Eddie nun wohl doch gefeuert werden würde.

»Was hat er sich denn jetzt geleistet?«

»Es geht das Gerücht um, daß er einer seiner Geliebten, einer Stewardess, erlaubt hat, eine 727 zu starten.«

»O nein!« stöhnte ich auf. »Das darf doch nicht wahr sein! Waren Passagiere an Bord?«

»Nein. Es war ein Überführungsflug nach Berlin. Sie kennen Eddie. Er hängt sich an jeden Weiberrock. Und früher oder später wird so ein Lästermaul die Geschichte todsicher an die Presse ausplaudern, und das Management wird ihn feuern.«

»Ja«, spekulierte ich. »Und den Copiloten, vielleicht sogar den Flugingenieur, werden sie mit auf die Straße setzen. Sie werden sagen, daß die beiden dagegen hätten einschreiten müssen.«

Ich eilte zum Telefon und rief die verschiedenen Wohnungen an, die Eddie unterhielt. Ich hätte mich nicht gewundert, wenn ein Pferd den Hörer abgenommen hätte. Es ging das Gerücht, daß Eddie einer seiner Freundinnen ein Pferd geschenkt habe. Bei der letzten Nummer hatte ich Glück.

Eddies Stimme klang gar nicht fröhlich.

»Alter Junge«, sagte ich liebevoll, »warum hast du dir nur so ein Ding geleistet?«

»Aber Jack, darüber habe ich doch gar nicht nachgedacht. War so eine Idee von mir. Sie stand da im Cockpit, und ich sagte ganz beiläufig zum Copiloten: ›Al, wie wär's, wenn du Babs mal auf deinen Sitz läßt?‹«

»Mein Gott, Ed! Und du hast sie tatsächlich den großen Vogel starten lassen?«

»Du weißt selbst, wie leicht das ist.«

»Du verdammter Idiot!« schnauzte ich ins Telefon. »Wie konntest du annehmen, daß so etwas geheim bleibt?«

Fast furchtsam meinte Eddie: »Sie haben mich vom Flugplan gestrichen. Glaubst du, daß sie mich feuern werden?«

»Ja, Eddie. Das glaube ich. Gerüchte breiten sich so schnell aus wie ein Steppenbrand. Gut möglich, daß das Management in New York längst Bescheid weiß . . .«

»Scheiße, Jack. Ich brauche doch die Moneten.«

»Das glaube ich dir gern. Bei deinem Lebensstandard . . .«

»Was soll ich bloß machen?«

»Laß mich ein paar Tage darüber nachdenken«, sagte ich und legte den Hörer auf.

Eine Woche später war Eddie entlassen. Natürlich war die Sache in die Schlagzeilen geraten.

Die Gesellschaft beorderte Eddie nach New York. Dort rief ich ihn an: »Eddie, ich glaube nicht, daß die Pilotengewerkschaft in deinem Fall viel unternehmen wird. Aber ich kenne einen vorzüglichen Anwalt in New York.«

Und der scheint ganze Arbeit geleistet zu haben, denn ein Jahr später flog Eddie bereits wieder. Wir hörten, daß die Verteidigung auf der bizarren Tatsache aufgebaut war, daß die Stewardess zu dem Zeitpunkt Flugschülerin war. Allerdings mußte Eddie die Airline für die zwei Minuten Flugunterricht mit 120 Dollar entschädigen . . .

Die folgende Geschichte soll mir angeblich zwischen Berlin und Köln auf dem scherzhaft »Bonner Diplomaten-Special« genannten Abendflug passiert sein. Ein deutscher Reporter, den ich gut kannte, rief mich an. Er fragte, ob es zuträfe, daß ich mit einem Passagierflugzeug unplanmäßig auf einem Acker gelandet sei. Und das mitten in Ostdeutschland!

»Was für eine verrückte Schmieren-Story habt ihr euch denn da wieder aus den Fingern gesogen?« fragte ich.

»Jack, mir ist es todernst. Wir haben hier eine Geschichte über dich, die so unglaublich klingt, daß sie in der ganzen Welt Schlagzeilen machen wird. Deine Gesellschaft verweigert jeden Kommentar. Aber sie dementiert auch nicht. Vielleicht wäre es besser, wenn du eine Stellungnahme abgeben würdest, und zwar so schnell wie möglich.«

Reichlich verwirrt sagte ich: »Komm her.« Dann legte ich auf.

Warum hatte meine Gesellschaft jeden Kommentar verweigert und diese haarsträubende Geschichte nicht sofort in das Reich der Fabel verbannt? Ich rief das Büro unseres Flugdirektors an. Der war in New York, und seine zickige Sekretärin wußte – natürlich! – »von nichts«.

Inzwischen war Kurt da, ein erfahrener Journalist, der sich häufiger mit Luftfahrtthemen beschäftigte.

»Du glaubst doch nicht etwa«, empörte ich mich, »daß es möglich ist, eine viermotorige Passagiermaschine auf einem Acker zu landen, ohne sie dabei zu beschädigen? Welcher Pilot würde ein solches Risiko eingehen?«

»Ich gebe ja zu, Jack, daß das alles recht abenteuerlich klingt, aber wir haben den offiziellen Bericht einer westlichen Botschaft. Diesmal handelt es sich also nicht um eine vom Osten hochgeputschte Kartoffelkäfer-Story.«

Er reichte mir ein offiziell aussehendes Schreiben. Ich konnte einfach nicht glauben, was ich da las. Es hieß, daß zehn Tage zuvor eine vertrauenswürdige Botschaftsangehörige, eine gewisse Miss Adams, an Bord meines »Bonner Diplomaten-Special« gewesen sei. Ihre verschlossene Diplomatentasche sei an ihr Handgelenk gekettet gewesen – eine Routinemaßnahme, wenn es darum ging, wichtige Geheimpapiere von einer Botschaft zur anderen zu befördern.

Miss Adams sei um ihre Sicherheit und ihre Diplomatenta-

316

sche sehr besorgt gewesen, als ich plötzlich das Flugzeug steil zur Landung auf einem ostzonalen Kornfeld aufgesetzt hätte. Miss Adams behauptete, die Gegend sehr gut zu kennen. Es sei in der Nähe von Magdeburg gewesen. Sie sei nach wie vor sehr beeindruckt, daß der Captain auf diesem Gelände eine so glatte Landung geschafft habe.

Ich sah Kurt an. »Wenigstens hat sie mir ein Kompliment gemacht. Woher will sie denn wissen, daß gerade *ich* das gewesen bin?«

Ohne zu lächeln meinte Kurt: »Lies nur weiter.«

Jetzt las ich laut: »Der Captain kündigte über Mikrophon an, daß er ausnahmsweise landen, einen Passagier aussteigen und einen Flüchtling einsteigen lassen werde. ›Keine Sorge‹, betonte er. ›Das wird uns nur etwa zehn Minuten kosten.‹

Kurz nachdem wir gelandet waren, stieg ein Mann, der im hinteren Teil der Maschine gesessen hatte, aus. Von einem nahegelegenen Wald kam ein anderer Mann gerannt und kletterte an Bord. Wir starteten sofort wieder und landeten mit zehnminütiger Verspätung in Köln.«

Ich schob Kurt das Telefon hin. »Ruf meinen Copiloten und den Ingenieur an. Überzeuge dich selbst, daß alles gelogen ist.«

Kurt sah mich düster an. »Die beiden sind in den Staaten. Auf Urlaub, ohne Angabe der Adressen. Niemand scheint dir helfen zu wollen. Kommt dir das nicht auch ein bißchen eigenartig vor?«

Erschreckt sah ich ihn an. »Nun sag bloß nicht, daß du die Geschichte glaubst! Diese Miss Adams gehört doch in die Klapsmühle.«

»Jack, wir haben deine Ankunftszeit in Köln überprüft. Du bist tatsächlich zehn Minuten zu spät gelandet.«

Nun war ich fast außer mir: »Aber das heißt doch noch lange nicht, daß ich in der Zwischenzeit klammheimlich auf irgendeinem ostzonalen Acker gelandet bin!«

Kurt sah mich einen Moment schweigend an. Dann sagte er: »Die Botschaft, die Presse und offensichtlich sogar deine Fluggesellschaft schließen zumindest die Möglichkeit nicht aus. Hinzu kommt, daß du ja weiß Gott kein unbeschriebenes Blatt bist.

Denk doch nur an den vielen Hokuspokus mit dem Osten, in den du – freiwillig oder unfreiwillig – schon verwickelt warst . . .«

Entschlossen stand ich auf. »Kurt, ich warne dich. Wenn auch nur ein Wort von diesem Quatsch in deine Zeitung gelangt, verklage ich sie. Die Airline wird mich sicherlich dabei unterstützen, wenn sie erst einmal die Fakten überprüft hat.«

»Wir können immerhin schreiben: ›wie berichtet wurde‹ . . .«, wandte Kurt ein. »Und dann haben wir ja noch den Bericht der Botschaft.«

»Die verklage ich auch.«

Wir sahen uns einen Moment lang giftig an. Dann verabschiedete sich Kurt.

Ich setzte mich hin und verfaßte ein energisches Dementi an die Botschaft. Eine Kopie schickte ich meiner Fluggesellschaft. Ich schlug vor, diese Miss Adams auf ihren Geisteszustand hin untersuchen zu lassen.

Wochen vergingen. Ich hörte nichts. Weder von der Botschaft noch von der Presse, noch von meiner Fluglinie. Sehr viel später erfuhr ich von einem CID-Typen in Berlin ganz inoffiziell, daß Miss Adams vom Dienst suspendiert und zu einer psychiatrischen Behandlung nach Hause geschickt worden sei. Man hatte die Überzeugung gewonnen, daß sie während des Fluges eingeschlafen war und die ganze Episode nur geträumt hatte oder daß sie unter Halluzinationen litt. Bruchstücke der Geschichte erschienen in einigen deutschen Skandalblättern. Hier wurde jedoch verschwiegen, daß Miss Adams Probleme mit ihrem Geisteszustand hatte.

Ist man Pilot bei einer Fluggesellschaft, fliegt man häufig »für naß«. Sei es, um irgendwo ein anderes Flugzeug zu erreichen, oder für einen kurzen Urlaub zu Hause. Das Management sieht so etwas natürlich nicht besonders gern. Ein Nassauer muß sich oft genug mit einem der reichlich unbequemen Beobachtersitze im Cockpit zufriedengeben, wenn die Maschine ausgebucht ist. Und einen zahlenden Passagier wegen eines Angestellten abzuweisen, der zum Dienst will oder vom Dienst kommt, käme keiner Airline in den Sinn.

Unter vier Augen vertraute mir einer meiner Kollegen, Truman Hall, an, was sich eines Abends auf einer Boeing 727 von Frankfurt nach Berlin ereignete, mit der er als Nassauer flog.

»Ich saß auf einem der Beobachterplätze. Das Cockpit war dunkel, und ich schlief fast ein. Da ging die Tür auf, eine kurvenreiche Stewardess – Justine – schlüpfte herein. Ganz offenbar kannte sie den Flugingenieur Tony Ricardo mehr als gut. Sie trat zu seinem Sitz und lehnte sich eng an ihn. Der nette kleine Tony las, scheinbar unbeteiligt, weiter in einer Zeitschrift, die vor ihm auf seinem Tisch lag. Die beiden hatten mir den Rücken zugekehrt. Genau wie die Piloten, die ja ohnehin nach vorn schauen.

Obwohl es stockdunkel war, bekam ich doch mit, daß Tony nach hinten faßte. Die Hand des kleinen italienischen Heißsporns steckte zwischen den nylonbestrumpften, willigen Beinen der Stewardess. Langsam tastete sich seine Hand weiter unter ihrem hellblauen Stewardessenrock vor und liebkoste Justine. Donnerwetter, dieser kleine Casanova vollführte da ein tolldreistes Stückchen – in der kleinen Kanzel direkt vor meiner Nase.

Aber etwas von einem Teufel steckt wohl in uns allen. Ich konnte der Versuchung einfach nicht widerstehen. Ich streckte meine Hand aus, legte sie ganz leicht auf seine Finger und begleitete seine Avancen. Erschreckt zuckte er zusammen. Doch nur ganz kurz. Ich muß Tony ein Kompliment machen: Er zeigte Selbstbewußtsein und Stil. Er bewegte seinen Kopf keinen einzigen Zentimeter, sondern tat so, als läse er interessiert weiter in seiner Zeitschrift.

Als sich meine Hand an seine zarten italienischen Bewegungen gewöhnt hatte, gewann ich immer mehr Selbstvertrauen und schob meine Finger behutsam unter seine Hand, bis ich ihn abgelöst hatte. Nun war ich der Manipulator – ihm blieb keine andere Wahl, als Haltung zu bewahren. Meine kecke Pranke wegzuschlagen hätte den Zauber gebrochen. Inzwischen hatten unsere Hände gemeinsam Justines intimste Stellen erreicht – sie bekam einen heftigen Orgasmus.

Ich beschloß, das italo-amerikanische Bacchanal nicht allzu weit zu treiben. Vorsichtig zog ich meine Finger unter Tonys

Hand zurück. Justine hatte von unserer Doppel-Täterschaft nichts bemerkt – ein großes Kompliment für unser Teamwork.

Das Flugzeug setzte zur Landung in Berlin an. Auch Tony zog nun seine gewandte Chirurgenhand unter Justines Rock hervor und strich den Stoff über ihren stromlinienförmigen Hüften glatt, wie es wohl jeder pflichtbewußte, guterzogene Liebhaber getan hätte. Ein letzter Klaps auf den festen Po, und Justine war wieder zur Tür hinaus und in der Kabine.

Als die Räder auf dem Flughafen Tempelhof aufsetzten, drehte Tony seinen Kopf halb in meine Richtung, um mir ein einziges Wort zuzuzischen: ›Hurensohn!‹«

4. Piloten und Copiloten

Die Crewräume der Fluggesellschaften sind Treffpunkte. Hier haben die Piloten ihre Postfächer und Schränke für Uniformen und andere Ausrüstungsgegenstände. An den Wänden hängen Mitteilungen der Gewerkschaften und der Airline zwischen Spottversen und Karikaturen der Piloten.

Crewräume sind aber auch Nachrichtenbörsen. Hier werden Klatsch und Gerüchte gehandelt. Doch die Gespräche müssen knapp sein, denn meist bleiben nur dreißig Minuten, bis die Männer wieder zum Start müssen.

Der Captain und sein Copilot sind in einer Fluggesellschaft praktisch isoliert. Oft kennen sich die Captains untereinander kaum. Deshalb die Hast, alles im Crewraum loszuwerden.

Die Hauptthemen sind Verdienst, Beförderung und Sex – in dieser Reihenfolge. Es heißt: »Bei fast allen anderen Fluggesellschaften werden die Piloten besser bezahlt . . .« Und es gibt eine Menge Kritik an der »verfluchten Gesellschaft mit all ihren nutzlosen Vizepräsidenten, die sich dank unserer Arbeit eine goldene Nase verdienen«. In Wahrheit jedoch sind nicht nur der Präsident und ein paar Vizepräsidenten, sondern gerade auch die Captains Großverdiener.

Das nächste Thema betrifft die Beförderung. Darüber entscheidet allein das Datum des Eintritts in die Fluggesellschaft.

Ein Pilotensitz wird nur frei, wenn die Gesellschaft expandiert, und bei Krankheit, Tod oder Pensionierung. Copiloten, die zwanzig und mehr Jahre auf ihre Chance warten, sind keine Seltenheit. Gewöhnlich dauert es länger, Captain zu werden als Chirurg. Natürlich leiden die Copiloten unter dieser ausgedehnten Lehrlingszeit auch psychisch. Ich bezeichne das als »Copiloten-Syndrom«.

Das dritte Thema, Sex und wer gerade mit wem schläft, ist natürlich das ergiebigste. Selbstversändlich werden die Stewardessen durchgehechelt, aber die Vorstellung, die man sich in der Öffentlichkeit darüber macht, ist übertrieben. Ein gescheiter Pilot wird sein Betätigungsfeld außerhalb der Airline suchen, wo er nicht unter ständiger Beobachtung steht.

Eine typische Tragikkomödie war eines Morgens der Auftritt eines unserer beliebtesten Captains im Crewraum. Drei kostspielige Scheidungen und die Vaterschaft von doppelt so vielen Kindern hatten tiefe Furchen in sein Gesicht gegraben. An diesem Tag war es von einem Geflecht blutiger Kratzer überzogen. Seine augenblickliche Freundin, ein maßlos eifersüchtiges Mädchen, hatte ganze Arbeit geleistet.

Verzweifelt hämmerte er mit den Fäusten gegen seinen Schrank. »Ich hätte Unsummen sparen können, wenn ich als Schwuler auf die Welt gekommen wäre!«

»Was ist denn passiert, Carl?« erkundigte ich mich mitleidig.

»Ich komme gerade vom Flugtraining aus New York zurück. Luisa ist in Berlin geblieben. Du weißt, wie eifersüchtig sie ist. Sie hat mir vorgeworfen, mit meinen Exfrauen geschlafen zu haben, und hat allein 1500 Dollar vertelefoniert, um mich in den Staaten aufzuspüren. Dazu die anderen Ausgaben – teure Kleider für Luisa, hohe Restaurantrechnungen, Unterhaltszahlungen für meine Exfrauen und Kinder. Ich bin finanziell am Ende. Ich werde Luisa wohl heiraten müssen, auch wenn ich sie mir überhaupt nicht leisten kann. Mein Verstand sitzt eben im Schwanz . . .«

»Du hast einen kostspieligen Penis«, stimmte ich ihm zu. »Schon mein alter Vater hat gesagt: ›Nicht Wein, Weib und Gesang runieren die Männer, sondern Weib, Wein und Gesang . . .«<

Carl hat Luisa natürlich geheiratet. Sie zerkratzt ihm noch immer das Gesicht und fabriziert sagenhafte Rechnungen.

Piloten haben eine Menge Zeit, sich in Schwierigkeiten zu bringen. Mindestens fünfzehn Tage im Monat.

Ein paar Tage später bat mich Captain Gordon Bowler um Rat: »Jack, du sollst eine unfehlbare Methode haben, Mädchen loszuwerden, die sich in deiner Wohnung eingenistet haben.«

»Ich werde dir erzählen, wie es war. Eines Abends besuchte mich eine attraktive Holländerin. Eine Woche später war sie immer noch da, war bei mir fürs Leben eingezogen. Mich konnten nur noch drakonische Maßnahmen retten.

Ich erzählte ihr, ich müßte für eine Woche nach München, und schlug ihr scheinheilig vor, mich zu begleiten. Wir fuhren zum Flughafen und gingen an Bord der DC 4. >Ich will mir den Start vom Cockpit aus ansehen<, erklärte ich. >Bin gleich wieder da.<

Ich schloß die Cockpittür hinter mir und verließ das Flugzeug durch die vordere Tür. Den Capitan hatte ich zuvor informiert.

Ab flog Grit nach München – allein.

Ich aber fuhr in meine Wohnung, packte ihre Sachen zusammen und schickte sie ihr in das Münchner Hotel.«

Gordon sah mich bewundernd an. »Tolle Idee, Jack. Das mache ich auch!«

Eine Woche später traf ich im Crewraum auf einen erbosten Gordon.

»Du und dein todsicherer Plan«, fauchte er. »Der Schuß ist nach hinten losgegangen!«

»Was ist denn schiefgegangen?« fragte ich verblüfft.

»Ich habe alles genauso gemacht wie du, konnte aber nicht gleich nach Hause. Und wer öffnet mir spät am Abend lächelnd die Tür? Meine Puppe! Sie war zwar allein nach München geflogen, hatte aber sofort den Rückweg angetreten, war mit einem Taxi in meine Wohnung gefahren, und der dämliche Hausmeister hat ihr auch prompt die Tür aufgeschlossen.«

Der geregelte Ablauf bei einer Fluggesellschaft steht und fällt mit ihren Einsatzplänen. Es erfordert die Geschicklichkeit eines Jongleurs, Regierungs- und Dienstvorschriften, Flugqualifikationen und Gewerkschaftsbedingungen unter einen Hut zu bringen.

Leider widmen die Airlines den Bestimmungen ihre ganze Aufmerksamkeit, sind aber so gut wie blind gegenüber den Schlachten, die mitunter im Cockpit geschlagen werden und von denen die Öffentlichkeit nichts erfährt. Es ist die Hölle, in einer winzigen Kanzel mit einem Kollegen zusammengepfercht zu sein, den man auf den Tod nicht ausstehen kann.

Ein Captain verbringt mehr Zeit mit seinem Copiloten als mit seiner Frau . . .

Neurotische und übernervöse Captains sind keine Seltenheit.

Ein ausgesprochener Sonderling, Senior Captain Maurice Phillips, verabscheute seine Airline schließlich so, daß er dazu überging, ihr bewußt Schaden zuzufügen.

Seine Bitterkeit nahm im Laufe der Zeit paranoide Züge an. Maurice verbrauchte absichtlich soviel Treibstoff wie nur irgend möglich, wenn er sich über Flughäfen in der Wartezone befand.

Einer unserer Piloten, Captain S., war unter den Copiloten so verhaßt, daß 39 von 50 »Nicht S.« auf ihre Dienstpläne schrieben. Der Chefpilot sah sich schließlich gezwungen, S. mitzuteilen, daß ihm langsam die Copiloten ausgingen.

Auf einem Flug von Berlin nach Stuttgart, bei dem Captain S. das Kommando führte, war ein smarter, zäher, aber aufmüpfiger Bursche sein Copilot. Er war so erbost über die Primadonna Captain S., daß er nach der Landung in Stuttgart ein Fernschreiben nach Berlin schickte: Er werde zwar noch nach Berlin zurückkommen, aber dann möge man sich doch – bitte – einen neuen Copiloten für Captain S. suchen.

Zurück in Berlin, raste der wutschnaubende Copilot zum Flughafenarzt und legte dar, seine Nerven hielten eine weitere Zusammenarbeit mit diesem »selbstherrlichen Bastard« nicht aus. Der Arzt und die Gesellschaft akzeptierten seinen Standpunkt. Der Fall wurde zu den Akten gelegt.

Eine der erbittertsten Kontroversen erlebte ich als Check-

Captain zwischen einem Captain und einem erfahrenen Copiloten. Es war kurz nach dem Krieg, wir befanden uns mit einer DC 4 im Anflug auf Berlin. Der Captain justierte die auf einem Pult zwischen den Piloten angebrachten Funkgeräte.

Der Copilot veränderte die Einstellungen.

»Ray«, raunzte der Captain, »bring sie wieder in die frühere Position.«

»Nun sind sie aber so, wie sie sein sollten«, meinte Ray schnippisch.

Der Captain geriet in Rage. Er schlug Rays Hand fort. Ray schlug zurück. Und innerhalb von Sekunden entwickelte sich zwischen den beiden an ihren Sitz gefesselten Kombattanten ein heftiges Gerangel.

Erschreckt über den unwürdigen und nicht ungefährlichen Auftritt sprang ich zwischen die beiden Kampfhähne – mit dem Erfolg, daß ich nun zum Ziel ihrer Fausthiebe wurde.

Die beiden haben es künftig peinlich vermieden, jemals wieder miteinander zu fliegen.

Ein anderer Sturm im Cockpit ereignete sich auf einem Flug von Berlin nach Hamburg zwischen dem alten Captain Jones und dem jungen Captain Benny, eine ungünstige Konstellation, aber der Mangel an Copiloten macht, wie gesagt, eine solche Besetzung mitunter notwendig.

Vor dem Start in Berlin zog der bei seinen Kollegen nicht beliebte Jones mit großer Geste eine imaginäre Linie durch das Cockpit. Er teilte das Armaturenbrett und damit die Verantwortung praktisch in zwei Hälften auf.

»Alles auf der linken Seite gehört mir«, erklärte er autoritär. »Und alles auf der rechten Seite Ihnen. Das vermeidet Konflikte.«

Eine idiotische Idee. Ein Flugzeug kann nur in perfekter Harmonie sicher geflogen werden.

»Ich ändere Ihre verdammte Grenzlinie.« Damit zog der erregte Benny eine eigene imaginäre Linie von der Decke bis zum Boden. Sie befand sich in der extremen Rechten des Cockpits und gab dem Captain die Verfügungsgewalt über das gesamte Steuerungssystem, die Instrumente, über alles.

324

Benny lehnte sich bequem in seinem Sitz zurück, faltete die Hände im Schoß und tat während des gesamten Fluges nichts mehr, setzte noch nicht einmal die Kopfhörer auf, um den Funkverkehr zu übernehmen.

Dem erbosten Jones verschlug es die Sprache. Er saß nur da und giftete. Schließlich ließ er seine Wut an einer armen Stewardess aus.

Ein anderer Neurotiker war Captain Art Bromine. Wutanfälle waren bei ihm an der Tagesordnung. Während eines Fluges von Berlin nach Stuttgart kam eine Stewardess zu ihm ins Cockpit. »Captain, wir haben Schwierigkeiten mit einem der Notausgänge über den Flügeln.«

Art sprang auf und eilte in die Kabine.

Der Passagier neben dem Notausgang hielt die durchsichtige Plastikscheibe in der Hand, die normalerweise den roten Türgriff des Notausgangs bedeckt.

»Was machen Sie denn da?« fauchte Art ihn an. »Wollen Sie etwa die Tür öffnen?«

Der Fluggast, ein würdiger Herr um die Sechzig, antwortete ruhig: »Nein. Die Scheibe ist mir in den Schoß gefallen.«

»Ach was! Die haben Sie doch herausgezogen, Sie Unruhestifter!«

Nun verlor auch der Passagier die Geduld. »Hören Sie, Captain, ich bin ein vielbeschäftigter Mann. Ich habe kein Interesse daran, an Ihren Notausgängen herumzufummeln.«

Er griff in die Tasche und holte die Frequent-Traveler-Karte hervor, die unsere Gesellschaft an wichtige Dauerkunden ausgab.

Art riß dem Mann die Karte aus der Hand. »Die verdienen Sie doch gar nicht . . .«

Damit stampfte er zurück ins Cockpit.

Das Echo auf dieses Ereignis war gewaltig. Der Passagier, ein Herr O., dem eines der größten Versandhäuser der Welt mit 17 000 Beschäftigten gehörte, schrieb einen geharnischten Brief an unser Management, schilderte den Vorfall und kündigte an, daß sein Haus künftig auf die Dienste unserer Gesellschaft verzichten werde.

Eine kleine Delegation besonnener Piloten machte sich auf den Weg zu Herrn O. und erreichte wenigstens, daß er seine Einstellung etwas modifizierte.

Zu dieser Zeit gab es auch in meinem Cockpit ein Zwischenspiel. Mein Copilot des Monats, Max Flab, war ein überaus korpulenter, freundlicher Bursche. Seine Kollegen nannten ihn »Mr. 5 mal 5«, aber nur hinter seinem Rücken, denn was seine Gewichtsprobleme anbelangte, war Max sehr sensibel.

Eines Tages machte Max einen Instrumentenflug, und ich fungierte als sein Copilot. Er hatte seinen verstellbaren Pilotensitz weit nach vorn geschoben, damit er mit seinen kurzen Armen das Steuer, das sich in seinen dicken Bauch bohrte, fest umfassen konnte.

Er schwitzte und ächzte, wirkte verbissener als nötig. Er war kein besonders talentierter Pilot. Seltsamerweise sind dicke Männer das selten.

Als wir nach einer ganz brauchbaren Landung zum Gebäude rollten, lehnte sich unser Flugingenieur zu Max vor: »Wissen Sie, an was Sie mich erinnern, wenn Sie da so vor dem Steuer schwitzen?«

Der empfindsame Max drehte sich um. Er war auf der Hut. »An was denn?«

»An einen Elefanten, der mit einem Fußball herumhurt!«

Max verharrte in schockiertem Schweigen. Der Ingenieur und ich brüllten vor Lachen. Aber Max war zutiefst verletzt. Nie wieder wechselte er auch nur ein einziges Wort mit seinem Peiniger.

Die Dienstpläne werden stets vom Chefpiloten kontrolliert. Er muß die Möglichkeit haben, sie aus zwingenden Gründen jederzeit abändern zu können. Zu der Zeit, als unser Geschäft in Südamerika blühte, hatten wir auch einige Piloten dort stationiert. Sie flogen mit den alten zweimotorigen DC 3-Maschinen. Unser Chefpilot in Rio de Janeiro, Champ Samson, war als »Umleger« bekannt. Ein ziemlicher Nimbus für einen Mann, der inmitten einer Gruppe von Männern arbeitet, die auch nicht gerade Betschwestern sind.

Champ hatte eine Affäre mit der Frau eines seiner Captains. Natürlich wußte er stets genau, wo sich Captain Joe Swank gerade aufhielt. Schließlich hatte er ja Joes Flugplan vor sich auf dem Schreibtisch. Das machte das Ganze zu einer todsicheren Sache.

Eines Nachmittags hob Captain Joe um halb fünf vom Santos Dumont-Flughafen von Rio ab, um für vier Tage nach Lima zu fliegen. Eine halbe Stunde später verließ Champ Samson sein Büro und begab sich zu Captain Joes hübscher Frau, natürlich ohne zu hinterlassen, wo er im Fall des Falles zu erreichen war.

Kurz nachdem Captain Joe die Serra da Mantiquiera überquert hatte, ging bei einem seiner Motoren ein Zylinder zu Bruch. Joe beschloß, nach Rio zurückzukehren.

Gegen sieben Uhr landete er wieder in Santos Dumont. Er rief seine Frau nicht vom Flughafen an, sondern machte sich sofort auf den Heimweg. Er wollte seine Frau überraschen.

Und eine Überraschung wurde es dann auch. Er erwischte sie mit seinem Chefpiloten Champ splitternackt im Bett.

Damals trugen wir alle Revolver vom Kaliber 38 in unseren Pilotentaschen, um wertvolle Postsendungen zu bewachen.

Joe holte die Pistole hervor. »Wie hättest du's gern, Champ? Im Liegen? Oder willst du lieber aufstehen?«

»Augenblick mal, Joe . . . um Himmels willen! Immer mit der Ruhe!« ächzte Champ in Todesfurcht.

»Steh endlich auf!« brüllte Joe.

Champ kroch aus dem Bett. Nackt und zitternd stand er in voller Größe vor Joe. Der zielte mit seiner Waffe auf Champs Genitalien. Der Lauf war nur einen Meter von seinem Ziel entfernt. Und dann schoß Joe mit einem lauten Knall auf Champs Hoden und Penis.

Danach steckte er den Revolver ruhig wieder ein, ging zum Telefon und rief das nächste Krankenhaus an. »Hier hat es eine Schießerei gegeben . . .«

Champ hatte Glück. Es gelang den Ärzten, das Blut zum Stillstand zu bringen und sein Leben zu retten.

Aber ein Happy-End hatte die Geschichte dennoch nicht. Die Airline setzte beide auf die Straße.

Auch ich hatte einige, wenn auch wenige, ernsthafte Konflikte. Von Zeit zu Zeit flog ich mit einem Copiloten namens Charlie Roughage. Er war liebenswert, aber stur, ähnelte einem kurzgeschorenen englischen Schäferhund und war auch genauso gutmütig. Er hielt sich für einen exzellenten Flugzeugkonstrukteur und überschätzte außerdem seine fliegerischen Fähigkeiten.

In Wahrheit war Charlie ein eher mechanischer Pilot mit überaus langsamen Reflexen. Aber er besaß einen erfrischenden Humor. Wir verstanden uns sehr gut.

»Jack, mit dir kann ich reden«, sagte er häufig. »Wir haben die gleiche Wellenlänge, wir sind Freunde. Du bist sicherlich einer der entspanntesten Piloten, die ich kenne. Aber selbst du packst das Steuer viel zu fest an.«

Nach dieser Einleitung demonstrierte er stets, wie man ein großes, schweres Passagierflugzeug mit nur einem Finger fliegen kann.

Das ist natürlich allen Profi-Piloten bekannt. Aber es ist einfach bequemer, beide Hände auf das Steuer zu legen, statt es nur mit einem Finger anzutippen – ohne jede Stütze für die Arme.

Ich war stets nachsichtig mit Charlie, hielt seine Marotten für eine psychologische Verdrängung der Tatsache, daß er nun schon fast zwei Jahrzehnte an den Platz des Copiloten gefesselt war. Ich warnte ihn aber auch davor, seine fliegerische Überlegenheit allzu oft hervorzukehren, besonders an den falschen Stellen. Er möge doch um Gottes willen nicht dem Trainings-Captain ins Wort fallen, sonst werde er nie Captain werden.

An einem frühen Oktobermorgen auf dem Flug von Berlin nach Hamburg war Charlie an der Reihe, eine Instrumentenlandung zu machen. Die Hansestadt kann in den Monaten Oktober und Februar geradezu scheußlichen Seenebel haben.

»Charlie, heute früh ist es aber pottendicht«, bemerkte ich. »Die Wetterfrösche sagen, Wolkenhöhe und Sichtweite liegen unter dem Minimum. Wir werden ein ›Look See‹ machen müssen, um festzustellen, ob es reicht. Du machst einen Instrumentenanflug, und ich sehe hinaus und sage dir, ob die Landebahn in Sicht kommt . . .«

Charlie reagierte mit einem enthusiastischen: »Okay!«

Ich bemerkte, daß er das Steuerrad umklammert hielt wie ein Cowboy, der einen Stier bei den Hörnern packt.

Im Funk hörten wir, daß sich in der Suppe über uns noch einige Flugzeuge in Warteposition befanden. Offenbar um zu sehen, ob wir einen Landeversuch wagen würden. Ich war stolz auf den Ruf unserer Gesellschaft, auch dann noch Landungen zu unternehmen, wenn andere nicht einmal den Mut zum Versuch hatten. Die Luft war glatt wie Glas. Das müßte doch selbst für Charlie ein Kinderspiel sein.

Als wir den Gleitweg gepackt hatten, gingen wir runter. Charlie rief: »Fahrwerk« und wollte die Landeklappen um 30 Grad rausgefahren haben. Wir reihten uns rechts vom Azimut, rechts vom richtigen Landeanflug ein.

Sanft sagte ich zu Charlie: »Ein bißchen weiter nach links, bitte.«

Laute Befehle im Cockpit sind fehl am Platz und verwirren nur. Doch Charlie reagierte überhaupt nicht. Wir gingen auf 200, 150, 100 Meter hinunter.

Diesmal wiederholte ich strenger: »Charlie, du bist mehr als einen Punkt vom Weg ab. Zieh rüber. Zieh rüber! Von hier aus können wir die Landeblinkfeuer doch nie sehen. Wir werden verdammt miese Vorwärtssicht haben, falls wir durch diese Brühe stoßen.«

Doch da bemerkte ich, daß seine blauen Augen frostig und hart waren. Er schien sich in einer Art Trancezustand zu befinden. Seine Knöchel waren schneeweiß, so verkrampft hielt er das Steuer umklammert.

»Und dieser Bursche sagt uns immer, wir sollten so entspannt wie möglich fliegen«, dachte ich.

In 60 und 50 Meter Höhe waren wir nach unserem ILS-Gerät immer noch einen Punkt zu weit rechts.

Ich griff nach dem Steuer, etwas, das ich normalerweise verabscheue, wenn ein Copilot fliegt. In leisem Kommandoton sagte ich: »Charlie, zieh wieder hoch. Wir können es so auf keinen Fall schaffen. Laß uns einen neuen Anflug machen.«

Aus den Augenwinkeln sah ich den Flugingenieur. Er beugte

sich nervös vor und schien darauf zu lauern, daß Charlie endlich zur Vernunft kam und nach Power zum Durchstarten rief.

Aber in 30 Meter Höhe war dieser Befehl immer noch nicht da. Nun griff ich ein. Ich rief: »Startleistung« und versuchte, den Knüppel an den Bauch zu ziehen. Ich spürte förmlich die Hand des zitternden Flugingenieurs hinter meiner, als wir gemeinsam versuchten, die Pulle reinzuschieben.

Aber die Mühle wurde stur nach unten gedrückt. Charlie hatte sein Steuer in einem schraubstockähnlichen Griff. Er war einfach stärker als ich. Er schlug unsere Hände von den Hebeln und riß das Gas wieder raus. Irgendwie schien er jeden Bezug zur Wirklichkeit verloren zu haben. Die Steuerung derart einzufrieren war etwas, was sich vielleicht ein grüner Flugschüler bei seiner zweiten oder dritten Unterrichtsstunde leisten konnte, aber doch kein erfahrener Pilot einer Fluggesellschaft. Charlie schien wild entschlossen, die Maschine zu landen – komme, was da wolle.

Wir hielten nicht auf die glatte Betonbahn zu, sondern mitten hinein in das wabernde weiße Nichts da vor uns. Und ein paar Meter unter der Watte versteckte sich eine rauhe, steinige Wiese voller Hindernisse und Tücken. Sie würde unsere Maschine in Stücke reißen.

Der Gleitweganzeiger zitterte hoch und verschwand. Das bedeutete, daß wir gefährlich niedrig und schon unter einem sicheren Landeanflug schwebten.

Ich hatte schlicht Angst, nun »Fahrwerk rein« zu rufen. Eine Anordnung, die gewöhnlich erst nach dem Durchstarten erfolgt. Das ist die übliche Prozedur bei einem mißglückten Landeanflug. Aber ich befürchtete, daß Charlie die Landebahn zu unserer Linken plötzlich erblicken und nach ihr schnappen würde wie die Forelle nach dem Köder. Dann würde er die schwere Maschine unter Umständen mit halb oder sogar ganz eingezogenem Fahrwerk auf den Boden setzen. So etwas war durchaus schon vorgekommen.

Vor allem aber wollte ich eine weitere Konfusion und einen Kampf zwischen Charlie und mir um die Steuerung vermeiden. Dennoch hatte ich vorsichtig mein Knie zwischen Steuerrad und

Armaturenbrett geklemmt. Ich würde ihm nicht gestatten, noch tiefer runterzugehen. Jedenfalls nicht, solange ich das verhindern konnte. Da, in 25 Meter Höhe, sahen Charlie und ich zur selben Zeit die wohlbekannten roten Tennisplätze links an unserem Seitenfenster vorbeiflitzen. Sie liegen neben der Rollbahn 230 des Flughafens Hamburg-Fuhlsbüttel. Aber genau das hätte Charlie eben nicht sehen dürfen!

Er donnerte: »Ich hab's geschafft! Landeklappen ganz raus!«

»Chaaarlie, laß uns endlich hochziehen und einen neuen Anflug machen!« sagte ich nachdrücklich.

Ich schob die Hand des Flugingenieurs vom Landeklappengriff.

Charlie tat so, als habe er nichts gehört. Er zwang das Flugzeug in eine fast vertikale Schräglage. Ich schwöre, die linke Flügelspitze zerriß die Tennisnetze. Vor uns lag die erleuchtete Rollbahn dunstig im Nebel, aber wir überquerten sie in einem nahezu verrückten rechten Winkel. Eine absolut unmögliche Landeposition. Und die Sicht war gleich Null.

Charlie kurvte von links nach rechts wie ein Pendel, um die Maschine endlich in die Landerichtung zu zwingen.

Die Crux bei derartigen extravaganten Manövern ist, daß man wertvolle Landebahn-Meter verschwendet, indem man die Bahn überfliegt, statt auf ihr zu rollen. Wegen des teuflischen Nebels konnten wir auch nicht abschätzen, wann die Bahn zu Ende war. Blieb uns überhaupt noch Platz zum Aufsetzen und Ausrollen?

Schließlich hatte Charlie dann doch so etwas wie eine »Linie« erreicht. Ich fuhr die Landeklappen voll aus, und er setzte das rasende Flugzeug mit einem Krach auf die Piste. Wir traten beide gemeinsam hart auf die Bremse, schlidderten bis ans Ende der Bahn und standen mit der Nase über dem Schotter.

Eine ganze Weile sagte niemand von uns auch nur ein Wort. Schließlich ließ Charlie ein lautes »Phhh!« hören. Offenbar wollte er damit etwas von der aufgestauten Spannung abbauen.

Der Ingenieur beugte sich vor und sagte in nur mühsam beherrschtem Ton zu mir: »Skipper, ich gehe hier in Hamburg von

Bord, wenn Sie für den Rest des Tages nicht selbst landen. Das ist doch kein Fliegen!«

Aus den Augenwinkeln sah ich, wie Charlie stur durch die Windschutzscheibe blickte und so tat, als ginge ihn das alles nichts an.

In diesem Augenblick meldete sich der Hamburger Kontrollturm über Funk. »N 5432 aus Berlin. Bitte kommen Sie zum Tower, wenn Sie geparkt haben.«

Ich ahnte, was nun geschehen würde. Die Leute da oben waren mit Recht erregt. Natürlich hatten sie uns auf dem Radarschirm beobachtet, hatten gesehen, wie weitab vom Kurs wir uns befanden, hatten bemerkt, wie wir gefährlich unter den Gleitweg glitten ...

Ganz ruhig sagte ich: »Charlie, die werden einen Bericht schreiben. Das war deine Landung. Du mußt hinaufgehen und dich um Frieden bemühen.«

Charlie und ich flogen noch häufig miteinander. Er änderte sich keinen Deut. Immer noch hielt er sich für den begnadetsten Piloten der Welt.

Dann hörte ich, daß er zu unserer Trainings-Schule nach Miami geflogen war. Er war an der Reihe, hatte endlich die Chance, Captain zu werden. Wie befürchtet, hatte er Probleme mit den Ausbildern. Es sah ganz so aus, als würde er es nicht schaffen.

Ich machte mir große Sorgen. Ich wußte, das würde ihm das Herz brechen.

Und dann erhielten wir die schreckliche Nachricht. Im Berliner Crewraum legte jemand seine Hand auf meinen Arm und sagte: »Dein alter Freund Charlie ist heute nachmittag verunglückt. Er war mit seinem Motorrad auf dem Highway unterwegs und hat sich den Hals gebrochen ...«

Aus der Ecke kam eine andere Stimme: »Er ist an gebrochenem Herzen gestorben. Er hat die Demütigung nicht verwunden, nie Captain werden zu können ...«

Nach dem Krieg hatten wir in unserem innerdeutschen Dienst festgefügte Crews. Das hatte durchaus Vorteile: Leute, die sich mochten, flogen stets miteinander. So wurde das Fliegen entspannt und erfreulich. Die Nachteile bestanden jedoch darin, daß sich jeweils die stärkeren und die schwächeren Piloten zusammentaten, so wie Tennisspieler sich ebenbürtige Partner suchen. Das konnte dem Management, das danach strebte, die Flugtechnik zu standardisieren, die Piloten zu uniformieren, nicht recht sein.

Mein Copilot war damals Everett Holz, ein begabter, peinlich genauer, feinfühliger Mann. Der geborene Gentleman. Everett war sehr beliebt, hatte stets ein Ohr für die Probleme der anderen. Er hätte ebensogut Arzt oder Diplomat sein können.

Wenn wir in Tempelhof auf die Startbahn rollten, sahen wir dann und wann einen Schäfer mit seiner Herde. Damals hielt man auf dem Flughafen Schafe, die waren billiger als Mähmaschinen.

»Wink dem einsamen Schäfer da drüben doch zu«, bat Everett mich häufig.

»Zur Hölle mit dem Schäfer«, schnaubte ich scherzhaft. »Was geht er mich an?«

Über diese scheinbare Gefühllosigkeit konnte sich Everett stets aufs neue empören. Hinter seinem Rücken hatte ich der einsamen Gestalt da draußen natürlich längst zugewinkt.

Everett konnte einen mit seiner nie endenden Geduld, mit seiner Einfühlsamkeit und Güte schon fast provozieren. Im Laufe der langen Jahre, die wir miteinander flogen, begann ich ganz gegen meinen Willen allergisch darauf zu reagieren.

An einem kalten Wintertag pfiffen Wind- und Schneeböen über den öden Frankfurter Flughafen, als wir langsam zum Start nach Berlin rollten.

Am Ende der Bahn hatten sich Arbeiter einen behelfsmäßigen Unterstand als Schutz gegen die grimmige Kälte gebaut. Mit Brettern und Blechen versuchten sie sich vor dem eisigen Wind und unseren Startorkanen zu schützen. Die Konstrukteure hatten sich um ein wärmendes Feuer geschart. An diesem Tag war es wirklich viel zu kalt zum Arbeiten.

Als wir uns näherten, standen die Arbeiter auf und zeigten stolz auf ihren Unterstand: Nun konnte ihnen weder der Sturm noch unser Propellerwind etwas anhaben.

Everett wandte sich triumphierend an mich: »Selbst du mit deiner großen technischen Erfahrung und deiner finsteren Frankensteinseele wärst nicht in der Lage, ihre hervorragende Konstruktion zu zerstören. Dabei sind das nur ungelernte Arbeiter.«

»Fordere mich nicht heraus, Everett«, warnte ich.

Er lachte nur.

Da ritt mich der Teufel und brachte mich dazu, ganz dicht an den Unterstand heranzurollen. Dann drehte ich den Schwanz der DC 4 so, daß unser Propellerwind voll unter ihr Hüttendach blasen mußte, wenn wir unsere Motoren aufheulen ließen.

Everett hielt den Atem an. »Du wirst doch nicht etwa . . .«

In diesem Augenblick drehte ich alle vier Motoren voll auf – ein Orkan der Zerstörung brach los. Für den Rest meines Lebens werde ich mich dafür schämen.

Bleche, Planken, Werkzeug, Arbeitskleidung, brennende Holzstücke – alles wirbelte in die Luft und wurde vom Sturm davongetragen. Wo der primitive Unterstand gewesen war, war nun nichts mehr. Nur die Arbeiter starrten uns mit weit aufgerissenen Augen und Mündern an.

Eine ganze Weile war Everett sprachlos. Dann ächzte er: »Ich kann das einfach nicht glauben. Du bist ein Ungeheuer!«

Während des gesamten Fluges sprach er kein einziges Wort mehr mit mir.

An einem Schlechtwettertag saßen Everett und ich am Ende der Frankfurter Startbahn und warteten auf die Erlaubnis zum Take off. Plötzlich tauchte aus der niedrigen, dick verhangenen Wolkendecke ein US Air Force-Frachtflugzeug auf.

Im Anflug hielt es direkt auf uns zu. Es war auf einem sehr gefährlichen Kurs, der es nicht auf die Landebahn, sondern auf eine angrenzende Wiese bringen mußte – nachdem es uns die Nase weggeputzt hatte. Entweder hatte der Air Force-Pilot uns im Nebel nicht gesehen, oder der Seitenwind blies die Maschine einfach auf uns zu.

»Großer Gott! Er wird uns ins Cockpit krachen!« schrie Everett.

Mit einem Griff lösten wir unsere Sicherheitsgurte, stürzten Hals über Kopf auf die Cockpittür zu und stießen sie auf.

In dem niedrigen Durchgang prallten wir heftig aufeinander und fielen zu Boden.

Das Getöse der Air Force-Motoren war mit einem Mal über uns und – vorbei. Die Maschine mußte das Dach unseres Cockpits nur um lumpige Zentimeter verfehlt haben.

Entsetzt sahen die Passagiere zu, wie Everett und ich im Mittelgang verzweifelt versuchten, unsere Körperteile wieder auseinander zu dividieren. Ihre Verblüffung verwandelte sich in Furcht. Sie sprangen auf und strebten eiligst dem hinteren Ausgang zu. Glücklicherweise verknäulten sie sich bei ihrer Flucht so, daß niemand die Tür erreichen, sie öffnen und hinausspringen konnte.

Ich kletterte auf einen der vorderen Sitze und rief: »Gehen Sie bitte wieder auf Ihre Plätze zurück! Es besteht kein Grund zur Aufregung.«

Langsam kehrte wieder Ruhe ein. Dann standen wir vor der schwierigen Aufgabe, den Passagieren eine Erklärung abzugeben. Wir behaupteten, daß es sich lediglich um ein Mißverständnis im Cockpit gehandelt habe.

Aber wir waren wohl nicht sehr überzeugend. Wir mußten zurück an die Rampe, weil einigen furchtsamen Passagieren das Wagnis denn doch zu groß war, mit uns in die Luft zu gehen.

Eines der vielen anderen Abenteuer mit Everett ereignete sich an einem Weihnachtstag. Die Gesellschaft hatte uns beide gebeten, den Flug Berlin–Wien zu übernehmen, damit unsere Kollegen mit ihren Familien feiern konnten.

Schon seit Tagen war der Flughafen Wien wegen schlechter Wetterbedingungen geschlossen. Aber München war wolkenfrei, so daß unsere Passagiere notfalls von dort mit der Bahn weiterfahren konnten. Wir waren bis zum Rand vollgetankt, um unter Umständen eine Weile über Wien kreisen und auf günstige Bedingungen warten zu können.

Gegen Mittag waren wir über München. Wir hatten gehofft, daß die Sonne auch den Nebel über Wien vertrieben hätte, sahen uns aber getäuscht. Wien meldete unverändert: null Sicht. Jeder Versuch war sinnlos. Die Landehilfen auf dem Militärflughafen Tulln, etwa 30 Kilometer außerhalb der Stadt, waren unzureichend. Es gab nur ein primitives Leuchtfeuer, das eine präzise Landung nicht gestattete. Wir brauchten wegen der vielen Hindernisse rund um den Flughafen mindestens 1,5 Kilometer Sicht.

Eines dieser Hindernisse war ein Fabrikschornstein innerhalb der russischen Besatzungszone, am Rand der westlichen Rollbahn. Der Schornstein besaß ein rotes blinkendes Leuchtfeuer, das von ein paar amerikanischen Militärs unterhalten wurde. Gelegentlich veranstalteten die Russen eine Art Scheibenschießen auf unsere Soldaten, wenn sie am Schornstein emporkletterten, um die Birnen auszuwechseln. Dann und wann schossen die Russen die Birnen auch mutwillig kaputt.

Unser Außenministerium wandte sich in dieser Angelegenheit an unsere sowjetischen Alliierten. Danach wurde jeder Birnenwechsel zu einer höchst formellen Angelegenheit, mit Beobachtern seitens der amerikanischen und russischen Besatzungsmacht.

»Wien können wir für heute wohl vergessen«, sagte ich zu Everett. »München hat jedoch herrliches Weihnachtswetter. Keine andere Fluggesellschaft arbeitet über die Festtage. Nur die Amerikaner. Laß uns also auf dieser herrlichen langen Rollbahn landen.«

Ev griff nach dem Mikrophon.

»Hier N 2391, westlich vom Flughafen. Sichtflugbedingungen. Erbitten Landeerlaubnis. Melden uns wieder. Tut uns leid, daß wir Ihr Weihnachtsfest stören.«

»Keine Ursache«, erwiderte Tower München. »Ist ziemlich einsam hier oben. Sie sind heute das einzige Flugzeug über Deutschland. Sie können landen.«

Ev bat die Stewardess, den Passagieren die betrübliche Mitteilung zu machen, daß es mit Wien nichts werden würde.

Wir waren noch etwa anderthalb Kilometer vom Flughafen entfernt, fuhren Fahrwerk und Landeklappen aus. Da plötzlich – ich glaubte meinen Augen nicht zu trauen – war die Landebahn weg! Spurlos verschwunden! Großer Gott, so etwas war an einem sonnigen Tag wie diesem doch unmöglich! Ich blickte nach rechts und sah den Tower, die Rampe und die Nebenrollwege im vollen Sonnenschein. Nur unsere Landebahn war urplötzlich in weißen, scheinbar undurchdringlichen Nebel gehüllt.

Ich sah zu Everett hinüber. Er war genauso verblüfft wie ich.

Die einzige Erklärung war, da die Betonrollbahn kälter war als die sie umgebende Luft, was zu Nebelbildung führte, von mir Nescafé-Nebel genannt, weil er sich so blitzschnell zusammenbraute.

Ich blickte auf den Höhenmesser. Wir waren bereits auf 50 Meter runter und immer noch über dem Nebel. Es hatte keinen Sinn, jetzt noch eine Instrumentenlandung zu versuchen. Keine Chance, die Landebahn zu erkennen, aber eine sehr große, das Flugzeug zuschanden zu fliegen. Wir Piloten werden unter anderem auch dafür bezahlt zu wissen, wann ein Landeversuch möglich ist.

Everett meldete sich wieder beim Tower: »Hier 2391. Wir müssen durchstarten. Haben die Landebahn aus den Augen verloren. Dichter Nebel.«

»Haben wir auch schon bemerkt«, erwiderte der Tower. »Sehr eigenartig. Wir haben das Landebahnfeuer groß aufgedreht, können die Anfluglichter von hier aus sehen, die Landebahn selbst jedoch nicht.«

Ich griff nach dem Mikrophon. »Tower, wir haben eine Menge Treibstoff, könnten noch Stunden hier rumhängen. Ist es okay, wenn wir tief über die Landebahn fliegen und versuchen, ein wenig von dem Zeug wegzublasen?«

»Okay«, erwiderte der Tower. »Sie brauchen uns bei den Versuchen nicht jedesmal extra Bescheid zu sagen.«

Nun erklärte ich den Passagieren die Situation und schlug vor, sie sollten sich bequem zurücklehnen und entspannen. Es könne dauern . . .

Und so verbrachten wir den Nachmittag, machten abwechselnd ein paar niedrige Anflüge in dem Gebiet, wo wir die Landebahn vermuteten. Nie ließen wir dabei das Fahrwerk raus oder flogen mit Vollgas. Schließlich wollten wir Sprit sparen. Und nie stiegen wir bei diesen Runden höher als 300 Meter. An jedem anderen Tag im Jahr, bei normalem Flugverkehr, wäre so etwas undenkbar gewesen. Wir zählten 28 niedrige Landeanflüge – das mußte Weltrekord sein.

Wir vertrieben uns die Zeit mit Fliegergeschichten. Ich berichtete Everett von jenem herrlichen, klaren Sommerabend vor vielen Jahren, als ich auf derselben Landebahn einen Sichtanflug gemacht hatte. Plötzlich hatten wir bemerkt, daß es um uns herum glänzende Objekte regnete. Sie funkelten in der untergehenden Sonne, kamen aber nie so nahe heran, daß wir sie hätten identifizieren können. Dennoch schien es uns, daß sie Stücken von Flugzeugschwanzflächen ähnelten.

Wir meldeten das Phänomen sofort dem Tower. Doch da hatte man auch keine Erklärung parat.

Am nächsten Tag berichteten die Zeitungen über die Tragödie einer Lockheed Constellation der US-Marine, die sich auf einem Flug nach Norddeutschland befunden hatte. Sie hatte sich hoch über München in ihre Einzelteile aufgelöst. Es wurde gemutmaßt, daß die dreiteiligen Schwanzflächen des schnittigen Flugzeugs durch Vibration zerstört worden waren . . .

Es wurde fünf Uhr, es dämmerte, aber der dichte Nebel wich immer noch nicht von der Landebahn. Überall sonst auf dem Flughafen war es glasklar.

Ich klingelte nach der Stewardess. »Fräulein Maria, es ist bedauerlich, aber das Wetter bleibt mies. Wir haben schon 28mal vergeblich versucht zu landen, werden aber wohl doch nach Berlin zurückkehren müssen.«

Unerwartet kreischte sie mich an: »Captain, wenn Sie eine Freundin in München hätten, wären sie längst gelandet!« Sie drehte sich auf dem Absatz um und knallte die Tür hinter sich zu.

Everetts feingeschnittenes Gesicht wurde schneeweiß. Seine Nasenflügel bebten. Er schnappte nach Luft wie ein Fisch auf dem Trockenen.

»Großer Gott, Jack! Das ist Insubordination! Das mußt du melden!«

Everett hatte während des Krieges als Marineflieger gedient und eine sehr strenge Auffassung von Disziplin.

»Vergiß es, Everett«, brummte ich. »Sie hat einen Freund in München und hatte sich schon gefreut, daß wir hier landen würden und sie mit ihm Weihnachten feiern könnte.«

Everett antwortete nicht. Er war wohl der Meinung, daß wir einen solchen Ausbruch nach 28 Landeversuchen wirklich nicht verdient hatten.

Ich drehte die DC 4 in Richtung Berlin und begann zu steigen. Dann ergriff ich das Mikrophon und meldete München, daß wir auf weitere Landeversuche verzichten würden.

Der Tower erwiderte, der ganze Flughafen würde über kurz oder lang in dichten Nebel gehüllt sein. Wir dürften daher in einer Flughöhe von 3300 Meter nach Berlin zurückfliegen.

Aus einer plötzlichen Eingebung heraus sagte ich zu Everett: »Nur so zum Spaß – laß uns noch einmal umdrehen und nachsehen, ob diese verfluchte Landebahn inzwischen nicht doch frei ist.«

Er murrte: »Hoffentlich tust du das nicht nur wegen dieser Stewardess.«

Ich drehte die Maschine, und – unglaublich! – die Landebahn war deutlich zu erkennen. Der Spuk war vorbei.

»Everett, sag Bescheid, daß wir sofort landen.«

Ich drückte die Nase runter, und wir landeten auf einer klaren Bahn. Aber noch während wir auf das Gebäude zurollten, breitete sich dichter Nebel über dem gesamten Flughafengebäude aus. So dicht, daß wir nicht mehr weiterkonnten. Ein Trecker mußte uns bis an die Rampe ziehen. An diesem Abend kamen wir aus München nicht mehr heraus.

Ich sah Ev an. »Fröhliche Weihnachten uns allen, und allen eine gute Nacht.«

Fluggesellschaften scheinen eine besondere Anziehungskraft für Originale zu besitzen. Einer von ihnen war Captain Piep-Piep Telser. Wie unsere Airline es jemals zulassen konnte, daß Piep-Piep ein Cockpit betrat, wird für immer ihr Geheimnis bleiben. Bis zu seiner Entlassung machte er buchstäblich Luftfahrt-Geschichte.

Seinen Spitznamen »Piep-Piep« verdankte er der Überzeugung, Kommunikation sei im Cockpit überflüssig. Er verlangte von seinen Copiloten, daß sie sich die unsinnigsten Codes merkten.

Ein »Piep« bedeutete: »Ziehen Sie das Fahrwerk hoch!«

»Piep piep« hieß: »Reduzieren Sie die Startleistung.«

»Piep piep piep« sollte besagen, daß die Flughöhe erreicht war.

»Piep piep piep piep« rief die Stewardessen herbei.

Piep-Piep war ein schmuddeliger, blasser, magerer Bursche mit einem dünnen, mottenzerfressenen Bart. Sein Geiz war sprichwörtlich.

Bevor ihm seine Familie nach Berlin folgte, war er zu knausrig, für sich allein ein Hotelzimmer zu mieten. Er schlief einfach auf dem Zementfußboden hinter dem Funkerraum auf dem Flughafen. Und so sah er am nächsten Morgen auch aus. Kissen und Decke organisierte er sich aus Airline-Beständen. Piep-Pieps Frühstück bestand aus einer Tüte Milch, die er auf dem Radiogerät anwärmte. Seine Toilettenartikel und ein oder zwei fast frische Hemden bewahrte er in einem Schuhkarton auf. Einige Kollegen nannten ihn daher auch »Shoebox Apartment Kid.«

Sein Copilot war Terrence Lochner, ein alter Hase in den Berlin-Korridoren. Ihn trieben Piep-Pieps Albernheiten an den Rand des Wahnsinns.

Eines Tages bat Piep-Piep Terrence um Rat, wo man die besten deutschen Kameras kaufen könne. Er war der Überzeugung, unserem Geheimdienst mit Luftaufnahmen von den Korridoren und Ostdeutschland unschätzbare Dienste zu erweisen.

Terrence unterstützte diesen absurden Gedanken mit Verve und kassierte heimlich eine fette Provision des Fotohändlers.

Monatelang schoß Piep-Piep Hunderte, vielleicht sogar Tausende von absolut unnützen Fotos. Die Kameras baumelten ihm auch um den Hals, wenn er im Tempelhofer Offiziers-Club aß. Wahrscheinlich schlief er sogar mit seiner Ausrüstung.

Während der Flüge machte Terrence seinen Captain dann auf längst bekannte russische Flugzeugtypen, die ihnen manchmal begegneten, aufmerksam: »Schießen Sie diesen Typ. Los, schnell! Aber, um Himmels willen, sagen Sie keinem etwas davon!«

Später übergab Piep-Piep seine Aufnahmen in bester Humphrey-Bogart-Manier einem Air Force-Offizier, einem Freund von Terrence, der als Unterhändler fungierte und die Bilder mit todernster Miene entgegennahm.

Terrence trieb seine Späße so weit, daß er sogar einen »geheimen Briefkasten« für die »Stilleben« erfand – den Wasserkasten auf der Herrentoilette des Offiziers-Clubs im Columbia-Haus.

Schließlich erschien auch Piep-Pieps schlampige Frau mit ihren fünf rotznasigen Gören auf der Bildfläche. Da Piep-Pieps »Shoebox Apartment« zu klein war, quartierten sich alle im Offiziers-Club ein, dessen Räume lediglich für Gäste der Militärs auf Durchreise bestimmt waren. Innerhalb weniger Tage trieben Piep-Piep und seine kreischende Brut die Offiziere zur Weißglut.

Kein Geduldsfaden hält ewig: Piep-Piep und Familie wurden auf die Straße gesetzt. Raus aus dem Club und aus der Airline – alles am selben Tag.

VIERTES BUCH

1. Fast-Zusammenstöße

Es gibt wahrscheinlich keinen Piloten mit Flugerfahrung, der nicht etliche Fast-Zusammenstöße erlebt hat. Ich war noch ein Junge und nahm in einer kleinen Stadt in Pennsylvania an Flugvorführungen während eines Jahrmarkts teil. Das war zu Beginn der dreißiger Jahre. Wir hatten drei gebrechliche uralte Waco 10-Doppeldecker mit kümmerlichen 90-PS-Motoren. Für einen Fünf-Minuten-Flug bekamen wir flotte fünf Dollar. Der Billettverkäufer hatte der staunenden Menge schon den ganzen Nachmittag als Attraktion einen Fallschirmabsprung versprochen. Nun begann die Sonne langsam im Westen unterzugehen. Die Besucher wurden ungeduldig, pfiffen und buhten. Sie wollten ihren Fallschirmsprung. Und zwar sofort.

Da ich als Jüngster am wenigsten wog, am schnellsten die 700 Meter Höhe erreichte und weniger Sprit verbrauchte als meine Kollegen, flog ich immer mit dem Springer. Er stand in höchster Konzentration zwischen den Flügeln, seine Hände umklammerten eine Verstrebung. Jede Sekunde konnte er sich vom Flugzeug abstoßen, wodurch der Doppeldecker zur Seite gedrückt werden würde.

Und da verschwand er auch schon. Ich spürte den Ruck. Schnell schrumpfte sein Körper zu einem kleinen schwarzen Punkt zusammen. Dann blähte sich der Fallschirm zu einer weißen Leinenblüte auf – Gott sei Dank! Ich betete jedesmal, wenn er sprang.

Gerade war die orangefarbene Sonnenscheibe am Horizont untergegangen. Die Dämmerung zog herauf. Am Boden war es bereits dunkler als hier oben. Ich drückte die Nase der Maschine hinunter. Ich mußte schnell landen, bevor es pechschwarze Nacht war, denn auf den Äckern gab es keine Lichter.

Plötzlich erschien vor meiner Plastikwindschutzscheibe ein roter straffgespannter Stoffetzen. Da flitzte doch ein Flugzeugrumpf vor mir vorbei – nur ein paar Zentimeter von meinem Propeller entfernt! Mir stockte das Blut. Ich atmete tief durch. So starb man also. Die Zuschauer da unten würden nur den Flammenpilz der Explosion sehen, zwei Körper, Stahlgestänge und Motorenteile, die zur Erde taumelten.

Doch schon war der rote Rumpf wieder fort. Meine kleine Waco erbebte in seinem Propellerwind. Gott, das war knapp gewesen! Ich sah mich überall um, konnte aber nirgendwo ein Flugzeug im Abenddunst erkennen. Woher es gekommen, wohin es geflogen war – ich sollte es nie erfahren.

Als ich gelandet war, zitterten mir immer noch die Knie. Auch am Boden hatte niemand ein rotes Flugzeug gesehen . . .

Jahrzehnte später überprüfte ich auf einem Abendflug von Berlin nach Frankfurt als Checkpilot einen unserer zuverlässigsten Captains, Bill Karrot. Etwa 35 Minuten vor Frankfurt hatte ich genug gesehen, um einen guten Bericht über ihn abgeben zu können. Ich setzte mich also auf einen Fensterplatz in der letzten Reihe, um ein wenig zu entspannen. Es dauerte nicht lange, und ich war – wie alle anderen Passagiere – eingeduselt. Dennoch hatte ich das eigenartige Gefühl, daß mich jemand durchs Fenster beobachtete. Ich drehte den Kopf und blickte hinaus.

Mein Herzschlag setzte aus. Da, nur ein paar Meter von meiner rechten Schulter entfernt, erstrahlte das rote Positionslicht einer anderen Maschine, so nahe, daß ich die Nieten zählen konnte, mit denen es an der linken Flügelspitze befestigt war. Im dichten Nebel war zwar nicht viel von dem Flügel zu sehen, aber er mußte zu einer DC 4 gehören, die genauso schnell war wie wir. Wir flogen praktisch Formation. Der Flügel unseres Nachbarn hatte sich sauber zwischen unserem Flügel und unserem Schwanz eingepaßt. Wir waren wie Reißverschlußglieder miteinander verzahnt.

Die beiden Piloten in ihren Cockpits flogen blind und ahnungslos durch den Abend. Ich war fast benommen vor Angst. Wenn nur eine der beiden Maschinen aus irgendeinem Grund ihre Geschwindigkeit veränderte, würde das eine Katastrophe bedeuten.

Neben mir in der abgedunkelten Kabine saß unsere Stewardess und las in einem Buch. Ich tippte ihr auf die Schulter und zeigte auf unsere Eskorte.

Sie ließ das Buch fallen.

Ich legte den Finger an die Lippen. Ich wollte vermeiden, daß unsere Passagiere von der brenzligen Situation etwas mitbekamen. Sie würden sofort zu den Fenstern auf der rechten Seite stürzen und damit unsere Maschine aus dem Gleichgewicht bringen.

Etwa drei Minuten lang saß ich wie paralysiert da. Ich hatte Angst, nach vorn ins Cockpit zu gehen. Ich befürchtete, daß mein Körpergewicht allein schon die Trimmung des Flugzeugs verändern könnte.

Endlich entfernte sich das furchteinflößende rote Licht. Langsam, sehr langsam löste es sich von unserer Maschine, wurde kleiner, verschwand. Ich ging ins Cockpit und nahm die Stewardess mit. Ich brauchte unbedingt einen Augenzeugen, sonst würde mich die Crew da vorn mit Sicherheit auslachen und behaupten, ich litte an Halluzinationen.

Sie hatten tatsächlich nichts bemerkt. Und sie glaubten weder mir noch der Stewardess. Über Funk rief ich die Frankfurter Radarüberwachung. Aber dort hatte man keinen Höhenradar. Alles, was sie auf ihrem Schirm »sehen« konnten, war eine andere DC 4, die sich etwa 300 Meter unter uns gemeldet hatte. Fünf Minuten vorher hatten wir beide Fulda überflogen . . .

Man braucht Glück, um am Leben zu bleiben.

Beim nächsten Mal krachte es dann wirklich.

Wir befanden uns auf einem langweiligen Frachtflug von Hannover nach Berlin, waren auf 700 Meter hinuntergegangen und überflogen etwa 60 Kilometer westlich von Berlin die kleine Stadt Brandenburg an der Havel. Es war drei Uhr früh. Draußen war es pechschwarz, es regnete Katzen und Hunde, wie die Farmer in Pennsylvania zu sagen pflegen. Nach vorn hatten wir nicht mehr als 100 Meter Sicht, und unter uns konnten wir die normalerweise strahlend hellen Feuer der Stahlwalzwerke nur undeutlich erkennen.

»Kein Verkehr im gesamten Berliner Raum«, hatten wir von Berlin Radar erfahren. »Wir sehen nur heftige Regenfälle im Westen. Melden Sie sich über Gatow wieder.«

Mein Copilot Benny, ein hypernervöser Typ, fummelte dauernd an irgendwelchen Knöpfen herum. Gerade hatte er unsere kräftigen Landescheinwerfer in kurzen Intervallen an- und ausgeschaltet.

»Was erwartest du da draußen?« flachste ich. »Vater Neptun und seine Meerjungfrauen?«

»Ich wollte nur sehen, ob es noch immer so heftig regnet.«

»Das kannst du auch am Trommeln auf dem Cockpitdach erkennen«, meine ich gereizt. »Hör auf, an den Scheinwerfern rumzufummeln. Der Regen reflektiert das Licht und blendet mich. Ich kann die Instrumente nicht mehr erkennen.«

»Sei doch nicht so brummig und hör auf, den Copiloten anzuschnauzen«, ermahnte ich mich gleich darauf und wandte mich lächelnd an Benny: »Schalte die Scheinwerfer ruhig wieder ein. Ich möchte, daß du glücklich und zufrieden bist.«

Benny tat es sofort. Und da sahen wir direkt vor uns, über die ganze Breite der Windschutzscheibe, den riesigen Sternmotor eines russischen JAK-Kampffliegers. Die Maschine hielt direkt auf uns zu. Das kalte weiße Licht unserer Scheinwerfer brach sich auf seinem wirbelnden, naßglänzenden Propeller. Wir saßen praktisch zwischen seinen Zylindern.

»Wir stoßen mit einem russischen Kampfflugzeug zusammen, mitten in der Nacht. Wie absurd!« dachte ich.

Wie in einem Reflex drückte ich unsere Nase nach unten.

Die JAK donnerte über uns hinweg. Es gab einen Schlag auf unser Cockpitdach – dann war die Maschine im Dunkel der Nacht verschwunden.

»Gott im Himmel, er hat uns gerammt!« schrie Benny.

Sobald ich zu Atem gekommen war, sagte ich: »Nein, er hat uns nur einen Gute-Nacht-Kuß gegeben. Ein Glück, daß du die Scheinwerfer angestellt und uns damit das Leben gerettet hast.«

Wir riefen Berlin. Sie konnten noch immer keine Maschinen auf ihrem verregneten Radarschirm ausmachen.

Nach der Landung inspizierten wir das Dach unseres Cockpits. Da war tatsächlich eine längliche Delle. Sie stammte von den Rädern der JAK.

»Was hat dieser Bastard um drei Uhr nachts bei einem Wolkenbruch über dem Brandenburger Flughafen zu kreisen?« fragte Benny zornig.

Ich zuckte mit den Achseln und griff nach meiner Pilotentasche. Vom Westen her erscholl dumpfes Donnergrollen. Das Unwetter bewegte sich auf Berlin zu. Wie schön war es doch, noch am Leben zu sein!

»Ob der russische Pilot jetzt das gleiche denkt wie du?« fragte ich mich.

Trotz Radarüberwachung gibt es immer noch eine große Zahl unbemerkt bleibender Fast-Zusammenstöße in der Luft. Das Radarsystem hat unseren Flugverkehr zwar sicherer gemacht, aber zuweilen zeigt der Schirm grundlos kein optisches Echo.

An einem nebligen Nachmittag näherten wir uns Berlin-Tempelhof im Blindflug unter Radarkontrolle.

»N 4972«, wir sehen Sie 7,5 Kilometer nördlich des Feldes«, kam die Stimme des Radarlotsen. »Drehen Sie auf Kurs einsachtnull, und gehen Sie auf 500 Meter runter.«

Copilot Bob brachte unsere DC 6 in eine sanfte Rechtskurve. Plötzlich riß er die Nase so steil in die Höhe, daß wir tief in unsere Sitze gedrückt wurden.

»Was zum Teufel . . .?« blaffte ich.

In diesem Augenblick schoß ein großes Verkehrsflugzeug aus dem Nebel auf uns zu. Wir konnten den roten Stern erkennen, als wir über die Maschine hinwegdonnerten.

»Ziehen Sie hoch! Ziehen Sie hoch!« kreischte unsere Radarüberwachung.

»Zu spät«, stöhnte ich ins Mikrophon. »Wir sind bereits tot.«

Es folgte eine fast beängstigende Funkstille.

»Hier N 4972«, meldete sich Bob. »Wir hatten gerade einen

Fast-Zusammenstoß mit einem Russen. Hatten Sie den denn nicht auf Ihrem Schirm? Wir halten Kurs und Höhe, sind aber für den Landeanflug überfällig.«

Keine Antwort. Nun griff ich zum Mikrophon. »Radar, offenbar haben wir den Kontakt zu Ihnen verloren. Wir fahren mit unserer Instrumentenlandung fort und gehen auf Tower-Frequenz über.«

Gleich nach der Landung wurden wir in den Radarraum gebeten. Ein freundlicher Fluglotse öffnete uns die Tür mit der Aufschrift »Eintritt verboten«.

Es dauerte ein paar Sekunden, bis sich unsere Augen an den halbdunken Raum gewöhnt hatten, in dem nur die leuchtendgrünen Radarschirme zu sehen waren.

In einer Ecke lag jemand lang ausgestreckt auf dem Boden. Ein Sanitäter fächelte ihm Luft ins schneeweiße Gesicht und redete ihm gut zu.

»Das war Ihr erster Lotse«, erklärte der Chef. »Er war überzeugt, daß ein Zusammenstoß mit dem Russen unvermeidbar war, und ist glatt ohnmächtig geworden. Er hat den Eindringling erst in letzter Sekunde gesehen. Sie wissen ja selbst, daß das Radarsystem mitunter Lücken hat.«

Diese »Episode« hatte ein paar Jahre später ein erheiterndes Nachspiel. Wieder ein Radar-Übungsanflug auf Berlin, aber diesmal war das Wetter glasklar, die Sicht betrug gut 80 Kilometer. Kein Wölkchen am Himmel. Als wir zum Aufsetzen einschwebten, sahen wir die Piste klar und deutlich vor uns.

Da meldete sich der Lotse: »Ziehen Sie scharf nach rechts! Kollisionskurs mit einem Fremden!«

Ich zog die Nase hart nach rechts.

Der Copilot sah mich verblüfft an. »Skipper, ich kann absolut nichts entdecken. Radar spinnt wohl. Warum bist du diesem albernen Kommando überhaupt gefolgt?«

»Mein Junge, wenn du wüßtest, was ich hier vor ein paar Jahren erlebt habe, hättest du das auch getan.«

Ich griff zum Mikrophon. »Bitte überprüfen Sie noch einmal Ihren Schirm. Wir haben klare Sicht und sehen keinen Verkehr.«

»Jetzt ist die Maschine rechts von Ihnen, etwa dreißig Meter entfernt. Bewegt sich langsam. Vielleicht ein Hubschrauber.«

Der Copilot und ich sahen aus dem Seitenfenster. Der »Hubschrauber« war ein Taubenschwarm.

Das sind die Tücken des Radars. An manchen Tagen kann es ein russisches Verkehrsflugzeug nicht erkennen, und an anderen reagiert es auf die zierlichen Körper von Tauben.

Während eines Fluges von Hamburg nach Berlin standen mir dann wirklich die Haare zu Berge. Gerade war ich mit einer der mächtigen DC 6-Maschinen gestartet und zog steil hoch, um schnellstens aus den Turbulenzen herauszukommen, die durch die erwärmte Luft über dem Boden entstanden waren. Airline-Piloten sind außerordentlich wachsam, wenn sie von verkehrsreichen Flughäfen starten. Hier ist die Kollisionsgefahr besonders groß, denn wir steigen durch Höhen, in denen sich Maschinen mit verschiedenen Geschwindigkeiten in allen Richtungen bewegen – wie auf einem Rangierbahnhof. Wenn man die vorgeschriebene Flughöhe erreicht hat, nimmt der Verkehr ab.

Radar Hamburg warnte uns vor verstärktem Verkehr. Es waren zahlreiche Sonntagsflieger unterwegs.

Die Stewardess betrat das Cockpit und knallte die Tür hinter sich zu. Wütend drehte ich mich zu ihr um.

Als ich mich wieder der Windschutzscheibe zuwandte, stellte ich mit Entsetzen fest, daß wir direkt auf ein kleines hölzernes Segelflugzeug zuhielten, das seelenruhig vor unserer Schnauze kreuzte. In diesem Augenblick hörte der Pilot vor uns offenbar zum ersten Mal das Dröhnen unserer vier Motoren. Er drehte den Kopf und blickte uns an. In 2000 Meter Höhe sahen wir einander in die Augen. Vor Überraschung stand ihm der Mund offen. Ich hätte ihm die Hand schütteln können. Durch seine Plastikkanzel konnte ich die weißen Schultergurte seines Fallschirms erkennen – eines Fallschirms, den er nicht mehr brauchen würde. Unsere vier riesigen Propeller mußten sein weißes Segelflugzeug jede Sekunde zu Kleinholz zerhacken.

In einer Stunde würde bei seiner Frau oder seiner Mutter das Telefon klingeln . . .

Und Schlimmeres war denkbar: Beim Zusammenprall könnte sein Körper ins Cockpit krachen und uns ebenfalls töten.

Ohne zu überlegen drückte ich die DC 6 nach links. Ein verzweifelter Versuch, hinter ihm vorbeizukommen. Mein Copilot schlug die Hände vors Gesicht.

In diesem Augenblick drehte der Segelflieger seine Maschine törichterweise nach rechts und machte damit meinen Versuch zunichte. Um Haaresbreite fegten wir an seiner Nase vorbei.

Mein Copilot griff zum Mikrophon: »Hatten eben Fast-Zusammenstoß mit einem Segelflugzeug. War das nicht auf Ihrem Schirm?«

Die überraschende Antwort: »Nein. Segelflugzeuge sehen wir höchst selten. Holz gibt nur ein schwaches Echo.«

Etwa zehn Tage später erhielt ich einen Brief aus Hamburg: »Sehr geehrter Captain, ich ziehe es vor, anonym zu bleiben, da ich unter Umständen Schwierigkeiten bekommen könnte, weil ich Flugrouten verletzt habe. Aber ich möchte Ihnen danken, daß Sie mir das Leben gerettet haben. Der Pilot des weißen Segelflugzeuges.«

Fast-Zusammenstöße sind aber nicht nur auf die Luft beschränkt. Jeder Pilot lernt sehr schnell, wie hart die Erde sein kann, wenn ihn sein Lehrer in die Landepraktiken einführt.

Meine erste Lektion dieser Art erhielt ich, als ich gerade sechzehn Jahre alt war. Ich befand mich auf einem meiner ersten Alleinflüge von Philadelphia nach Pittsburgh in einer leichten, hochflügeligen Taylor Cub, einem einmotorigen Eindecker.

Auf dem Flughafen Camden war ich zum Start nach Westen gerollt und hatte grünes Licht erhalten. Funk war in jenen frühen dreißiger Jahren ein ausgesprochener Luxus. Starts und Landungen wurden durch rote und grüne Lichter vom Kontrollturm aus geregelt.

Ich schob den Gashebel des schwachen, klappernden 36-PS-Motors nach vorn, war nun bereits einige Meter über dem Boden und steuerte direkt in einen starken Gegenwind. Ich flog in die Sonne, die niedrig im Westen stand. Es war fast unmöglich, in den orangefarbenen Feuerball zu blicken.

Ich sah seitwärts nach unten, um meine Geschwindigkeit abzuschätzen. Wie schnell oder langsam glitten die Straßen und Häuser unter dem linken Rad des Fahrgestells hinweg?

Doch da entdeckte ich etwas ganz anderes. Genau zwischen den beiden Rädern meines schmalspurigen Fahrgestells erschien plötzlich die verrostete Stahlspitze des 100 Meter hohen Funkturms. Das Blut stockte mir in den Adern. Mit nur etwa 15 Zentimeter Abstand flog ich über den scheußlichen unbeweglichen Stachel hinweg. Wäre er mein eigentliches Ziel gewesen – ich hätte es kaum präziser anfliegen können. Der Seitenwind hatte mich von meinem ursprünglichen Kurs weggedrückt und auf den Turm zugeschoben.

Noch Stunden später war ich vor Schreck wie gelähmt.

Wieder einmal befanden wir uns auf einem Nachtflug nach Stuttgart. Wir waren mit unserer DC 4 noch 60 Kilometer entfernt und sollten auf 1200 Meter hinuntergehen, was den Bergen rund um Stuttgart sehr nahe ist. Radar hatte uns zum Runtergehen gedrängt, weil über uns noch andere Flugzeuge warteten. Stuttgart versicherte, daß sie uns deutlich auf dem Schirm hätten. Allerdings hätten sie kein Höhenradar, könnten also unseren Abstand zum Boden nicht feststellen.

Während ich durch den Nebel flog, wurde ich das unbehagliche Gefühl nicht los, daß irgend etwas an diesem Flug nicht stimmte. Die Luft war glatt, bis auf gelegentliche Turbulenzen. Das Gehirn eines wachsamen Piloten funktioniert wie ein Computer. Es speichert die Erfahrungen, die sich im Laufe der Jahre angesammelt haben, und spuckt sie zu gegebener Zeit wieder aus.

»Ich habe das verdammte Gefühl«, sagte ich zu meinem Copiloten Jim, »daß wir nur ganz knapp über den Boden rutschen, daß unsere Höhenmessereinstellung falsch ist.« Ich hatte die Landescheinwerfer bereits ein- und ausgeschaltet, aber wegen des Nebels nichts sehen können.

»Skipper, wenn du nervös bist, bin ich es schon lange«, schnaufte Jim.

Er rief Stuttgart. »Hier N 2324. Bitte geben Sie uns Ihre Höhenmessereinstellung.«

Stuttgart antwortete mit denselben Zahlen, die sie uns kurz zuvor schon einmal gegeben hatten.

Jim hob die Schultern. »Alles wie gehabt. Sie scheinen ihrer Sache ganz sicher zu sein.«

Ein paar Minuten flogen wir so dahin. Aber da war es wieder, dieses nervöse kleine Rütteln, als wären wir in einer Turbulenz über einem Hügel. Ich klopfte leicht gegen unseren Höhenmesser. Vielleicht hatte sich der Zeiger verklemmt. Aber alles schien in Ordnung zu sein.

Da ich immer unruhiger wurde, meldete ich mich nun zu Wort: »Stuttgart, hier N 2324. Bitte, geben Sie uns doch *noch mal* Ihre Höhenmessereinstellung.«

Nun wurde offenbar auch Stuttgart nervös. Sie nannten zwar wieder dieselben Zahlen, fügten jedoch hinzu: »Glauben Sie, daß etwas nicht stimmt?«

»Wir fliegen ziemlich niedrig«, erwiderte ich. »Daher mache ich mir Sorgen.«

Stuttgart legte Zuversicht in die Stimme. »Sie sind im Augenblick noch 45 Kilometer entfernt. Können weiter runter, sobald Sie den ILS-Gleitweg haben.«

Ich wandte mich an Jim: »Mir ist gar nicht wohl. Spürst du nicht auch dieses Beben?«

Ich schaltete noch einmal die Landescheinwerfer ein.

Und siehe da – wir rasten direkt auf einen Berggipfel zu. Instinktiv riß ich am Knüppel und überrumpelte die automatische Steuerung.

»Wir prallen dagegen!« schrie Jim.

Aber die DC 4 schoß fast senkrecht in den Himmel, verfehlte die Bäume nur um ein paar Zentimeter.

In 1500 Meter Höhe fing ich die Maschine ab. Ich schwitzte Blut und Wasser bei dem Gedanken an die 86 Passagiere da hinten.

Jim griff zum Mikrophon. »Stuttgart, gerade haben wir um Haaresbreite einen Hügel verfehlt. Ihre Höhenmessereinstellung stimmt um fast 350 Meter nicht!«

Es vergingen einige Sekunden. »Sie haben recht. Wir haben falsch abgelesen. Tut uns leid.«

Wieder nahm Jim das Mikrophon. »Irren ist menschlich . . .«

Jahre zuvor war es nicht so glimpflich abgegangen.

Wir waren mit einem Flugboot auf dem Weg von New York nach Irland.

Unter den Flügelspitzen unserer viermotorigen Clipper waren Stützschwimmer angebracht, die verhindern sollten, daß die Spitzen eintauchten, wenn wir auf dem Wasser in den Wind drehten.

Um Mitternacht begannen wir über dem Shannon mit unserer Instrumentenlandung. Es gab keinerlei Orientierungslichter an den Ufern, keine Leuchtbojen auf dem Fluß. Es herrschte geradezu ägyptische Finsternis. Ich flog mit dem hervorragenden Captain Evart Marlon. Unsere Crew bestand damals aus zwölf Mann.

Nach dem siebzehnstündigen Flug waren wir alle hundemüde und naß bis auf die Knochen. Den ganzen Weg über den Atlantik hatte es gegossen, und unser Cockpitdach leckte wie ein Sieb, aber unsere Gesellschaft hatte uns großzügigerweise mit Regenumhängen ausgestattet . . .

Mehrere Male hatten wir bereits den Höhenmesser kontrolliert.

»Da draußen ist es ja dunkler als Paddys Arsch«, sagte Ev grimmig. »Es wäre kein Kunststück, heute direkt ins Wasser zu fliegen.«

Ich bat den Funker, sich noch einmal nach der Höhenmessereinstellung zu erkundigen.

Mit einem primitiven Funkfeuer als einziger Orientierung waren die Anflüge damals äußerst schwierig. Während wir uns hinunterschraubten, meldete ich unsere Flughöhen: »1300, 1000, 700, 300.«

Mit einer Fahrt von etwa 200 km/h wollten wir gerade eine Kurve fliegen, um über dem Funkfeuer zu bleiben, als – peng! – das große Boot erzitterte, als wäre es mitten entzweigerissen. Wasser spritzte an die Windschutzscheiben.

»Hochziehen!« brüllte ich. »Hochziehen!«

Aber Ev brauchte keine Instruktionen. Er hatte die Nase längst steil hochgerissen. Fast vertikal schossen wir in die Höhe.

»Mein Gott, Ev. Wir sind auf dem Wasser aufgeschlagen, aber der Höhenmesser zeigt immer noch stolze 300 Meter.«

Ich nahm die Aldis-Lampe und richtete ihren Strahl durch mein Seitenfenster auf die Flügelspitze. Der Stützschwimmer war weg! Nur zerbrochene Streben und Drähte.

Ich zog die Luft durch die Zähne. »Genausogut hätten wir den ganzen Flügel verlieren können.«

Ich rief Shannon und erklärte, was uns passiert war und daß ihre Höhenmessereinstellung auf keinen Fall stimmen konnte.

Nach einer Minute meldete sich eine kleinlaute Stimme mit irischem Akzent: »'tschuldigung. Wir lagen dreihundert Meter daneben!«

»Jetzt fehlt nur noch, daß wir beim Wassern gegen einen Balken krachen«, stöhnte Ev. »Was hältst du davon, wenn wir Magnesium-Leuchtkugeln abschießen?«

Es bedurfte keiner weiteren Aufforderung. Ich drückte auf den roten Schalter, und – bam, bam, bam! – schossen drei Kugeln aus unserem Rumpf. Mit einem unheimlichen blendendweißen Licht pendelten da unter ihren Fallschirmen rund 1000 Dollar hinunter . . .

Ev landete vorsichtig auf dem Wasser. Rettungsboote begleiteten uns, als wir bedächtig stromaufwärts fuhren – der Landestelle entgegen. Die rechte Flügelspitze schleifte durchs Wasser.

Hinter uns stöhnte ein Flugingenieur: »In manchen Nächten sind wir unser Geld wirklich wert.«

Eines Tages befanden sich mein Copilot Bob und ich im Instrumentenanflug auf München. Wir waren in 7000 Meter Höhe.

Auf unserer Funkfrequenz konnten wir eine Ostblock-Maschine – SP-AYAY – hören. Sie war auf dem Weg von Warschau nach Venedig. München hatte sie in einer Höhe von 2000 Meter freigegeben. Bis Innsbruck. Dort sollte sie sich noch einmal für den Weiterflug nach Italien melden. SP-AYAY akzeptierte diese Höhe ohne den leisesten Protest.

Bob wurde blaß. »Hast du das gehört, Jack? Die Mindesthöhe über den Alpen beträgt doch 4300 Meter. Die Maschine wird binnen weniger Minuten an den Felsen zerschellen.«

»Ich hab's gehört«, erwiderte ich. »Wahrscheinlich kennt SP-AYAY die Route nicht. Du hast die Chance, viele Menschenleben zu retten. Vielleicht erhältst du dafür sogar den Stalin-Orden.«

Bob nahm das Mikrophon. »SP-AYAY, Sie haben gerade Freigabe *durch* die Alpen bekommen. Aber ich glaube kaum, daß Sie Tunnel bohren können. Überprüfen Sie doch noch mal Ihre Streckenkarten.«

Knacken, dann minutenlanges Schweigen. Schließlich die Stimme aus München: »SP-AYAY! Gehen Sie sofort auf 7000! Wiederhole – sofort auf 7000!«

Ich sah Bob an. Stolz räkelte er sich auf seinem Sitz.

»Du hast dir den Stalin-Orden verdient. Dürfte nur schwierig sein, ihn abzuholen.«

Auf dem Rückflug nach Berlin gab es noch ein Nachspiel. Während der Zwischenlandung in Frankfurt warteten wir an der Rampe darauf, daß unsere Passagiere an Bord kamen. Vor uns parkte eine spanische Caravelle. Sie wurde gerade »zugeknöpft«, wie das im Flieger-Jargon heißt. Die letzten Passagiere waren bereits an Bord.

Plötzlich sagte Bob: »Sieh doch mal zur hinteren Frachttür rüber. Da kommt Rauch raus!«

Ich blickte hinüber, konnte aber nichts entdecken. Vielleicht hielt Bob die flirrenden Hitzewellen über der sonnenwarmen Rampe für Rauch?

»Smoke gets in your eyes . . .« summte ich spöttisch vor mich hin. »Heute fühlst du dich wohl als großer Retter, willst zwei Tore schießen.«

Ein paar Minuten vergingen. Die Caravelle rollte langsam auf uns zu.

Bob knurrte wieder: »Da quillt Rauch aus der Tür!« Er griff zum Mikrophon. »Tower Frankfurt, bei der spanischen Caravelle kommt Rauch aus der hinteren Frachttür.«

»EC 254, bleiben Sie auf Position«, reagierte der Tower sofort. »Ich wiederhole: Bleiben Sie auf Position. Es soll Rauch aus Ihrer hinteren Frachttür kommen.«

Die Caravelle blieb stehen. Als die herbeigeeilten Feuerwehr-

leute die Tür aufschoben, wogte ihnen eine riesige blaue Rauch-
wolke entgegen. Mit langen Stahlzangen zogen sie einen großen, mit Stroh umhüllten Ballen heraus, der sofort aufzulodern
begann.

Nun rollte ein gepanzerter Wagen heran, offenbar ein Bom-
bentransporter. Die Feuerwehrleute hievten den brennenden
Ballen ins Innere des Fahrzeugs, das in die Mitte des Flugfeldes
raste – weit entfernt von Rollbahnen und Gebäuden. Dort warfen sie den Ballen auf die Erde und machten sich aus dem Staube.

Binnen weniger Sekunden explodierte der nun hellodernde
Ballen mit lautem Knall – eine Höllenmaschine mit Zeitzünder,
die die Caravelle in der Luft hatte zerstören sollen.

Nachdem sich die Aufregung gelegt und der Flughafen seinen Betrieb wiederaufgenommen hatte, rollten wir an den Start.

»Diesmal«, sagte ich zu Bob, »hast du dir eine Auszeichnung
von General Franco verdient.«

Zwei Check-Captains einer anderen Fluggesellschaft vertrauten
mir die folgende Geschichte an.

Sie flogen mit einer DC 6 von Stuttgart nach Frankfurt. Das
Team im Cockpit war brillant. Keiner der beiden Captains fühlte
sich wirklich verantwortlich, jeder verließ sich auf die Erfahrung
des anderen – die bekannte hochbrisante Mischung.

Gerade war der große Fernsehturm mit Restaurant nördlich
des Stuttgarter Flughafens fertig geworden. Berufspiloten verhalten sich derartigen Türmen gegenüber genauso wachsam wie
Kapitäne von Ozeandampfern gegenüber Klippen.

Die beiden Captains erhielten Starterlaubnis nach Frankfurt
mit einer Rechtsbiegung nach Norden. Wegen des Verkehrs
über ihnen sollten sie eine Höhe von 1300 Meter nicht über-
schreiten.

Es wehte ein starker Nordwestwind.

»Der verdammte Wind könnte uns glatt gegen den Turm
drücken«, warnte der eine der beiden Captains.

Und schon donnerten sie ab, die Rollbahn hinunter und in
eine leichte Rechtskurve. Dreißig Minuten später waren sie in
Frankfurt.

Dort bat sie der Kontrollturm, auf eine freie Frequenz umzuschalten. In verschlüsselten Worten erklärte er: »Wir hatten einen merkwürdigen Anruf aus dem Fernsehturm-Restaurant. Sie sollen so dicht an ihren Fenstern vorbeigeflogen sein, daß man die Nummern auf Ihrem Rumpf und Ihre Gesichter im Cockpit sehen konnte.«

Die beiden Captains schwiegen entsetzt, starrten einander stumm an. Sie hatten den Turm nicht gesehen.

Nur ein paar Meter mehr, und sie wären im Restaurant gelandet – sozusagen als Dessert . . .

Kurz nach dem Krieg wäre ich als Passagier fast mit einem Flugzeug abgestürzt. Unsere Transatlantik-Gesellschaft wollte expandieren. Der leichteste Weg war, sich an einer bestehenden ausländischen Gesellschaft zu beteiligen, indem wir ihr unser Know-how zur Verfügung stellten.

Ich befand mich also auf einer Art Erkundungsflug an Bord einer kleinen Airline des Mittleren Ostens. Unser Ziel war Beirut. Ich saß auf einem Fensterplatz in der ersten Reihe der zweimotorigen DC 3. Ein US-Luftfahrtinspektor ein paar Reihen hinter mir ließ mich durch eine Stewardess fragen, ob ich mich zu ihm setzen wolle.

Ich bat sie, ihm zu sagen, daß ich schliefe. Neugierige Fragen wollte ich nicht beantworten, meine Mission war geheim.

Es war ein klarer Nachmittag und die Luft böig, als wir zur Landung in Beirut ansetzten. Entsetzt bemerkte ich, daß ein Ziegelschornstein am Ende der Rollbahn immer näher kam. Selbst für mich, der ich in der Kabine saß, war es klar, daß wir ihn treffen mußten, wenn der Pilot da vorn nicht endlich auf die Tube drückte, um bei dem starken Gegenwind die erforderliche Höhe zu halten. Ich zurrte meinen Sicherheitsgurt noch fester und wappnete mich für den unvermeidlichen Aufprall.

Ein lautes »Peng!« – direkt unter meinem Sitz. Dann schlug unsere Maschine schwer auf der Rollbahn auf.

Ich sah mich um und stellte fest, daß der Inspektor wütend aus dem Fenster blickte. Der Zusammenstoß mit dem Schornstein war auch ihm nicht entgangen.

Ich war als erster von Bord und kroch unter den Rumpf, um den Schaden näher zu betrachten. Eigenartigerweise konnte ich zunächst nichts Ungewöhnliches entdecken außer einem schwarzen Streifen, der sich von vorn nach hinten über den Flügel zog und einer Ölspur ähnelte. Aber es war keine Ölspur. Es war ein langer, feiner Riß! Der Flügel war praktisch durchgeschnitten.

Ich sah den Inspektor kommen. Er würde den Schaden sehr schnell entdecken – und mich als Zeugen für seinen Unfallbericht brauchen. Ich aber wollte mit diesem peinlichen Zwischenfall absolut nichts zu tun haben, weil mir am nächsten Tag eine kitzlige Unterredung mit dem Management der Fluggesellschaft bevorstand.

Glücklicherweise kam in diesem Augenblick der Gepäckkarren vorbei, mit meiner Reisetasche obendrauf. Ich riß die Tasche herunter und stürmte in das Zollgebäude. Durch das Fenster konnte ich sehen, wie der Inspektor hinter mir herraste.

Blitzschnell schnappte ich meine Tasche vom Zoll-Tresen und rannte durch das kleine Flughafengebäude hinaus auf die Straße.

Wieder hatte ich Glück. Vor dem Gebäude fuhr gerade ein Bus nach Beirut City ab. Ich sprang auf die hintere Plattform, hörte noch die empörten Rufe des Zollbeamten: »Halten Sie den Mann da auf! Halten Sie den Ma . . .«

An der nächsten Haltestelle stieg ich wieder aus und nahm ein Taxi zum Hotel *Normandie*. Im Hotelzimmer ließ ich mich erschöpft aufs Bett fallen und schlief sofort ein.

Gegen acht Uhr abends weckte mich das Telefon.

»Captain«, hörte ich eine verärgerte Stimme mit britischem Akzent, »ich bin der Pilot der DC 3, von der Sie behauptet haben, daß sie beim Landeanflug einen Schornstein gerammt hat. Ich finde es sehr unfair von Ihnen, einem Kollegen, darüber einen Bericht zu schreiben und Ihrem US-Inspektor zu übergeben. Nun sitze ich in der Klemme.«

Wütend berichtete ich von meiner Flucht vor dem Inspektor und dem Zollbeamten – nur um für ihn nicht den Zeugen spielen zu müssen.

»Sie wissen verdammt gut«, fügte ich hinzu, »daß Ihr Landeanflug unverantwortlich und gefährlich war und uns allen das
Leben hätte kosten können.«

Damit hängte ich auf.

In die Reihe der Fast-Zusammenstöße gehört auch ein grotesker
Zwischenfall auf dem Boden. Kurz nach dem Krieg flogen wir
von New York über Presque Isle in Maine nach Berlin. Die Park-
rampe in Presque ähnelt einem Plateau hoch oben auf einem
Berg. Rote Lichter warnen jeden, allzu nahe an das Ende der
Rampe zu rollen. Dahinter gähnt der Abgrund.

Nachdem wir eines Abends in Presque gelandet waren, parkten wir unsere DC 4 mit der Nase zum Terminal und dem
Schwanz zum gefährlichen Rampenende in etwa 100 Meter Entfernung. Ein Lotse zeigte uns per Daumen an, daß die hölzernen
Bremsklötze vor und hinter unseren Rädern plaziert waren. Wir
konnten also unsere Bremsen lösen, die sich, noch warm vom
Gebrauch, sonst in die Trommeln fressen würden. Bis auf den
Copiloten und mich hatte die Crew bereits die Maschine verlassen.

Als wir endlich durch die Cockpittür die Kabine betraten,
hörte ich ein eigenartiges Rumpeln. Ich blickte durchs Fenster –
und sah, daß sich die Lichter des Flughafengebäudes entfernten.
Unser Flugzeug bewegte sich langsam, aber stetig auf das Ende
der Zementrampe zu!

»Herr im Himmel!« entfuhr es mir. »Dieser verdammte
Lotse hat unsere Maschine nicht ordentlich gesichert. Wir werden, mit dem Schwanz voran, in die Schlucht stürzen!«

Wir wirbelten im selben Augenblick herum, um im Cockpit
auf die Bremsen zu treten. Natürlich kamen wir uns dabei ins
Gehege und stürzten zu Boden.

Ich rappelte mich mühsam hoch und kroch auf meinen Sitz.
Als ich endlich auf die Bremspedale trat, bemerkte ich entsetzt,
wieviel Fahrt die Maschine bereits gewonnen hatte. Wir hatten
mindestens 35 bis 40 Kilometer drauf. Mit Sicherheit mußte es
binnen weniger Sekunden abwärts gehen. Ich konnte nur hoffen,
daß noch genug hydraulischer Bremsdruck vorhanden war.

Es dauerte unendlich lange, bis das Flugzeug zum Stillstand kam. Der Copilot rannte nach hinten, sprang aus der Kabinentür und warf Holzklötze hinter die Räder.

Als ich aus dem Fenster blickte, traf mich fast der Schlag: Das Schwanzende unserer Maschine ragte ins Nichts! Eine Sekunde später wäre unser Millionending ein Haufen Blech am Grunde der felsigen Schlucht gewesen – ein Bruch mit ausgeschalteten Motoren und am Boden . . .

Eine sehr peinliche Geschichte passierte unserer Airline über Paris. Gerade hatten wir unsere ersten Düsenflugzeuge, die vierstrahlige Boeing 707, bekommen. Aber unsere Piloten weigerten sich, damit zu fliegen. Es ging schlicht um mehr Geld. Die Fluggesellschaft kratzte buchstäblich den Bodensatz zusammen, um die Cockpits besetzen zu können, und brachte in großer Eile ihre eingerosteten Schreibtisch-Piloten auf den neuesten Stand der Technik.

Zwei von ihnen nutzten einen Zwischenaufenthalt in Paris, um sich an dem neuen Jetliner fortzubilden. Sie schossen über den Außenbezirken von Paris in eine Höhe von etwa 5000 Meter. Dort brachten sie zu Übungszwecken die Maschine in einen langsamen Flug. Also Landeklappen und Fahrwerk raus.

Während des kitzligen Unternehmens, das die ganze Konzentration eines Piloten erfordert, überzogen sie die Kiste, und die Maschine begann seitlich wegzugleiten.

Die großen Turbinen einer Boeing 707 sind unter den Flügeln in stromlinienförmigen Auslegern angebracht. Die Aufhängungen sind so strukturiert, daß sie von vorn eine Menge Wind vertragen, von der Seite jedoch nicht.

Einer der Pylone konnte den extremen Seitenwinddruck nicht aushalten. Er wurde vom Flügel abgeknickt – so leicht wie Asche von der Zigarette geblasen wird.

Zwei schamrote Piloten kehrten mit einer 707 nach Orly zurück, der eine der kostbaren Turbinen fehlte, die immerhin eine halbe Million Dollar kostete. Das schwere Kraftpaket war auf das Feld eines verblüfften französischen Bauern gestürzt. Glücklicherweise nicht auf die Straßen von Paris.

Ein anderer ungewöhnlicher Zwischenfall ereignete sich kurz vor Kriegsende. Wir flogen immer noch mit Flugbooten über den Atlantik.

Eines Tages kam einer unserer Clipper in der La Guardia-Bucht ohne hintere Frachttür an.

Ein paar Tage später saß ich an meinem ATC-Chefpiloten-Schreibtisch auf dem Flughafen La Guardia. Eine aufgeregte Sekretärin stürmte herein. »Captain, draußen ist ein wütender Farmer. Wollen Sie mit ihm sprechen?«

»Okay«, sagte ich. »Führen Sie ihn herein.«

Doch das war gar nicht mehr nötig – er war schon in mein Büro gestampft. Die verlorengegangene Tür unseres Flugbootes schleppte er mit sich. In großen roten Druckbuchstaben stand darauf: AMERICAN EXPORT AIRLINES. Die Tür war erstaunlich wenig beschädigt.

»Söhnchen«, dröhnte der Besucher. »Ich bin Kartoffelfarmer draußen auf Long Island. Gehört dieses Metall-Ungetüm Ihnen?«

»Aber klar«, erwiderte ich. »Und wir sind sehr froh, es zurückzubekommen.«

»Es ist einfach vom Himmel gefallen, verdammt nahe an meinem Kopf vorbei. Landete auf dem frischgepflügten Boden direkt neben meinem Traktor. Ihre Flieger sollten etwas vorsichtiger sein. Man kann doch nicht einfach alles zum Fenster rauswerfen. Schließlich könnte jemand verletzt werden.«

»Es tut mir sehr leid«, entschuldigte ich mich. »Sehen sie, die Scharniere sind gebrochen. Die Tür hat sich unglückseligerweise von einem unserer Flugboote gelöst.«

Inzwischen hatte er sich ein wenig beruhigt. »Nun, vermutlich werdet ihr Jungs für uns den Krieg gewinnen. Das sind die Risiken, mit denen wir Zivilisten leben müssen.«

Ich versicherte ihm, daß es sich um einen einmaligen Zwischenfall gehandelt habe und daß wir nicht täglich Teile unserer Flugzeuge verlören . . . »Hätten Sie Lust, sich unsere Flugboote einmal näher anzusehen?« fragte ich ihn.

Ich war gespannt, was für Gesichter unsere Mechaniker machen würden, wenn der Farmer mit der Tür den Hangar betrat.

Sie waren gerade emsig damit beschäftigt, eine neue Tür zu fabrizieren.

Das Ergebnis entsprach genau meinen Erwartungen. Die Mechaniker hielten den braven Mann ganz offenbar für eine Erscheinung. Sie ließen ihre Werkzeuge fallen und starrten ihn mit offenem Mund an.

Ein paar Jahre später traf ich den Kartoffelfarmer und seine Frau in einer der modernen Düsenmaschinen.

»Söhnchen, das Risiko hat sich gelohnt«, begrüßte er mich. »Wir haben den Krieg gewonnen.«

Ein spektakulärer Zwischenfall ereignete sich in den letzten Kriegstagen. Wir waren mit einem Flugboot auf dem Weg von Shannon nach New York. Wenn in größeren Höhen starker Westwind herrschte, flogen manche von uns bei guter Sicht nur 70 Meter über dem Atlantik. Wir sparten Sprit und konnten, ohne in Neufundland auftanken zu müssen, New York erreichen.

Wir waren auch Nutznießer eines Phänomens, das als Bodeneffekt bekannt ist. Komprimierte Luft liegt wie ein Kissen zwischen Wasseroberfläche und Flugboot und verleiht den Flügeln mehr Auftrieb. Auch das spart Treibstoff.

Eines Sommerabends holperten wir so niedrig durch die Dämmerung, daß uns von Zeit zu Zeit salzige Gischt gegen die Windschutzscheibe spritzte. Wir zogen eine lange Funk-Schleppantenne hinter uns her. Geriet sie ins Wasser, warnte der Funker sofort: »Höher! Geht doch ein bißchen höher!«

Es war ein ziemlich haariges Unternehmen. Über uns, in etwa 80 Meter Höhe, lag eine lockere graue Wolkendecke. Wir versuchten, unter ihr zu bleiben. Es regnete leicht. Unsere Sichtweite betrug etwa sieben Kilometer.

Da tauchte plötzlich direkt vor uns aus dem leichten Nebel der größte Passagierdampfer der Welt, die *Queen Mary*, auf! Ich erkannte sie trotz des Tarnanstrichs.

Als wir über das riesige Schiff hinwegrasten, erblickte ich Hunderte von Soldaten auf den Decks, die uns ihre neugierigen Gesichter zuwandten.

Mit einem Mal zischten uns rote Feuerbälle um die Ohren. Die Flakgeschosse verfehlten nur knapp unsere Windschutzscheibe.

»Um Himmels willen«, stöhnte der Flugingenieur, »die schießen ja auf uns. Ziehen Sie doch hoch, in die Wolken!«

Das hätte er mir nicht erst zu sagen brauchen. Ich zog den Knüppel zurück. Binnen Sekunden befanden wir uns in den niedrig hängenden Wolken. Aber immer noch krachten rings um uns Geschosse durch die Luft. Ich riß den Clipper in einen Zickzackkurs, um sie zu verwirren. Endlich befanden wir uns außer Reichweite.

Die *Queen Mary* mußte uns für einen deutschen Bomber gehalten haben. In jenen hektischen Kriegstagen hatten die alliierten Flugzeuge und Schiffe den strikten Befehl absoluter Funkstille. Die *Queen Mary*, mit Tausenden von Soldaten an Bord, hatte es daher nicht gewagt, sich nach unserer Identität zu erkundigen.

Nur wenige Wochen später hatten wir das nächste Flugboot-Abenteuer. Es war auf einem Tagflug von Port Lyautey in Marokko nach Shannon in Irland. Wir befanden uns etwa 75 Kilometer vor der iberischen Küste in nördlicher Richtung. Über Wasser fliegt es sich gewöhnlich ruhiger als über Land, besonders an warmen Tagen.

Zwei Stunden zuvor hatten wir den Felsen von Gibraltar passiert. Ich saß rechts im Cockpit, Skipper Tommy Thompson links. Plötzlich bemerkte ich aus den Augenwinkeln eine Maschine mit doppeltem Ruder, die schnell nach Süden flog. Sie befand sich parallel zur Küste und war vielleicht 15 Kilometer von uns entfernt. Ich griff nach dem Fernglas. Es war eine deutsche Dornier 17. Ein Kampfflugzeug, bekannt als der »Fliegende Bleistift«.

»Tommy, sieh doch mal rüber zur Küste«, rief ich. »Da ist ein Deutscher. Er ist bewaffnet und doppelt so schnell wie wir. Mit Sicherheit hat er das Sternenbanner an unserem Schwanz bereits ausgemacht.«

Tommy verschluckte sich fast an seinem Sandwich. »Behalte

362

ihn im Auge, solange es geht«, rief er. »Ändert er den Kurs? Wir sitzen hier auf dem Präsentierteller!«

Ich beobachtete die Do, bis sie im Süden verschwand.

»Geh nach hinten und beobachte weiter«, rief Tommy einem der Ingenieure zu. »Gib über Bordmikrophon Bescheid, falls er sich nähert.«

Ich hatte keine Ahnung, was Tommy machen sollte, wenn die Do tatsächlich auf uns zuhielt. Angesichts ihrer Bordkanonen und Maschinengewehre wären unsere langsamen Ausweichmanöver geradezu lächerlich gewesen.

Ein paar Augenblicke später kam die Stimme des Ingenieurs über den Lautsprecher: »Skipper, das Schloß klemmt. Ich kriege die verdammte Tür zum hinteren Rumpf nicht auf.«

»Dann schlag sie eben mit der Axt ein«, brüllte Tommy in das Mikrophon.

Ein paar Minuten später: »Ich habe die Tür in Stücke geschlagen. Jetzt sitze ich im Schwanz und beobachte die Dornier. Sie hat ihren Kurs nicht verändert, ist schon fast außer Sicht.«

Wir schickten ein leises Dankgebet zum Himmel.

Wieder ein paar Wochen später flogen wir nachts in umgekehrter Richtung von Shannon nach Port Lyautey. In Europa waren alle Funkfeuer erloschen. Sie hätten den feindlichen Bombern geholfen, ihre Ziele zu finden. Auch die Städte waren verdunkelt.

Aber an diesem Abend konnten wir nicht hoch und über die Wolken steigen, um die Sterne auszumachen, die uns bei der Orientierung helfen sollten. Wir glaubten uns über dem Meer, parallel zur spanischen Küste.

Ich saß hinten im Rumpf und warf von Zeit zu Zeit hölzerne Rauchbomben ab. Das war unsere reichlich primitive Methode, die Windrichtung zu erkunden. Wir befanden uns zwischen zwei Wolkenschichten. Wenn ich gelegentlich ein Loch in der unter uns liegenden Wolkendecke erblickte, warf ich schnell eine meiner kleinen Bomben ab und beobachtete die Rauchfahne auf der Meeresoberfläche.

Nachdem ich zehn Bomben hinausgeworfen hatte, kehrte ich

ins Cockpit zurück. Schließlich bekamen wir Verbindung mit dem Funkfeuer von Port Lyautey an der nordafrikanischen Küste.

Wir wasserten und flogen nach kurzem Aufenthalt über Südafrika und Südamerika weiter.

Als wir in New York landeten, trugen die Zeitungen riesige Schlagzeilen: MYSTERIÖSER BOMBER-ANGRIFF AUF LISSABON – WASHINGTON HAT UNTERSUCHUNG EINGELEITET.

Kein Zweifel, daß ich mit meinen harmlosen Rauchbomben diesen ganzen Aufruhr verursacht hatte. Wir hatten uns also gar nicht über dem Meer, sondern über dem neutralen Lissabon befunden. Ich beschloß, mich ganz ruhig zu verhalten und Gras über die Sache wachsen zu lassen. Die »Bomben auf Lissabon« sind eines der Geheimnisse des Zweiten Weltkriegs geblieben – bis zum Erscheinen dieses Buches.

Es ist unmöglich, sich das Nachkriegs-Europa ohne das ATC (US-Lufttransport-Kommando) vorzustellen, da in Europa Autobahnen und Eisenbahnstrecken zerbombt waren und es private Fluglinien erst später geben sollte.

Während einer Zwischenlandung in Paris informierte uns ATC Orly, daß wir mit unserer DC 4 eine dringende Fracht nach Stockholm befördern sollten.

Im ATC-Büro zog Flugingenieur Frank Prindle mich beiseite: »Skipper, bevor Sie die Papiere unterzeichnen, sollten Sie sich erst einmal ansehen, wie diese Bastarde die Fracht verstaut haben!«

Wir sprangen in einen Jeep und rasten zur DC 4 hinaus. Dort glaubte ich meinen Augen nicht zu trauen: Wir waren total überladen, von Gewichtsausgleich keine Rede.

»Das ist praktisch der gesamte Funkturm für den Flughafen Bromma in Stockholm«, grollte Frank. »Ich weiß, sie brauchen ihn dringend. Aber muß denn alles auf einmal geliefert werden? Ich wette, Onkel Sam hat die Ausrüstung den Schweden geschenkt. Aber ich sehe einfach nicht ein, warum wir dafür unseren Hals riskieren sollen . . .«

An der Kabinenwand lehnte eine riesige runde Stahlplatte –

wahrscheinlich das Fundament für den Funkturm –, nur von dünnen Seilen gehalten. »Bei der geringsten Turbulenz macht sich das Ding doch los«, dachte ich, »und rollt ins Cockpit . . .«

Ich hatte genug gesehen.

Im Büro fand ich mich einem erschöpften, sauer dreinblickenden Air Force-Major gegenüber. Er versuchte, drei Telefone zur selben Zeit zu bedienen.

Nur mühsam beherrscht sagte ich zu ihm: »Wir fliegen nicht nach Stockholm. Die Maschine ist um das Dreifache überladen, die Fracht nicht ordentlich gesichert. Das Flugzeug muß entladen und jedes einzelne Stück gewogen werden.«

»Wir haben dafür keine Waagen«, explodierte der Major. »Wir verlassen uns auf unsere Erfahrung. Wenn ich etwas für okay erkläre und es unterschreibe, dann ist es auch okay!«

»Der Krieg ist vorbei, und ich möchte eigentlich ganz gern am Leben bleiben«, erklärte ich bestimmt. »Also – Sie entladen, oder wir fliegen nicht!«

Der Major wurde blutrot im Gesicht. »Ich werde mich bei Ihrem Chefpiloten über Sie beschweren und beim General in Paris und . . .«

»Ich bin der Chefpilot«, unterbrach ich ihn. »Und wenn ich Sie wäre, würde ich Ihren General an einem Sonntag lieber nicht stören.«

Dann wandte ich mich an Frank: »Es wird ungefähr vier Stunden dauern, bis sie das Zeug wieder ausgeladen haben. Tut mir leid, aber Sie werden wohl hier draußen bleiben müssen, um die Franzosen zu überwachen.«

Damit verließ ich das Büro und verbrachte die nächsten Stunden mit meiner Crew in Paris.

Als ich in mein Hotelzimmer kam, klingelte das Telefon. Frank war am Apparat. »Plan geändert, Skipper. Sie haben den Stahl abgeladen und die Maschine mit Sitzreihen bestückt. Nun sollen wir eine Ladung überglücklicher GIs nach New York zurückbringen.«

Einen Tag später verunglückte eine DC 4 beim Start in Orly. Die Crew fand den Tod. Die Maschine soll überladen gewesen sein . . .

Auch Zusammenstöße mit Vögeln können zu äußerst gefährlichen Situationen im Luftverkehr führen.

Eines späten Abends setzten mein Copilot Denny und ich nach einem kurzen Flug von Hamburg in Berlin zur Landung an. Die Wolkendecke war niedrig, nur etwa 170 Meter hoch, und wir flogen nach Instrumenten. Der Radarturm auf dem Flughafen Tempelhof war zu dieser vorgerückten Stunde nicht mehr besetzt. Ein paar Minuten zuvor hatten wir in 1000 Meter Höhe ein Funkfeuer in den Außenbezirken passiert. Plötzlich wurde unsere DC 4 von einer gewaltigen Explosion erschüttert.

»Jack, wir sind gegen den verfluchten Funkturm gestoßen!« schrie Denny schreckensbleich.

Ich warf einen Blick auf die Höhenmesser: 700 Meter.

»Denny«, brummte ich. »Der Funkturm ist 145 Meter hoch. Entweder haben sie ihn heute nachmittag um 550 Meter aufgestockt, oder unsere beiden Höhenmesser spielen zur selben Zeit verrückt.«

»Aber was war es dann? Abends fliegen doch keine Vögel herum. Außerdem war der Anprall viel zu stark.«

Ein paar Minuten saßen wir nur da und starrten geradeaus. Wir fühlten uns unbehaglich, aber die Maschine flog wieder völlig normal. Plötzlich nahmen wir einen eigenartigen Geruch im Cockpit wahr: Es roch eindeutig nach verdorbenem Fisch.

»Ich wußte gar nicht, daß es im Wannsee fliegende Fische gibt«, witzelte Denny.

Ich zuckte lächelnd mit den Achseln.

Als wir landeten, roch es im Cockpit bereits wie auf dem Fischmarkt von Boston. Mehrfach waren die Stewardessen bei uns erschienen und hatten sich erkundigt, ob wir Fisch brieten. Denny und ich konnten es kaum erwarten, aus der Maschine zu kommen.

Vor dem rechten Flügel standen Mechaniker und zeigten auf die Spitze, die geradezu gefährlich verbogen war. Am Vorderrand befand sich eine klaffende Spalte, in der eine Möwe klemmte. Aus ihrem Bauch quollen Fische.

»Es gibt also doch Vögel, die nachts fliegen«, stellte Denny verdutzt fest. »Sie müssen mit Blindfluginstrumenten ausgestattet sein.«

»Ich habe da noch eine seltsame Vogelgeschichte erlebt«, sagte ich. »Vor dem Krieg, als ich noch für United Airlines flog, stiegen wir im Spätherbst von New York auf Richtung Chicago. In 3300 Meter Höhe, über Allentown in Pennsylvania, flogen wir in einen herrlichen goldenen Sonnenuntergang. Hunderte von Metern über uns lag eine kompakte weiße Wolkendecke. Wir hatten keinen Kontakt zum Boden, orientierten uns nach Instrumenten. Es war bitter kalt, die Außentemperatur betrug minus 32 Grad Celsius. Mit einem Mal entdeckten wir ein paar hundert Meter über uns, zu unserer Rechten, einen großen silbernen Ball, der langsam wie ein Uhrpendel hin und her schwang. Dann begann die Kugel zu fallen und Kurs auf uns zu nehmen.

Erregt rief einer von uns: ›Eine fliegende Untertasse!‹

Doch als der pendelnde Ball näher trieb, entdeckten wir, daß es sich um etwa 80 Wildgänse in perfekter V-Formation handelte. Vielleicht fühlten sie sich von der Sonnenreflexion auf unserer Aluminiumhaut angezogen, meinten, wir seien ein gigantischer Vogelfeind – vielleicht aber trieben sie auch nur aus Neugierde heran.

Wir wichen ihnen aus und beobachteten, wie sie in der Ferne verschwanden. Sie stiegen wieder in ihre ursprüngliche Höhe auf, wo es zwar kälter war, aber keinen Gegenwind mehr gab. Vögel besitzen mit Sicherheit eine Art inneren Navigationsapparat und können die ihnen genehmen Höhen wählen.

Doch wir hatten guten Grund, unsere Köpfe von der Windschutzscheibe fernzuhalten. Jahre zuvor hatte ein Captain der United Airlines durch einen Vogel eine tragische Verletzung erlitten. Eine Wildgans hatte die Scheibe seiner DC 3 durchschlagen und die Brille des Captains zerbrochen. Die Glassplitter drangen ihm in die Augen. Der Vogel hatte soviel Druck, daß er auch noch die Cockpittür durchbrach und auf dem Boden der Kabine landete. Der Captain konnte nie wieder fliegen.

Als junger Entwicklungsingenieur bei United konstruierte ich eine große, mit Preßluft betriebene Kanone, mit der ich tote

Enten auf die Windschutzscheiben schoß. Wir wollten herausfinden, wie stark die Scheiben sein mußten, um den Vögeln standhalten zu können.«

»Klingt ja aufregend, Jack«, meinte Denny. »Haben Sie selbst auch Zusammenstöße mit Vögeln erlebt?«

»O doch. Ich bin von Adlern und Bussarden angegriffen worden, als ich in den deutschen Bergen mit Segelflugzeugen ihren Nestern zu nahe kam. Jeder Pilot, der lange genug geflogen ist, hat irgendwann einmal einen Vogelzusammenstoß. Besonders mit den schnelleren Maschinen wie den Düsenjets. Die Tiere sind einfach nicht schnell genug, um rechtzeitig ausweichen zu können.

Mein gefährlichster Vogelzusammenstoß spielte sich in Tempelhof ab. In Berlin ist die Zahl der Krähen besonders im Winter außerordentlich hoch, da der Besitz von Gewehren verboten ist.

An einem klaren Wintertag vor ein paar Jahren machte ich einen Sichtanflug auf Tempelhof. Gerade als ich in 330 Meter Höhe über den Kurfürstendamm hinwegdonnerte, stieß ein Schwarm von Hunderten von Krähen gegen unsere viermotorige DC 4. Die Mühle wurde von den vielen Aufschlägen durchgeschüttelt. Die Windschutzscheiben waren im Nu mit Blut und Eingeweiden verschmiert. Es würde eine ganze Weile dauern, bis die Scheibenwischer den gröbsten Schmutz weggeputzt hatten und wir an eine Landung denken konnten.

Ich stellte fest, daß die Temperatur aller vier Motoren gefährlich anstieg. Ohne Zweifel waren die Ölkühler mit toten Krähen vollgestopft. Und schon schnellte die Zylinderkopf-Temperatur des ersten Motors über das Optimum hinaus. Ich ließ ihn sofort abschalten. Durch die Seitenfenster konnte ich sehen, daß alle vier Motorverkleidungen gerappelt voll mit toten Vögeln waren. Die Kadaver blockierten die Luftzufuhr.

In diesem Augenblick meldete sich der Copilot: ›Skipper, auch die Temperatur des zweiten Motors steigt bedrohlich an. Wir müssen mit einem Motorbrand rechnen.‹

›Stell ihn ab‹, bellte ich.

›Mein Gott‹, dachte ich. ›Nun haben wir nur noch zwei Motoren, können also nicht kreisen und warten, bis die Windschutzscheiben wieder klarer sind. Wir sind gefährlich niedrig und blind wie eine Fledermaus. Hoffentlich werden wir nicht auf das Dach eines Wohnhauses krachen.‹«

Denny unterbrach mich: »Lassen Sie mich mal raten, wie's weitergeht. Genau in diesem Moment stöhnte der Copilot auf: ›Die letzten Motoren geben den Geist auf!‹«

»Richtig, mein Junge. Genau das geschah. Inzwischen waren wir auf 170 Meter runter und noch immer blind wie ein Maulwurf. Die Scheibenwischer liefen auf Hochtouren, wurden jedoch mit der roten Tapete vor unseren Augen nicht fertig. Uns blieb nur noch eine Chance: das kleine gebogene Fenster links neben der Windschutzscheibe des Captains zu öffnen und um die Ecke zu spähen.

Wir hatten Glück, befanden uns in 60 Meter Höhe direkt über der Landebahn. Hart setzten wir auf – gerade als die beiden letzten Motoren langsamer wurden und sich durch die Überhitzung festzufressen begannen.

Wir rollten mit abgeschalteten Motoren über die Landebahn. In den Hauben brutzelten die Krähen. Wir waren noch einmal davongekommen – mit knapper Not. Und das alles nur wegen ein paar hungriger Vögel.«

Denny machte große Augen. »Haben Sie nicht noch eine solche Story auf Lager, bevor wir das Vogel-Thema für heute zu den Akten legen?«

»Habe ich, Den. Sogar einen richtigen Thriller. Er ereignete sich vor etwa sechs Monaten. Wir flogen in einer viermotorigen DC 6 von Berlin nach Hannover, waren in 3000 Meter Höhe und verlangsamten die Maschine zum ausgedehnten Anflug. Es war ein herrlicher, klarer Sommerabend. Ich plauderte mit dem Plappermaul Barney, meinem Copiloten.

Plötzlich sah ich, wie ein pfeilähnliches silbernes Objekt auf uns zuschoß. Wellenförmig bewegte es sich auf uns zu. Für den Bruchteil einer Sekunde dachte ich, zum ersten Mal in der Geschichte würde ich Augenzeuge, wie ein Blitz in eine Maschine einschlägt. Aber wie war so etwas bei klarem blauen Himmel überhaupt möglich? Da schlug der Pfeil mit markerschütterndem Getöse gegen unsere Windschutzscheibe.

Das Cockpit war mit Glassplittern übersät. Auf Barneys Gesicht sickerte Blut aus Dutzenden feiner Schnitte. Ich glaubte immer noch an einen Blitzschlag, bis ich ein paar winzige weiße Federn auf der schwarzen Flugzeugnase entdeckte. Offenbar hatte uns ein Vogel mit der Wucht eines Zementblocks getroffen.

Das einzige, was auf Barneys Seite noch von der doppelten Windschutzscheibe übrig war, war die dazwischenliegende Plastikscheibe. Erstaunlicherweise war sie nicht mit herausgedrückt worden. Nun schwebte sie aufgebläht auf Barneys offenen Mund zu. Zum ersten Mal in seinem Leben hatte es ihm die Sprache verschlagen.

Unsere Fahrt drückte die Plastikscheibe unerbittlich gegen seinen Kopf. Eine so schnelle Maschine wie die DC 6 kann ohne Windschutzscheibe unkontrollierbar werden. Instinktiv nahm ich das Gas weg, und – Gott sei Dank! – die Plastikscheibe glitt langsam wieder in ihre ursprüngliche Position zurück.

Doch bald begann das Dilemma von neuem. Diesmal allerdings in umgekehrter Richtung. Der Druck innerhalb unserer Maschine trieb die flexible Scheibe nun zum Flugzeug hinaus. Sie drohte zu zerplatzen wie ein überdehnter Luftballon. Wir mußten unbedingt sofort den Innendruck loswerden.

Wie Sie wissen, Denny, ist die DC 6 auf der rechten Seite des Cockpits mit einem sogenannten Johnson-Hebel ausgerüstet. Betätigt man ihn, öffnet er die großen Kabinen-Überdruck-Ventile, und der Luftdruck entweicht.

›Zieh kräftig am Johnson-Hebel!‹ rief ich Barney zu.

Zum ersten Mal in meinem Leben durchlitt ich einen totalen Druckabfall. Meine Zunge drängte aus dem Mund und hing mir vor dem Kinn wie bei einem Frosch, der nach Insekten schnappt. Durch die plötzliche Abkühlung der Luft hatten sich im Cockpit auch Kondensationsnebel gebildet. Ich konnte mir vorstellen, was unsere Passagiere da hinten in der Kabine durchmachten. Sicherlich hingen eine Menge Zungen an Wänden und Decken herum. Dutzende von Trommelfellen mußten geplatzt sein. Die Airline würde sich mit einer Reihe von Klagen herumzuschlagen haben.

Der Rest der Windschutzscheibe kehrte nun wieder in die normale, gespannte Position zurück. Barney berichtete unserer Airline, was uns zugestoßen war.

Die reagierte mit der albernen Frage: ›Welche Windschutzscheibe ist denn nun herausgebrochen? Die des Captains oder die des Copiloten?‹

›Die des Copiloten natürlich‹, schnauzte Barney zurück. ›Welcher Vogel würde es wagen, gegen die Scheibe eines Captains zu fliegen?‹

Statt nach Hannover flogen wir nach Frankfurt, wo sich unsere Wartungsbasis befand. Sogar Vertreter der US-Bundesluftfahrtbehörde waren zu unserem Empfang erschienen. Eine Inspektion der Maschine ergab, daß sogar der Stahlpfeiler, der die gesamte Windschutzscheibenkonstruktion trägt, stark verbogen war.

Monate später hieß es im offiziellen Untersuchungsbericht: ›Durch den gewaltigen Aufprall eines 1,20 Meter langen, zehn Pfund schweren Kranichs wurde die Verbund-Windschutzscheibe der DC 6 herausgeschlagen. Wenn die Maschine nur etwa zwanzig Knoten schneller gewesen wäre, hätte unter Umständen die gesamte Scheibe herausbrechen können. Ein Absturz wäre möglicherweise die Folge gewesen.‹

Aber damit ist die Märchenstunde für heute beendet, Denny – schlafen Sie gut unter Ihrer Federdecke . . .«

2. Hokuspokus in der Luft

Wie im Showbusiness gibt es auch hinter den Kulissen einer Fluglinie Dinge, von denen sich die Öffentlichkeit nichts träumen läßt.

Kurz nach dem Krieg gab es in Deutschland eine Menge Hokuspokus in der Luft. Heute, da die Airlines erwachsen geworden sind, wäre so etwas natürlich undenkbar.

Wir hatten da eine Gruppe junger ungebärdiger Captains, die nur vorübergehend in Berlin stationiert waren. Sie waren einsam und langweilten sich. Einige gebärdeten sich wie Alexandre Dumas' Musketiere. Ständig warfen sie einander den Fehdehandschuh zu und veranstalteten regelrechte Wettbewerbe.

Bei einem ihrer Spielchen versuchte der Captain nach der Landung mit der DC 4, möglichst früh nach dem Aufsetzen den richtigen Punkt abzupassen, um die Zündung auszuschalten und ohne Schub mit stehenden Propellern unter das überhängende Dach des Tempelhofer Flughafens auf die genaue Parkposition zu rollen.

Das verlangte eine gehörige Portion Können und Mut. Nahm man das Gas zu früh weg, konnte die Maschine vor dem angestrebten Ziel zum Halten kommen, und man mußte zumindest zwei der Motoren erneut anwerfen, um die Entlademannschaften zu erreichen.

Meister in dieser Disziplin waren jene Jungen, die ihre Vögel möglichst weit von der Rampe entfernt abschalteten und dann mit eleganter leichter Kurve ihre Parkposition erreichten.

Eines Tages schaltete der lange John Silver, der wagemutigste von allen, nach einer seiner üblichen sanften Landungen in Tempelhof die Motoren schon sehr weit draußen ab. Ein starker Rükkenwind gab ihm mehr Fahrt, als er eingeplant hatte. Er mußte kräftig auf die Bremsen treten, und die Räder begannen über die von Öl schlüpfrige Rampe zu rutschen.

John und seine Crew mußten hilflos zusehen, wie ihr Schlitten auf die massiven Betonstufen zurutschte, die hinauf ins Flughafengebäude führten.

Langsam, unendlich langsam kam der riesige Vogel dann doch zum Stehen, die Nase nur Zentimeter vor der obersten Treppenstufe, sechs Meter über dem Boden.

Die entsetzte Crew ließ ein erleichtertes »Puh!« hören, und der lange John Silver öffnete aufatmend das Seitenfenster.

Rein zufällig stand Colonel Jack Crimson, der US-Kommandant des Flughafens Tempelhof, auf der Treppe. Er brauchte sich nur ein wenig vorzubeugen, um sich zum Seitenfenster hineinzulehnen.

»Willkommen in Tempelhof, ihr Helden!« grollte er. »Euer Chefpilot wird sich freuen.«

Es geschah, kurz nachdem unsere Gesellschaft die neuen Boeing 727 erhalten hatte. Die Kabinen-Crews hatten noch wenig Erfahrung mit den Maschinen. Nachdem einer unserer Captains in Frankfurt gelandet war, bat ihn der Kontrollturm, in der Mitte des Flughafens zu halten, es sei zuviel Bodenverkehr.

Die Stewardessen in der Kabine waren überzeugt, daß die Maschine bereits das Flughafengebäude erreicht hatte, ließen die hintere Treppe hinunter und forderten die Passagiere auf, die Maschine zu verlassen.

Kurz darauf wies der Kontrollturm das Cockpit an, langsam weiterzurollen. Jetzt bemerkten die entsetzten Stewardessen ihren Irrtum. Sie versuchten, die Passagiere zurückzuhalten. Aber inzwischen war eine Gruppe längst auf einem Rollweg, weit ab vom Flughafengebäude, gestrandet.

Der Tower, der das Mißgeschick ebenfalls beobachtet hatte, meldete sich beim Captain: »N 732. Bleiben Sie stehen. Ihnen tropfen Passagiere aus dem Schwanz.«

Kurz nach dem Krieg bekamen wir unsere kleine Flotte Lockheed Constellations mit ihrem Dreifach-Ruder am Schwanz – eine der elegantesten Maschinen, die jemals gebaut wurden, und die ersten unserer Gesellschaft mit einer Druckkabine. Aber sie waren auch sündhaft teuer. Ihr Ankauf hatte unsere ohnehin finanziell angeschlagene Airline fast ruiniert. Wir verhätschelten sie, aber es gab auch einige Probleme mit ihnen, bis sie ihre Kinderkrankheiten endlich überwunden hatten.

Nach einer Atlantiküberquerung meldete einer unserer Captains in Frankfurt, daß er den Druck in der Kabine nicht länger aufrechterhalten könne. Irgendwo müsse ein Leck im Rumpf sein.

Bei ihren Nachforschungen setzten die Mechaniker die Überdruckventile außer Kraft und ließen die Motoren auf vollen Touren laufen. Währenddessen überprüften sie den Rumpf nach Löchern, indem sie ihn mit einer Seifenwasserlösung überschwemmten. So wie man bei einem Fahrradschlauch nach undichten Stellen sucht. Aber der verantwortliche Mechaniker ließ den Kabinendruck außer acht.

Plötzlich explodierte die Kabine mit einem lauten Knall – wie ein zu stark gefüllter Luftballon. Der Rumpf war von der Spitze bis zum Schwanz aufgerissen. Die herrliche, teure Maschine war so zerstört, als wäre sie aus großer Höhe zu Boden gekracht. Vermutlich der dämlichste Unfall in der gesamten Luftfahrtgeschichte.

Unser tüchtiger geschäftsführender Vizepräsident Jim Hannagan in New York machte sich große Sorgen, wie er unsere neuen großen Constellations mit Passagieren füllen sollte. Wir hatten uns zu dem üblichen Montags-Appell der Abteilungsleiter in seinem Büro zusammengefunden. Der Verantwortliche für die Innenausstattung erkundigte sich nach der Farbe für die Sitzbezüge. Die Diskussion darüber zog sich in die Länge. Eine Entscheidung wurde nicht getroffen. Schließlich hatte der »alte Säbelzahntiger«, wie Hannagan scherzhaft genannt wurde, das Gerede über Nebensächlichkeiten satt.

»Meine Herren«, grollte er. »Mir ist es absolut schnuppe, welche Farbe die Sitze haben, solange sie nur mit zahlenden Passagierärschen bedeckt sind!«

Eine unserer nettesten Stewardessen, Frances Flighty, war unglaublich schusselig. Sie zog das Unheil förmlich an. Geschichten über sie gibt es *en masse*.

Eines Tages trat Frances rückwärts aus der Kabinentür eines in Berlin geparkten Flugzeugs. Sie hatte nicht bemerkt, daß die Gangway fortgerollt worden war. Sie stürzte aus der Höhe eines zweiten Stockwerks auf den harten Zementboden des Flughafens und brach sich beide Beine.

Lange Zeit mußte Frances in Gips bleiben. Endlich kehrte sie wieder zum Dienst zurück.

An ihrem ersten Arbeitstag mußte sie ihren Kollegen demonstrieren, wie es zu diesem dämlichen Unfall kommen konnte.

Sie trat rückwärts aus der Kabinentür und – brach sich zum zweiten Mal beide Beine. Diesmal flog sie zur Erholung nach New York.

Ein paar Wochen später kam die pflichtbewußte Frances nach

Berlin zurück, um all jenen zu danken, die sie im Krankenhaus besucht hatten.

Beim Abschied aus dem Büro winkte sie allen noch einmal freundlich zu und – trat rückwärts in einen laufenden Ventilator.

Zum dritten Mal wurde sie ins Krankenhaus gefahren.

Aber die Zeit der Prüfungen war für Frances noch lange nicht vorbei. In Teheran gab sie einem einheimischen Gepäckträger ein Trinkgeld und stellte erst nach dem Start und tausend Kilometer entfernt fest, daß sie dem Gepäckträger ihr Portemonnaie in die Hand gedrückt und das Trinkgeld für sich behalten hatte . . .

Verkehrsmaschinen haben tragbare Sauerstoffflaschen an Bord, zusätzlich zu den Masken, die im Falle eines Falles ganz automatisch auf die Sitze herunterfallen. Die Erfahrung hat uns gelehrt, daß Sauerstoff bemerkenswerte Heilkraft bei Herzattacken, Angstzuständen und Luftkrankheit besitzt.

Eines Tages kam die rothaarige Stewardess Suzy Parker aufgeregt ins Cockpit gestürzt. »Captain, einer unserer Passagiere befindet sich in einem schlimmen Zustand. Vermutlich ein Herzanfall. Sein Gesicht ist schon ganz blau.«

Ich drehte mich halb auf meinem Sitz um. »Vielleicht Anoxämie . . . nicht genug Sauerstoff im Blut. Holen Sie die tragbare Sauerstoffflasche. Aber probieren Sie die Maske zuerst selbst aus. Überzeugen Sie sich, daß der Sauerstoff auch fließt.«

Die sportliche Suzy schoß aus dem Cockpit. Ihre hohen Absätze klapperten auf dem Metallfußboden.

Der Flugingenieur konnte sich eine Bemerkung nicht verkneifen: »Was für ein hübsches Mädchen. Welch sinnliche Lippen!«

»Zurück ans Armaturenbrett, Roy«, konterte der Copilot. »An diese roten Lippen kommen Sie sowieso nicht ran!«

Nach ein paar Minuten flog heftig die Cockpittür auf. Zwei Passagiere schleppten die stöhnende Suzy herein. Sie preßte beide Hände gegen den Mund. Die Augen waren vor Schmerzen geschlossen.

»Was ist denn passiert, Suzy?« rief ich besorgt.

»Ich weiß es doch auch nicht«, jammerte sie. »Ich habe die Sauerstoffmaske über mein Gesicht gelegt, und plötzlich begannen meine Lippen zu brennen.«

Vorsichtig legte ich meine Finger auf ihren Mund. Er war glühend heiß. Ein Stück Lippenhaut blieb an meinen Fingern hängen. Das gepeinigte Mädchen krümmte sich vor Schmerzen.

Dann ging mir ein Licht auf: Der reine Sauerstoff hatte den Lippenstift verbrannt. Lippenstift enthält normalerweise Fettsubstanzen, und Fett oxydiert sehr leicht mit Sauerstoff.

Ich nahm eine Tasse kaltes Wasser und ließ Suzy damit ihre Lippen kühlen. Das verschaffte ihr ein wenig Erleichterung.

Bevor sich dieses Mißgeschick unter den Fluggesellschaften herumgesprochen hatte, gab es bei einer anderen Linie eine wirkliche Tragödie. Eine Stewardess gab einem Passagier, der gerade ein Hustenbonbon im Mund hatte, Sauerstoff. Der aktive Sauerstoff verband sich mit dem Bonbon und setzte es quasi in Brand. Der Passagier rang nach Luft, und das heiße Konfekt geriet ihm in die Luftröhre. Er erstickte an einem heftigen Hustenanfall. Große Teile seines Bronchialsystems waren von der Hitze schwer geschädigt worden.

Unsere Fluggesellschaft hatte einen überaus tüchtigen Direktor in Frankfurt, der ein besonderes Auge auf die Ausgaben hatte. Einige unserer Captains lehnten sich gegen seine Politik des knappen Geldes auf.

Unerfreuliche Verspätungen von acht Stunden und mehr kamen immer wieder vor, besonders bei einem Luftkreuz, wie es Frankfurt nun einmal ist. Die Captains und ihre Crews baten lange und vergeblich um Hotelzimmer. Doch der Direktor weigerte sich standhaft.

Eines Tages platzte einem unserer Captains der Kragen.

»Warum«, fragte er seine Crew, »drehen wir den Spieß nicht einmal um und schlagen dem Tyrannen ein Schnippchen? Wir ziehen ganz einfach unsere Schlafanzüge an und legen uns auf den Bänken im Warteraum nieder – mitten unter den Passagieren. Das wird in der Öffentlichkeit Aufsehen erregen und unseren Geizhals zum Handeln zwingen. Was haltet ihr davon?«

Der Captain erhielt einhellige Zustimmung. Seine Crew vollführte einen Striptease und machte es sich im Warteraum gemütlich.

Natürlich war die Frankfurter Presse in Windeseile vor Ort.

Der Captain erhielt eine Rüge aus New York, aber die Crews hatten kurz darauf die ihnen zustehenden Ruheräume.

Ein paar Jahre nach dem Krieg setzten wir nach einem Flug von Hannover in Berlin zur Landung an. Es war ein kristallklarer Morgen, keine Wolke am Firmament. Aus unserer Höhe von 650 Metern konnten wir sehen, wie eine schwarze Katze ein paar Hühner aufscheuchte. Gerade waren wir über Gatow, dem britischen Flughafen im Westen von Berlin.

Direkt unter uns, etwa 300 Meter tiefer, flog ein viermotoriger englischer Lancasterbomber aus dem Zweiten Weltkrieg. Ein britischer Unternehmer besaß einige Maschinen dieses Typs und beförderte damit Fracht. Sie waren unwirschaftlich, schluckten jede Menge Treibstoff und konnten nur ein Minimum an Lasten befördern.

Die alte Lancaster zottelte dahin, würde in Kürze in Gatow zur Landung ansetzen.

Mein Copilot beobachtete sie aus dem Fenster. Plötzlich rief er: »Skipper, ihre Propeller werden langsamer. Ich kann förmlich die Blätter erkennen. Die Motoren scheinen ausgesetzt zu haben.«

Kein Zweifel, die alte Kiste war nicht einmal mehr in der Lage, die Rollbahn von Gatow zu erreichen. Anscheinend hatte sie keinen Sprit mehr. Der Pilot hatte seinen Treibstoff-Vorrat wohl zu optimistisch eingeschätzt.

Fasziniert beobachteten wir, wie die Maschine tiefer und tiefer sank. Sie bewegte sich geradewegs auf einen frischgepflügten Akker zu. Sicherlich wandte der Pilot unter uns jeden nur erdenklichen Trick an, sich, seine Crew und die Maschine zu retten.

Und dann geschah es. Das Flugzeug stürzte vor unseren Augen ab. Seine Nase bohrte sich ins Erdreich. Eine riesige Staubwolke stieg auf. Der Schwanz reckte sich noch einmal empor, dann sackte er in sich zusammen.

Ich schaltete die automatische Steuerung ab und ließ unsere Maschine über der Staubwolke kreisen. Jetzt war auch Rauch zu sehen – aber, Gott sei Dank, keine Flammen.

Aus Gatow rasten die ersten Feuerwehren heran – quer über die Felder.

Und dann kam der Augenblick, auf den wir kaum mehr zu hoffen gewagt hatten: Erst kletterte eine, dann die zweite Gestalt aus der Nase der Maschine, die am Boden lag wie eine verwundete Ente.

Nach der Landung in Tempelhof rasten wir zum Telefon.

»Ja, die Zweier-Crew ist unverletzt. Sie haben die Maschine mit eingezogenem Fahrwerk auf einen Acker gesetzt.«

Wir sprachen unsere herzlichsten Glückwünsche aus . . .

Im allgemeinen gibt es bei einer Fluglinie nur wenig schwache Copiloten. Sie werden mit einer einjährigen Probezeit eingestellt und regelmäßig kontrolliert.

Als ich Ceck-Captain war, hörte ich, daß Copilot Aron Tracy mehrfach im Cockpit eingeschlafen war. Also sorgte ich dafür, daß Aron mich bei einem meiner nächsten planmäßigen Flüge von New York nach Berlin begleitete. Aron hatte sehr schnell heraus, worum es ging.

»Skipper, Sie haben vermutlich erfahren, daß ich eingeschlafen bin«, meinte er.

»Ja«, erwiderte ich. »Ich weiß, daß diese langen Flüge mitunter recht ermüdend sind. Können Sie sich denn nicht kneifen oder sonst etwas tun, um wach zu bleiben?«

Auf der Strecke von New York nach Gander in Neufundland war Aron hellwach. »Vielleicht hat er seine Schlafgewohnheiten abgelegt«, mutmaßte ich.

Vor der Landung in Gander fragte ich nach der Checkliste. Aron reagierte frisch und prompt.

Zwanzig Minuten später, als wir Gander anflogen, verlangte ich nach der Lande-Checkliste. Aron reagierte nicht. Ich sah zu ihm hinüber und glaubte meinen Augen nicht zu trauen: Er schlummerte sanft und selig.

Der Ingenieur lachte laut auf. »Aber Skipper, das tut er

doch immer. Beim Starten und Landen schläft er besonders gern.«

Gemeinsam rüttelten wir ihn wach, und ein sehr verlegener Aron las die Checkliste vor. Nach der Landung, während wir auf das Gebäude zurollten, sah ich erneut zu ihm hinüber. Aron lag bereits wieder in Morpheus' Armen.

Eine Stunde später, als wir von Gander aus über den Atlantik gestartet waren, rief ich: »Fahrwerk hoch«, bekam aber keine Antwort.

Aron war mitten im Start weggetreten.

Das wiederholte sich in Shannon, in Frankfurt, in Berlin und auf dem Rückflug nach New York.

Am Ende des Fluges sagte ich zu Aron: »Warum zum Teufel bleiben Sie denn gerade beim Starten und Landen nicht wach? Das sind doch die wirklich interessanten Phasen eines Fluges.«

Er hob ratlos die Schultern. »Ich kann es mir auch nicht erklären.«

»Uns bleibt keine andere Wahl, Aron. Wir müssen Sie ärztlich untersuchen lassen.«

Ein paar Tage später lag der Befund vor. »Aron Tracy ist Somnipathist, er neigt zu hypnotischen Trancezuständen«, hieß es da. »Vermutlich werden sie durch bestimmte Propellerumdrehungen und -vibrationen gerade beim Starten und Landen hervorgerufen.«

Aron fliegt nicht mehr. Vielleicht verkauft er jetzt Betten auf Long Island.

Nachdem wir an einem klaren Tag in Stuttgart gelandet waren und zum Terminal rollten, riß ich mir die Kopfhörer von den Ohren. Mit der Zeit werden sie unbequem und drücken aufs Gehirn. Mein Copilot Terrence Lochner hielt die Funkverbindung weiterhin aufrecht.

Während ich den schweren Airliner über die Rollwege steuerte, bekam ich mit, daß der sonst so ruhige, passive Terry sich mit dem Tower kabbelte.

»Warum sollen wir denn anhalten?« blaffte er ins Mikrophon. »Wir rollen doch viel zu schnell, um stoppen zu können.

Die kleine Maschine, von der Sie da reden, ist ja noch meilenweit entfernt.«

Es folgte eine kurze Pause, dann donnerte Terry: »Ach, lecken Sie mich doch . . .«

Entsetzt über diesen plötzlichen Ausbruch drehte ich mich zu ihm um. »Großer Gott, Terry, so etwas kannst du doch nicht über Funk sagen . . . das kann 15 000 Dollar Strafe kosten . . . Was ist denn bloß passiert?«

Wütend knallte Terry das teure Mikrophon auf den Haken und schnaubte: »Dieser arrogante Hurensohn auf seinem gepolsterten Stuhl da oben im Tower glaubt wohl, er sei der Herrgott persönlich! Wir haben doch längst vor dem Gebäude geparkt, ehe der kleine Vogel unten ist. Scheiß auf den Tower!«

»Kommt mir ganz so vor, als hättest du das bereits getan«, erwiderte ich.

Ich setzte schnell die Kopfhörer wieder auf, um auch die Version des Towers zu hören: »N 2445, melden Sie sich bitte bei uns, nachdem Sie geparkt haben . . .«

»Terry«, sagte ich. »Das ist dein Bier. Du wirst dich bei dem Bastard melden. Ich weigere mich, auch nur einen Fuß vor dieses Flugzeug zu setzen.«

Nachdem wir die vier Motoren ausgeschaltet hatten, löste Terry zögernd seinen Sicherheitsgurt und stand fluchend auf. Wütend knallte er die Tür hinter sich zu.

Nach wenigen Minuten war er zurück – hochrot im Gesicht. »Der Lump will eine Beschwerde über dich schreiben, Jack. Du bist schließlich der Captain der Maschine. Tut mir leid.«

Die Sache konnte verdammt ernst werden. Es kam selten vor, daß ein Fluglotse öffentlich beleidigt wurde. Eine Menge Ohren hatten den blumigen Disput mitgehört. Piloten zwischen München und Berlin hatten vor Lachen gewiehert.

Ein paar Tage später legte mir in meinem Frankfurter Büro eine grinsende Sekretärin die ernste Beschwerde des Stuttgarter Towers auf den Schreibtisch. Der Brief war an den Chefpiloten unserer Gesellschaft gerichtet. Das war ich. Er gab unsere Stuttgarter Kapriolen genau wieder, verschwieg jedoch die eigentümliche Entscheidung des Towers, die das Ganze ausgelöst hatte.

Die Beschwerde richtete sich gegen den Captain des Passagier-flugzeuges N 2445. Das war ebenfalls ich.

Ich setzte mich hin und schrieb hintersinnig, daß »selbstver-ständlich drastische disziplinarische Maßnahmen gegen den un-botmäßigen Captain eingeleitet« würden . . .

Der Fall wurde stillschweigend zu den Akten gelegt.

Kurze Zeit, nachdem ich diese Peinlichkeit unter den Teppich hatte kehren können, wurde der »tolle Terry« zum Captain ge-macht. Das war keine anerkennende Geste der Airline. Die Reihe war ganz einfach an ihm und er ein fähiger Pilot.

Es dauerte gar nicht lange, da machte Terry erneut von sich reden. Der Schauplatz diesmal: London. Heathrow ist der ver-kehrsreichste und komplizierteste Flughafen der Welt, ein ver-wirrendes Labyrinth von Rollwegen, mit dem Kontrollturm und den Passagiergebäuden in der Mitte. Die vielen Flugzeuge, die sich auf dem Boden bewegen, werden natürlich auch über Funk kontrolliert.

Eines Morgens landete Terrible Terry in Heathrow. Er hatte große Schwierigkeiten, sich zu orientieren. Seine Safari glich Homers Odyssee.

»London Ground, sollen wir nun nach links oder nach rechts? Müssen wir vor der Kreuzung halten? Hoppla, wir fah-ren ja in die falsche Richtung. Entschuldigung. Sind wir jetzt auf dem Rollstreifen G oder R?«

Nachdem der konfuse Terry zum wiederholten Male falsch gewendet hatte, verlor der sonst so höfliche englische Fluglotse die Geduld mit diesem »dummen amerikanischen Tölpel«.

Sarkastisch tönte er in sein Mikrophon: »N 2313 . . . bitte . . . biitte! . . . folgen Sie einfach der großen Japan Airlines Boeing 747 da vor Ihnen. Wir werden es ganz . . . gaanz . . . leicht für Sie machen. Halten Sie sich mit Ihrer Nase wie mit einem Elefan-tenrüssel am Schwanz des Jumbos fest. Folgen Sie ihm blind-lings. Machen Sie genau das, was er tut. Wenn wir davon über-zeugt sind, daß Sie es allein schaffen, melden wir uns wieder.«

Terry, wütend über diese öffentliche Verhöhnung seiner In-telligenz, zischte seinem Copiloten zu: »Dieser impertinente

Lümmel! Der wird uns noch einreden, daß die Tommies den amerikanischen Befreiungskrieg von 1776 doch noch gewonnen hätten! Wir werden genau das tun, was er gesagt hat. Selbst wenn die JAL bis ans Ende der Welt rollt. Wir folgen ihr!«

Und das taten sie dann auch. Treu und ergeben folgten sie der JAL-Maschine durch die verschlungenen Rechts- und Linksbiegungen.

Und dann geschah das Unvermeidliche: Terry und sein Co-Jockey sahen, daß der riesige JAL-Jumbo langsamer wurde und nach rechts drehte, um in einer Flugsteig-Sackgasse zu parken.

Stur und entschlossen folgte Terry dem Jumbo auch dorthin.

»Großer Gott«, japste der Copilot. »Ein Trecker wird uns hier rückwärts wieder rausziehen müssen. Unser Schwanz ragt über den schmalen Rollstreifen hinaus, und wir blockieren den gesamten Verkehr. Terry, du weißt sehr gut, daß der Tower beschäftigt ist und uns vergessen hat. Sie werden einen feinen Bericht an unser Management schreiben. Man wird uns den Kopf abreißen.«

In diesem Augenblick erwachte die Bodenkontrollfrequenz zu wütendem Leben. »N 2313, wohin wollen Sie eigentlich, wenn man fragen darf?«

»Ich bin lediglich Ihren Anweisungen gefolgt«, entgegnete Terry. »Sie haben doch gesagt . . .«

Was nun folgte, klang so, als habe der Fluglotse sein Mikrophon auf den Boden geschmissen.

Klar, daß unsere Airline einen Beschwerdebrief von der Londoner Flughafenbehörde bekam. Aber es gab auch eine Menge Gelächter in Heathrow . . .

Während eines Fluges von Frankfurt nach Berlin kam plötzlich die Stewardess ins Cockpit der DC 4 gestürzt.

»Auf einer der hinteren Toiletten spielt ein Mann verrückt«, rief sie. »Jedesmal, wenn ich die Tür öffnen will, drückt er sie wieder zu und schreit: ›Helfen Sie mir! Helfen Sie mir!‹ Ich glaube, er stirbt da noch auf seinem Klo.«

»Jim«, sagte ich zum Copiloten, »am besten, du siehst da hinten mal nach dem Rechten.«

Nach langen zehn Minuten kam Jim wieder. Die Luft war unruhig, und er hatte Mühe, sich zu setzen. Er lachte und weinte zur selben Zeit.

Endlich hatte er sich wieder in der Gewalt. »Du wirst es nicht glauben, Jack. Der Bursche da hinten hat sich offenbar genau in dem Augenblick aufs Klo gesetzt, als wir in eine Sinkbö gerieten, und der Deckel hat seinen Sack eingeklemmt. Der Schmerz hat ihn fast umgehauen. Er versuchte sich aufzurichten, indem er sich mit den Händen am Türgriff festhielt. Genau in dem Augenblick, als die Stewardess von außen drückte.

Ich habe die Tür jetzt aber leicht aufbekommen. Der arme Kerl war fast bewußtlos. Ich mußte ihn von der Toilette hochheben. Nun liegt er hinten auf einer Decke im Mittelgang. Wir sollten Berlin um einen Krankenwagen bitten.«

Berlin wollte wissen, auf welche Art von Behandlung man sich einstellen sollte.

Ich lächelte. »Erzähle Berlin, einer unserer Passagiere hat eine Eierlandung gemacht.«

Nachdem wir in Berlin gelandet waren, kamen zwei Krankenträger an Bord und hievten das stöhnende Opfer auf eine Trage.

Als sie die Gangway hinuntergingen, erkundigten sie sich bei Jim, was denn eigentlich vorgefallen sei.

Pflichteifrig schilderte Jim den Unfall. Beide Träger begannen schallend zu lachen. Der erste geriet ins Stolpern und Träger und Patient rollten die Gangway hinunter.

Bei dem Sturz von der Treppe erlitt der Passagier eine weitere Verletzung: Er brach sich auch noch die Schulter.

»Wir gehen nicht gerade sanft mit unserer Kundschaft um«, sinnierte Jim.

Als wir noch vom Berliner Flughafen Tempelhof aus operierten, gab es heiße Konkurrenzkämpfe, zum Beispiel den Wettstreit, als erster von den Startblöcken wegzukommen, denn nur dann hatte man die Wahl der angenehmsten Flughöhe.

Meist gewann unser erbittertster Rivale, die Air France. Sie wartete ab, bis wir unsere Flugpläne veröffentlicht hatten, und setzte ihre Flugtermine dann einfach fünf Minuten früher an.

Es gab nur wenig Stellplätze unter dem überhängenden Dach. Die Maschinen mußten so eng hintereinander parken wie Elefanten bei ihrem Marsch durch den Dschungel, und dieses enge Parken hatte seine Tücken. Der Propellerwind behinderte die dahinterstehenden Maschinen beträchtlich. Dies war den Air France-Piloten bestens bekannt, und unglücklicherweise hatten sie ihre Stellplätze genau vor unseren. In einem Fall war der Propellerstrom so stark, daß eine viermotorige DC 4 einer hinter ihr parkenden Maschine ein Querruder abblies. Panam schlug deshalb vor, die Maschinen Flügel an Flügel zu parken, damit niemand zu Schaden kam, aber Air France war dagegen. Vermutlich gaben ihre Piloten daraufhin noch mehr Gas als notwendig. Und da sie – wie schon gesagt – meist fünf Minuten vor uns starteten, hatten unsere Passagiere und Maschinen einiges zu erdulden.

Einmal wurden meinen an Bord gehenden Passagieren die Hüte vom Kopf gerissen, einige Frauen sogar umgeblasen.

Ich meldete mich über Funk bei der Maschine. »Air France, würden Sie bitte so freundlich sein, etwas Gas wegzunehmen? Sie blasen uns ja in Stücke.«

Die Air France-Maschine hat nie geantwortet. Oder doch – auf ihre Art: Sie drückte noch mehr auf die Tube, so stark, daß der Luftstrom die Gangway wegschob. Wenige Minuten später rollte das Air France-Flugzeug an den Start – eine Schmutz- und Staubwolke hinter sich lassend.

Vor dem Air France-Büro, das sich direkt neben unserer Maschine befand, spielten vier Piloten Tischtennis. Sie schienen das Chaos, das ihre startende Maschine hinterlassen hatte, auch noch zu genießen.

Inzwischen rollten auch wir los. Und da hatte ich eine Idee: Ich drehte meine Maschine so, daß die vier Pingpong spielenden Piloten ihre eigene Medizin abbekamen. Genau vor ihrem Büro richtete ich die Rückseite meiner Maschine auf die Tischtennisspieler und drehte die vier Motoren ein wenig höher auf als nötig. Dann starteten wir nach Frankfurt und vergaßen den Zwischenfall.

Als wir wieder in Berlin waren, erlebten wir eine Überraschung.

Ein lachender Mechaniker führte uns vor das Air-France-Büro. Unser Propellerwind war doch stärker gewesen, als ich angenommen hatte. Er hatte den Pingpong-Tisch durch die große Glasscheibe geblasen und drinnen alles kurz und klein geschlagen.

Ich machte mir Sorgen. Schließlich hätte ja auch jemand dabei zu Schaden kommen können.

Am folgenden Freitag gab es auf der Routinesitzung der Direktoren ein Nachspiel. Air France verlangte Schadenersatz. Doch unsere Gesellschaft wartete mit einer Gegenrechnung für verletzte Passagiere auf.

Die Geschichte hatte dennoch ein Happy-End. Alle Ansprüche wurden fallengelassen, und Air France stimmte zu, daß die Maschinen künftig Flügelspitze an Flügelspitze parkten. So konnte niemand mehr behelligt werden.

Doch das setzte dem Wettstreit mit den Air France-Piloten noch längst kein Ende. Wie Rennfahrer kämpften wir weiterhin erbittert um die besten Startpositionen.

Einer unserer Captains erzählte mir die folgende Geschichte: »Eines Abends trug eine Air France-Maschine in Frankfurt den Sieg davon. Sie raste eine Minute vor uns von den Brücken. Wir waren beide mit DC 4-Maschinen auf dem Weg nach Berlin. Natürlich erhielt die Air France die bevorzugte, glatte Höhe von 3000 Metern, während wir uns als Nummer zwei mit 2300 zufriedengeben mußten, wo wir mit Sicherheit ganz schön durch die Wolken rumpeln würden.

Nachdem wir unsere Flughöhe erreicht hatten, bemerkte mein Copilot Art leicht verbittert: ›Wirf doch mal einen Blick durch die Wolkenlöcher. Die Kollegen da oben segeln im klaren Mondschein dahin.‹

Wir konnten von Zeit zu Zeit ihre Navigationslichter erblicken.

›Laß uns noch ein bißchen auf die Tube drücken‹, schlug Art vor. ‹Dann sind wir zur selben Zeit über Fulda wie sie. Und wenn wir Glück haben, wird uns Berlin Airways als ersten die Landeerlaubnis geben, weil wir 700 Meter unter ihnen sind.‹

Als wir über Fulda waren, hatten wir die Air France tatsächlich eingeholt. Sie war direkt über uns. Blitzschnell meldete sich Art mit seinem ›über Fulda‹. Nur Bruchteile von Sekunden, bevor es die Air France tat. Dann gab er noch eine utopische Zeiteinschätzung für Könnern an, unseren nächsten Meldepunkt, der etwa 140 Kilometer vor Berlin liegt.

Ich hatte Bedenken. ›Art, du hast Könnern glatt fünf Minuten zu früh angegeben. Das können wir nie schaffen.‹

›Weiß ich auch‹, erwiderte Art gelassen. ›Aber das bringt die Strolche von Air France auf die Beine. Paß auf, wie die ihre Mühle peitschen werden, um uns zuvorzukommen. Und heute abend gibt es keine Radarüberwachung von Berlin aus. Also kann man uns auch nicht um eine Korrektur bitten.‹

Doch nun meldete sich die verärgerte Air France und unterbot uns um weitere zwei Minuten.

›Die sind uns tatsächlich auf den Leim gegangen‹, frohlockte Art. ›Wir fliegen mit normaler Geschwindigkeit, und die Schlaumeier da oben müssen mit Vollgas dahindonnern, wenn sie ihre angegebene Zeit auch einhalten wollen. Sie werden sich ihre Motoren zuschanden fliegen.‹

Der Zeitpunkt, an dem Air France angeblich über Könnern sein wollte, kam schnell heran. Und – kaum zu glauben: Die Maschine rief tatsächlich Berlin Airways und meldete sich ›über Könnern‹.

Auch Art griff zum Mikrophon und meldete uns eine Minute später ›über Könnern‹.

Verdutzt sah ich meinen Copiloten an. ›Du liebe Güte, Art. Wir sind doch noch meilenweit entfernt.‹

›Nun‹, meinte Art gleichmütig. ›Wie schon gesagt, keine Radarüberwachung heute. Wie sollen sie da feststellen, ob wir über diesem Nest sind oder nicht? Und es gibt heute abend keine anderen Maschinen in der Luft.‹

Wenige Minuten später erteilte Berlin der Air France-Maschine die Landeerlaubnis. Sie wurde gebeten, auf Tower-Frequenz zu gehen.

Nachdem Art überprüft hatte, ob sie tatsächlich auf Tower-Frequenz gewechselt war, uns also nicht mehr hören konnte, berichtigte er unsere fiktive Zeitangabe.

Schließlich landeten auch wir in Tempelhof und parkten hinter der Air France-Maschine. Der Captain stand vor seinem Flugzeug und sah uns stirnrunzelnd entgegen. Von den qualmenden Motoren waren alle Verkleidungen entfernt. Unser Chefmechaniker, John Sully, kam an Bord unserer DC 4 und fragte lachend, ob wir ein Wettfliegen veranstaltet hätten.

›Ja, John‹, erwiderte Art. ›Aber nur die Air France war im Rennen. Wie lange sind sie denn schon hier?‹

›Oh, seit einer Viertelstunde etwa. Die müssen mit voller Pulle geflogen sein. Alle Auspuffrohre sind im Eimer. Sie wollten von uns Ersatzteile borgen, aber wir haben keine auf Lager.‹

›Siege sind manchmal teuer‹, spottete Art.«

Wenig später rettete John Sully Air France vor einem Desaster.

Es war ein nebliger Dezembermorgen, selbst die Krähen gingen zu Fuß. Wir waren gerade mit einer DC 4 gelandet – als erste Maschine, die es an diesem Tag überhaupt geschafft hatte. Mein Copilot und ich hatten über Funk ein Air France-Flugzeug gehört, das sich im Instrumentenflug in Warteposition über Berlin befand. Offenbar um zu sehen, ob wir es schafften.

Als wir die Gangway hinunterstiegen, kam der gedrungene John Sully auf uns zugeschlendert. Hände in den Taschen, wie üblich. Wahrscheinlich schlief er auch mit den Fäusten in den Pyjamataschen.

»Mein Gott, wie habt ihr es bloß geschafft, in dieser Suppe zu landen?« wollte er wissen.

Ich grinste. »Leicht war es nicht, John. Aber nun werden wir für unsere Anstrengungen reichlich belohnt. Eine Air France ist hinter uns. Die werden alles daransetzen, auch runterzukommen.«

»Wollen wir beide nicht zum Ende der Rollbahn fahren, Jack, und uns ihre Landung ansehen?« schlug John vor. »Von hier aus kann man nichts erkennen.«

Um John eine Freude zu machen, kletterte ich in den Jeep mit den großen gelben Fahnen. Die deutlich sichtbar angebrachten Fahnen erlaubten dem Jeep, sich auf dem Flugfeld frei zu bewegen, wenn man eine Erlaubnis vom Tower erhalten hat.

Nun, auf dem Boden, merkte ich erst, wie schlecht die Sicht wirklich war. Man konnte kaum die Hand vor Augen erkennen.

In diesem Augenblick hörten wir die Motoren der Air France. Schnell lenkte John den Jeep seitwärts ins Gras. Schließlich wollten wir nicht überrollt werden.

Wir hörten, wie der Pilot die Motoren für die Landung drosselte – und erneut Gas gab.

Ich lächelte in mich hinein. »John, die haben es nicht geschafft. Sie starten durch.«

Doch dann wurde überraschenderweise das Gas wieder weggenommen, und die Air France tauchte wie ein Gespenst direkt neben uns aus dem Nebel auf. Sie war höchstens vier Meter über der Landebahn – und das Fahrwerk war noch nicht ausgefahren!

»Lieber Himmel, John«, schrie ich. »Sie wollen ohne Räder landen!«

Und schon setzten sie mit ohrenbetäubendem Krachen auf dem Beton auf. Riesige Funkenfontänen stoben unter dem Bauch der DC 4 hervor. Die vier großen Propeller wirbelten Betonbrocken aus der Landebahndecke.

John trat kräftig aufs Gaspedal. Mit quietschenden Reifen wendeten wir auf der Landebahn und machten uns auf die Verfolgungsjagd.

Ich griff nach dem Mikrophon am Armaturenbrett des Jeeps. »Tempelhof Tower, Air France hat gerade eine Bauchlandung gemacht. Alarmiert die Feuerwehr. Sieht so aus, als würde sie auf den Tempelhofer Damm schliddern.«

Vor uns glitt die Unglücksmaschine wie ein Surfbrett über den glatten Beton und wirbelte einen Schwall von Wasser, Steinen und Metallstückchen gegen unsere Windschutzscheibe.

Kurz vor dem Ende der Landebahn kam der verwundete Vogel endlich zur Ruhe.

John bremste neben der Kabinentür. Glücklicherweise hatte sie sich nicht verklemmt, als sich der Rumpf bei dem Aufprall verschoben hatte.

Er begann, die Passagiere herauszuziehen. »Schnell! Rennen Sie weg! Die Maschine kann jeden Augenblick explodieren!«

Bis jetzt war noch kein Feuer zu sehen, aber die heißen Motoren knackten und spuckten unter dem leichten Nieselregen, der über die Verkleidungen perlte. Wenn Flammen hervorbrachen, würden die Passagiere in der Kabine bei lebendigem Leibe geröstet werden.

Ich lief zur Nase der Maschine, um die Passagiere auch durch die kleine Cockpittür herauszuholen. Der Flugingenieur stieß gerade die Tür auf, und ich sprang ins Cockpit.

Beide Piloten schienen zwar benommen, aber unverletzt. Sie waren noch immer angeschnallt. Ich sah auf den Fahrwerkhebel.

Die Augen des Captains folgten meinem Blick. »Sie sehen, der Hebel war unten. Das Fahrgestell ist abgeknickt«, erklärte er erregt.

»*Jetzt* ist der Hebel unten«, dachte ich. »Aber das Fahrgestell ist keineswegs gebrochen. Da war der alte Feind Verwirrung mit im Spiel. Einer hat den Hebel hochgezogen, als der Landeversuch mißlungen schien, ein anderer hat entschieden, daß doch genug Sicht zur Landung sei, und den Hebel wieder hinuntergeschoben. Sie sind gelandet, bevor das Fahrwerk richtig ausgefahren war. Oder sie haben den Hebel erst nach dem Unfall nach unten geschoben, um ihren Fehler zu vertuschen.«

Doch jetzt war nicht der richtige Zeitpunkt, zu argumentieren. Ich riß die Tür zwischen Cockpit und Kabine auf und zog die Passagiere heraus.

Feuerwehrwagen kamen herangerast und begannen, die heißen Motoren mit einer Schaumdecke zu überziehen. Die meisten von uns wurden mit dem Zeug gleich mit besprüht.

Binnen weniger Minuten war die DC 4 leer. Nun sah sie aus wie eine verletzte weiße Ente, die mit angezogenen Beinen in einem kleinen See von Seifenblasen hockt.

Innerhalb von Minuten war auch die Presse vor Ort. Die bekannte Schlagersängerin Bibi Johns befand sich unter den Passagieren. Das gab den Schlagzeilen noch mehr Glanz.

Doch das eigentliche Drama wurde nie enthüllt. Air France hatte kaum eine Handvoll Mechaniker in Berlin, der zu Schaden gekommene Airliner mußte aber so schnell wie möglich von der belebten Hauptlandebahn geschafft werden.

John Sully stellte seine Mannschaft zur Verfügung. Das

68 000 kg schwere Passagierflugzeug mußte aufgerichtet werden, damit die Räder hinuntergezogen werden konnten. Erst dann konnte die Maschine von der Landebahn geschleppt werden.

Um die Mittagszeit begann John mit der Arbeit. Seine Leute versuchten, große Luftsäcke unter die Flügel zu bekommen und sie aufzublasen.

Als es dunkel wurde, transportierte man riesige Scheinwerfer an den Ort des Geschehens.

Gegen 18.30 Uhr erschien der US-Flughafen-Kommandant auf der Szene, die einer strahlend erleuchteten Zirkusarena glich.

»Ich muß meinen Flughafen endlich wieder in Betrieb nehmen«, erklärte er barsch. »Entfernen Sie die Maschine binnen dreißig Minuten von der Bahn, oder wir schieben sie mit unseren Bulldozern beiseite. Wenn sie zu groß ist, um in einem Stück bewegt zu werden, sprengen wir sie mit Dynamit in die Luft!«

Der ohnehin eigensinnige John Sully wurde noch störrischer. Mit schweißüberströmtem Gesicht trieb er seine Leute an.

Die halbe Stunde verging. Zwei riesige Bulldozer mit Tarnfarbenanstrich warfen ihre Motoren an und näherten sich bedrohlich aus der Dunkelheit.

Erregt verhandelte John Sully mit dem unnachgiebigen Kommandanten. »Wir brauchen nur noch ein bißchen Zeit. Es wäre eine Schande, dieses Flugzeug zu zerstören. Und denken Sie auch an die Reaktionen aus Frankreich.«

»Also gut, noch dreißig Minuten«, erklärte der Kommandant verärgert und stolzierte davon.

Es wurde 19.30 Uhr, 19.31 . . .

Die Bulldozer-Fahrer warfen erneut die Motoren an und kamen näher.

Sullys Leute rührten sich nicht vom Fleck. Sully selbst sprang vor die Bulldozer. Sie hätten ihn zermalmen müssen, um weiter vordringen zu können.

Irgendwie schafften es die Luftsäcke nicht, die große DC 4 hoch genug anzuheben. Immer wieder glitten sie unter den Flügeln weg, die fast auf der Bahn auflagen.

Der Kommandant war nicht zu sehen.

Ich lief hinüber zu Sullys Jeep und funkte zum Tower. Sie sollten den Kommandanten bitten, uns noch ein bißchen mehr Zeit zu geben.

Der Tower reagierte schnell. »Der Kommandant sagt, Sie hätten bis 21 Uhr Zeit. Keine Minute mehr. Er hat sich inzwischen mit Washington in Verbindung gesetzt.«

Ich eilte hinüber zu den Bulldozer-Fahrern. Über das Knattern der Motoren hinweg rief ich ihnen die Zeitverlängerung zu.

Sie schalteten die Motoren ab – nur sehr zögernd, wie es schien. Es ist etwas Brutales um die Fahrer so großer Maschinen wie Bulldozer und Panzer.

Dann eilte ich zu Sully und brüllte ihm die frohe Botschaft zu.

Sully grollte: »Hurensöhne! Keine Ahnung, warum ich mir überhaupt soviel Mühe gebe. Ist ja nicht mal unsre Maschine.«

Die nächsten anderthalb Stunden vergingen wie im Fluge. Aber das verwünschte Monstrum bewegte sich keinen Zentimeter in die Höhe. Die Leuchtziffern meiner Armbanduhr zeigten auf 21 Uhr.

Die gigantischen Bulldozer ließen ihre Motoren wieder an. Diesmal lag etwas Endgültiges in der Art, wie sie vorrückten.

Ich sah die Scheinwerfer des blauen offiziellen Air Force-Wagens des Kommandanten auf uns zukommen. Diesmal würde es keine Amnestie geben. Die Rechnung war längst überfällig.

Nun begann es auch noch leicht zu schneien. So als wolle der Himmel das verwerfliche Zerstörungswerk, das jetzt beginnen würde, verhüllen. Kein Reporter oder Pressefotograf war mehr zu sehen. Wahrscheinlich hatte die Militärpolizei das Gelände räumen lassen.

Ich sah mich nach Sully um, der sonst immer so untadelig gekleidet war. Verdammt will ich sein, wenn er da nicht auf dem Bauch auf der öligen, nassen Rollbahn herumkroch. Sein Kopf war halb unter dem Rumpf verborgen. Wütend hämmerte er gegen einen der Luftsäcke.

Der Kommandant stieg aus seinem Auto. Er hob die Hand, um den Bulldozer-Fahrern den entscheidenden Befehl zu erteilen. Kaiser Nero gab den Löwen das Signal, die Christen zu zerfetzen . . .

Auch Sully stand auf und hob die Hände.

Meine Uhr zeigte 21.05 Uhr.

Mit einem Mal brachen Sullys große Traktoren und Luftpumpen in ein mächtiges Röhren aus. Unter unseren Füßen bebte die Erde.

Und da geschah es. Langsam, dramatisch langsam hob sich der große Metallklotz nach und nach von der Bahn, wie Phönix aus der Asche.

Als der riesige Rumpf endlich in der Luft war, gab Sully seine zweite Anweisung. Ein Mechaniker sprang ins Cockpit und ließ die Räder hydraulisch hinunter.

Das Fahrwerk war anscheinend nicht gebrochen. Es klappte heraus und klinkte ordnungsgemäß mit einem dumpfen Schlag ein. Ich sah mich nach den Air France-Piloten um, die doch behauptet hatten, das Fahrgestell sei abgeknickt. Sie waren längst im warmen Hotel.

Hochrufe ertönten aus der Menge. Es war 21.11 Uhr.

Die Maschine wurde von einem mächtigen Trecker abgeschleppt. Zischend fielen die Luftsäcke in sich zusammen. Der Kommandant trat vor, schüttelte Sully die Hand und klopfte ihm auf die Schulter. Die Schau war beendet, die großen Scheinwerfer gingen einer nach dem anderen aus.

Am nächsten Tag traf ich Sully. »Prachtvolle Leistung, John. Schätze, Air France wird dir zumindest ein neues Auto zu Weihnachten schenken.«

John war vor Müdigkeit grau im Gesicht. Düster zuckte er mit den Achseln und ging seines Weges, Hände in den Taschen.

Drei Wochen später fragte ich ihn: »Na, John, was hast du von Air France denn nun zu Weihnachten bekommen?«

»Nichts«, erwiderte John mürrisch. »Nicht einmal eine Weihnachtskarte.«

Wir hatten einen jungen, attraktiven Copiloten in Berlin, John Flashman. Seine Heldentaten auf sexuellem Gebiet waren Legende.

Wenn John den Crewraum auf dem Flughafen Tempelhof betrat, hieß es: »Mütter und Väter von Berlin, holt eure Töchter herein. John Flashman ist wieder in der Stadt.«

Es gab nicht wenige in Berlin stationierte Piloten, die ihren festen Wohnsitz auf der entgegengesetzten Seite der Erdkugel hatten. Daß ein Pilot in Australien lebte, seinen Dienst jedoch von New York aus aufnahm, war nichts Ungewöhnliches. John lebte in New York, flog aber von Berlin aus. Eine feste Geliebte, das war nichts für ihn. Er hatte den Ruf – zu Recht oder Unrecht –, ein Mädchen bereits eine Stunde nach dem Kennenlernen im Bett zu haben. »Bar to bed interval« ist ein unter Piloten durchaus gängiger Begriff. Es gibt noch eine andere Bezeichnung: den Sexual-Quotienten. Er errechnet sich aus der Summe der Erfolge, geteilt durch die Mißerfolge.

Johns Punktzahl soll wahrhaft astronomisch gewesen sein.

Zu jener Zeit war ich Chefpilot und wurde durch ein Fernschreiben unserer New Yorker Zentrale überrascht. John sei auf unbestimmte Zeit arbeitsunfähig. Er liege schwerkrank in einem Krankenhaus auf Long Island. Irgend etwas konnte da nicht stimmen. John war doch immer ein Bild strahlender Gesundheit gewesen.

Eine Woche später war ich in New York und beschloß, ihm einen Krankenbesuch abzustatten. Die Stationsschwester bat mich, nicht allzu lange zu bleiben. Der Patient Flashman litt an totaler Erschöpfung. »Wir können es uns auch nicht erklären.«

Auf Zehenspitzen schlich ich in Johns Zimmer. Apathisch winkte er mir zu. Er sah einfach jämmerlich aus.

»Nun mal raus mit der Sprache, John. Was zum Teufel hat zu deinem Zusammenbruch geführt?«

John bewegte die Lippen nur mit Mühe. »Das ist die Schuld dieser verdammten Airline«, klagte er.

»Der Airline?« echote ich. »Aber du hast dich bestimmt nicht überarbeitet, du warst doch immer so entspannt.«

Er sah mich todtraurig an. »In letzter Zeit haben die zu viele neue Stewardessen angeheuert. Ich konnte sie nicht alle bedienen. Es hat mich körperlich ruiniert. Der Gockel ist tot.«

Ein anderer Super-Casanova war Captain Ronald Suarez. Er brachte es auf den Rekord von zwölf Scheidungen innerhalb seines turbulenten, fünfzig Jahre währenden Lebens. Scheidungen sind bei einer Fluglinie nichts Ungewöhnliches. Das Management nimmt kaum Notiz davon. Piloten können schließlich nicht wie Klosterbrüder leben, das liegt in der Natur der Sache. Aber Ronald schlug alle Rekorde.

Seine besondere Leistung lag darin, aus jeder Scheidung ohne materiellen Verlust hervorzugehen. Er bezahlte niemals Alimente.

Eines Tages erhielt ich die verblüffende Nachricht, Ronald wolle sich für drei Jahre fest nach Berlin versetzen lassen.

Ronald war rund um die Welt geflogen, hatte aber nie den Wunsch geäußert, »seßhaft« zu werden, schon gar nicht in Deutschland. Mir kam seine Entscheidung jedoch sehr gelegen. Der europäische Flugverkehr weitete sich aus, und wir brauchten dringend jeden Mann.

Nach zehn Tagen war Ronald noch nicht aufgetaucht, und ich sandte ein dringliches Telegramm nach New York.

Ein paar Tage später hatte ich des Rätsels tragische Lösung: Ronald hatte nach der Hochzeit mit seiner dreizehnten Frau, die mehrere Kinder mit in die Ehe brachte, Berlin als Basis in dem Glauben gewählt, daß seine Frau ihm keinesfalls in das zerbombte Deutschland folgen, sondern mit einer schnellen, unkomplizierten Scheidung einverstanden sein würde. Leider aber war seine dreizehnte Gattin sein Verderben. Sie dachte gar nicht daran, sich scheiden zu lassen, und bestand darauf, ihn mit den Kindern nach Berlin zu begleiten. Ronald konnte den Verlust seines Charisma nicht verschmerzen. Er stieg in einen Kleiderschrank und schoß sich eine Kugel durch den Kopf.

Einer unserer jungen, gutaussehenden Captains, Bob Lausanne, ging während eines Fluges von New York nach Berlin durch die Kabine. In der ersten Klasse blieb er neben einer hübschen, gutgekleideten jungen Frau stehen und plauderte einen Augenblick mit ihr.

»Captain, in welchem Hotel steigen Ihre Crews gewöhnlich

ab?« Bob sagte es ihr, und ihre Antwort lautete: »Dann wohne ich auch dort. Das ist doch sicher ein gutes Haus.«

Sie drückte ihm eine Visitenkarte in die Hand mit dem Namen eines der bekanntesten Lebensmittelkonzerne.

»Miß H., sind Sie mit den Konzerninhabern verwandt?« erkundigte sich Bob neugierig.

»Ich bin die Erbin des Vermögens«, erwiderte sie kühl. »Hätten Sie etwas dagegen, heute abend mein Gast zu sein?«

Bob, ein korrekter Familienvater, lehnte höflich ab und erklärte, daß er die Mahlzeiten stets mit seiner Crew einnehme.

Ein paar Stunden später klopfte es an Bobs Hotelzimmertür. Ein Kellner kam herein, auf seinem Tablett eine Flasche schottischer Whiskey.

»Ich habe nichts zu trinken bestellt«, schnaubte Bob.

»Das ist eine Aufmerksamkeit der jungen Dame im Stockwerk über Ihnen, Sir«, flüsterte der Kellner vertraulich und überreichte Bob einen stark parfümierten rosafarbenen Brief.

»Captain Lausanne«, stand darin, »wenn Sie schon nicht mit mir essen können, wie wäre es dann mit einem Drink auf meinem Zimmer, Nummer 1208?«

Bob fühlte sich mehr als unbehaglich. Er meldete sich telefonisch in Zimmer 1208. Eine aufregende, kehlige Stimme meldete sich: »Hallo?«

»Miß H., so gern ich auch mit Ihnen ein Glas trinken würde – ich darf es nicht. Das fliegende Personal darf vierundzwanzig Stunden vor einem Flug keinen Alkohol zu sich nehmen. Und morgen früh fliegen wir bereits wieder nach New York zurück. Ein Drink heute abend könnte meine sofortige Entlassung zur Folge haben.«

Miß H. erwiderte knapp: »Okay« und »zu dumm« und legte auf.

Eine Stunde später im Speisesaal, beim Essen mit seiner Crew, entdeckte Bob Miß H. an einem entfernten Tisch. Sie lächelte und winkte. Nach wenigen Minuten erschien ein Kellner an Bobs Tisch und entkorkte eine Flasche teuren Weins.

Während er jedem Crewmitglied ein Glas einschenkte, erklärte er: »Das ist von der Dame da in der Ecke.«

Bob und seine Crew hoben die Gläser und prosteten Miß H. lächelnd zu.

Eine Woche später erhielt Bob eine detaillierte Beschwerde darüber, daß er gegen die Vierundzwanzig-Stunden-Abstinenz verstoßen habe. Ein Passagier, Miß H., habe gesehen, wie er und seine Crew in einem Berliner Hotel Wein tranken. Und das zwölf Stunden vor dem Abflug nach New York. Beigefügt war die unterschriebene Zeugenaussage des Kellners, der den Wein eingeschenkt und die »Trinkerei« beobachtet hatte.

Die Gesellschaft verpaßte Bob und seiner Crew eine Abreibung, aber sie behielten alle ihre Jobs.

Seither meidet Bob Lausanne fliegende Erbinnen unter seinen Passagieren wie die Pest.

Vor einigen Jahren bemerkte ich während eines Fluges von Frankfurt nach Berlin eine attraktive junge Dame. Ich setzte mich für einige Minuten zu ihr und erfuhr, daß sie den Namen einer der bekanntesten deutschen Sektkellereien trug. Sie erzählte mir, daß sie an dem Schaumwein weniger interessiert sei als an der Fotografie. Sie besäße mehrere Geschäfte.

Ich verabredete mich mit ihr zum Abendessen, und sie wählte das Lokal aus.

Aus dem einen Abend wurden mehrere. Ich lernte Fräulein K. recht gut kennen, und irgendwann einmal fragte ich sie, warum sie soviel unterwegs sei.

Sie erzählte mir eine der erstaunlichsten Geschichten, die ich je gehört habe. Sie sagte, daß sie den weltbekannten Dirigenten L. sehr verehre, daß sie ihn jedoch nie kennengelernt habe. Aber sie sei besessen von dem Wunsch, in seiner Nähe zu sein.

»Es muß doch eine Menge Geld kosten, ihm durch die ganze Welt zu folgen, nur um bei seinen Konzerten dabeizusein«, meinte ich.

»Ich versuche, *immer* in seiner Nähe zu sein, ob er nun Konzerte gibt oder nicht«, erwiderte Fräulein K.

»Aber das ist doch ein ziemlich anstrengendes Unterfangen«, wandte ich ein. »Woher wissen Sie denn, wo er sich gerade aufhält, welche Pläne er hat?«

»Ich befrage Hotelportiers und Reisebüros. Ich setze Privatdetektive auf ihn an. Ich verfolge die Presse. Das ist zwar kostspielig und aufwendig, aber es klappt.«

»Und was machen Sie, wenn Sie wissen, in welchem Hotel er sich gerade aufhält?«

»L. wohnt immer im selben Hotel, wenn er nach Berlin kommt. Meist sogar im selben Zimmer. Ich besteche den Portier, mir den angrenzenden Raum zu geben. Wenn L. zu Bett gegangen ist, werfe ich einen Blick vor die Tür, auf seine zum Putzen hinausgestellten Schuhe. Manchmal lasse ich mich dazu hinreißen, sie aufzunehmen und zu streicheln. Es macht mich glücklich, so dicht neben ihm schlafen zu können – nur durch eine einzige Wand getrennt. Ich benutze auch meist dasselbe Flugzeug oder denselben Zug wie er.«

Nun brannte ich förmlich vor Neugierde. »Aber was tun Sie, wenn er zu Hause bei seiner Frau ist?«

»Ich wohne in einem kleinen Hotel ganz in seiner Nähe«, war ihre Antwort.

»Und was machen Sie, wenn er mit seinem eigenen Flugzeug unterwegs ist?«

»Es kommt vor, daß ich ihn für gewisse Zeit verliere. Aber dann nehme ich seine Spur doch wieder auf.«

Ich seufzte tief auf. »Mein Gott, wie frustrierend und zeitraubend das doch alles sein muß. Und Sie sind sicher, daß L. nicht bemerkt, daß Sie ihm wie ein Schatten folgen? Ihr Gesicht muß ihm doch inzwischen bekannt sein.«

Fräulein K. war den Tränen nahe. »Nein, ich glaube nicht, daß er sich meiner Anwesenheit bewußt ist. Erinnern Sie sich an unseren ersten Abend? Ich wußte vorher, daß L. auch in dem Lokal sein würde. Sie haben ihn nicht einmal bemerkt, nicht wahr?«

Eine Weile saßen wir schweigend da. Schließlich sagte ich: »Hören Sie mal, ich kenne L., da er häufig mit uns fliegt. Der Impresario ist nervös und sensibel, aber vielleicht kann ich eine Begegnung mit ihm arrangieren, damit Sie sich endlich kennenlernen.«

»O nein, Captain. Das würde den ganzen Zauber zerstören.

Ich genieße unsere Beziehung so, wie sie ist. Versprechen Sie mir, daß Sie ihm nie etwas davon erzählen.«

Nach diesem Abend sah ich Fräulein K. nicht wieder. Aber wenn ich in den Konzerten des Dirigenten L. sitze, suche ich in der Zuschauermenge nach ihr. Bisher habe ich sie noch nicht entdecken können.

»Love that ist not madness is not love . . .«

Wir hatten einen liebenswerten, aber äußerst vergeßlichen Captain, Bob Florenz. Es gibt unzählige Geschichten über ihn.

Bob sollte um zehn Uhr von New York nach Berlin fliegen, war jedoch im dichten Verkehr von Long Island steckengeblieben. Mit quietschenden Bremsen langte er endlich, kurz vor zehn, auf dem Flughafen an.

Er hatte keine Zeit mehr, sich einen Parkplatz zu suchen, sprang aus dem Wagen und kam in unser Büro. Er vergaß, den Motor seines Autos abzustellen. Bob überflog seinen Flugplan, unterzeichnete die Papiere und raste zur Maschine.

Einer der Angestellten hatte die wilde Jagd beobachtet. Er ging hinaus zu Bobs Wagen und parkte ihn ordentlich auf dem Parkplatz der Airline. Die Schlüssel nahm er mit ins Büro.

Geduldig wartete er auf Bobs Rückkehr. Zwei Wochen später, ein paar Minuten vor Bobs Landung, fuhr er den Wagen wieder vors Hauptportal und ließ ihn dort mit laufendem Motor stehen.

Bob kam, setzte sich seelenruhig in sein Auto und fuhr davon. Die ganze Belegschaft blieb sprachlos zurück. Der schusselige Bob hatte seine überstürzte Ankunft vor zwei Wochen total vergessen und war wohl überzeugt davon, den Wagen gerade erst vor der Tür stehengelassen zu haben.

Dennoch war Bob ein sehr pflichtbewußter, zuvorkommender Pilot. Während eines Fluges von Berlin über Amsterdam und London nach New York wies er seine Passagiere auf alle interessanten Punkte hin, die sie gerade überflogen.

Über Amsterdam griff er erneut zum Mikrophon: »Meine Damen und Herren, wir fliegen jetzt in einer Höhe von 7500

Metern. Gerade haben wir zu unserer Linken Amsterdam überflogen.«

Dann folgte eine kurze Pause und: »Hoppla, ich habe ganz vergessen, daß wir da ja landen sollten.«

Es kostete zehn Minuten, das Flugzeug zu wenden und in Amsterdam niederzugehen.

Jede Fluggesellschaft hat ein paar Originale an Bord ihrer Maschinen, die nicht ganz den Vorstellungen der Airline entsprechen. Diese Spaßvögel sind stets in Gefahr, gefeuert zu werden, erhalten den »blauen Brief« aber dann doch nie. Einer dieser extravaganten Typen war Steward Larry Keaton.

Als Larry eines Tages durch die Kabine ging und sich gedankenverloren an seinen vier Buchstaben kratzte, fragte ihn einer der Passagiere grinsend: »Haben Sie Hämorrhoiden?«

Larrys Antwort kam wie aus der Pistole geschossen: »Bedaure, Sir, nur wenn sie auf der Speisekarte stehen.«

Während eines anderen Flugs schimpfte ein Passagier über das miese Essen, den schlechten Service, über alles mögliche.

Larry hörte sich die Klagen an und erklärte dann mit fester Stimme: »Unsere Gesellschaft, Sir, ist davon überzeugt, daß der Passagier stets unrecht hat.«

Wohl den schärfsten Verweis erhielt Larry während des Krieges, als er auf den Flugbooten im Transatlantikverkehr Dienst tat. Wenn es heftig und anhaltend regnete, tropfte mitunter Wasser durch die Kabinendecke.

In einer völlig verregneten Nacht kam Larry ins Cockpit und borgte sich den Oktanten aus. Zurück in der Kabine, drehte er seinen Mützenschirm nach hinten, spielte U-Boot-Kapitän und kroch durch den Mittelgang. Dabei rief er: »Fertigmachen zum Tauchen!«

Einige der Passagiere fanden das komisch, andere durchaus nicht.

Eine scharfe Rüge erhielten wir beide für den folgenden Vorfall.

Es war bereits dunkel, als wir zur Landung in Chicago ansetzten. Wir durchflogen dabei eine unheilverkündende, feurig rote

Wolkendecke. Die Färbung rührte vom Widerschein der mächtigen Hochöfen her.

Larry kam zu mir ins Cockpit. »Skipper, einer von den Trotteln da hinten möchte wissen, was das für ein Feuer da unten ist.«

»Der Michigansee brennt«, erwiderte ich im Scherz. »Er ist durch Öl, Benzin und Müll inzwischen so verschmutzt, daß er in Brand geraten ist.«

Nie im Leben hätte ich geglaubt, daß Larry diesen Unsinn den Passagieren servieren würde.

Doch nach der Landung brach die Hölle los. Ein Großteil der Passagiere lief schreiend ins Abfertigungsgebäude. »Der See brennt!« Ein paar hängten sich sogar an die Telefone und informierten die Presse.

Larry und ich machten am nächsten Tag sehr unerfreuliche Schlagzeilen. Unsere Airline fand unseren Sinn für Humor überhaupt nicht komisch.

Schon bald handelte ich mir einen weiteren Verweis ein. Und ich hätte es wirklich besser wissen müssen, nachdem ich nun schon jahrelang mit Larry geflogen war.

Wir saßen eines technischen Defekts wegen in Berlin fest. Die Reparatur würde noch mindestens eine halbe Stunde dauern. Ich wollte mir die Zeit mit Lesen vertreiben und drückte auf den Stewardessen-Rufknopf.

Larry platzte ins Cockpit und salutierte spöttisch: »Ja, Sir, Captain Sir?«

»Larry, wenn du gerade Zeit hast, könntest du mir dann vielleicht einen *Spiegel* bringen?«

»Tut mir leid, Sir. Das Bodenpersonal hat heute morgen nur ein einziges Exemplar an Bord gebracht. Und das liest bereits ein Passagier.«

»Na«, entgegnete ich spaßend, »dann geh eben hin und entreiße ihn ihm. Sag einfach, der Captain möchte ihn lesen.«

In diesem Augenblick kam die Nachricht: »Alles klar zum Start.« Wir warfen die Propeller an und rollten los.

Als wir wenig später in der Luft waren, kam Larry ins Cockpit und legte mir die Zeitschrift in den Schoß – ohne jeden Kommentar. Ich nahm an, der Passagier habe sie ausgelesen, steckte sie in meine Pilotentasche und vergaß das Ganze.

Eine Woche später schrieb mir die Airline einen bösen Brief. Beigefügt war die Beschwerde eines Passagiers.

Larry war tatsächlich zu dem Mann gegangen und hatte ihm die Zeitschrift mit der Bemerkung entrissen: »Anordnung des Captains. Er möchte ihn lesen.«

Der verärgerte Passagier hatte vergeblich protestiert: »Aber ich bin doch noch gar nicht fertig. Außerdem sollte der Captain doch fliegen, statt zu lesen.«

Als ich Larry das nächste Mal auf dem Flughafen traf, rannte er gespielt ängstlich auf die Toilette, verriegelte die Tür und rief: »Der Captain ist wild geworden. Er will mich umbringen!«

Letzteres war mehr oder weniger richtig.

Für mich kam der Tag der Vergeltung. Meine Crew und ich übernachteten in einem Amsterdamer Hotel. Gegen drei Uhr morgens klingelte das Telefon. Ich meldete mich verschlafen, wurde aber schnell hellwach.

»Hier ist die Amsterdamer Polizei«, sagte eine strenge Stimme. »Wir haben ein Mitglied Ihrer Crew festgenommen, Captain. Einen gewissen Larry Keaton.«

»Was hat der Idiot denn jetzt schon wieder angestellt?« polterte ich in den Apparat.

»Es geht um eine Sache, die sieben Jahre zurückliegt. Er hat damals ein Auto verbotswidrig geparkt und den Strafzettel nicht bezahlt.«

Insgeheim bewunderte ich die Tüchtigkeit der Amsterdamer Polizei. »Wie haben Sie ihn denn heute, nach sieben Jahren, zu fassen gekriegt?«

Der Polizist lachte. »Wir überprüfen alle Hotelanmeldungen, Sir. Wir saßen bereits in der Halle, als er zur Hoteltür hereinkam. Jetzt sitzt er bei uns in der Arrestzelle und tobt. ›Ruft meinen Captain!‹ schreit er.«

Der Polizist machte eine kurze Pause und fuhr dann fort: »Wenn Sie die Strafe von – umgerechnet – drei Dollar und die zusätzliche Versäumnisgebühr von – ebenfalls umgerechnet –

zehn Dollar bezahlen, das alles in holländischen Gulden, versteht sich, lassen wir ihn frei.«

»Behalten Sie ihn über Nacht da«, lachte ich, »und übermitteln Sie ihm mein tiefstes Mitgefühl. Morgen früh bin ich bei Ihnen und löse ihn aus.«

Zehn Tage später sprach ich mit einem Freund in Berlin. Nach dem Krieg hatte er sich zu einem bedeutenden Finanzier gemausert.

»Jack«, sagte er träumerisch. »Seit dem Krieg bin ich nicht mehr in Holland gewesen. Ich würde gern mal wieder die altbekannten Orte besuchen, in den guten indonesischen Restaurants essen. Du weißt, daß ich während des Krieges für Admiral Canaris tätig war.

Meine Kollegen und ich haben mindestens eine Milliarde Dollar in Gold aus den Niederlanden herausgeschmuggelt und in riesigen Käserollen nach Rumänien gebracht.

Mit dem Gold bestachen wir die rumänischen Kapitäne im alten Hafen von Giurgiu an der Donau. Sie fuhren mit ihren Öldampfern bis nach Deutschland hinauf. Das Öl war für die deutsche Kriegsführung unentbehrlich.

Doch als wir uns nach England absetzen wollten, wurden wir an die niederländische Polizei verpfiffen, die uns prompt wegen Schmuggelei festnahm. Kurz vor Kriegsende konnten wir glücklicherweise fliehen.

Jetzt sind 34 Jahre vergangen, Jack. Meinst du nicht, daß die Holländer das alles längst vergessen haben?«

»Ich werde dir mal erzählen, was meinem Steward Larry letzte Woche in Amsterdam passiert ist . . .«

Kurt schlug die Hände über dem Kopf zusammen. »Meine Güte, Jack. Und das alles wegen eines nicht bezahlten Strafmandats! Die Amsterdamer Polizei hat ein zu gutes Gedächtnis. Ich bleibe wohl besser zu Hause.«

Im allgemeinen ist die Öffentlichkeit äußerst interessiert daran, was sich hinter den Cockpittüren abspielt. Man stellt sich wohl vor, daß die gutverdienenden Piloten und die hübschen Stewardessen nur an einem Interesse haben – an Sex. Und darüber hinaus: an Sex miteinander. Das kommt nicht so oft vor wie vermutet, aber es kommt vor.

Es war Captain Eddie Shoulders, der mir die folgende Episode berichtete.

»Nach einem Flug von Berlin nach Wien wollten wir im traditionsreichen Hotel *Sacher* übernachten. Als wir im altertümlichen, knarrenden Fahrstuhl zu unseren Zimmern fuhren, schlug Copilot Everett Holz vor: ›Wollen wir uns nicht alle gegen zwanzig Uhr unten in der Halle treffen und zum Essen nach Grinzing hinausfahren?‹

Ich sträubte mich. Für heute hatte ich genug von Stewardessen. Ich wollte allein sein.

›Ihr könnt ja gehen, Ev. Aber ich habe gräßliche Kopfschmerzen‹, log ich.

Everett hob kritisch die Augenbrauen, sagte aber nichts.

Der Fahrstuhl hielt, ich stieg aus, winkte höflich und gezwungen lächelnd, drehte den riesigen Bronzeschlüssel im Türschloß herum, zog meine Uniform aus und sprang in ein dampfendes Bad.

Nach etwa fünf Minuten klopfte es leise an die Tür.

›Herein.‹

Ich hörte das Klappern hoher Absätze und nahm an, das Zimmermädchen wolle mein Bett für die Nacht bereitmachen.

Doch mit einem Mal stand eine der drei deutschen Stewardessen, die blonde Diana, lächelnd auf der Schwelle meines großen altmodischen Marmorbades. Ich kannte sie kaum, hatte sie lediglich ein paarmal auf den Flügen gesehen.

Sie setzte sich keck auf den Rand der Wanne und fing an, mir den Rücken abzuseifen.

›Armer Captain‹, lächelte sie spöttisch. ›Hat er schlimme Kopfschmerzen?‹

Wie ein Blitz durchzuckte es mich: Hatte mir nicht irgend jemand erzählt, Diana sei Nymphomanin?

›Ich werde Ihnen ein Aspirin bringen‹, fuhr sie fort. ›Und dann packe ich Sie ins Bett. Ich habe auch keine Lust, mit der Crew essen zu gehen.‹

Da saß ich ganz schön in der Klemme. Ich mag anschmiegsame Frauen – diese aufdringliche Hexe schmeckte mir ganz und gar nicht. Mit einem Mal schienen die Rollen vertauscht zu sein . . .

›Hören Sie, Diana‹, begann ich. ›Ich habe wirklich Kopfschmerzen. Ich . . .‹

Doch Diana fiel mir ins Wort: ›Stehen Sie auf, Captain. Ich werde Sie abtrocknen . . .‹

Und ich will verdammt sein, wenn ich nicht genau das tat. Mir blieb ja auch keine andere Wahl. Diese Tigerin hätte mich sonst die ganze Nacht in der Badewanne festgehalten.

Sie steckte mich tatsächlich in mein Doppelbett unter die weiche Daunendecke. Dann riß sie sich die Kleider in einem Wirbel vom Leib und stürzte sich mit solcher Wucht auf mich, daß das Bett gegen die Wand krachte.

Diese Sex-Maschine verschlang mich mit Haut und Haaren, wie jene Ameisenweibchen, die ihre Männchen nach der Begattung einfach auffressen. Wenn ich versuchte, eine Minute zu verschnaufen, setzte sie mir zu: ›Nimm mich, Captain! Nimm mich!‹

Die erbosten Hotelnachbarn klopften an die Wände und riefen: ›Nun nehmen Sie sie doch endlich, Captain! Dann haben wir wenigstens Ruhe!‹

Das ging die ganze Nacht hindurch. Jetzt hatte ich wirklich Kopfschmerzen. Mehrmals klingelte das Telefon. Höflich machte uns der Nachtportier darauf aufmerksam, daß sich Gäste über uns beschwerten . . .

Gegen fünf Uhr sagte ich endlich: ›Hör mal, Kind, ich bin total erschossen. Wir werden um acht geweckt. Ich brauche wenigstens ein paar Minuten Schlaf.‹

›Du bist ein mieser Liebhaber‹, sagte Diana säuerlich. ‹Ich habe Freunde, die können es die ganze Nacht!‹

Ich seufzte. ›Du gehst jetzt erst einmal in dein Zimmer‹, schlug ich vor. ›Ich verspreche dir, dich um halb acht zu besuchen.‹

›Gut‹, meinte sie zögernd. ›Aber ich nehme dein Hemd mit. Du wirst ja wohl kaum ohne Hemd das Hotel verlassen . . .‹

Sie kroch aus dem Bett und ging in ihr Zimmer.«

Captain Eddie Shoulders hatte Stil. Er blieb in seinem eigenen Bett. Um acht Uhr rief er in der Halle an und ließ sich ein neues Hemd besorgen.

Die Fluggesellschaften sehen es gern, wenn ihre Captains während des Fluges durch die Kabine gehen. Das beruhigt die nervösen Passagiere. Sie wollen wissen, wie der Mann hinter der Cockpittür aussieht. Genau wie Patienten wissen wollen, welcher Arzt sie operieren wird. Das Publikum ist überdies sehr wohlwollend. Kein Bühnenschauspieler erhält mehr Zuspruch. Es ist ein Egotrip, als Pilot durch die Kabine zu gehen. Aller Augen hängen an ihm, warten auf ein freundliches Lächeln, vielleicht sogar einen Gruß oder ein kurzes Gespräch.

Die Höhe, die Einsamkeit, das Abschalten vom täglichen Einerlei, vielleicht sogar leichte Angstgefühle – all das läßt die Hemmungen der Passagiere schwinden.

Der einzige Passagier unter den Millionen, mit denen ich geflogen bin, der allein gelassen werden wollte, war Bob Hope. Wahrscheinlich mußte er in seinem Leben allzu oft komisch und redselig sein. Das hat ihn introvertiert werden lassen.

Eines Tages flog ich von Berlin nach Frankfurt. Es war ein klarer Tag, und der Copilot konnte leicht allein mit dem Aluminium-Ungetüm fertig werden. Ich öffnete also meinen Sicherheitsgurt, stand auf und schlenderte durch die Kabine.

Sie war nicht voll besetzt. Ich plauderte mit einigen Passagieren und hatte nach etwa zwanzig Minuten das Ende der Kabine erreicht. Ich nahm neben einer umwerfenden Brünetten Platz.

Plötzlich erwachte die Lautsprecheranlage zum Leben. Irrtümlicherweise hatte der Copilot den Knopf für die Kabinenlautsprecher gedrückt. Die Passagiere konnten jedes Wort der unbefangenen Plauderei zwischen Copilot und Flugingenieur verstehen.

»Jim, der Alte bleibt aber ziemlich lange in der Kabine. Wahrscheinlich hat er ein heißes Kätzchen gewittert.«

Der Ingenieur gluckste vergnügt. »Der ist doch schärfer als ein Hühnerhund.«

Ich merkte, wie mein Gesicht zu glühen begann. Ich machte

mich in meinem Sitz ganz klein und versuchte, die Aufmerksamkeit der Stewardessen zu erregen. Ich wollte ihnen bedeuten, so schnell wie möglich ins Cockpit zu gehen und dem Spuk ein Ende zu bereiten.

Zu diesem Zeitpunkt hatten sich bereits alle Köpfe nach hinten, zu mir umgewandt. Die Passagiere schienen sich königlich zu amüsieren: Ich saß ja tatsächlich neben einer Schönheit.

Was für eine unmögliche Situation! Sollte der Dialog noch anrüchiger werden, würde uns die Gesellschaft zum Teufel jagen.

Die Stewardessen dachten gar nicht daran, meine verzweifelten Gebärden zu beachten. Und nun ergriff schon wieder eine dieser Plaudertaschen das Wort.

»Jim, jetzt tauscht der Alte bestimmt Telefonnummern mit einer tollen Puppe aus – vielleicht mit der neuen, rothaarigen Stewardess. Die scheint ein flotter Feger zu sein . . .«

Das war meine Rettung, die neue, rothaarige Stewardess schoß wie eine von Wernher von Brauns Raketen ins Cockpit. Ich sah es vor mir, wie sie den beiden das Mikrophon entriß und es auf den Boden knallte.

Ich wartete ein paar Anstandsminuten, dann ging ich so unauffällig wie möglich durch den Gang zurück ins Cockpit – ein Spießrutenlauf vorbei an einem Meer neugieriger Gesichter.

Ich hatte meinen beiden Kollegen einiges zu sagen . . .

Es war nahezu unvermeidlich, daß sich Bob Flatow und Eddie Shoulders wegen eines Mädchens in die Haare bekamen. Bob war mit der kleinen Stewardess Nastasia liiert. Beide waren aufbrausende Naturen. Wenn sie sich stritten, flogen die Fetzen, und ihre Auseinandersetzungen nahmen oft genug die Form einer altgriechischen Tragödie an.

Eines Abends war Nastasia in Bobs Berliner Wohnung am Hohenzollerndamm in Wilmersdorf zum Essen eingeladen.

In einer seiner Küchenschubladen fand sie Airline-Bestecke, die Bob von Zeit zu Zeit unterwegs hatte mitgehen lassen. Ihre Kampfeslust war geweckt.

»Du Dieb«, tobte sie. »Kein Wunder, daß bei uns in der Maschine Messer und Gabeln fehlen, wenn sie hier bei dir herumliegen. Ihr verdammten Piloten verdient zwar ein Schweinegeld, seid aber offenbar zu knickerig, euch selbst etwas anzuschaffen. Du hast ja die ganze Galley geplündert. Ich werde alles an die Airline zurückgeben.«

Bob starrte sie mit offenem Mund an.

Aber Nastasia schnaubte weiter. »Auf euch arrogante, borniertе Typen paßt der Witz genau, den ich neulich gehört habe: Ein Bauer im Rheinland hatte einen berühmten Hühnerhund mit dem eigenartigen Namen Copilot. Der Bauer verlangte pro Nachmittag die stolze Summe von 1000 Dollar für ihn. Aber der Hund war das Geld auch wert, er apportierte die Vögel tafelfertig. Eines Tages erschien ein Jäger aus Berlin und wollte Copilot mieten. Doch der Bauer wehrte ab. Der Hund wäre einfach nicht mehr gut. ›Wie konnte das geschehen?‹ wollte der Jäger wissen. Der Bauer zuckte mit den Achseln. ›Neulich war ein Jäger aus Bayern hier. Er hat den Namen des Köters verwechselt und rief ihn ›Captain‹. Seither sitzt er nur noch auf seinem Arsch und bellt!‹«

Es entstand ein längeres Schweigen. Dann brummte Bob: »Setz dich endlich hin und iß, sonst schmeiße ich alles zum Fenster hinaus!«

»Gib doch nicht so an!«

Außer sich vor Wut sprang Bob auf, riß die beiden großen Balkontüren auf, schleifte den schweren Eichentisch auf den Balkon und hievte ihn gegen das zierliche Gitter. Das gab mit einem kläglichen Knirschen nach, und der Tisch verschwand in der Dunkelheit. Fünf Stockwerke weiter unten krachte es, dann herrschte Totenstille.

Ohne ein Wort sprang Nastasia auf. Sie stopfte alle übriggebliebenen Bestecke in eine Plastiktüte und hastete zur Wohnungstür hinaus. Sie war so in Eile, daß sie sogar ihren Mantel vergaß, obwohl es draußen bitterkalt war.

Bob machte sich an die Verfolgungsjagd, aber als er unten ankam, drehte Nastasia ihm aus einem Taxi eine lange Nase.

Bob sprang in seinen Wagen, aber Nastasia hatte einen

entscheidenden Vorsprung. Er nahm an, daß sie in ihr Hotel am Flughafen-Komplex zurückgekehrt war. In rasender Eile kurvte er über den Fehrbelliner Platz in Richtung Tempelhof.

Vor dem Hotel angekommen, setzte er mit Riesenschritten auf das große braune Granitportal zu und spurtete durch die mit Siena-Marmor gefliese Halle, einer der zu Stein gewordenen Beweise für Hermann Görings Traum vom »Tausendjährigen Reich«.

Der dicke alte Portier in seiner grauen schäbigen Uniform hob die Hand: »Keine Herrenbesuche in den oberen Stockwerken . . .«

Er war das einzige Lebewesen in der weiträumigen, hohen, dunklen Halle.

»Verdammt noch mal, Alter«, schrie Bob. »Ich bin ein Freund Ihres Chefs.«

Er sprang in den offenen Fahrstuhl, drückte auf den Knopf und verschwand.

Im vierten Stock hämmerte er gegen Nastasias Zimmertür. »Ich weiß, daß du da bist, du Hexe! Mach auf!«

Von drinnen kam die gedämpfte Antwort: »Hau ab, Bob! Geh zurück nach Frankfurt zu deiner Alten. Du bist eine Null!«

Dies erboste Bob derart, daß er heftig gegen die schwere eichene Tür trat. Doch die bewegte sich keinen Millimeter. Hermann Göring hatte für die »Ewigkeit« gebaut . . .

Bob warf sich mit seinem ganzen Gewicht gegen die Tür. Und da gab sie nach, fiel krachend aus den Angeln.

Nastasia war wie der Blitz an Bob vorbei, den Gang hinunter und bereits im Fahrstuhl, als sich Bob noch nicht von seiner Überraschung erholt hatte. Dem verblüfften Portier rief sie zu: »Nehmen Sie diesen Sittenstrolch fest!«

Als der körperlich und seelisch schwer angeschlagene Bob auf der Straße stand, war von Nastasia nichts mehr zu sehen. Statt dessen ertönte aus der Ferne eine Polizeisirene. Wütend und verwirrt raste Bob zurück in seine Wohnung.

Wo hielt sich die Wildkatze jetzt bloß versteckt? Erschöpft fiel er ins Bett, konnte aber lange nicht einschlafen. Und plötzlich kam ihm die Idee: Nastasia ist in Eddie Shoulders' Wohnung!

Bob sprang wieder aus dem Bett, schlüpfte in seine Sachen und fuhr mit qualmenden Reifen zu dem großen Apartmenthaus am Lietzensee, wo Eddie mit der Stewardess Vera zusammenwohnte.

Bob kannte das kleine Apartment gut, war häufig Gast bei Eddies Partys gewesen. Wenn er so darüber nachdachte, waren sie doch gute Freunde. »Aber diese Kanaille ist schließlich verheiratet. Was denkt er sich eigentlich dabei, ganz offen mit Vera zusammenzuleben?«

Heftig drückte Bob auf den Klingelknopf. Wie erwartet – keine Reaktion. Da saß dieser Kerl also in seinem behaglichen Liebesnest und vergnügte sich nicht etwa mit Vera, sondern mit *seinem* Mädchen Nastasia.

Wütend trat Bob gegen die Eisentür.

Hinter der Tür ertönte Eddies besorgte Stimme: »Vera, um Himmels willen, mach die Tür auf, bevor sie dieser verrückte Hund Flatow aus den Angeln hebt.«

Bob hörte das Rasseln der Sicherheitskette. Die Tür ging auf. Vor ihm stand eine wütende Vera – nackt, wie Gott sie geschaffen hatte.

Er verschwendete keinen Blick auf Vera, hastete den engen Korridor entlang. Eddie stand in seinem Bett, ebenfalls nackt, mit sichtbar erregtem Organ. Wenn es ihm nicht so verdammt ernst gewesen wäre – Bob wäre in schallendes Gelächter ausgebrochen.

»Ihr treibt's also zu dritt – wo ist Nastasia?«

Eddie fuhr hoch. »Sie ist nicht hier, du Bastard! Hau ab! Siehst du nicht, daß du störst?«

Aber das beeindruckte Bob nicht im geringsten. Er schlug die Decken zurück, sah unter dem Bett nach, riß die Türen des Kleiderschranks auf und begann darin herumzuwühlen. Er war wie von Sinnen.

Er rannte in die Küche, ins Bad – keine Nastasia.

Im Wohnzimmer schob er jeden Sessel beiseite. Dann verwüstete er die kleine Bar.

»Du Idiot«, schrie Eddie. »Glaubst du, daß sie sich in einer Whiskeyflasche verkrochen hat?«

Frustriert schoß Bob aus dem ramponierten Apartment.

»Zum Teufel«, knurrte er vor sich hin. »Geh wieder in dein Bett und bleib diesmal drin. Diese verdammten Weiber sind die ganze Aufregung nicht wert.«

Doch die Prüfungen dieses Abends waren für Bob D. Flatow noch nicht zu Ende. Müde kletterte er um drei Uhr morgens zum vierten Mal an diesem Abend die fünf Stockwerke zu seiner Wohnung hinauf. Er steckte den Schlüssel ins Schloß, drehte ihn herum. Nichts. Er drückte mit seinem ganzen Gewicht gegen die Tür – sie rückte und rührte sich nicht.

»Was zum Teufel . . .«

Nastasias spöttische Stimme erscholl von drinnen. »Gib's auf, Bob. Ich habe die Tür von innen verriegelt. Da du meine Hoteltür aufgebrochen hast, übernachte ich hier . . .«

Bob war um Frieden bemüht. »Nun komm schon, Nastasia. Laß mich rein. Ich habe dich überall gesucht . . .«

»Verschwinde!«

Bob zögerte keine Sekunde länger. »Verflucht, es ist meine eigene Tür. Ich breche sie auf, wenn es mir paßt!«

Er trat ein paar Schritte zurück und preschte dann mit aller Kraft vor.

Krach! Bob, die Tür, der Rahmen und die Hälfte der Rabitzwand stürzten in die Wohnung. Es dauerte Minuten, bis sich die Gipswolken verzogen hatten.

Die Tür war nicht gesplittert, hing noch fest in ihrem Stahlrahmen. Aber die dünne Wand hatte Bobs Temperament nicht standgehalten.

Nastasia lag in Bobs Bett, die Decke bis zum Hals hochgezogen, schluchzend. Nachbarn hämmerten wütend gegen Wände, Fußboden und Decken. Erst der Tisch und nun die Wand – das war wirklich zuviel für einen Abend!

Bob lag inmitten des Tohuwabohus. »Entschuldigung, Nastasia, aber ich liebe dich«, brachte er hervor. »Ich reiße für dich sogar Wände ein.«

Im nächsten Moment lagen sie sich in den Armen. Zur Hölle

mit der Wand! Zur Hölle mit den deutschen Nachbarn, die neugierig draußen standen – ihnen wurde echter amerikanischer »Non stop nonsense« geboten.

Vor ein paar Jahren gab es Bombenalarm an Bord einer unserer Boeing 727 auf dem Weg von Frankfurt nach Berlin. Eine Stewardess zog in der Galley ein wenig zu heftig das Schubfach auf, in dem die Spirituosen verwahrt wurden, und die Lade stürzte zu Boden. Zum Vorschein kam eine gefährlich aussehende Maschine mit Batterien, einer Uhr und vielen Drähten.

Entsetzt holte die Stewardess den Flugingenieur aus dem Cockpit. Er warf nur einen Blick auf das Ding und rief: »Nicht anfassen. Es kann jeden Augenblick explodieren. Verpacken Sie die Höllenmaschine in alle Decken und Kissen, die Sie finden können. Das dämpft die Erschütterung, wenn die Bombe hochgeht.«

Die Passagiere in der Nähe der Galley wurden auf weiter hinten liegende Plätze umgesetzt.

Der Ingenieur unterrichtete den Captain vom Ernst der Lage. Der bat Berlin, die erforderlichen Maßnahmen zu ergreifen. Krankenhäuser, Polizei und Feuerwehrleute wurden alarmiert. Der Captain erwog sogar die Möglichkeit, auf einem der ostdeutschen Flughäfen entlang des südlichen Korridors zu landen. Doch diese Maßnahme hätte mit Sicherheit ernsthafte politische Verwicklungen zur Folge gehabt. Das hatte es, seit die Korridore 1945 eingerichtet worden waren, noch nicht gegeben.

Nach einem nervenaufreibenden Flug landeten sie in Tempelhof; die Bombe war noch immer nicht hochgegangen. Man evakuierte die Maschine, und die Bombenentschärfer rückten an. Sie entfernten die gefährlich aussehende Apparatur.

Des Rätsels Lösung brachte einer unserer Airline-Manager: Seit langem schon war in dieser Maschine immer wieder Alkohol gestohlen worden. Daraufhin wurde einer unserer Elektriker damit beauftragt, eine Uhr zu basteln, die die Zeiten festhielt, zu denen die Schublade geöffnet wurde. Beim Vergleich mit den

Dienstplänen hoffte man, dem Übeltäter auf die Schliche zu kommen.

Die Schnapsdiebstähle hörten von Stund' an jedenfalls auf.

3. Testflug in Moskau

Etwa siebzig Prozent meiner Laufbahn habe ich als Entwicklungsingenieur und Testpilot für verschiedene Flugzeugfirmen verbracht. Die reine Fliegerei ist für mich nur ein Spaß gewesen und hat vielleicht achtzig Stunden im Monat in Anspruch genommen. Es waren Tage der Entspannung – weitab von Werkstätten und Schreibtischen.

Jede Airline weiß, daß ihre Piloten sich auch anderweitig engagieren, da sie sehr viel Freizeit haben.

Mit der Sondererlaubnis des Vorstandsvorsitzenden von Panam, Juan Trippe, durfte ich im Aufsichtsrat der amerikanischen Aerospace-Firma Rockwell Int. tätig sein. Doch dieses Arrangement wurde vom mittleren Management von Panam nicht akzeptiert, und ich mußte meine Nebentätigkeit in einem geradezu erheiternden Versteckspiel heimlich betreiben.

Rockwell war an der sowjetischen JAK 40 interessiert, einem dreimotorigen Passagier-Düsenjet. Die Russen hatten ein lukratives Angebot gemacht, den Verkauf der Maschine in Nord- und Südamerika betreffend. Sie brauchtes das Prestige und die Unterstützung einer großen amerikanischen Gesellschaft. Meine Aufgabe sollte es nun sein, nach Moskau zu fahren und das Flugzeug dort zu testen, ohne allzu große Wellen bei Panam zu schlagen. Einige Wochen würde es allerdings dauern, bis das Testprogramm abgewickelt war.

Glücklicherweise war dafür der November vorgesehen, mein Urlaubsmonat bei Panam. Ich verwandte große Sorgfalt und Vorsicht darauf, die detaillierten Formulare für meinen Urlaubsantrag auszufüllen. Ich erweckte den Anschein, als würde ich meine Ferien in den Staaten verbringen. Um das Ganze glaubhaft zu machen, kaufte ich bei Panam sogar verbilligte Tickets nach New York. Ein Urlaub in Amerika ohne Ticket wäre höchst verdächtig gewesen. In Windeseile hätte der Chefpilot davon erfahren.

Als nächstes redete ich mit dem sowjetischen Konsul in Berlin. Er verstand meine Situation und zeigte sich sehr kooperativ. Das war eine bizarre Wendung: Plötzlich machte ich Geschäfte mit den Russen. Nach langen Jahren der Feindseligkeiten in den Luftkorridoren fanden wir uns nun zusammen.

Das sowjetische Luftfahrtministerium, erfuhr ich, sei hoch erfreut, daß ein erfahrener Airline-Pilot ihre Zivilmaschine testen würde. Mein Name sollte aus allem herausgehalten werden.

Daß ich plötzlich für Agenten aller Schattierungen, die über meine Moskau-Reise besser Bescheid wußten als ich, ein interessanter Mann wurde, sei nur am Rande bemerkt. Es ging sogar so weit, daß man mir bereits meine Zimmernummer im Moskauer Hotel nennen konnte. Ich hielt mich von allen fern, schließlich wollte ich nicht für Jahre in einem sowjetischen Arbeitslager verschwinden.

Am 1. November flog ich also unter falschem Namen mit der Lufthansa nach Moskau, obwohl Panam die gleiche Strecke flog.

Über dem Riesengebirge begann es bereits zu schneien. Ich fing an, mir Sorgen zu machen. Ein Testprogramm bei schlechten Sichtverhältnissen war nicht gerade das, was ich mir wünschte. Es schneite immer noch, als wir schließlich auf dem Flughafen Scheremetjewo in Moskau landeten.

Bei der Zollabfertigung öffnete ich meine Koffer. Gerade als die Inspektoren einen Blick hineinwerfen wollten, erschienen zwei Männer in Zivil und schlugen meine Koffer trotz heftiger Proteste der Zollbeamten wieder zu. Dann ergriffen sie mein Gepäck und geleiteten mich durch die Zollbarriere auf eine Gruppe zu, die sich als mein Empfangs-Komitee entpuppte.

Ihr Leiter war der 37jährige Sergej Jakowlew, der Sohn des berühmten Alexander Jakowlew, des Flugzeugkonstrukteurs, der sowohl die JAK 40 als auch Kampfflugzeuge des Zweiten Weltkriegs geschaffen hatte. Dann waren da noch einer der Verantwortlichen für den sowjetischen Flugzeugexport, zwei seiner Ingenieure, ihre Assistenten und Henrich Hofman, ein Autor und

»Held der Sowjetunion«. Ich fand, daß der Name für einen russischen »Helden« ziemlich deutsch klang.

Wir fuhren in den Schneesturm hinaus. Nach einigen Kilometern sah ich ein großes Zementpostament an der Straße. Oben auf dem Block stand ein deutscher Panzer, dessen Geschützrohr gen Moskau zeigte.

»Wieso ein deutscher Panzer?« fragte ich verblüfft.

»Wir sind hier etwa dreißig Kilometer vom Kreml entfernt«, erklärte Jakowlew. »So gefährlich nahe sind die Deutschen im letzten Krieg an unsere Hauptstadt herangekommen.«

»Das werden die Russen den Deutschen nie vergessen«, dachte ich. »An diese Lektion werden sie noch lange denken.«

Wir fuhren durch das Zentrum von Moskau und hielten vor einem Hotel in der Nähe des Roten Platzes. Mein Zimmer trug tatsächlich die Nummer, die meine Berliner »007« vorausgesagt hatten.

Am nächsten Morgen war ich schon früh auf den Beinen. Die Hotelhalle wimmelte von lärmenden amerikanischen Reisegruppen. Was sie laut über Rußland äußerten, war kritisch, ja beleidigend. Ich überlegte, wie Amerikaner reagieren würden, wenn sich sowjetische Reisegruppen in New York so aufführten …

Ich verließ das Hotel und lief durch die trostlosen, matschigen Straßen. Die ganze Nacht hatte es ununterbrochen geschneit. Verfluchtes Wetter! Hoffentlich war ich nicht gezwungen, den ganzen Winter hier zu verbringen – nur um dieses verdammte Flugzeug zu testen.

Pünktlich um neun Uhr erschien mein Gefolge im Hotel. Trotz ihrer das Wetter betreffenden Bedenken wollte ich hinaus zum Flughafen, wo die JAK 40-Crew auf uns wartete. Ich fand es erstaunlich, daß das Testprogramm ausgerechnet auf dem verkehrsreichen Scheremetjewo-Flughafen durchgeführt werden sollte. Ich hätte das ruhigere Jakowlew-Fabrikgelände vorgezogen. Dort hätte ich mir auch die Fertigung ansehen können. Doch man erklärte mir, daß es Ausländern nicht gestattet sei, von Testflughäfen aus zu fliegen.

Als wir in Scheremetjewo ankamen, war das Bodenpersonal

damit beschäftigt, den Schnee von dem kleinen Airliner zu fegen. Man stellte mir den Chef-Testpiloten der JAK 40, den mürrischen Arsenij Kosolow, und seinen Flugingenieur Semm vor. Semm sprach glücklicherweise ein wenig englisch. Wir besichtigten die Maschine und sprachen dann über das Testprogramm. Aber ich konnte sie nicht dazu bringen, während des Schneegestöbers mit Probeflügen nach Instrumenten zu beginnen. Das waren keine Linien-Piloten, sie waren es nicht gewöhnt, nach Instrumenten zu fliegen.

Semm erklärte mir, daß er und seine Kollegen von Testflügen nach Instrumenten noch nie etwas gehört hätten. Ich dachte: »Ich auch nicht. Aber warum eigentlich nicht?«

Da es keinerlei Anzeichen dafür gab, daß diese weiße Sintflut irgendwann einmal nachlassen würde, kehrten wir zu meinem Hotel zurück. Unser Ausflug war für die Katz' gewesen.

Sieben Tage hielt der Wintersturm an. Ich erstickte in Schnee, Krimsekt und Kaviar.

Schließlich zog ich den jungen Jakowlew beiseite. »Sergej, Sie müssen Flugzeuge bauen, und ich muß zurück nach Deutschland. Können Sie nicht doch versuchen, vom Luftfahrtministerium die Erlaubnis zu erhalten, das Testprogramm mit Instrumenten abzuwickeln? Weisen Sie darauf hin, daß ich Airline-Pilot bin. Ich fliege mein Leben lang nach Instrumenten. Und Scheremetjewo verfügt über ein ausgezeichnetes Radarsystem.

Ich weiß, daß Kosolow kein Instrumentepilot ist. Testpiloten sind das selten. Kosolow wird also dagegen sein, aber vielleicht können Sie ihn umstimmen. Ich sitze dann auf dem Platz des Captains, er wird mein Copilot sein.«

»Der letzte Punkt ist der heikelste«, erwiderte Jakowlew. »Sowjetische Testpiloten führen das Kommando, wenn ihre Maschinen vorgestellt werden. Dazu kommt, daß Sie Amerikaner sind. Aber Sie sind auch der erste amerikanische Testpilot, mit dem wir Erfahrungen austauschen können. Das ist sehr wichtig für uns. Ich werde Ihre Vorschläge dem Luftfahrtministerium unterbreiten.«

Bereits eine Stunde später war Jakowlew zurück. Er strahlte.

Es sei eine große Ausnahme gemacht worden: Ich dürfe als Captain nach Instrumenten fliegen.

Am nächsten Morgen versammelten sich die zwanzig Mann starke Gruppe und die Crew in Scheremetjewo. Zu meinem Erstaunen wollten sie alle als Passagiere mitkommen. Gewöhnlich nimmt man auf derartigen Testflügen nur Sandsäcke als Ballast mit, um nicht unnötig Menschenleben zu gefährden.

Ähnlich erstaunt war ich, daß Testpilot Kosolow überhaupt nicht verstimmt zu sein schien, daß ich das Kommando hatte. Erleichtert zeigte er mir ein Formular des Luftfahrtministeriums, das *mir* die Verantwortung für die Testflüge übertrug. Hocherfreut stellte ich fest, daß Kosolow »auf meiner Seite« war. Es gibt nichts Gefährlicheres als Verstimmung im Cockpit.

Nun entwarfen wir das Programm im Detail. Ich fragte ihn nach etwaigen ungewohnten Eigenarten seiner Maschine, nach auffälligen Charakteristika. Ich betonte, daß ich einen möglichst fairen Bericht schreiben wolle. Ich bat Kosolow, auch als Copilot dann und wann selbst zu fliegen. Er kenne seine Maschine besser als ich und könne deshalb eine besonders gute Leistung aus ihr herauskitzeln.

Ich bat darum, daß im Cockpit ein Simultan-Übersetzer hinter Kosolow, Flugingenieur Semm und mir stehen sollte. Ich wollte keinerlei Krisensituationen aufgrund von Mißverständnissen.

Als i-Punkt holte ich schließlich ein Paket Aufkleber aus der Tasche. Sie trugen die englische Übersetzung der mir unverständlichen russischen Instrumentenbeschriftung im Cockpit.

Kosolow sperrte Mund und Nase auf. »Bei Gott, ihr Amerikaner denkt aber auch an alles.«

Vor den Flugzeugfenstern tobte der Sturm. Mechaniker fegten verbissen Berge von Schnee von den Flügeln und besprühten sie mit Alkohol – ein sinnloser Kampf gegen die weiße Lawine, die sich aus Sibirien heranwälzte. Kosolow, erfahren mit harten russischen Wintern, hob die Schultern und sah mich an.

»Lassen Sie uns die Mühle anwerfen und hinausrollen«, schlug er vor. »Wenn wir die Startbahn entlangflitzen, wird der Wind den Schnee hoffentlich fortblasen. Wenn nicht, brechen wir den Start einfach ab. Wir haben drei Kilometer Startbahn vor uns, um uns zu entscheiden.«

Das war die Sprache, die ich verstand.

Flüchtig dachte ich an meine ersten Flüge vor rund fünfzig Jahren zurück. Damals hob mein alter Doppeldecker mit den langen Flügeln einfach nicht ab, obwohl nur eine dünne, fast unsichtbare Reifschicht auf ihnen lag.

Wir warfen die drei starken Düsenmotoren der JAK an und rollten vorsichtig die Rollbahn hinunter, an etwa zwanzig geparkten Iljuschin Il 52-Langstreckenflugzeugen vorbei. Die 200 Passagiere fassenden vierstrahligen Maschinen standen seltsam verlassen herum. Ihre Motorenverkleidungen waren abgenommen. Offensichtlich war etwas dran an den Geschichten, die wir im Westen gehört hatten – daß die Russen mit diesem Typ ihre Probleme hatten.

Ich rollte auf die Startbahn. Sie war glatt wie ein Spiegel. Die Schneemassen wurden nur plattgerollt und festgestampft, wie das auch die Amerikaner in der Arktis tun.

Ich gab Vollgas und genoß den starken Schub der drei Turbinen. Obwohl die Maschine voll beladen war, drückte uns die Beschleunigung in unsere Sitze zurück. Es war nicht leicht, den Vogel in einem geraden Kurs zu halten. Ich sah durch mein Seitenfenster auf den Flügel hinaus. Gott sei Dank, er war ziemlich sauber. Nach weniger als 1000 Metern waren wir in der Luft und begannen ohne zu zögern mit 210 km/h zu steigen.

Das war ein eigenartiges Flugzeug. Die Steuerung war wesentlich schwerer als bei unseren westlichen Maschinen. Es war so stabil wie in Lkw und handhabte sich auch so. Es schien keine Balance zwischen Quer- und Steuerruder zu bestehen, ja sie schien sogar je nach Höhe und Schnelligkeit zu wechseln. Trotzdem war die Maschine brav. Ich umkreiste das Feld in etwa 700 Meter Höhe unter Radarkontrolle, blind wie eine Fledermaus.

Wir hatten abgesprochen, daß Kosolow die erste Landung machen sollte. Ich nahm also die Hände vom Steuer. »Sie haben die Kiste.«

Es war ein seltsamer Anflug. Die Radarkontrolle dirigierte uns Richtung Landebahn, die wir noch nicht sehen konnten.

Kosolow ließ die beiden äußeren Turbinen leerlaufen und gab der mittleren 80 Prozent Schub. Dadurch sanken wir etwa 170 Meter pro Minute. In 100 Meter Höhe brachen wir durch die Wolken – exakt über der Landebahnschwelle.

Kosolow hielt auf einen Ansatzpunkt zu. Als wir laut Funkhöhenmesser siebzehn Meter über dem Boden waren, zog er den mittleren Motor zurück in Gegenschub. Ich rechnete damit, daß wir wie eine Bombe hinunterfallen und hart aufsetzen würden. Aber statt dessen setzten wir federleicht auf und rollten nur wenige Meter auf den großen weichen Reifen. Kein Wunder, daß dieser Flugzeugtyp auch auf kleinsten sibirischen Flughäfen eingesetzt werden konnte.

Kosolow lächelte mich stolz an. »Saubere Art, ein Flugzeug zu landen, was?«

»Das ist die verdammteste Technik, die ich je gesehen habe«, erwiderte ich. »Aber ich bin nicht sicher, ob die US-Luftfahrtbehörden uns das abkaufen werden. Nehmen Sie nur mal an, die mittlere Turbine fällt aus. Da könnten Sie sehr schnell Bruch machen, bevor Sie die beiden äußeren Turbinen wieder auf Hochtouren gebracht haben.«

Kosolow zuckte nur mit den Schultern.

Sollten Menschenleben im Osten weniger wert sein?

Ich drehte ein paar Platzrunden und ahmte bei den Landungen Kosolows Taktik nach. Dann stiegen wir in größere Höhen, und los ging's mit unserem Programm: Wir testeten die Steiggeschwindigkeit mit ein, zwei und drei Motoren, Rollengeschwindigkeiten, Stabilitätsqualitäten usw. Es war ein schwerfälliger kleiner Airliner, den man nicht wie einen Kampfflieger umherscheuchen konnte. Wenn man ihn erst einmal in eine bestimmte Richtung gebracht hatte, bedurfte es einer Menge Kraft, sie wieder zu verändern; er benahm sich genauso wie ein schwerfälliger Russe. Es war ungewöhnlich, daß Kosolow keine Überziehungsmanöver gestattete. Offenbar hatte es in Rußland allzu viele Trudelunfälle gegeben.

Am fünften Tag kamen wir zum kritischen Teil, den Starts und Landungen mit simulierten Motorausfällen.

In Amerika werden bei derartigen Tests die Turbinen nicht

mehr ausgeschaltet, sondern einfach in Leerlaufstellung gedrosselt. Sie sind dann im Notfall schnell wieder einsatzbereit.

Dieses Thema hatten Semm, Kosolow und ich im Detail besprochen. Da konnte es keine Mißverständnisse geben. Ich wollte die Turbinen *nicht* ausschalten. Wir hatten uns auch darüber verständigt, bei den Starts den Ausfall nur an *einem* Motor, nämlich an einem der äußeren, zu simulieren.

Bei einer vollbeladenen Passagiermaschine sollte es eigentlich kein Problem sein, mit nur zwei der drei Turbinen gut steigen zu können. Wenn die JAK 40 dazu nicht in der Lage war, würde sie in den Staaten nie eine Lizenz bekommen. Mit nur einem Motor zu steigen ist allerdings fast unmöglich.

Im üblichen Schneegestöber rollte ich ans Ende der Startbahn. Die Sicht war so miserabel, daß uns ein »Follow me«-Jeep mit gelben Blinklichtern durch die weiße Hölle geleiten mußte. Die Startbahn war lediglich durch Tannenzweige, die von Zeit zu Zeit aus dem Schnee lugten, gekennzeichnet.

Mit einem »Fertig, Männer?« drückte ich die drei Schubhebel nach vorn, und wir donnerten in den Schneesturm hinein. Sofort ging ich auf Instrumente über. Wir beschleunigten schnell. Plötzlich wurde ich stutzig: Der Schub ließ nach.

Ich sah auf die Instrumente. Semm oder Kosolow hatte – entgegen unserer Abmachung – eine Turbine bei nur 108 km/h ausgeschaltet! Es würde Minuten kosten, sie wieder in Gang zu bringen. Ein Startabbruch in dieser Situation würde höchstwahrscheinlich damit enden, daß wir von der Startbahn abkamen und in die hohen Schneeverwehungen hineintrieben, die ich nicht sehen konnte.

»Was für eine waghalsige Schau ziehen Semm und Kosolow da eigentlich ab?« fragte ich mich. »Wollen sie mir beweisen, daß die JAK 40 praktisch aus dem Stand mit nur zwei Turbinen starten kann?«

Nun waren wir kein sicheres Team mehr. Wir beschleunigten quälend langsam. Endlich hatten wir genug Fahrt, und ich hob den kleinen Jet vom Boden ab. Die Mühle war so träge, als würde ich sie auf meinen eigenen Schultern hochhieven.

Sobald ich eine positive Leistung auf dem Steigmesser sah, rief ich: »Fahrwerk hoch!«

Und da geschah das Unglaubliche: Semm oder Kosolow schaltete die *zweite* Turbine aus! Wir befanden uns also mit einer schweren Kiste inmitten eines Schneesturms und hatten nur noch eine der drei Turbinen zur Verfügung!

Ich war außer mir. Wir waren nur dreißig Meter über dem Boden. Die Instrumente zeigten, daß wir langsam in das weiße Nichts da unten sanken. In wenigen Sekunden würden wir aufschlagen und die schwere Krähe auf einem hartgefrorenen Acker zerschmettern. Ich sah die Schlagzeilen schon vor mir: AMERIKANER SCHMIERT RUSSISCHE MASCHINE ÜBER MOSKAU AB.

So ruhig wie möglich sagte ich: »Bitte starten Sie sofort beide Turbinen. Ich kann bei diesem Gewicht ja die Höhe nicht halten.«

Ich roch die Panik im Cockpit. Semm und Kosolow hatten genausoviel Angst wie ich. Jeder hatte anscheinend ohne das Wissen des anderen eine Turbine ausgeschaltet! Nur durch delikateste Handhabung konnte ich die kümmerliche Höhe von dreißig Metern halten. Ich wußte, daß wir auf Hügel zusteuerten. Es war nur noch eine Frage von Sekunden, bis wir dagegenprallen mußten.

Nach einer halben Ewigkeit bekamen wir die äußeren Turbinen zurück.

Ich schob ihren Schubhebel nach vorn, und schon schossen wir gen Himmel.

Äußerst verlegen meinte Kosolow: »Entschuldigung. Unser Fehler. Es wird nicht wieder passieren.«

»Das will ich hoffen«, schnaufte ich.

Am späten Nachmittag beendeten wir das Testprogramm. Die gesamte Delegation verabschiedete mich am Flughafen. Russen sind großartige Gastgeber. Mein Gepäck war vollgestopft mit Geschenken, darunter kostspielige Modelle der JAK 40.

Bei einem der Modelle klebte weißer Baumwollstoff auf den winzigen Windschutzscheiben.

Ich sah Sergej Jakowlew fragend an.

420

Er lachte auf. »Nur ein kleiner Spaß von Testpilot Kosolow. Das soll Sie an den Schnee auf den Windschutzscheiben erinnern – bei Ihren Testflügen über die russische Steppe.«

»Kosolow hätte noch zwei Motoren entfernen sollen, um die Sache realistischer zu machen«, sagte ich lächelnd.

Goldene Regeln des Fliegens

1. Seien Sie zuvorkommend zu den Angestellten der Fluggesellschaften, die Ihnen die Tickets verkaufen. Diese Leute sind zwar darauf trainiert, Ihre Beschimpfungen mit stoischem Gleichmut über sich ergehen zu lassen, doch auch ihre Belastbarkeit ist begrenzt. Ich habe mit eigenen Augen gesehen, wie rauhbeinige Angestellte über den Tresen sprangen und unverschämte Kunden krankenhausreif schlugen. Wenn Sie sie zu sehr reizen, können sie Ihre Koffer fehldirigieren und nach Nome in Alaska auf den Weg bringen.

Andererseits können ein paar freundliche Worte Wunder wirken. Die Kollegen können Ihnen in einem angeblich ausgebuchten Flugzeug noch einen Platz verschaffen oder eine günstigere Route vorschlagen, die Ihnen eine Menge Geld spart.

Wenn Sie Oft-Flieger sind, machen Sie den Angestellten ein Weihnachtsgeschenk. Es zahlt sich aus.

2. Fahren Sie möglichst frühzeitig zum Flughafen, selbst wenn Sie bereits eine Platzreservierung haben. Viele Fluggesellschaften werden es zwar nicht zugeben, aber sie verkaufen mehr Tickets, als die Maschine Plätze hat. Sie rechnen damit, daß etwa zehn Prozent der gebuchten Passagiere den Flug nicht antreten. Wenn die zehn Prozent aber doch fliegen und Sie am Ende der Schlange stehen, haben Sie Pech . . .

3. Pflastern Sie Schildchen mit Ihrer Adresse überall auf Ihr Gepäck. Bringen Sie darüber hinaus farbige Klebestreifen deutlich sichtbar auf Ihren Koffern an. Auffälliges Gepäck wird seltener gestohlen.

4. Bewahren Sie kein Geld in Ihrem Gepäck auf. Selbst wenn Ihre Koffer nicht verlorengehen sollten, kommen dann und wann Diebstähle sogar aus verschlossenem Gepäck vor.

5. Wenn Ihr Koffer nicht an seinem Bestimmungsort an-

kommt, können Sie für gewöhnlich Schadenersatzansprüche an die Fluggesellschaft geltend machen, um sich mit dem Notwendigsten an Kleidung und Toilettenartikeln zu versorgen.

6. Falls Ihr Gepäck unwiderruflich verloren ist, bekommen Sie von den meisten Fluggesellschaften nur einen Bruchteil des tatsächlichen Wertes erstattet. In der Regel etwa zehn Dollar pro Pfund. Wenn Sie viel unterwegs sind, sollten Sie eine Reisegepäckversicherung abschließen.

7. Seien Sie höflich zur Kabinen-Crew. Machen Sie sich klar, daß die Stewardessen fast genauso weit laufen, wie Sie fliegen. Die Mädchen leiden unter dem Jetlag – der Zeitverschiebung bei extrem langen Flügen – genauso wie Sie, sind aber die meiste Zeit auf den Beinen, während Sie sich entspannen können.

So häßlich es auch klingen mag – denken Sie daran, daß Sie dem Personal ausgeliefert sind. Die Stewardessen könnten Ihnen in den Kaffee spucken . . .

8. Bitten Sie die Stewardessen nicht einfach um »ein Glas Wasser«, sondern um ein Glas *Soda*wasser. Es ist durchaus möglich, daß das Wasser in den Tanks der Maschine verunreinigt ist. Äußern Sie Ihren Wunsch deutlich. Die Kabinen-Crew ist meist sehr beschäftigt und würde Ihnen lieber einfaches Wasser bringen, weil das schneller geht. Stellen Sie fest, ob das Wasser sprudelt, riechen Sie daran. Abgestandenes Wasser riecht meist auch schlecht. Übrigens: Die heutigen Passagiermaschinen fliegen in Höhen, in denen die Luft sehr trocken ist. Trinken Sie also viel Wasser, aber keinen Alkohol! Der entzieht Ihrem Körper Wasser.

9. Falls Sie berechtigte Klagen über den Service einer Fluggesellschaft haben, beschweren Sie sich nicht mündlich bei einer Angestellten. Schreiben Sie einen Brief an die Direktion der Airline und stecken Sie ihn selbst in den Briefkasten. Füllen Sie nicht einfach eines der an Bord befindlichen Formulare aus. Sie glauben doch wohl nicht, daß eine Stewardess einen für sie negativen Bericht auch wirklich weiterleitet?

10. Wenn Sie lange Strecken fliegen, ziehen Sie Ihre Schuhe aus und legen Sie die Füße hoch. Stehen Sie häufig auf, laufen Sie herum und strecken Sie sich. Das raten die Airline-Ärzte auch

den Piloten. Aber laufen Sie nicht im Gang herum, wenn die Stewardessen gerade servieren. Ihr Job ist auch so schon schwer genug.

11. Tragen Sie bei langen Flügen einen leichten Pullover. Ziehen Sie Ihr Jackett aus und bitten Sie die Stewardess, es für Sie in der Garderobe aufzuhängen.

12. Wenn Sie als Nichtraucher in einer Nichtraucherzone sehen, daß sich ein Raucher eine Zigarette anzündet, sagen Sie der Stewardess Bescheid, wenn es Sie belästigt. Sie können sich aber auch zu dem Paffer hinüberlehnen und sich mit zuckersüßer Stimme erkundigen: »Ich hoffe, Sie fühlen sich nicht belästigt, wenn ich nicht rauche . . .«

Auch wenn Sie als Nichtraucher in eine Raucherzone geraten, sagen Sie es der Stewardess. Vielleicht gibt es einen Raucher bei den Nichtrauchern, der liebend gern mit Ihnen tauschen möchte.

13. Wenn man Sie fragt, wo Sie am liebsten sitzen möchten, entscheiden Sie sich für einen Platz in der Nähe des Notausgangs. Man kann nie wissen . . .

Wollen Sie möglichst ruhig und bequem fliegen, entscheiden Sie sich für einen Platz vorn in einem Düsenflugzeug, weit entfernt von den Motoren und ihrem Lärm. Der Schwanz eines Flugzeugs schwingt stärker als die Nase. Andererseits sind die Überlebenden bei Flugzeugabstürzen meist diejenigen, die im Heck gesessen haben. Eine schwere Wahl also, die Sie zu treffen haben . . .

14. Neigen Sie zu Luftkrankheit, nehmen Sie ein paar Stunden vor dem Flug eine Vitamin-E-Tablette ein.

15. Sollten Ihre Ohren bei der Landung schmerzen, öffnen Sie den Mund ganz weit, als wollten Sie gähnen. In den Tagen, als es noch keine Druckausgleichkabinen gab, verteilte United Airlines kleine Luftballons an die Passagiere. Vielleicht sollten Sie sich vor Ihrem nächsten Flug auch einen kleinen Ballon in die Tasche stecken und zu gegebener Zeit hineinblasen, um Ihre Ohren zu entlasten.

16. Fliegen Sie in eine fremde Stadt und haben Sie keine Zimmerreservierung, erkundigen Sie sich bei der Stewardess, in wel-

chem Hotel die Crew absteigt. Diese Häuser werden von der Airline überprüft.

17. Wollen Sie in einer fremden Stadt etwas einkaufen, wenden Sie sich ebenfalls an eine der Stewardessen, oder laden Sie sie zum Einkaufsbummel ein. Die Mädchen erhalten zuweilen einen Airline-Rabatt, so daß Sie ihr auch noch ein Mittagessen spendieren können...

18. Nehmen Sie sich vor den Taxifahrern an Flughäfen in acht. Die meisten sind zwar ehrlich, aber Reisende, die auf Flughäfen ankommen, sind in der Regel dort fremd und viel zu erschöpft, um aufmerksam zu sein. Wenn Sie dem Fahrer zum Beispiel einen Zwanzig-Mark-Schein geben, betonen Sie: »Hier sind zwanzig Mark.« Das erspart Ihnen, beim Nachzählen des Wechselgeldes feststellen zu müssen, daß er Ihnen nur auf einen Zehner herausgegeben hat.

Seien Sie mißtrauisch gegenüber einem Taxifahrer, der Sie zu einem Hotel ganz in der Nähe des Flughafens fahren will, ohne seine Uhr einzuschalten. Es kann sein, daß er am Ende der Fahrt, die vielleicht fünf Mark wert ist, zwanzig von Ihnen verlangt.

Das ist ein bekannter Trick vor dem Kennedy-Flughafen in New York. Die wirksame Gegenmaßnahme: Tun Sie so, als wollten Sie sich die Zulassungsnummer des Taxis aufschreiben. Sie werden sich wundern, wie schnell der Fahrer sagt: »Zahlen Sie, was Sie für richtig halten.«

Epilog

Nun, da ich dieses Buch noch einmal gelesen und über mein Leben nachgedacht habe, möchte ich meine Erinnerungen gern so beenden, wie ich sie begonnen habe:

Nachdem ich dreiundsechzig Jahre lang am Knüppel gesessen habe, weiß ich, wie leicht man sterben kann. Ein Pilot muß den brennenden Wunsch in sich spüren zu kämpfen.

Dem möchte ich noch hinzufügen: Es ist auch ratsam, nicht gegen den Wind zu spucken, und es ist angebracht, mit Gott auf gutem Fuß zu stehen . . .

J. O. B.

Bildnachweis

Nr. 23, 24, 29 Ullstein-Bilderdienst. Alle übrigen Fotos wurden vom Autor zur Verfügung gestellt.

Brennpunkte deutscher Geschichte

40 Jahre deutscher Teilung hinterlassen Spuren. Die Probleme
des Zusammenwachsens legen
davon Zeugnis ab. Und dennoch ist schon heute kaum
mehr auszumachen, wo die
Mauer stand. Grund genug,
sich zu erinnern: Die Autoren
haben eine Reise in die
Vergangenheit zu Ereignissen
und Momenten unternommen,
die nicht nur die deutsche
Bevölkerung empörten und
bewegten. Das Ergebnis ist eine
anschaulich präsentierte
Dokumentation, die den Leser
durch fünf ereignisreiche
Jahrzehnte deutscher
Geschichte führt.

Werner Sikorski/Rainer Laabs
**Checkpoint Charlie und die
Mauer**
Ein geteiltes Volk wehrt sich
152 Seiten, 70 Abb. im Text
Ullstein TB 33215

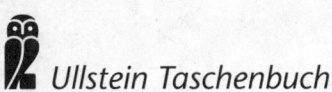

Ullstein Taschenbuch

Ein Leben im Rußland des 20. Jahrhunderts

Irina Ehrenburgs Leben umfaßt beinahe das gesamte russische Jahrhundert. Als Kind durchleidet sie die Wirren und wirtschaftlichen Nöte der Bürgerkriegsjahre. In den zwanziger Jahren lebt sie in Paris, kehrt nach dem Psychologiestudium 1933 nach Moskau zurück. Während des Zweiten Weltkriegs gerät ihr Mann in den Kiewer Kessel und gilt als vermißt; Irina Ehrenburg arbeitet als Kriegskorrespondentin, nimmt ein jüdisches Waisenmädchen auf. Dies sind nur einige Stationen des bewegten Lebens einer exemplarischen Zeitzeugin unseres Jahrhunderts.

Irina Ehrenburg
So habe ich gelebt
*Erinnerungen aus dem
20. Jahrhundert*
184 Seiten
Ullstein TB 33225

Ullstein Taschenbuch

Flugstunden und ein Kurs in gelebter Menschlichkeit

»Geschichte, so wird gesagt, ist ein Roman, der gelebt hat. Dieses Buch ist ein solcher Roman, eine Story um Motorengedröhn und Plackerei, von Männern, die ihre Flugzeuge heimbrachten, und solchen, die es nicht schafften. Es ist eine Erzählung um Tragik und Posse und um den Seufzer im Schmelztiegel der Erinnerung.«
Starten Sie mit »Käpt'n Lodi« zu einem Flug in seine turbulente Vergangenheit!

Marius Lodeesen
Hier spricht Ihr Kapitän
Vom China Clipper zur Boeing 707
368 S., geb., 16 S. s/w-Abb.
Ullstein Hardcover 06949

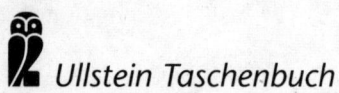

Ullstein Taschenbuch